冲击振动信号
结构分析与建模

以管柱敲击振动信号为例

吕苗荣 张晓晶 著

上海交通大学出版社
SHANGHAI JIAO TONG UNIVERSITY PRESS

内容提要

本书以 PVC 管和钢管为研究对象,从管柱动力学、管柱振动信号处理、工程测试和应用的角度,开展了管柱振动信号组成、结构及动态演变规律的系统研究,介绍了管柱敲击振动信号的测试、采集与模式滤波法处理流程。本书以功能特征子波为敲击振源,对敲击振动信号的时域和频域结构进行了系统仿真探索。在振动信号时频子波的分类和混叠信号分离的过程中,本书引入了分频段信号包络曲线和分频系列子波包络曲线,进一步完善了模式滤波法。本书介绍了基于时频子波管柱振动信号随机结构模型的构建流程与方法。本书采用管柱动力学理论,开展了管柱启动阶段和管柱振动问题的动力学仿真。

本书是作者近年来悉心研究的工作总结,对信号处理工作者、机械故障诊断工程师、科研院校相关领域科技工作者具有一定的参考价值,也可作为高校相关专业本科生、研究生的学习和参考用书。

图书在版编目(CIP)数据

冲击振动信号结构分析与建模:以管柱敲击振动信号为例/吕苗荣,张晓晶著.—上海:上海交通大学出版社,2023.12
ISBN 978 - 7 - 313 - 28636 - 9

Ⅰ.①冲… Ⅱ.①吕… ②张… Ⅲ.①信号处理
Ⅳ.①TN911.7

中国国家版本馆 CIP 数据核字(2023)第 132145 号

冲击振动信号结构分析与建模
——以管柱敲击振动信号为例
CHONGJI ZHENDONG XINHAO JIEGOU FENXI YU JIANMO
——YI GUANZHU QIAOJI ZHENDONG XINHAO WEI LI

著　　者:吕苗荣　张晓晶			
出版发行:上海交通大学出版社		地　　址:上海市番禺路 951 号
邮政编码:200030		电　　话:021 - 64071208
印　　制:苏州市古得堡数码印刷有限公司		经　　销:全国新华书店
开　　本:710 mm×1000 mm　1/16		印　　张:18.25
字　　数:308 千字		
版　　次:2023 年 12 月第 1 版		印　　次:2023 年 12 月第 1 次印刷
书　　号:ISBN 978 - 7 - 313 - 28636 - 9		
定　　价:78.00 元		

前　言

工程信号的处理过程犹如外科医生对患者施行的一次手术，或者说是庖丁的一次解牛的过程。在对信号进行分析、解剖的过程中，信号处理方法的地位与作用极为关键，往往决定着信号处理的效果，能够从信号中获取信息的量和程度，以及信号处理的效率，从而也就直接决定了应用该方法所能达成的信号处理的目的。模式滤波法可以实现单通道各种混叠声信号的分离，这种分离的合理性与完整性目前可以达到人们用耳听去分辨的级别。但面对经过模式滤波法最优分解后产生的大量时频子波，如何对这些子波进行合理分类整理与分门别类处理，目前还没有很好的方法与较为完整的处理流程。本书围绕石油管柱振动信息传输技术的研究开发，作者以管柱敲击振动信号为例，在采用时频子波开展管柱振动传输问题的研究，以及管柱损伤探测与识别的同时，也对如何应用模式滤波法进行声信号解剖分析这一专题展开了较为系统的探索，本书就是这一领域研究所取得的最新研究成果的介绍。

自然界的声信号大体分成三个大类：谐振、摩擦和冲击爆破信号。谐振信号和摩擦信号可以看成是冲击爆破信号的两个极端情况，只要解决了冲击爆破这一不平稳信号的模型化表征处理，谐振信号和摩擦信号的建模也就易于实现。因此，作者选择管柱敲击振动信号作为管柱振动问题研究的突破口来开展与此相关的科研工作，主要围绕以下三个专题展开：① 管柱上一个测点的振动信号是如何形成的，有哪些影响因素会对振动信号的结构产生影响？② 管柱内部振动波传播的传输规律是怎样的？③ 如何使模式滤波法变为易懂、可靠、方便、实用的工程信号处理新方法。通过开展第一个专题的研究，建立基于振动波透反射原理的信号传播模型，系统掌握了在不同振动波传播速度和衰减系数下，振动波信号的结构、成分构成和信号参数的变化规律，利用管柱敲击振动信号确定管柱振动波传播速度和衰减系数的方法，拓展了一条开展管柱损伤识别的新途径。

在第二个专题的研究中,本书比较了不同管材振动波传播的差异,掌握了振动波传播的形成、信号的结构与组成,以及振动波传播速度对振动波衰减的影响,揭示了同类振动波之间的关联性和不同类型振动波的独立与不可替代性。通过第三个专题的努力,本书提出了用模式滤波法处理工程信号的方法与处理流程,使模式滤波法成为易于理解、易于操作的实用且可靠的工程信号处理方法。

在开展与本书有关的科学实验和研究过程中,采用了多通道声信号采集系统这一为科技实验人员广为熟知的测试设备,用一桌(子)、两(垫)木、三根管(两根 PVC 管,一根钢管),搭建起了简易的管柱敲击振动测试实验台,采用 Delphi 开发工具自研所有应用软件,完成了信号采集、信号处理、工程仿真计算等一系列研究目标和研究任务。我们觉得我们是幸运的,幸运地遇到了好时代,过着美好生活,天天做着自己的梦——复兴梦、中国梦! 能够为读者奉献我们的研究成果,向读者介绍自己的研究心得,这是作为一名科技工作者最大的荣幸。

本书是《工程信号处理新方法探索》《机械设备振动信号结构学》《声振信号结构分析》这三本书后面的连贯作品,或系列研究成果,是作者在声信号处理领域开展探索研究取得的对典型案例的解剖与介绍,是将模式滤波法应用于声信号处理领域较为系统的分析与展示,也是对模式滤波法这一信号处理新方法的又一次强有力的推送与介绍。

作者感谢家人为本书的顺利出版所付出的努力与牺牲,感谢常州大学领导、同事们的理解与支持,感谢刘绪、吕毅涵等同学为资料收集和整理、声振实验测试、图片加工绘制等方面的工作付出的辛勤劳动。

本书的成果为首次公开发表,具有较高的学术价值。由于本人水平有限,时间仓促,存在问题在所难免,恳请广大读者不吝赐教、大力斧正。

符号注释

A——振幅，m/s^2；管柱横截面积，m^2

A_0——振动波在起始点振幅，m/s^2

a_0——主子波初始时间 t_0 参数，ms

A_d——Logistic 曲线系数

A_H——接头横截面积，m^2

A_i——第 i 段管柱的横截面积，m^2

A_{ij}——第 i 系列中第 j 个子波的振幅，m/s^2

A_{imax}——第 i 系列中振幅最大子波的振幅，m/s^2

A_i——第 i 次 L 端反射时的信号强度

A_{L-x_0}——从 L 端传播到测点 x_0 处时信号的衰减量

A_L——杆的横截面积，m^2

A_{mi}——第 m 系列第 i 个时频子波振幅，m/s^2

A_m——主子波振幅，m/s^2

A_{R_g}——接头处的反射信号振幅，m/s^2

A_{R_j}——接头处的入射源振幅，m/s^2

A_{T_g}——接头处的透射信号振幅，m/s^2

A_{x_0}——从 O 端传播到测点 x_0 处时信号的衰减量

b_1、b_2——Logistic 曲线系数

b——回归系数

C_1——钻井液与管柱之间摩擦系数

C_2——钻井液附加质量系数

c——振动波传播速度，m/s

D_w——井眼直径，m

D_p——钻柱的外径,m

E——管柱材料的弹性模量,MPa

f——频率,Hz

f_i——第 i 系列时频子波信号频率,Hz

f_i——第 i 系列子波频率,Hz

$f(\cdot)$——调幅函数

F——在 (v,β_n) 和优化搜索敲击振动信号 $x_{\mathrm{knock}_{i-1}}$ 组合下的误差函数数值;自由端所受的作用力,N

F_1、F_2——单元体两端的轴向力,N

F_{opt}——全局最优误差函数数值

F_p——信号采样率,Hz

$g(\cdot)$——调频函数

G——管柱材料的剪切弹性模量,MPa

i_{num}——分段数量

J_{0i}——截面极惯性矩,m^4

J_z——管柱单元的转动惯量,kg·m

K_O、K_L——为 O 端和 L 端反射波动影响系数

k_{xi}、$k_{\phi i}$——管柱的轴向振动刚度和扭转振动刚度,N/m

k——弹簧刚度,N/m

L——管柱的长度,m

m——单元体或振动系统中的物块质量,kg

M——子波系列数量,或信号采样点数量

M_0——钻头动摩擦扭矩,N·m

n——管柱振动衰减系数,s^{-1}

q_m——钻柱线重力,N/m

R_0——管柱半径,m

R_b——钻头半径,m

S_a——振动信号包络曲线形状系数

t——时间,s

t_{0i}——第 i 系列子波时间,s

t_{0mi}——第 m 系列第 i 个时频子波初始时间,s

T——无阻尼自由振动的周期,s

T_1、T_2——单元体两端的轴向扭矩,N·m

T_d——欠阻尼自由振动的周期,s

T_{fb}——钻头扭矩,N·m

T_{eb}——钻柱施加在钻头上的扭矩,N·m

T_{sb}——钻头与岩石最大静摩擦扭矩,N·m

T_z——信号采样时间,s

t_o——子波时间,s

t_y——右边第一振幅子波与主子波之间的时间间隔,ms

t_z——左边第一振幅子波与主子波之间的时间间隔,ms

$u(x,t)$——管柱纵向振动方程

$U_i(x)$——管柱振型函数

v——管柱振动波传播速度,m/s

v_{opt}——全局最优振动波传播速度,m/s

v_m——钻井液流速,m/s

v_b——钻头机械钻速,m/s

W_{ob}——钻压,kN

x、X——管柱自由端的振动位移,m

x_0——质量块 m 的初始位移,m

$\dot{x}_0$——质量块 m 的运动速度,m/s

$\boldsymbol{x}_{knock}$——敲击源的时域波形信号

$y(t)$——时频子波函数或振动信号的包络线

$y_{BOU}(t)$——基元信号波形函数

$y_m(t)$——第 m 系列分频段模式滤波子波包络曲线,简称"m 系列子波包络曲线"

$\boldsymbol{y}_{test}$——采样点数量为 m 的实测管柱敲击振动信号

$\boldsymbol{y}_i(v,\beta_n)$——第 i 次搜索时在给定 (v,β_n) 组合和第 $i-1$ 次优化搜索敲击振动信号 $\boldsymbol{x}_{knock_{i-1}}$ 下的测点仿真信号

Z_H——接头波阻

Z_L——杆的波阻

α——子波衰减系数,s^{-2}

α_1——基元主子波衰减系数,s^{-2}

α_{mi}——第 m 系列第 i 个时频子波衰减系数,s^{-2}

β_0——初始相位,rad

β_{01}——基元主子波相位角,rad

β_{0i}——第 i 系列时频子波的初始相位,rad

β_1——角速度,rad/s

β_2——角加速度,rad/s^2

β_i——子波系数

β_n——管柱振动衰减系数,m^{-1}

ΔM——钻头静摩擦扭矩和动摩擦扭矩之差值,N·m

Δx——分段步长

γ'_b——系数

ζ——阻尼比

η——黏性阻尼系数,(N·s)/m;钻压与扭矩之间的转换系数

λ——反射系数

μ——透射系数

μ_O——O 端振动波反射系数

μ_L——L 端振动波反射系数

μ_{sb}——静摩擦系数

$\mu_b(\phi_b)$——干摩擦系数

ρ——密度,g/cm^3

σ——瑞利系数,$\sigma>0$,ms

φ——单元体两端的转角,rad

ϕ_0——初相位,rad

$\dot{\varphi}$——管柱旋转角速度,rad/s

$\ddot{\varphi}$——管柱旋转角加速度,rad/s^2

$\dot{\varphi}_{b0}$——钻头动摩擦与静摩擦之间的临界转速,rad/s

χ_f——子波振幅相对比例系数,(°)

χ_m——子波分布相对比例系数

ω——角速度,rad/s

ω_d——阻尼振动系统圆频率,rad/s

ω_n——振动系统圆频率,rad/s

目　录

第 1 章
绪 论

1.1　问题的提出

1.1.1　工程信号处理一般描述

1) 实际的采样信号

如果将在不同时间、不同测点测量得到的声信号,以及振源处的信号进行两两比较的话,就会发现彼此之间的波形存在着很大的差异。例如,图 1-1 所示是从某石油钻井现场采集的钻井泵在运行期间的声信号和两个缸套上的振动信号。从图上可以看出,尽管钻井泵两个缸套之间只相差不到 0.5 m 的距离,但这两个缸套上测量到的同步振动信号却存在明显的波形差异,而振动信号与声信号之间似乎毫无可比性可言。因此,在不同位置、不同时间、使用不同采集工具对同一个信号源信号进行测量时,采集得到的信号波形会存在差异。信号处理的目的就是要从这些不同的信号中提取得到源信号所包含的相同的实质性信息,这是一个追本溯源的过程。音频测试表明,图 1-1 信号的主要成分就是钻井泵运转的信号,尤其是在两缸套振动信号的音频测试中,只有声音强弱之别,本质上就是同一个信号。波形不同的信号经过人脑处理后,是如何得到这种归一化结果的呢?

图 1-2(a)是 vivo 手机在围绕声源运动期间采集的声信号。手机在采集过程中做了一次快速的趋近声源,而后又快速远离声源的运动。从图上可以看出,手机离声源越近,声信号的振幅也越强,反之亦然。而且运动速度越快,声强的变化也越剧烈。图 1-2(b)就是对图 1-2(a)信号按照 5 个振动周期为 1 个单元截取获得的分段声信号的排布结果。从图 1-2(b)可以看出,随着手机的运

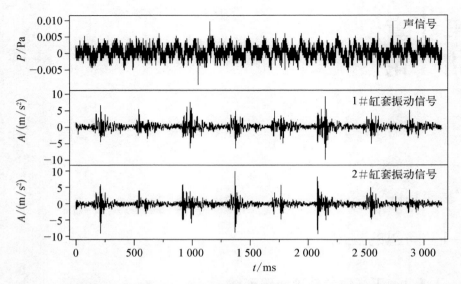

图 1-1 从某石油钻井现场采集的钻井泵在运行期间的声信号和两个缸套上的振动信号

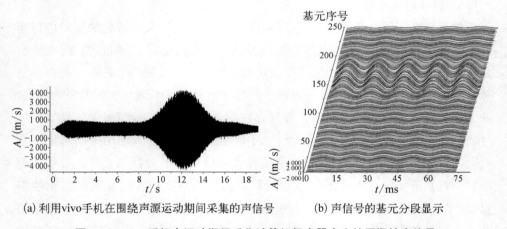

(a) 利用vivo手机在围绕声源运动期间采集的声信号　　　(b) 声信号的基元分段显示

图 1-2 vivo 手机在运动期间采集计算机扬声器产生的周期性声信号

动,采集得到的分段信号的时段长度存在着一定的、有规律的变化。文献[1]已经在对果蝇鸣声信号的处理中,得出了信号频移的本质、基元信号主频与基元时长的联系,获得了基元主频、果蝇飞行速度、空气声波衰减系数等非常有意义的定量信息,并且实现了果蝇鸣声信号的建模。由此可见,信号内部记录了测量系统各种物体运动变化的信息,工程信号处理的目的就是要提取信号内部所包含的物质世界各种相互作用的运动变化信息。

由于人们接收的声信号是存在个体差异的,不同的个体在不同的关注力下,接收的声信号会有所不同。但就是在存在这种不同的情况下,人们普遍都能够提取与识别周围事物发生、发展和变化过程中相同或者一致的信息。人类的这一处理的流程是怎样的? 这些信息的本质是什么? 它与声信号之间又存在何种必然的联系呢?

2) 不同位置管柱的振动测试结果

众所周知,当两个对立平衡墙的距离等于声信号半波长的整数倍时,就会产生位置不随时间变化的波幅和波节。当两个频率和振幅相同,时间或相位上相差 90°波相遇时又会形成驻波。如果将传感器放在波节或驻点上,理论上就感测不到该点的振动,也就是说传感器会检测不到测点处(波节或驻点)的振动。

图 1-3 是一根长度为 2 m 的管柱,在 5～195 cm 的范围内,取间隔为 5 cm 的位置轻轻敲击管柱时,位于 50 cm 处的传感器上测量得到的振动信号。比较分析表明,每一次测量得到的振动信号都存在一定的差异,但在相同位置处测量得到的管柱振动信号具有一定的可比性。如果将不同敲击点产生的振动信号汇集在一起,就可以发现这种振动信号波形的变化也具有一定的规律性。譬如,无论是左侧击、右侧击,还是在管柱的上部敲击记录得到的管柱横向振动信号,不仅存在着敲击产生的振动,而且还存在着波形如图 1-3(b)中虚线所示的波动变化。工程信号处理的任务就是要从这些信号波形变化的线索中,找到并揭示产生这种变化的各种必然联系,进而实现定量模型化处理,因此在本项测试中,声信号处理的任务就是要搞清楚测量系统和研究对象的物理结构、材料组成、结构变化、扰动位置与声信号波形之间的联系。

为了揭示信号波形与测量系统以及研究对象的物理结构、材料组成和结构变化等之间的联系,首先需要依靠测量系统、测量对象的各种物化现象和变化规律,来建立测量系统、测量对象与测量信号之间的联系。例如,信号的基元分段处理,基元信号的最优频率匹配法建模,时频子波的时间并发和结构并发特征,基元主子波和其他子波之间的定量关系等;其次才是利用这些现象和变化规律,应用信号处理的原理与方法,实现信号波形的建模与模型参数的定量化。因此,工程信号处理与传统的信号处理理论和方法之间存在明显的差异。工程信号处理不是单纯的解决从信号中来,到信号中去的问题,而是需要走从实体世界中来,利用信号来沟通和建立现实世界与映像世界(或抽象世界)之间的联系,再由映像世界投射到实体世界中去,指导工程的设计与施工。

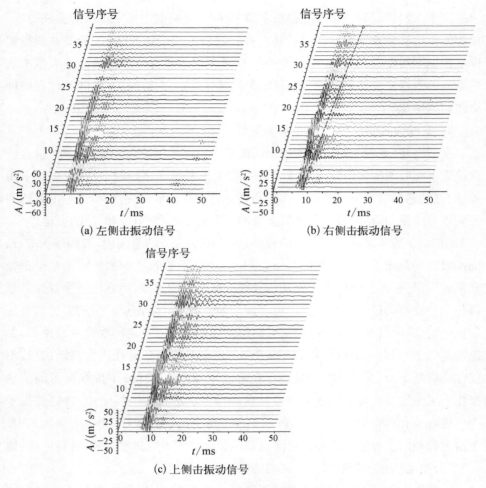

(a) 左侧击振动信号   (b) 右侧击振动信号

(c) 上侧击振动信号

图 1 - 3   不同测点敲击振动信号

显然,敲击管柱振动信号的定量建模问题,首先是一个管柱动力学问题,应当用管柱动力学分析的方法来建立合理的管柱振动问题描述,实现管柱受冲击振动激励下振动问题的定量描述,然后利用信号信息处理的原理和方法,来提取管柱振动系统的各种量化参数表征,实现管柱振动的定量化表达。

1. 1. 2   存在的问题和解决的途径

1)问题的提出

通过分析研究日常生活中大量不同类型的声信号,作者认为所有这些信号基本上可以分成三类：谐振声信号、摩擦声信号和冲击爆破声信号，这些信号的典型实例可参见图 1-4。图 1-4(a)所示是拖拉机运转的声音，属于有节律的冲击声信号；图 1-4(b)所示是汽车喇叭声，谐振特征非常明显；图 1-4(c)所示是水龙头流水的声音，水流流动时与固体边界的摩擦和冲击作用交织在一起，形成了一个近似噪声的信号。可以认为，汽车喇叭和水流动的声音，是拖拉机声信号的两个极端的例子，或者说摩擦和谐振是冲击爆破的两种极端情况。为了提取各种工程信号的特征规律，可以从冲击信号的研究开始，在解决了冲击信号特征参数提取方法后，就可以将这种处理方法应用到谐振信号和摩擦信号的建模研究之中。

实际记录和收集到的信号往往是多种信号混叠在一起的结果，如何将它们合理分离是信号处理所遇到的第一个问题。对于实际的声信号，即使是理想的谐振源也很难接收得到理想的谐振信号。在信号处理过程中，现实的办法是将它们切分成为一段段子信号，分别进行比较研究。而如何合理地切分信号，即信号处理单元的选择，是本课题面临的第二个非常重要的问题。如何从同类型、波形相似的信号中提取得到它们的共同特征，建立信号特征参数与信号系统之间的本质联系，这是第三个必须解决的问题。如果解决了这三个问题，开展工程信

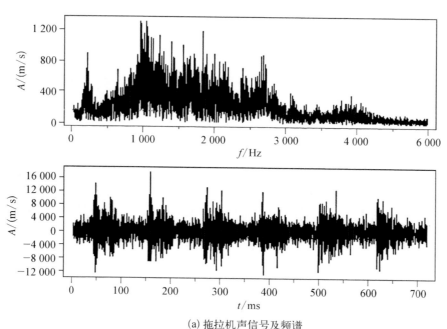

(a) 拖拉机声信号及频谱

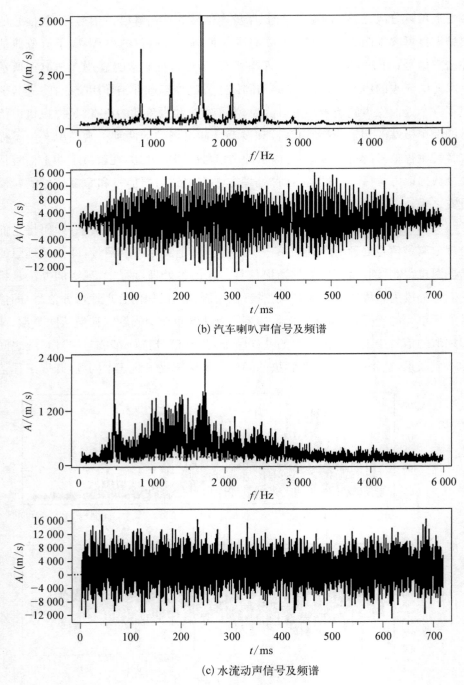

(b) 汽车喇叭声信号及频谱

(c) 水流动声信号及频谱

图 1－4　典型声信号实例

号处理相对而言就变得较为容易了。而上述问题的解决,也必将为工程领域信号处理提供广阔的应用空间。正如在这种观点的驱使下,我们提出了信号的基元分段思想和提取同类基元信号特征的最优频率匹配法,利用数字化声频技术来验证分析分离后信号的合理与完整性,摸索得到了信号分离应遵循的基本原则,并创立了进行信号解剖分析、信号分离和识别处理的模式滤波法,解决了一些在工程信号处理领域存在的带有普遍性的问题。

2) 存在的问题

在工程信号处理中对信号处理方法进行改进与革新,以便适应工程问题的需要,这是一个重要且必不可少的,也是无法回避的重要一环。针对各种混叠在一起的单通道振动信号,研发一种易于进行信号分离、组合与调配,能够实现实体运动与抽象理论之间沟通的信号处理方法是非常必要的。显然,采用传统的、基于核函数的信号处理方法,已经难以满足这样的要求,譬如快速傅立叶变换法,该方法将信号转变成为一系列不同频率的三角基函数信号。由于这些基函数具有全时域分布的特征,不能够有效地适应工程信号的短时、局域与动态需求,很难实现工程信号的合理表征。

小波变换和经验模态分析法(empirical mode decomposition,EMD)能够很好地适应工程信号的动态性要求,也能够恰当地提取动态信号的各种变化特征,从而在目前的信号处理领域得到广泛的应用,但这些方法存在的一个明显的缺陷,就是需要信号去削足适履般地适应方法的需要,而不能够适应性地描述现实世界各种内在的变化规律。也就是说,这些方法在信号处理的方式和方法上存在着难以避免的刚性限制。

信号不能随意地进行分离,只有依据物理规律,或者有充分的物理学基础的分离,才是可靠的分离。盲源信号分离建立在坚实的物理学变化规律的基础之上,因此在许多的应用场合能取得很好的效果,但用盲源信号分离法来处理少数通道,甚至是单通道的信号时,需要从少数几个通道振动信号中分离出更多的单分量信号,这在很多情况下很难取得理想的效果。

3) 解决的途径

从傅立叶变换方法可知,无论是振源信号,还是实测信号,所有信号的频谱图形都存在一个谱线的特征分布,即周期性振动的正弦(或余弦)信号,其谱线越接近实际频谱的数值,所对应的振幅就越大,也就越接近实际信号的振幅数值;越远离实际信号频率的谱线振幅越接近或趋向于信号振幅的平均值。因此,在信号离散傅立叶变换中，谱线的振幅不是理论上的一条谱线，而是一个分布。而且测量信号的时长越短，依次采样的数据点数量越少，这种分散的分布范围就越大。这就要求在进行信号模型化过程中，采用的数学模式也应当能够适应这种变化的分布特征，可以将信号模型选择的这一要求称为信号建模的第一项要求。

众所周知，冲击振动信号的频谱图要比单一分量信号频谱图的图形复杂得多。显然，用大量的单一基函数数学模式来描述冲击动态信号的这种变化是不合适的，这就需要在信号模型的选用上，要求所选择的模型应具有一定的凝练和汇聚特征，用尽可能少的有限个数学模式来合理、精确地表达实际的信号，可以将信号模型选择的这一要求称为信号建模的第二项要求。

在本书中第4、5章中采用模式滤波法来实现各种类型声信号的描述处理。在文献[1-2]中介绍的信号处理模式滤波法中，采用功能特征子波来满足信号建模的第一项要求，并采用组合多功能特征子波（针对所处理的问题，有时也称为时频子波、多音子、多声子、声音子等）形式来满足模型选择的第二项要求。如果将声信号所具有的周期性振动和在介质中传播期间的衰减特征作为模型选择的第三项要求，很显然，功能特征子波也能够很完美地满足模型选择的第三项要求。

实践表明，采用模式滤波法处理工程信号，可以实现各种混叠信号的分离、识别与建模处理，是一种非常有前途的工程信号处理方法。进一步的研究还表明，在各种动态信号内部，存在着功能特征子波的并发、同步、协同和因果关系律等关联特性，应当充分挖掘利用功能特征子波之间的这种互关联性质，实现信号高效、快速的处理。

任何一个方法都不是万能的，都存在自身的局限性。了解每一种信号处理方法的优缺点，是充分发挥各种信号处理方法的长处，实现工程信号准确、有效、快速处理的前提。模式滤波法可以很好地满足信号建模时在基函数（或信号模型）选择上的三项基本要求，但在目前也存在着面对最优分解获得的大量时频子波，如何实现快速、高效、准确的时频子波分类整理、信号重构和信号分离的问题，这个较为复杂的问题极大地制约了该方法在工程信号处理中的推广应用。因此，本书接下来就模式滤波法在工程信号处理中的相关情况做一个基本的介绍。

1.2　信号处理的模式滤波法

1.2.1　信号的模式滤波法表征

在文献[2]中介绍了信号处理的模式滤波法。该方法就是试图从信号的物理特性出发建立合理的信号基本单元操作模型,将信号分解为由一系列这些操作单元表示的子信号(在声信号处理中被形象地称为功能特征子波,或时频子波)。操作单元的基本表达形式如下:

$$y(t) = f(A, \alpha, t) \times g\left(\sum_{i=0}^{n} \beta_i \times t^{i-1}\right) \tag{1-1}$$

式中,f 是调幅函数,g 是调频函数。从具体的物理含义出发可以认为 A 是振幅;α 是衰减因子,s^{-2};β_i 为系数,其中 β_0 为初始相位,rad;β_1 为角速度,rad·s^{-1};t 为时间,s。为了降低处理的难度,一般取 $n \leqslant 2$。

本书称式(1-1)的 A,α,β_0,β_1,$\cdots$,β_n 系数为信号的功能特征系数。采用如下形式的操作单元表达式,并将该操作单元看成是特征功能信号的基本表达式,简称为功能特征操作单元或功能特征操作子,相应的信号波形被形象地称为功能特征子波,或称时频子波。

$$y(t) = A e^{-\alpha(t-t_0)^2} \times \cos(\beta_0 + \beta_1(t-t_0) + \beta_2(t-t_0)^2) \tag{1-2}$$

式中,$\alpha \geqslant 0$。

1.2.2　管柱振动的模式滤波法描述

1) 管柱振动的模式滤波法表征

文献[2]和文献[3]中介绍了一个管柱纵向振动信号分析的实例,具体如图 1-5 所示。在一端固定、另一端为自由端的情况下,在自由端作用一个力 F,在 $t=0$ 时释放,可以推导得到管柱的纵向振动方程为

$$u(x, t) = \frac{8FL}{\pi^2 EA} \sum_{n=1}^{\infty} \frac{(-1)^n}{(2n-1)^2} \sin \frac{(2n-1)\pi x}{2L} \cos \frac{(2n-1)c\pi t}{2L} \tag{1-3}$$

式中,E 为材料的弹性模量,Pa;A 为管柱横截面积,m^2;F 为自由端所受的作用

力,N;L 为管柱的长度,m;t 为时间,s;x 为管柱自由端的振动位移,m。

由式(1-3)可知,管柱纵波振动是无穷多个不同频率简谐波的叠加。对应前三阶的主振型函数为

$$U_1(x) = \frac{8FL}{\pi^2 EA} \sin\frac{\pi}{2L}x, \ U_2(x) = \frac{8FL}{9\pi^2 EA} \sin\frac{3\pi}{2L}x, \ U_3(x) = \frac{8FL}{25\pi^2 EA} \sin\frac{5\pi}{2L}x$$

显然,随着 n 增大,对应主振型函数的振幅迅速减小,具体如图 1-5(b)所示。

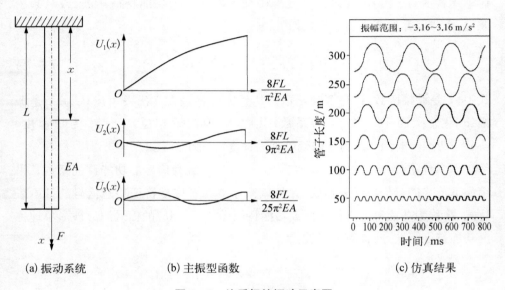

(a) 振动系统　　　　　(b) 主振型函数　　　　　(c) 仿真结果

图 1-5　均质杆的振动示意图

由管柱纵向式(1-3)可知,无论是振型函数,还是振动的周期大小,都与管柱的长度 L 成反比。某一时刻声信号的特征功能子波实际上是振型函数和时间周期函数的综合作用的结果,同样与管柱系统的尺度 L 成反比。图 1-5(c)是取管柱内径 $d_i = 108$ mm,管柱外径 $d_o = 127$ mm,管材密度 $\rho = 7.85$ g/cm^3,弹性模量 $E = 2.01 \times 10^{11}$ Pa,管端受力 $F = 10\,000$ N,取不同的管柱长度 L,在管柱中部 $L_m = L/2$ 处进行理论计算获得的结果。针对图 1-5(a)不同管柱结构的振动系统,式(1-3)各振型函数严格遵循这种比例关系。随着管柱长度增大,管柱振动频率迅速下降。

如果采用式(1-2)来对式(1-3)进行模式滤波建模表征,则有如下结果:

$$\begin{cases} \alpha_n = 0 \\ A_n = \dfrac{(-1)^n}{(2n-1)^2} \dfrac{8FL}{\pi^2 EA} \sin \dfrac{(2n-1)\pi x}{2L} \\ \beta_{0n} = 0 \\ \beta_{1n} = \dfrac{(2n-1)c\pi}{2L} \\ \beta_{2n} = 0 \end{cases} \qquad n = 1,2,3\cdots \qquad (1\text{-}4)$$

由式(1-4)可知,参数 a_n、β_{0n}、β_{1n}、β_{2n} 为常数;A_n 取值与时间无关,随位置的不同而不同。按照 n 的不同对时频子波参数进行系列分类处理。由此可见,声信号的功能特征子波式(1-1)或式(1-2),以及以功能特征子波为基本工具的模式滤波法,可以非常理想地实现对振动问题的描述。

2) 管柱振动问题的分频处理

式(1-3)是在理想的条件下获得的管柱振动方程,如图1-1和图1-2所示,实测声信号会受到检测系统和环境的大量干扰;任何单一频率谐振信号的频谱也不是一条理论谱线,而是一个分布。图1-6就是一个金属锤在钢管上轻轻敲击时采集的钢管振动信号及其对应的频谱图形。由于没有进行管柱垂向的固定处理,故而在敲击的一开始会随敲击位置的不同产生一个向上(或向下)的瞬间加速度波动,这一波动会在振动信号频谱图的低频区产生很大的起伏。钢管自身受激发产生的振动信号频谱具有倍频特征。这种倍频特征的倍频频率数值

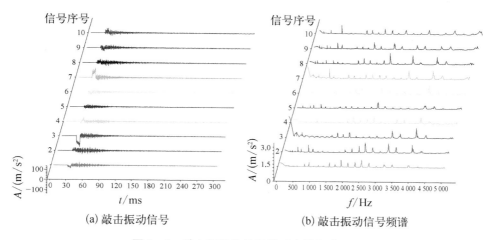

(a) 敲击振动信号　　　　　　　　　(b) 敲击振动信号频谱

图 1-6　敲击振动信号及其对应的频谱图形

较为恒定,但随敲击位置的不同会导致倍频振幅分布发生很大变化。除此之外,钢管在底部受到两个支点的支撑作用,当管柱振动波传播到这两个支点上时,会产生振动反射,这些振动在频谱图的中低频段也会有明显的呈现。

结合声信号频谱分布的特征,本书提出了信号分频的概念。也就是说,根据振动信号频谱的实际分布及处理问题的需要,将这些信号按照一个个特征频段为单位进行分频处理,对信号进行升维。如果将频谱图形划分成为 n 个频段,也就是说将信号进行 n 维的升级处理,然后利用分维信号在时间上的同步性、并发性,以及信号成分的因果关联等特征进行汇聚和合并处理,由此来实现声信号的有效分离。

尽管进行了信号的分频处理,但采用频谱的方式处理是一件非常烦琐的事情。因此,本书引入系列时频子波的概念,用式(1-1)、式(1-2)的功能特征子波来表达这些分频信号,以便简化问题的表达,由此就有了本书研究的主要内容与相关的研究成果,具体可参见第 2.5 节和第 5、6 章的介绍。

3) 基于频率开展子波分解的问题

由于信号的模式滤波分解是通过子波频率来实现的,而子波频率的初值是通过信号的傅立叶变换或最大熵谱的方法来确定的。一旦子波频率出现偏差,就会在一定程度上造成信号分解结果的偏差。这种偏差导致的两种最常见的表现介绍如下。

(1) 低频成分的消失。

在进行信号模式滤波处理过程中,存在的一个难以解决的问题是低频成分的消失,或者是假低频成分的形成,这些现象在实际的物理信号世界中普遍存在。例如,假定一个由两种频率成分组成的信号:

$$y(t) = 10 \times e^{-0.05(t-10)^2}(\cos(0.05 \times (t-10)) + \cos(20 \times (t-10)))$$

$$(1-5)$$

式中,t 为时间,ms。

采用采样率为 20 000 Hz,在 0~35 ms 的范围内进行信号采样。对采集得到的信号进行模式滤波法分解处理,可以获得表 1-1 的结果。从表中可以看出,经过信号的模式滤波分解后,$\beta_2 = 0.05$ rad/s 的低频信号成分消失。对不到 35 ms 的信号段进行模式滤波分解,在原来的高频 $\beta_2 = 20$ rad/s 成分中,分解后子波 β_2 在 19.030 8~22.607 4 rad/s 之间波动,时频子波数量多达数十个。

表 1－1 式(1－5)振动信号的模式滤波分解结果

序　号	α	β_2	β_1	t_0	A
1	0.297 6	19.991	0.211 5	4.40	0.171 5
2	0.368 4	20.357	0.159 5	6.40	−0.472 6
3	0.097 9	20.682	0.522 5	9.40	0.842 8
4	1.049 3	20.628	−0.124 9	9.60	−0.306 6
5	1.666 7	20.961	−0.189 4	12.20	−0.205 1
6	0.184 8	20.445	−0.070 7	12.50	2.927 4
7	0.091 2	19.706	0.466 1	12.50	−0.417 2
8	1.194 9	20.703	0.314 7	14.40	0.315 1
9	0.091 2	20.355	−0.208 7	14.60	−3.870 9
10	0.935 7	20.827	0.313 0	16.70	0.303 2
11	0.091 2	20.244	0.002 8	16.70	0.541 7
12	0.731 1	22.607	0.428 2	19.00	0.125 6
13	1.986 8	20.404	−0.064 3	19.90	0.408 9
14	0.348 2	20.115	−0.193 1	20.00	2.165 2
15	0.091 2	19.996	−0.384 9	20.10	5.910 7
16	0.999 0	20.035	−0.231 4	21.90	0.344 5
17	0.947 8	19.685	−0.410 5	24.00	0.158 4
18	0.091 2	19.120	0.137 2	25.40	−0.616 5
19	0.091 2	19.875	0.213 5	25.60	−3.552 0
20	1.388 3	19.031	0.342 9	27.10	0.110 4
21	2.056 7	19.376	0.281 3	29.30	−0.141 0
22	0.091 2	20.329	−0.149 6	30.30	−0.274 2
23	0.143 4	19.870	−0.464 8	30.30	−0.477 4
24	0.107 6	19.508	0.060 3	31.70	0.344 0
25	0.501 6	19.746	0.015 5	32.00	−0.114 2
26	0.153 3	19.933	0.112 8	34.70	−0.305 1

实践表明,信号分解产生的低频成分消失是一种普遍现象。当两种混叠成分所产生的物理现象可以被某种连续变化的物理过程替代时,就有可能会发生这种现象。

(2)假低频成分的产生。

与上述介绍的处理结果相反,在某些情况下也会出现信号模式滤波分解的假低频成分子波,尤其是当信号的振动频率高于信号采样率,或者是振动对象出现故障、损伤和裂缝时。例如,图1-7所示就是当信号频率高于采样率时,在传感器上采集的离散信号采样结果。

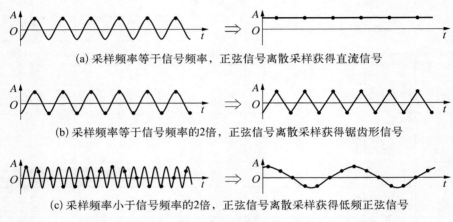

(a) 采样频率等于信号频率,正弦信号离散采样获得直流信号

(b) 采样频率等于信号频率的2倍,正弦信号离散采样获得锯齿形信号

(c) 采样频率小于信号频率的2倍,正弦信号离散采样获得低频正弦信号

图1-7 信号频率高于采样率时离散信号的采样结果实例图形

本书的5.1.3中介绍了由于PVC管①柱存在损伤,导致在敲击振动期间由损伤作用产生高频振动现象,这种高频振动在日常的时频分析中往往被误解为假低频振动成分。在进行PVC管敲击振动信号的模式滤波处理中,由于模式滤波法具有一定的信号自我修复能力,故而在分频段主子波分布的高频段中会形成特殊的分布现象。

由此可见,在进行工程信号处理过程中,需要结合振源、传播介质、传感器和信号处理系统的特性,开展针对性的处理,以便对信号进行去伪存真的处理,并提取得到各个环节各种真实、有用的信息。

---

① 一种韧性强、耐热性佳、延展性好的管材产品。

1.3　本书的结构

本书的后续章节具体安排如下：

第 2 章介绍了管柱敲击振动测试系统的基本原理与组成、管柱敲击测试流程、振动信号的采集整理，以及 PVC 管柱和管柱敲击振动信号时频分析与特征提取，分析了管柱振动波的传播过程与衰减规律。在此基础上，开展了敲击振动信号分频段信号分析，以及分频段信号包络曲线的分类处理，从原理上阐明了单通道振动信号分离的可行性和可靠性。

第 3 章以管柱振动波传播的反射、透射理论为基础，建立了管柱振动波传播模型，开发了相应的管柱振动波传播 Delphi 仿真软件，并以此模型为基础，开展了不同结构的管柱在不同传播速度、衰减系数、透反射系数等参数下，振动波传播变化规律的系统研究与仿真分析，揭示了敲击振动信号波形的形成变化过程与量变规律。在此基础上，实现了无损 PVC 管和管柱振动波传播速度的确定和振动波衰减系数的初步计算。

第 4 章介绍了敲击振动信号主子波的概念，开展了 PVC 管振动信号时频子波特征的详细分析，并提取得到 PVC 管的特征时频子波，获得了时频子波典型的"$\omega - \alpha$"平面音效分区图，实现了各种特征信号的分离处理。

第 5 章开展了管柱振动信号的分频段模式滤波处理，提出了分频子波包络曲线的概念，利用分频子波包络曲线实现了各种分频段信号的分类汇总处理。开展了分频主子波的分布特征分析，介绍了有损伤 PVC 管敲击振动信号的高频段主子波分布特征，不同类型的钢管振动信号分频主子波的分布规律，从而为实现敲击振动信号建模创造了条件。

第 6 章系统地总结了第 3 章～第 5 章各章的研究成果，在此基础上提出了进行管柱敲击振动信号模式滤波法处理的流程，使信号处理的模式滤波法成为一个可以定量化操作的信号处理方法。在此基础上，提出了管柱敲击振动信号建模的处理流程，并且以管柱为例，介绍了敲击振动信号通用模型的建模处理过程。

第 7 章以管柱动力学理论为基础，利用有限元方法建立了钻井管柱（以下简称"钻柱"）振动信号的仿真模型，在此基础上实现了钻柱动力学仿真，以及受外部激励作用下钻柱振动的系统仿真分析,从力学角度出发分析了钻柱振动信号的形成机制、变化规律和量化特征。

第 8 章为全书的研究总结与对本专题研究的展望。

第2章
管柱敲击振动实验与信号时频结构分析

2.1 引言

敲击是一门大学问。从各个侧面和不同的观察角度来看,敲击可以是工具、是媒介、是钥匙,敲击更是许多人的谋生手段。敲击已经成为音乐、装配、维修、检测等众多领域的一项极为重要的技艺和技术。声诊是中医闻诊的重要组成部分,《难经》曰 : 望而知之谓之神,闻而知之为之圣,问而知之谓之工,切脉而知之谓之巧。无论是神、圣、工、巧,都离不开敲击之大用。可以说世界诸事都离不开敲击,任何一个领域与工种都离不开敲击的作用。

依靠物理敲击的方法而发展起来的一项无损检测技术,隶属于声振检测技术的范畴。它是通过与被检结构已知的振动时间、幅值大小以及振动衰减率的比较,从而获知被检测对象中是否存在破损与缺陷。目前,敲击检测技术已经成为应对薄壁结构和浅层损伤最快捷有效的无损检测技术之一,已经被广泛地应用在机械设备故障诊断,噪声与振动控制,果蔬品质与成熟度,禽蛋类裂缝和鱼类数量监测,岩土工程勘察与地质勘探,建筑物完整性测试与结构健康监测,以及医疗等众多的领域中,发挥着越来越大的作用。

就来源而言,敲击可以分为主动敲击和被动敲击两大类。主动敲击主要用于被测对象的状态检测、故障诊断、结构组成和完整性识别;被动敲击主要用于振源的识别与定位。无论是主动敲击,还是被动敲击,当被检测件结构存在缺陷或损伤时,物体的机械振动特征都会发生一定的变化。根据被检测物体的振动形式,敲击检测法又可以分为整体敲击检测和局部敲击检测。整体敲击检测法也被称为车轮敲击检测法。实际上古人们很早就采用敲击法来判断瓷器、陶器等物品中是否存在裂纹损伤。采用敲击法检测车轮、瓷器和陶器的完整性,通常只用小锤敲击被检测物品局部的一点,然后根据敲击回声和反作用于小锤的力,来判定其结构是否完好,测试人员的状态和经验起到非常大的作用,主观性强,易造成漏判和误判。

局部敲击检测则利用敲击位置的局部振动特性来反映构件的局部状态。1988 年,Cawley 与 Adams 在局部敲击检测领域做了开创性的工作,他们根据损伤处刚度的变化,提出了对铝梁分层、脱黏进行识别的局部敲击检测的方法和理论。在此基础上,Cawley 等选取复合碳纤维面板为研究对象,对硬币敲击检测方法的原理、模型及判定标准开展了深入细致的研究。P K Raju 等则是用声发射探头作为接收传感器,来接收敲击产生的局部声信号,由此提出了声学冲击技术(acoustic impact technique,AIT)的理论。1990 年,Mackie 等采用数值分析的方法,研究了硬币敲击作用下粘接结构界面的响应。2000 年,Peters 等研发了一种用于波音飞机复合材料快速检测和扫描的成像系统,使用内嵌换能器敲击小锤,对飞机机翼等部位进行敲击检测。Wu Huadong 和 Siegel 等开展了小锤敲击复合材料板的声振敲击实验,对采集的加速度、声音和敲击应力信号进行比较研究,提出了一种融合力时程和声信号的结构损伤诊断方法。2006 年,Baglio 和 Savalli 提出了一种基于压电材料和模糊计算信号处理技术的智能传感器,通过分析敲击后局部的黏弹性响应来监测材料的状态,并在碳环氧复合材料试件的几种破坏形式监测中取得了良好的效果。2014 年,J Gryzagoridis 等将数字敲击检测成像技术用于检测整体式和夹芯式复合材料的内部缺陷。2018 年,A S Wheeler 等利用数字敲击检测仪对桥梁结构中的碳纤维复合材料,进行损伤检测与损伤修复工作,效果良好。Kong 等提出了一种基于敲击叩诊法的螺栓松动程度无损监测方法,将声信号的功率谱密度作为特征参数,建立基于决策树的有监督机器学习模型,用于评估螺栓的松动程度,方法简单易行,监测精度高。

随着复合材料的大规模使用,国内也涌现出一批致力于敲击无损检测工作的科研工作者。20 世纪 90 年代,冷劲松等首次将敲击检测法应用于火箭发动机内衬层脱黏检测,通过记录敲击应力持续时间来区分内衬层的正常和缺陷位置。郭秀琴结合敲击振动信号的时域与频域分析法,将局部敲击检测方法应用到了大型建筑基桩质量检测中。2007 年,闫晓东设计开发了一套用于飞机结构黏结材料无损检测的智能敲击检测系统。2010 年,冯康军等采用小波分析的方法处理敲击振动信号,分析了智能敲击检测系统对分层和裂纹两类复合材料主要损伤的辨识能力。2012 年,王铮等将敲击检测方法应用到了雷达天线罩质量检测中,分别采集声信号和振动信号进行对照实验与对比分析。2014 年,陶鹏利用现场可编程门阵列(field programmable gate array, FPGA)技术设计制作了局部敲击检测仪,将局部敲击检测方法应用到了风力发电设备叶片损伤检测中。在此基础上,陈华华通过加装声信号采集装置,使用 BP 神经网络对力信号和声信号进行脱层融合检测诊断的同时,也实现了脱层深度和面积的识别。2018 年,梁钊提出了基于敲击振动信号能量特征的刹车片内部缺陷检测方法。郭开龙选用敲击接触应力持续时间和频谱分析特征作为损伤评判特征参量,将局部敲击检测方法有效地应用到古建筑木构件损伤检测中。李瑾行等利用墙体内有(无)管道时的刚度变化,提出了一种基于敲击声信号的墙体内管道探测方法。针对以短时傅立叶变换、小波变换、离散小波包变换、变分模态分解为代表的敲击振动信号分析技术上的不足,刘利平等结合最大重叠离散小波包变换和时频分帧能量熵,提出了适合于陶瓷制品敲击声波信号特征识别的特征提取方法。近年来在食品、农产品品质无损检测中,基于声振动力学特性的水果和禽蛋类完整性检测的研究,一直是人们关注的热点。

在被动敲击检测领域,齿轮减速箱、轴承等机械设备的振动控制和故障诊断一直是人们研究的热点。随着科学技术的进步和人们生活水平的提高,整车噪声、振动与声振粗糙度(noise vibration harshness, NVH)性能已经成为评价汽车性能的重要指标,如何降低内燃机整车振动及噪声,提升整车的 NVH 水平,也已成为近几年研究的一大热点。

对于敲击的感知与识别,都离不开敲击源、敲击传播媒介和传播途径、敲击的接收、识别与利用这一完整作用链条中的任何一环。敲击振动信号的成分、结构与组成,会直接影响到敲击振动信号的传播与作用的结果。信号传播媒介也会对传播过程中的信号进行信号成分过滤与整形。敲击振动信号与环境噪声一起被传感器接收,如何实现信号与噪声的分离、识别,是摆在信号处理工作者前面的一个首先需要解决的问题。为此,本书将围绕管柱的敲击振动问题开展系统的室内实验测试,并结合管柱振动信号的敲击仿真实验,来搞清楚管柱敲击振动的一些基础性的问题。

2.2 管柱敲击振动实验测试介绍

2.2.1 管柱振动实验台与实验设备

为了开展管柱振动的实验研究,本书建立了如图 2-1 所示的管柱测试实验系统。该系统用来采集 PVC 管、木棒、岩石棒,以及铝、铁、铜等各种金属材质管的敲击振动信号。

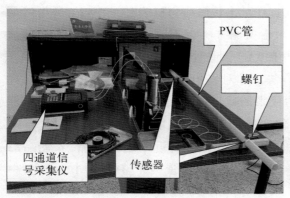

(a) 多通道PVC管声信号采集系统　　　　　　(b) 管柱实验测试用传感器

(c) 多通道钢管声信号采集系统　　　　　　(d) 敲击工具

图 2-1　多通道声振采集及管柱敲击振动测试系统

本实验采用 AWA6290A 多通道声信号采集仪和 CoCo80 多通道声信号采集仪来采集管柱受敲击产生的振动信号,每个通道振动信号的采样率为 10 kHz,管柱布置与传感器设置如图 2 - 1(a)、图 2 - 1(b)所示。

本次实验采用 2 根长 1.5 m、外径 2 cm 和长 2 m、外径 3 cm 的空心 PVC 管,以及长 3 m 的碳素钢管。图 2 - 1(c)就是 CoCo80 四通道声信号采集系统。图 2 - 1(d)是实验过程中选取敲击管柱的四种敲击工具——钻头、螺钉、油性笔和计算机隔尘封条。通过人为定点敲击,采集得到两个或三个通道振动信号和一个通道的声信号。

为了简化实验装置和实验研究的对象,本书以图 2 - 1 的有两个软硬不同的支点对圆管柱进行支撑,且管柱垂直向上运动不受约束的简化模型,以此来开展管柱敲击振动问题的实验测试。

2.2.2　管柱振动基本参数

实验过程中管柱组合模型参数如表 2 - 1 所示,表 2 - 2 为开展仿真研究时管柱振动系统基本参数。在没有特别注明的情况下,表 2 - 2 就是 PVC 管或钢管敲击仿真系统的默认数值。

表 2 - 1　管柱组合模型参数

序号	管柱编码	名称	内径/cm	外径/cm	长度(位置)/m	反射系数	透射系数
1	1	管柱	17	20	0.5		
2	2	接头	17	20	0	0.005	0.995
3	4	孔眼	0.000 5	0.03	0.1	λ_1	μ_1
4	4	孔眼	0.000 5	0.03	0.6	λ_2	μ_2
5	4	孔眼	0.000 5	0.03	0.7	λ_3	μ_3
6	4	孔眼	0.000 5	0.03	0.9	λ_4	μ_4
7	1	管柱	17	20	1.5	0	1

表 2-2　管柱振动系统基本参数

序号	名　称	数　值	序号	名　称	数　值
1	弹性模量/Pa	2.06×10^{11}①/ 3.20×10^{9}②	12	衰减系数/m^{-1}	0.005
			13	空气声速/(m/s)	360
2	管材密度/(g/cm^3)	7.85①/1.12②	14	截止数值	5.00×10^{-4}
3	传播速度/(m/s)	6 500①	15	采样率/Hz	10 000
4	仿真时间/s	0.05	16	传播速度下限/(m/s)	600
5	仿真步长/s	0.000 1	17	传播速度上限/(m/s)	7 000
6	敲击位置	1.2	18	衰减系数下限/m^{-1}	0.000 1
7	敲击时间/s	0	19	衰减系数上限/m^{-1}	1.000 0
8	敲击方向	垂直管柱轴线	20	传感器位置1/m	0.95①/0.5②
9	敲击强度	1	21	传感器位置2/m	1.65①/1.2②
10	反射系数	0.005	22	传感器位置3/m	2.25①
11	透射系数	0.995			

注：① 为钢管参数；② 为PVC管参数。

　　为了详细考察管柱在受敲击时产生的振动,本书从管柱的某一端开始,每隔 5 cm 标定一根管柱的受击点。采用两通道或三通道的振动传感器,分别置于离管柱起始端 0.5 m 和 1.2 m 处(2 m 长 PVC 管),或 95、165、225 cm(3 m 长钢管)处,来测量该点处管柱垂直方向的横向振动。使用螺钉、车床钻孔用钻头、油性笔等来轻轻敲击管柱,激发管柱产生振动。敲击的方式分为管柱左侧击、右侧击和在管柱的上部敲击三种方式。为了减少由于过大的敲击力产生的额外干扰,在敲击时尽量控制敲击的力度。图 2-2 所示就是在不同标定位置上以左侧击、上侧击和右侧击三种方式敲击,在 1♯ 传感器上测量得到的 PVC 管振动信号及频谱。

　　从图 2-2 可以看出,虽然每次敲击时力度会有差异,但在每次敲击都保持尽可能相同敲击力的情况下,在不同点敲击测量得到的固定测点的振动信号并不是离敲击点越远,振动信号的强度就越弱,而是随着敲击距离的不同呈现出有规律的起伏变化。初步的分析表明,这种起伏变化与管柱的长度、敲击点位置、振动波传播速度、振动波沿管柱传播时的衰减系数等因素有关。采用本书第 3 章介绍的方法,可以很好地实现敲击管柱振动信号的这种有规律变化的仿真预测,图 2-2(d)就是建立在 3♯管柱振动信号模型基础上,进行某批次管柱

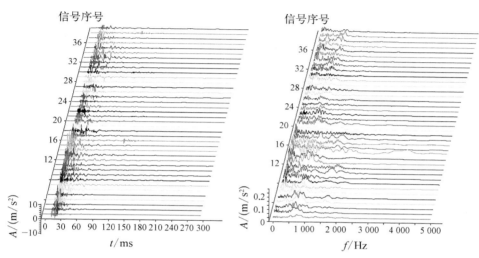

(a) 左侧击 1♯通道振动信号及频谱

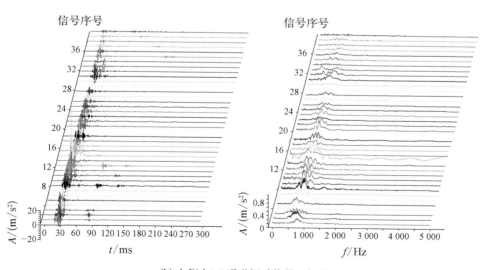

(b) 上侧击 1♯通道振动信号及频谱

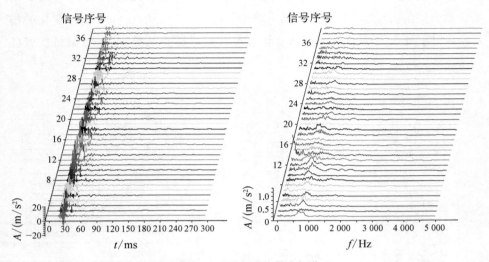

(c) 右侧击1♯通道振动信号及频谱

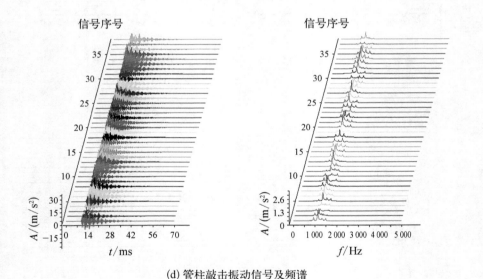

(d) 管柱敲击振动信号及频谱

图 2 - 2　不同测点管柱敲击振动信号及频谱

敲击仿真振动获得的 0.5 m 测点处（1♯通道）管柱的振动信号及频谱图形。
图 2 - 3 是在管柱存在程度不同损伤的情况下，在 5 cm 处敲击有损伤的 ϕ3 cm
管柱在 1♯通道采集的振动信号。

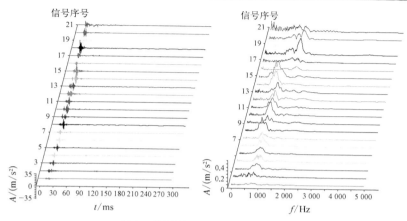

(a) 5 cm 处左侧击 1# 通道振动信号及频谱

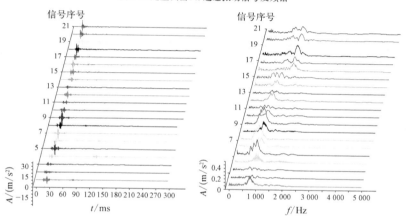

(b) 5 cm 处上侧击 1# 通道振动信号及频谱

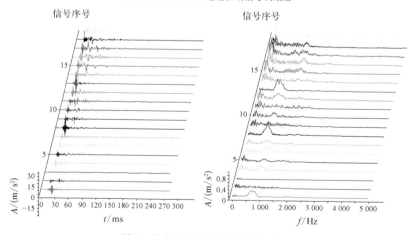

(c) 5 cm 处右侧击 1# 通道振动信号及频谱

图 2 - 3　5 cm 处敲击有损伤的 φ3 cm 管柱在 1# 通道采集的
　　　　敲击振动信号及频谱

2.3 PVC 管振动信号时频分析

2.3.1 PVC 管振动信号的基本描述

当管柱受到敲击时会产生各种冲击波。在这些冲击波中,理论上最先达到的是运动速度最快的纵波振动,随后是支座冲击反射、横波振动、振动波的反射、透射、衍射等的叠加,管柱与支座之间的摩擦以及外部的干扰等。由于管柱传播速度未知,首至波实际上是很难直接辨别与分离的,实际测量得到的振动信号往往是各种振动成分的叠加与综合。

例如,图 2－4(a)所示就是在 5 cm 处左侧击,在管柱损伤程度不同的条件下从 1.2 m 处(即 2♯通道)采集得到的信号。音频测试表明,图 2－4(a)的方框圈范围内肉眼可见的弱冲击是螺钉的二次或三次敲击;在第一个信号上还存在明显的低频波动,这是管柱自身因受外部过大冲击引发的管体横向振动。图 2－4(b)是对图 2－4(a)的信号进行时域放大后的波形。

为了更加清晰地考察管柱的振动,首先进行高低分频处理,取平滑阶数为100 进行 7 点平滑处理后,可以得到图 2－4(c)的低频段分离信号和图 2－4(d)的高频段分离信号。低频振动主要为管柱整体振动和低频冲击振动成分,高频主要为管柱内部传递的敲击振动波和小尺度损伤激发的振动成分。为了看清楚敲击振动成分,对图 2－4(c)和图 2－4(d)的所有信号进行大小一致化处理后,得到图 2－4(e)和图 2－4(f)。从图上可以看出,在同一个测点测量同一敲击点产生的振动信号,振动信号波形变化具有较好的可比性。

以上是三种敲击方式获得的振动信号初步分析图形。从图上可以看出,由于左侧击与右侧击引起的支撑点的反作用比较小,管柱的低频横向振动也不强烈。而上侧击引发的管柱低频振动很明显,这是三种敲击引发的管柱振动最明显的区别。因此,在开展敲击实验时,应当控制好敲击的力度,尽可能地避免管柱跳动、摩擦位移及横向振动等引起的额外运动。

对大量敲击振动信号进行汇总对比和详细分析后,可以得出以下几点结论:

(1) 敲击振动信号的组成。通过对测量得到的振动信号进行初步的成分分析表明,管柱敲击振动信号中包含有敲击产生的振动、底座的支撑反射、敲击引发的管柱加速度刚体振动、管柱自身的横向振动,以及存在缺陷情况下管柱损伤

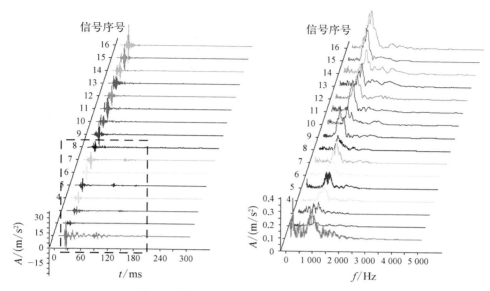

(a) 5 cm处左侧击1#通道振动信号与频谱图

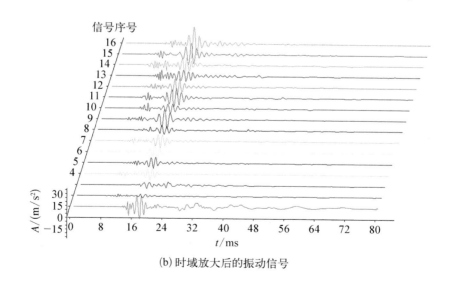

(b) 时域放大后的振动信号

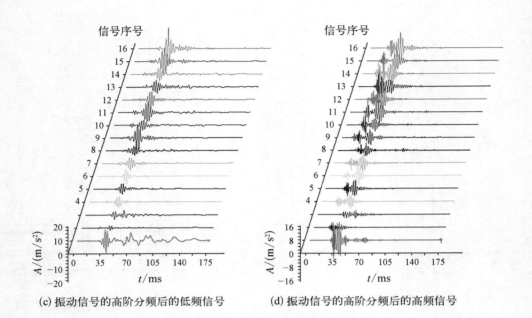

(c) 振动信号的高阶分频后的低频信号　　(d) 振动信号的高阶分频后的高频信号

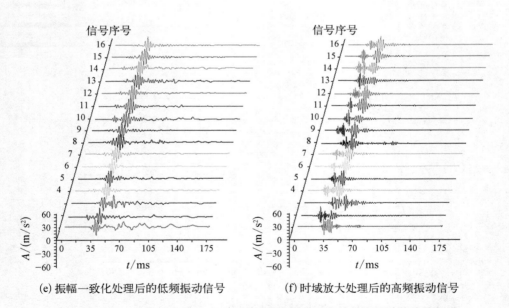

(e) 振幅一致化处理后的低频振动信号　　(f) 时域放大处理后的高频振动信号

图 2 - 4　5 cm 处左侧击 φ3 cm PVC 管在 2♯ 通道采集的敲击振动信号及频谱

的微弱振动等振动成分组成。

（2）敲击产生的冲击振动与底座支撑反射振动之间具有很好的时间间隔特征，这在高阶平滑处理后的高频振动信号中表现得尤为清晰。敲击引发的刚体振动是向左、向右或向下敲击时，引发管体整体的向上或向下的一个加速度突变运动；在振动波传导到达底座支撑点后，由支点处产生一个相反的加速度突变运动，这两个加速度突变变化为具有其特征的运动。图 2-5 所示就是这一运动的典型实例。图中随着敲击点位置的不同，管柱的刚体加速度运动呈现出正反两个方向的变化。在敲击引发管柱某个方向的突变加速度运动后，随着管柱与底座接触状态的不同，这种突变曲线也呈现出不同的变化形式。从图 2-5 中也可以看出，在前后两个加速度突变点之间的时间间隔几乎保持不变。

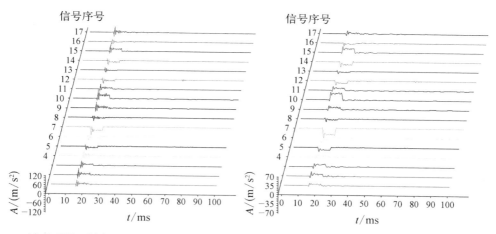

(a) 含管体刚体加速度运动特征的振动信号　　(b) 经100次高阶平滑处理后的低频振动信号

图 2-5　不同位置上侧击 φ3 cm PVC 管产生的管柱刚体加速度运动

（3）从图 2-4(f)中可以看出，敲击振动和管柱底座支撑反射等综合作用形成的管柱振动信号的能量存在很大的差异。敲击振动能量虽小，但管柱经传播叠加、底座反射后形成的管柱振动能量就大了。不同振动信号的前后两个振动之间的时间，也具有较好的一致性。

（4）管柱在敲击、支座反射等综合作用下，会导致自身的横向振动，这种形式的振动在时间上要明显晚于敲击、支座反射等其他形式的振动，而且这种振动形成后持续的时间很长，大体表现为一个含阻尼谐振运动特征的管柱自身横向振动。

（5）比较表明,含损伤和不含损伤情况下管柱的敲击振动存在着肉眼可辨的差异,但由于比较而言损伤是弱信号,由损伤导致的振动差异在波形和频谱变化上又缺乏明显的规律性特征。因此,采用时域和频谱分析这样的用整个信号时段的数据进行解剖分析的方法,是很难用损伤的定性与损伤的定量程度衡量的。

（6）在进行不同敲击振动信号的对比分析中,也可以得出以下两点普遍的结论：① 在一个敲击振动信号中,由敲击引发的同一类型的信号在时间的同步性上具有很好的体现,存在着严格的时间同步性;而不同类型的信号在 1♯ 和 2♯ 两个通道的信号比较中,振动信号在时间上的呈现往往会表现出一定的差异。② 同类信号频谱有很好的一致性,在不同的损伤程度下,同一敲击点在同一个测点测量得到的信号也具有一定的可比性。

2.3.2　PVC 管振动信号的分类

1) 敲击振动信号的频谱归类分析

研究表明,对 PVC 管进行时域波形信号的分类是一件非常困难的事情。即使在其他条件都相同的前提下,在不同时间进行敲击振动测试采集的信号也会存在波形上的差异,这种差异性会直接影响信号的分类处理,尤其是对微弱损伤信号的判断。

如果按照信号频谱进行分类,以 $\phi3$ cm PVC 管为例,采集 3 571 个敲击振动信号,对这些信号进行频谱分类处理可以获得表 2-3 所列的结果。从表 2-3 可以看出,敲击振动信号的频谱曲线具有一定的聚类能力,可以在一定程度上实现振动信号的分类处理。

表 2-3　$\phi3$ cm PVC 管敲击振动信号分类结果

序号	相关性系数	分类数量	占比/%	序号	相关性系数	分类数量	占比/%
1	0.950	1 217	34	6	0.825	261	7
2	0.925	845	24	7	0.800	196	5
3	0.900	612	17	8	0.775	162	5
4	0.875	447	13	9	0.750	120	3
5	0.850	341	10	10	0.725	94	3

　　分析表明,敲击振动信号的频谱分类结果与敲击点的位置具有强相关性。也就是说,敲击点位置不同,信号波形不同,频谱图形也不同。同一敲击点或是相近的敲击点,振动信号的波形虽有不同,但频谱相似。图 2 - 6 是频谱相关性值≥0.9 时,其中的一些分类实例。

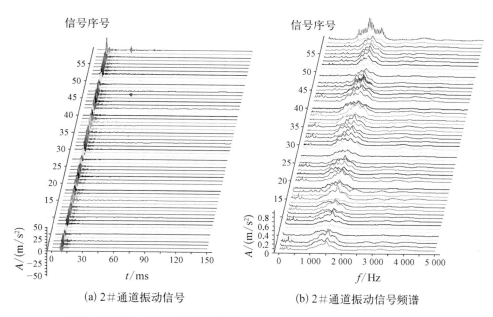

(a) 2#通道振动信号　　　　　　(b) 2#通道振动信号频谱

图 2 - 6　ϕ3 cm PVC 管敲击范围 5～20 cm 段 2#通道振动信号及频谱

　　图 2 - 6(a)是在 5、10、15 和 20 cm 处进行敲击时,在 2#通道上测量得到的传感器振动信号。这些信号的明显特征是振动信号波形集中,与其他位置测量得到的振动信号相比较,其作用时间短、波动时间范围小。说明这一敲击振动信号主要由敲击后的直达信号及由近端的反射信号所组成的。敲击后通过管柱远端的一系列透反射信号传播回到 2#通道时,信号的振动幅度已经大大衰减。

　　图 2 - 7(a)所示是在 25～40 cm 范围内的不同敲击点敲击时,从 1#通道采集的振动信号,这一振动信号的特征是具有较为连续的波形衰减变化,呈现出典型的阻尼振动变化规律。而图 2 - 7(c)是在 110～135 cm 范围内敲击时 1#通道上采集的振动信号,与图 2 - 7(a)的振动信号相比较,振动信号波形具有明显的分段特点而没有了阻尼振动连续衰减的波形特征。测试表明,即使在附近不

同的点敲击获得的振动信号,其波形也会发生很大的改变。因此,振动信号波形具有位置变化的敏感特征。另外,比较图 2-6 和图 2-7 中的振动信号频谱,也可以看出振动信号频谱也具有位置变化的敏感性特征。

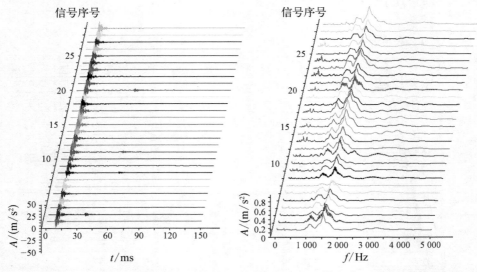

(a) 在25~40 cm敲击时1#通道振动信号　　(b) 在25~40 cm敲击时1#通道振动信号频谱

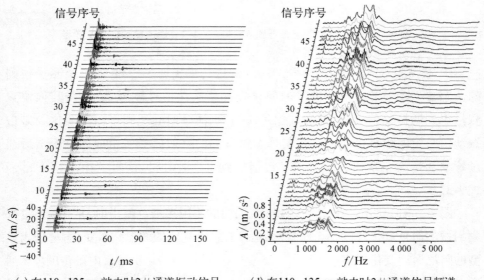

(c) 在110~135 cm敲击时2#通道振动信号　　(d) 在110~135 cm敲击时2#通道信号频谱

图 2-7　ϕ3 cm PVC 管不同位置敲击时的通道振动信号及频谱

图 2-8 所示是 $\phi 3\ cm$ PVC 管在 5~10 cm 处敲击时 1# 通道采集和在 90~110 cm 、190~195 cm 处敲击时 2# 通道采集的振动信号及频谱。从图上可以看出,在不同点测量得到的振动信号波形的振幅大小存在明显的差异,而且这种差异与敲击和测量位置之间存在强烈的敏感性,但振动信号的频谱却可以在相关性系数数值不小于 0.9 的前提下归入同一类。

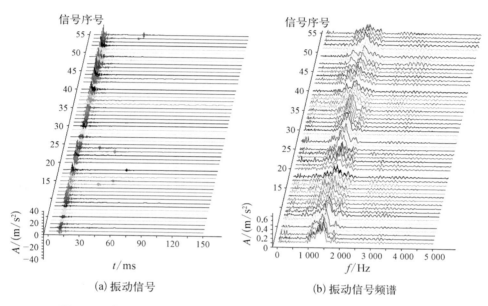

(a) 振动信号　　　　　　　　　　(b) 振动信号频谱

图 2-8　$\phi 3\ cm$ PVC 管在 5~10 cm 处敲击时 1# 通道和在 90~110 cm、190~195 cm 处敲击时 2# 通道采集的振动信号及频谱

图 2-9 所示是 $\phi 3\ cm$ PVC 管在 65~75 cm 处敲击时的 1# 通道和在 150~165 cm 处敲击时 2# 通道采集的振动信号与频谱图形。从图 2-9(a) 的振动信号波形图上可以看出,这些振动信号波形在振动的初始和后尾点上存在着明显的突变。也就是说,测点的振动加速度数值存在一个突发的瞬间波动,而且前后两点之间的加速度波动数值变化正好相反,这说明在敲击的作用下,PVC 管存在着在极短时间范围内加速度数值的突增或突降跃变现象。当这种突增或突降的加速度振动波传播到管柱支座的支撑点时,在支撑点处产生相应的反射振动波。测试表明,对于 PVC 管而言,只有在某些特殊的管段敲击时,才会产生这一加速度振动波突变运动,我们称这种运动为管柱的加速度刚体运动。敲击 PVC 管产生的管柱加速度刚体运动并不是一种普遍的现象。

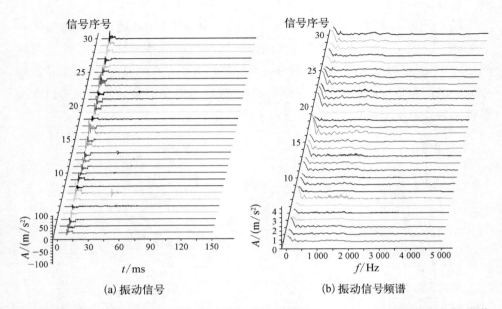

(a) 振动信号   (b) 振动信号频谱

图 2-9 **φ3 cm PVC 管在 5~10 cm 处敲击时 1♯ 通道和在 150~165 cm 处敲击时 2♯ 通道**
采集的振动信号与频谱图形具有管柱加速度刚体运动特征的振动信号及频谱

2) φ2 cm PVC 管敲击振动信号的频谱特征

对比图 2-6~图 2-9 的振动信号频谱图形可以看出,敲击振动信号的频谱
主要分布在 1 000~2 000 Hz 范围内,信号主频在 1 500 Hz 点附近。另外,管柱
的振动也包含振动幅度不是很大的管柱自身的横向振动,管柱自身振动的主频
在 250 Hz 附近波动。

管柱做加速度刚体运动时会明显改变管柱振动信号的频谱图形,低频振动
成分显著增长,具体情况如图 2-9(b)所示。管柱的加速度刚体运动与管柱自
身横向振动混叠在一起,很难进行直接的分离。而敲击振动成分的频谱分布较
为独立,与管柱的加速度刚体运动和管柱自身振动这两种管柱振动形式可以实
现较为容易的分离处理。

3) φ2 cm PVC 管振动信号的频谱分类处理

以 φ2 cm PVC 小管为例,对实测敲击振动信号进行分类处理。图 2-10
(a)、图 2-10(b)就是采用图 2-1 的实验方案,在 50 cm 和 70 cm 处敲击 PVC
管的实测敲击振动信号及频谱。

对上述信号及频谱按照互相关性系数的高低进行分类,图 2-11(a)是对信
号频谱进行分类汇总显示的前 5 个分类结果。其中,曲线序号 1~24 为第 1 类,

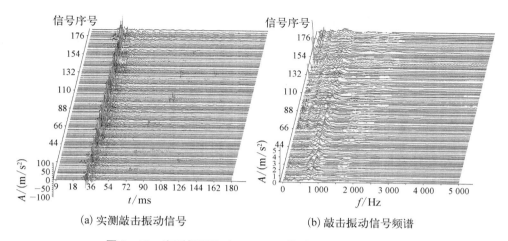

(a) 实测敲击振动信号　　　　　　(b) 敲击振动信号频谱

图 2 - 10　实测得到的 $\phi2\,\text{cm PVC}$ 管敲击振动信号及频谱

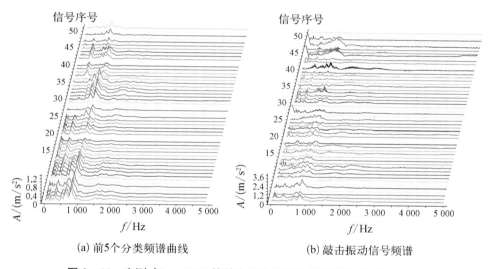

(a) 前 5 个分类频谱曲线　　　　　　(b) 敲击振动信号频谱

图 2 - 11　实测 $\phi2\,\text{cm PVC}$ 管敲击振动信号分类频谱和典型频谱曲线

$25\sim35$ 为第 2 类，$37\sim40$ 为第 3 类，$41\sim44$ 为第 4 类，$45\sim51$ 为第 5 类。表 2 - 4 就是取相关性系数下限为 0.95 时，对信号频谱曲线进行分类汇总的部分结果，并最终将这些频谱曲线归总为 80 个类型。如果取相关性系数下限为 0.925，则可以将图 2 - 10(a) 中的 184 个信号归并成为 51 个类型。图 2 - 11(b) 就是这 51 个典型的频谱分类的曲线图，典型信号频谱是下一步进行敲击振动信号建模的一个重要参考指标，可以采用适当的高阶平滑处理来消除频谱曲线中的毛刺和波动现象,以便进一步提高信号的分类归并效果。另外,比较 $\phi 3\ cm$ 和 $\phi 2\ cm$ PVC 管的测试结果可知,管径和长度不同,信号不同,两管的敲击振动信号和频谱都存在明显的差异。

表 2 - 4　$\phi 2\ cm$ PVC 管敲击振动信号频谱分类结果

序号	信号序号	通道序号	敲击序号	频谱分类	频谱相关性	序号	信号序号	通道序号	敲击序号	频谱分类	频谱相关性
1	359	2	1	1	1.000 0	21	365	2	2	21	0.966 1
2	359	3	1	2	1.000 0	22	365	3	2	9	0.977 3
3	359	2	1	38	1.000 0	23	365	2	2	3	1.000 0
4	359	3	1	24	1.000 0	24	365	3	2	26	1.000 0
5	360	2	1	39	1.000 0	25	366	2	3	3	0.966 5
6	360	3	1	40	1.000 0	26	366	3	3	9	0.973 3
7	360	2	1	3	0.978 3	27	366	2	3	3	0.954 2
8	360	3	1	9	0.951 3	28	366	3	3	9	1.000 0
9	361	2	2	3	0.974 7	29	367	2	1	10	0.983 1
10	361	3	2	5	0.959 7	30	367	3	1	14	1.000 0
11	361	2	2	21	1.000 0	31	367	2	1	10	1.000 0
12	361	3	2	9	0.964 7	32	367	3	1	14	0.987 1
13	363	2	3	41	1.000 0	33	368	2	2	18	1.000 0
14	363	3	3	42	1.000 0	34	368	3	2	5	0.953 3
15	363	2	3	31	1.000 0	35	368	2	2	46	1.000 0
16	363	3	3	32	1.000 0	36	368	3	2	47	1.000 0
17	364	2	1	43	1.000 0	37	369	2	3	27	1.000 0
18	364	3	1	44	1.000 0	38	369	3	3	48	1.000 0
19	364	2	1	45	1.000 0	39	369	2	3	18	0.989 6
20	364	3	1	24	0.963 9	40	369	3	3	5	0.984 1

　　注:通道序号 1 为声信号;2 为第一个振动通道(即 1♯振动);3 为第二个振动通道(2♯振动)。敲击序号 1 为管柱左侧击;2 为管柱右侧击;3 为管柱上侧击。

从图 2-11 可以看出,敲击振动测试具有良好的可重复性,测试实验十分可靠。在获得了敲击振动信号频谱典型分类曲线后,将这些典型曲线保存入库,以备后用。

2.4　钢管振动信号时频分析

2.4.1　敲击振动信号时域特征分析

图 2-12 所示的是在 5~300 cm、间隔为 5 cm 的 60 个指定敲击点,用计算机隔尘封条敲击钢管时,分别在 95 cm(1♯通道)、165 cm(2♯通道)和 225 cm(3♯通道)这 3 个通道上采集的钢管垂向振动信号。与图 2-6~图 2-9 的 PVC 管相比较,钢管敲击振动信号的频谱发生了明显的变化。PVC 管的敲击振动波在管柱中衰减很快,在 2 m 的管柱内振动波旅行一次就已经产生很大的衰减,因此相应的敲击振动信号具有撞击、冲击的振动特征。而钢管内的敲击振动波衰减小,传播速度快,在 3 m 的管柱内,多次来回地振动旅行,其振动波依旧具有较大的振幅,由此形成的管柱敲击振动信号具有阻尼振动的波形特征,在频谱图形上也表现出很强的倍频特征。由此可见,可以利用管柱振动信号的频谱特征,来直接分辨不同管材的管柱。

从图上也可以看出,钢管敲击产生的管柱加速度刚体运动明显要比 PVC 管强烈。PVC 管只有在特定的区域敲击才会产生管柱的加速度刚体运动,而钢管几乎每一次敲击都能够在管柱上激发起大小不等的加速度刚体运动。分析图 2-12 各个通道的振动信号,可以发现,通道之间最大的差异就是在不同的位置上管柱的加速度刚体运动的方向、波形、幅度等参数数值各不相同。

沿着整个管柱考察,可以看出这种刚体运动也具有一定的敲击位置关联特征。图 2-13 就是不同敲击工具敲击钢管时振动信号最大振幅的变化与对应的敲击位置进行三维图形的显示结果(其中,图中的信号序号请参见表 2-5 的说明)。从图上可以看出,采用尽可能相同的敲击力敲击管柱,钻头和螺钉激发的振动信号振幅最大,其次为计算机隔尘封条(也称为刮片,下文同)的敲击,而水性笔敲击管柱产生的振幅最小,这表明敲击工具的表面硬度越高,在相同的敲击力下激发的振动就越强。表 2-6 就是不同敲击工具产生的振动信号时域参数统计。

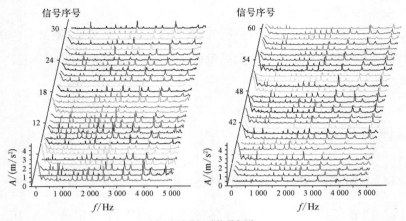

(a) 1#通道振动信号频谱

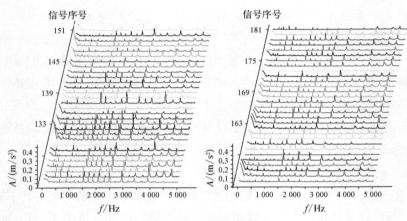

(b) 2#通道振动信号频谱

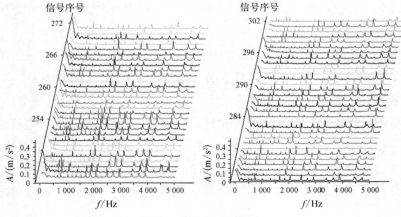

(c) 3#通道振动信号频谱

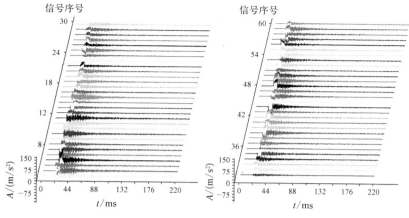

(d) 1#通道振动信号

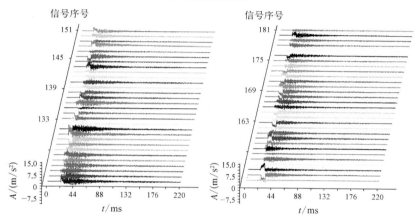

(e) 2#通道振动信号

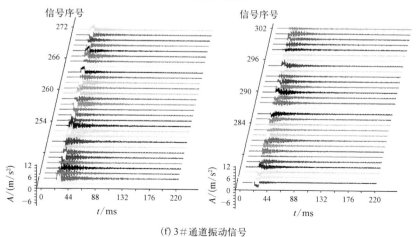

(f) 3#通道振动信号

图 2 - 12　计算机隔尘封条在 5～300 cm 范围内敲击钢管时的振动信号

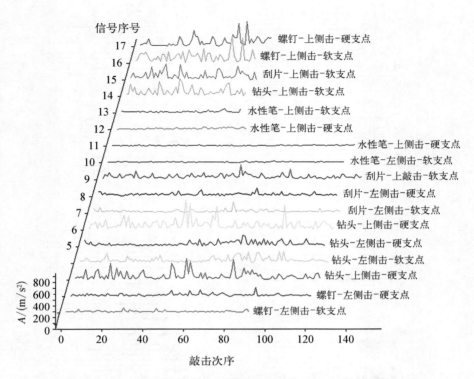

图 2-13　不同敲击工具敲击钢管时振动信号最大振幅的变化

表 2-5　钢管敲击振动信号实验条件

信号序号	文件编号	敲击工具	敲击方式	支座状态	备　　注
1	440	螺钉	左侧击	软支点	
2	441	钻头	左侧击	软支点	
3	442	刮片	左侧击	软支点	
4	443	油性笔	左侧击	软支点	
5	444	螺钉	上侧击	软支点	
6	445	钻头	上侧击	软支点	
7	446	刮片	上侧击	软支点	
8	447	油性笔	上侧击	软支点	

信号序号	文件编号	敲击工具	敲击方式	支座状态	备　注
9	448	螺钉	左侧击	硬支点	
10	449	钻头	左侧击	硬支点	
11	450	刮片	左侧击	硬支点	
12	451	油性笔	左侧击	硬支点	
13	452	螺钉	上侧击	硬支点	敲击不全
14	453	螺钉	上侧击	硬支点	
15	454	钻头	上侧击	硬支点	
16	455	刮片	上侧击	硬支点	
17	456	油性笔	上侧击	硬支点	
18	457	导线敲击测试	左侧击	硬支点	每工具敲击 3 次
19	458	导线敲击测试	上侧击	硬支点	每传感线各 2 次
20	459	摩擦测试	管柱上部	硬支点	每工具各 5 次
21	460	摩擦测试	管柱上部	硬支点	管柱两端＋中间
22	461	各工具各 1 次	左侧击	硬支点	
23	462	各工具各 1 轮	上侧击	硬支点	

表 2-6　不同敲击工具产生的振动信号时域参数统计表

工具序号	最小振幅/(m/s^2)	最大振幅/(m/s^2)	均值/(m/s^2)	均方值/(m^2/s^4)	有效值/(m/s^2)	峰值/(m/s^2)	峰值指标	裕度指标	歪度指标	峭度指标
1	−59.443	36.961	1.337	35.279	4.684	53.679	10.958	3.255	7.463	72.377
2	−97.298	90.886	2.553	110.521	8.782	101.671	11.131	3.289	7.653	77.048
3	−59.423	50.431	1.575	37.531	5.014	55.576	10.666	3.030	7.018	65.373
4	−23.482	22.087	0.860	4.482	2.002	18.710	9.254	2.356	5.391	42.018

注：工具序号 1 为钻头；2 为螺钉；3 为计算机隔尘条（刮片）；4 为水性笔。

2.4.2 敲击振动信号频域特征分析

前面已经指出,钢管敲击振动信号的频谱分布具有很强的倍频特征,振动波在管柱内传播时衰减小,也具有很明显的阻尼振动特征。图 2 - 14(a)、图 2 - 14(b)是不同实验方案下在 5 cm 处敲击管柱时采集的第 1♯、第 2♯ 两个通道的管柱振动信号。对这些信号进行 200 次的高阶平滑处理,将信号进行高低频分解,可以获得图 2 - 14(c)、图 2 - 14(d)所示的高频振动信号和图 2 - 14(e)、图 2 - 14(f)所示的低频振动信号。

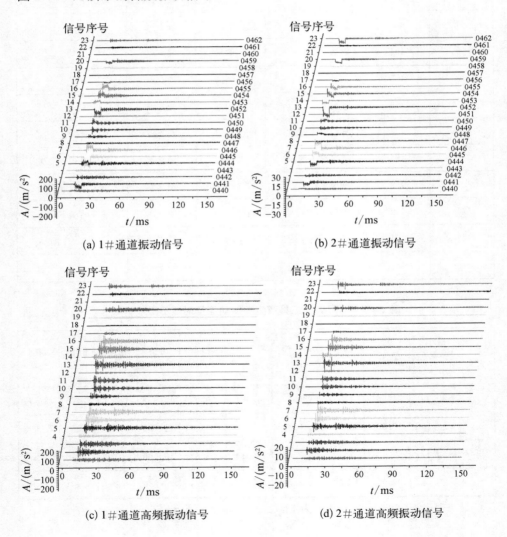

(a) 1♯通道振动信号 　　　　　　　　 (b) 2♯通道振动信号

(c) 1♯通道高频振动信号 　　　　　　　 (d) 2♯通道高频振动信号

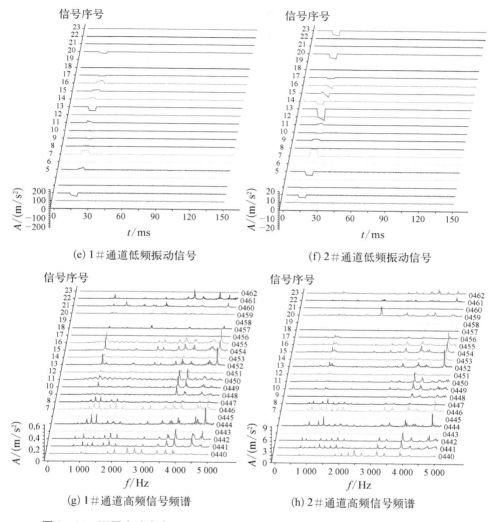

(e) 1# 通道低频振动信号　　　　(f) 2# 通道低频振动信号

(g) 1# 通道高频信号频谱　　　　(h) 2# 通道高频信号频谱

图 2 - 14　不同实验方案下 5 cm 处敲击钢管时的振动信号及高频振动信号频谱

从图 2 - 14(e)、图 2 - 14(f)可以看出,不同通道之间的加速度刚体运动不存在关联性,敲击点不同,管柱的刚体运动状态不同。相反,从图 2 - 14(c)、图 2 - 14(d)中可以看出,不同通道管柱的高频振动具有很好的可比性,同一时间在不同地点测量的同一次敲击所产生的高频振动信号,无论是信号包络、振幅变化和波动特征,都具有很好的一致性。图 2 - 14(g)、图 2 - 14(h)就是图 2 - 14(c)、图 2 - 14(d)所对应的信号频谱图形。从图上可以看出,在不同地点采集的同一次敲击振动信号,它们的高频段振动信号频谱图形也具有很好的一致性。

在图 2-14(a)、图 2-14(b)中,每一条信号曲线右边的数字所对应的是振动信号的文件记录编号。这些文件编号所对应的实验条件,请参见表 2-5 的介绍。

从图 2-14 可以看出,不管是在何种实验条件下,振动信号的频谱都具有倍频特征。管柱振动信号频谱图形与敲击期间管柱接触状态、敲击方式和敲击工具密切相关。序号为 1 的敲击与序号为 2~4 的敲击的不同之处,就在于对管柱进行了一定的调整。显然,调整前后的信号频谱形状发生了很大的改变,说明管柱的敲击振动与环境条件是密切相关的。

管柱侧向敲击与上侧击相比较,频谱图形也存在很大的差异,上侧击信号的主频要明显大于左侧击振动信号的主频。在同一个左侧击和上侧击信号中,由螺钉、钻头和隔尘封条这些金属工具敲击产生的信号频谱基本相似,而水性笔敲击产生的振动信号振幅小,频谱分布也与金属工具敲击存在明显的不同。

与敲击管柱相比较,敲击导线产生的振动信号及信号频谱也会发生明显的改变。因此,敲击导线后,在导线连带作用下激发管柱的微小振动,与直接敲击产生的振动是大不相同的。

敲击工具在管柱上部摩擦激发的振动存在明显的时频域分散分布特征,而且与敲击管柱相比较,其频谱分布也存在明显的差异。

如果将软支撑与硬支撑情况下的管柱振动相比较,可以发现软支撑时管柱振动信号的中低频段频谱成分丰富,而硬支撑下管柱的中低频频谱成分被明显抑制。

由于敲击钢管产生的振动信号频谱要比敲击 PVC 管复杂很多,导致采用频谱图形对钢管振动信号进行分类时,频谱曲线的聚类效果就变差了。表 2-7 就是 3 m 钢管敲击振动信号频谱分类,即对敲击钢管振动信号进行 200 次高阶平滑处理后,对平滑所得的低频振动信号频谱进行聚类处理所得到的结果。

表 2-7　3 m 钢管敲击振动信号频谱分类

序号	相关性系数	分类数量	占比/%	序号	相关性系数	分类数量	占比/%
1	0.975	1 177	13	4	0.850	826	9
2	0.950	1 136	12	5	0.800	661	7
3	0.900	1 004	11	6	0.750	491	5

序号	相关性系数	分类数量	占比/%	序号	相关性系数	分类数量	占比/%
7	0.700	367	4	9	0.625	281	3
8	0.650	281	3	10	0.600	199	2

与表 2-3 的 PVC 管敲击振动信号频谱聚类结果相比较,钢管振动信号的频谱归类结果较为分散。在相关性系数下限值为 0.9 时,3 571 个 PVC 管敲击振动信号可以聚集成 845 类,聚类后占比为 17%;而 9 201 个钢管振动信号只能分成 1 004 类,占比只有 11%。

2.5　管柱振动名义衰减系数的计算

2.5.1　小阻尼振动描述与衰减系数的定义

实际的振动系统会受到各种阻力的作用。振动过程中的阻力通称阻尼,产生阻尼的因素比较多。例如,物体在导轨或接触面上运动时,会产生库仑阻尼;在流体介质中运动时,会产生介质的黏性阻尼(如空气阻尼、油的阻尼)等。振动系统的阻尼也分内部阻尼和外部阻尼两大类。内部阻尼是指振动过程中材料内部的能量耗散等,外部阻尼指的是流动介质、振动系统与接触界面的摩擦力等因素对振动系统的影响。

若只考虑黏性阻尼对振动系统的影响,而图 2-15(a)所示为一有阻尼弹簧质量系统的简化模型,物块的上部表示阻尼器。仍以静平衡位置 O 为坐标原点,选 x 轴铅直向下为正,则可写出物块的运动微分方程:

$$m \frac{\mathrm{d}^2 x}{\mathrm{d}t^2} + \eta \frac{\mathrm{d}x}{\mathrm{d}t} + kx = 0 \qquad (2-1\mathrm{a})$$

式中,η 为黏性阻尼系数,N·s/m;k 为弹簧刚度系数,N/m;m 为振动系统中的物块质量,kg;x 为振动位移,m;t 为时间,s。

将式(2-1a)两边除以 m,并令 $\omega_n^2 = \dfrac{k}{m}$,$2n = \dfrac{\eta}{m}$,其中 ω_n 为振动系统圆频率,rad/s;n 称为衰减系数,1/s。式(2-1a)可改写成:

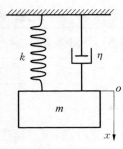

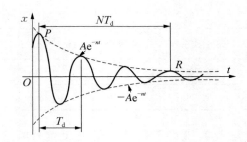

(a) 阻尼振动系统   (b) 振荡性质的衰减振动

图 2 - 15   阻尼振动系统及振荡衰减波形

$$\frac{\mathrm{d}^2 x}{\mathrm{d}t^2} + 2n\frac{\mathrm{d}x}{\mathrm{d}t} + \omega_n^2 x = 0 \qquad (2-1\mathrm{b})$$

这就是有阻尼的自由振动微分方程,是一个二阶常系数线性齐次微分方程。在欠阻尼或小阻尼($n < \omega_n$)的情况下,该微分方程的解为

$$x = \mathrm{e}^{-nt}(A_1 \sin \omega_\mathrm{d} t + A_2 \cos \omega_\mathrm{d} t) \qquad (2-2\mathrm{a})$$

或

$$x = A\mathrm{e}^{-nt}\sin(\omega_\mathrm{d} t + \varphi) \qquad (2-2\mathrm{b})$$

式中,$\omega_\mathrm{d} = \sqrt{\omega_n^2 - n^2}$,$A = \sqrt{x_0^2 + \dfrac{(\dot{x}_0 + nx_0)^2}{\omega_\mathrm{d}^2}}$,$\tan \varphi = \dfrac{x_0 \omega_d}{\dot{x}_0 + nx_0}$;$\omega_\mathrm{d}$ 为阻尼振动系统圆频率,rad/s;x_0、$\dot{x}_0$ 分别为质量块 m 的初始位移和运动速度。

这是一个具有振荡性质的衰减振动。物块在平衡位置附近做往复运动,具有振动的特性,但它的振幅不是常数,随时间的推移而衰减。因此,有阻尼的自由振动并非按同样的条件循环往复地做周期振动,习惯上把它视为准周期振动,通常称为衰减振动。

衰减振动,即欠阻尼自由振动的周期 T_d 是指物体由最大偏离位置起经过一次振动循环又到达另一最大偏离位置所经过的时间。由式(2-2)得到小阻尼振动的周期为

$$T_\mathrm{d} = \frac{2\pi}{\omega_\mathrm{d}} = \frac{2\pi}{\omega_n}\frac{1}{\sqrt{1 - \left(\dfrac{n}{\omega_n}\right)^2}} = \frac{T}{\sqrt{1 - \zeta^2}} \qquad (2-3)$$

式中，$T=\dfrac{2\pi}{\omega_n}$ 为无阻尼自由振动的周期；$\zeta=\dfrac{n}{\omega_n}$ 为阻尼比，它是振动系统中反映阻尼特性的重要参数。在小阻尼情况下，$\zeta<1$。

由式(2-3)可以看出，由于阻尼的存在，使衰减振动的周期加大。通常 ζ 很小，阻尼对周期的影响不大。例如，当 $\zeta=0.05$ 时，$T_d=1.00125T$，周期 T_d 仅增加了 0.125%。当材料的阻尼比 $\zeta\ll1$ 时，可近似认为有阻尼自由振动的周期与无阻尼自由振动的周期相等。

由式(2-2)可以看出，衰减振动的振幅随时间按指数规律衰减。设经过一周期 T_d 后，在同方向相邻的两个振幅分别为 A_i 和 A_{i+1}，即

$$A_i=Ae^{-nt_i}\sin(\omega_d t_i+\varphi),\ A_{i+1}=Ae^{-nt_i+T_d}\sin(\omega_d(t_i+T_d)+\varphi)$$

由于 $\sin(\omega_d t_i+\varphi)=\sin(\omega_d(t_i+T_d)+\varphi)$，因此

$$\xi=\frac{A_i}{A_{i+1}}=e^{nT_d} \tag{2-4}$$

式中，ξ 称为振幅减缩率或减幅系数。

如仍以 $\zeta=0.05$ 为例，则 $\xi=e^{nT_d}=1.27$，物体每振动一次，振幅就减少 27%。由此可见，在欠阻尼情况下，周期的变化虽然微小，但振幅的衰减却非常显著，是按几何级数衰减的。

由于振动波的波长、传播速度和振动周期之间存在如下关系：

$$T_d=\frac{\lambda}{c} \tag{2-5}$$

式中，λ 为振动波波长，m；c 为振动波传播速度，m/s。

式(2-4)可以表示为

$$A=A_0 e^{-\beta_n x} \tag{2-6}$$

式中，x 为振动波的传播距离，m；A_0、A 分别为振动波在起始点和传播 x 距离后的振幅；β_n 为振动波衰减系数，m^{-1}。

式(2-1)~式(2-6)是在理想的情况下进行分析获得的结果，此时系统的 ω_n、ω_d、T_d 等都为恒定值。但在实际的 PVC 管和钢管敲击振动信号中，振动系统含有多个大小不等的 ω_n、ω_d、T_d 频线成分的振动，相应的振动信号波形也无法简单地按照图 2-15 的方式进行描述和定义。如何从实际信号中计算得到

振动系统阻尼系数 η、减幅系数 ξ 和衰减系数 β_n 等数值,是一个很值得研究的问题。

2.5.2　管体敲击振动信号的衰减特征

根据式(2-6)的定义,可以从管体不同位置敲击测量得到的振动信号中,处理得到振动波经不同距离传播后,振动信号的平均振幅、信号能量等数据。表 2-8 就是名义衰减系数计算结果,即从 PVC 管测试中获得的管柱振动信号能量统计数据,并且直接利用式(2-6)计算得到的 β_n 值。

表 2-8　名义衰减系数计算结果

序号	敲击位置/m	1#能量	2#能量	1#距离/m	2#距离/m	β_n/m^{-1}
1	0.05	13.249 8	5.848 7	0.45	1.55	0.371 71
2	0.10	25.868 9	14.015 2	0.40	1.50	0.278 59
3	0.15	31.637 1	15.657 3	0.35	1.45	0.319 73
4	0.20	40.765 2	18.015 4	0.30	1.40	0.371 19
5	0.25	27.057 2	14.469 3	0.25	1.35	0.284 51
6	0.30	50.568 4	21.323 4	0.20	1.30	0.392 51
7	0.35	23.607 2	19.780 5	0.15	1.25	0.080 39
8	0.40	29.231 6	18.730 8	0.10	1.20	0.202 31
9	0.45	26.251 2	24.432 3	0.05	1.15	0.032 64
10	0.50	34.802 8	17.440 4	0.00	1.10	0.314 05
11	0.55	28.720 2	19.149 9	−0.05	1.05	0.202 65
12	0.60	38.119 5	23.187 6	−0.10	1.00	0.276 17
13	0.65	47.443 1	21.596 5	−0.15	0.95	0.491 88
14	0.70	76.031 7	24.331 7	−0.20	0.90	0.813 84
15	0.75	33.070 1	21.745 3	−0.25	0.85	0.349 36
16	0.80	32.805 6	20.133 9	−0.30	0.80	0.488 20
17	0.85	35.975 6	23.636 1	−0.35	0.75	0.525 08

序号	敲击位置/m	1♯能量	2♯能量	1♯距离/m	2♯距离/m	β_n/m^{-1}
18	0.90	23.504 5	16.998 1	−0.40	0.70	0.540 15
19	0.95	20.013 6	12.120 2	−0.45	0.65	1.253 84
20	1.00	25.561 6	16.739 6	−0.50	0.60	2.116 58
21	1.05	17.706 5	17.105 8	−0.55	0.55	−0.500 00
22	1.10	21.484 7	14.096 4	−0.60	0.50	−2.107 10
23	1.15	17.088 6	14.017 3	−0.65	0.45	−0.495 29
24	1.20	11.222 4	9.163 7	−0.70	0.40	−0.337 77
25	1.25	15.995 5	15.431 8	−0.75	0.35	−0.044 85
26	1.30	19.734 7	17.840 9	−0.80	0.30	−0.100 89
27	1.35	17.951 2	21.400 0	−0.85	0.25	0.146 45
28	1.40	14.262 0	18.880 5	−0.90	0.20	0.200 38
29	1.45	20.037 5	20.730 4	−0.95	0.15	0.021 25
30	1.50	9.561 1	17.019 2	−1.00	0.10	0.320 36
31	1.55	21.359 2	32.217 6	−1.05	0.05	0.205 52
32	1.60	17.411 4	52.461 2	−1.10	0.00	0.501 34
33	1.65	24.982 6	41.307 3	−1.15	−0.05	0.228 58
34	1.70	22.589 8	32.212 6	−1.20	−0.10	0.161 30
35	1.75	20.386 2	25.635 0	−1.25	−0.15	0.104 14
36	1.80	17.465 6	21.592 3	−1.30	−0.20	0.096 41
37	1.85	17.802 1	24.177 3	−1.35	−0.25	0.139 14
38	1.90	13.470 0	25.788 1	−1.40	−0.30	0.295 21
39	1.95	11.855 2	18.200 4	−1.45	−0.35	0.194 86

从表 2-8 可以看出,计算得到的衰减系数数值在[−2.107,2.117]区间变化。仔细考察 β_n 的波动情况,可以看出数据的变化是有规律可循的,说明统计得到的信号能量数据是可靠的。PVC 管材的衰减系数数值一般在 $10^{-2}\sim10^{-1}$

数量级之间,刨去绝对值大于 1 的偏大数值后,求得的绝对平均衰减系数为 0.243 99 dB/m,有些偏大。

为什么会产生这样的偏差呢?原因是管体短,只有 2 m,而传播的速度却很快,导致原振动波和从两端反射回来的振动波在很短的时间内就发生了多次的相互混叠,因此此 1♯通道和 2♯通道测量得到的振动信号,实际上是由敲击振动直达波和许多的透、反射波叠加而成的,并不是一个单纯的敲击波初始振动信号。而且,本书在前面也已经指出,敲击振动信号的频率成分非常丰富,与单一频率成分的振动形式之间存在着明显的不同。

2.6 管柱敲击振动频段信号分析

2.6.1 管柱振动频段信号

任何物体的振动都是在特定的振型和振动系统固有频率的控制下展开的运动。因此,应当以振动系统的振型和系统固有频率为主线,来开展振动信号处理方法的研究。

考虑到管柱振动信号频谱的倍频特征,振动的频谱成分集中于某些敏感的频率点周围的情况,本书对频谱进行适当的分频段处理,将信号频谱分割成几个频段,然后再进行傅立叶逆变换获得相应的分频段信号,具体如图 2 - 16 所示。其中,图 2 - 16(a)最上部信号被分割成 34 个频段,而图 2 - 16(b)最上部信号被分割成 35 个频段。本书中称经过频率分段处理后获得的信号为频段信号或分频段信号。

从图中可以看出,这些分频段信号的变化富有规律性。序号 1~3 是振幅很小的低频段信号,序号为 5 的频段信号的振动虽然振幅较小,但在整个分析时段内均有振动,是管柱外部受激产生的谐频振动。序号 6~14 是中低频段的激励振动信号,每个频段的起振时间存在一定的差异。序号 15~27 是敲击后产生的信号及敲击后的受激振动信号,振动的幅度从起振点开始迅速增长,达到峰值振幅后又在短时间内迅速衰减,具有明显的撞击振动特征。序号 28~35 是敲击振动的主要信号成分,也具有明显的撞击特征。

在图 2 - 16(a)中的分频段信号中,可以见到低频频段的撞击分频振动信号成分,而在图 2 - 16(b)中,低频段撞击振动振幅很小。根据每个分频段信号的

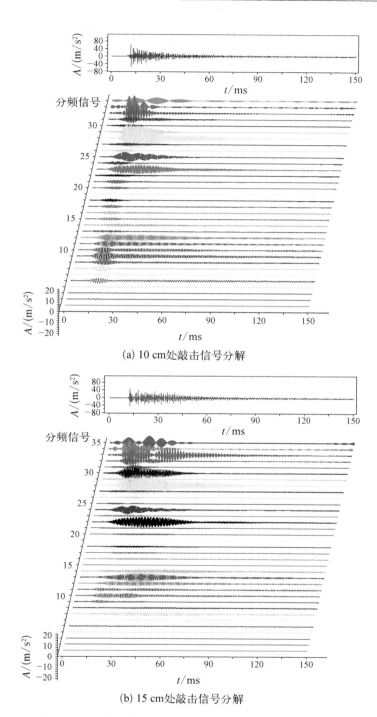

(a) 10 cm处敲击信号分解

(b) 15 cm处敲击信号分解

图 2‑16　1♯通道螺钉左侧击振动信号的分频段分解信号

起振点时间,以及后续振动波形的变化,可以确定出敲击振动的发生、发展和变化的历程。但由于在管柱受敲击之后,当振动波传播到支座的支撑点时会发生振动波的反射,管柱自身也会产生纵向、横向等各种形式的振动。因此,在后续信号段中会混叠有大量的振动响应成分,导致问题的复杂化。

从图 2-16 中的系列分频段信号中,可以看出信号的产生、发展和衰减历程,但由于受各种振动成分的干扰,很难从分频段信号中提取振动波的衰减系数,而且在序号为 33、34、35 的高频段信号中,振动波还呈现出波群的特征,给管柱敲击振动系统特征参数的提取增添了新的困难。因此,利用分频段信号也很难直接、准确地求得振动信号的衰减系数。

2.6.2 频段信号的分类与识别

1) 频段信号分类处理步骤

尽管无法从频段振动信号中提取得到准确的振动波衰减系数,但分析图 2-16 中的频段信号,可以获得敲击振动信号大量的信息。譬如,敲击管柱最先起振的是哪一个频段的振动信号,每个频段的振动信号在敲击、反射和振动传播过程中的具体表现形式等。为了获得频段振动信号系统、全面的信息,本书分三步进行处理:

(1) 提取这些频段信号的包络曲线。

(2) 对包络曲线进行合理的分类。在不同的相关性系数的限值下,对本次钢管振动测试实验获得的所有 9 201 条分频信号包络曲线聚类结果如表 2-9 所示。

表 2-9 分频信号包络曲线聚类结果

序　号	相关性数值下限	数　量	序　号	相关性数值下限	数　量
1	0.600	56	9	0.800	324
2	0.625	70	10	0.825	414
3	0.650	91	11	0.850	578
4	0.675	102	12	0.875	789
5	0.700	130	13	0.900	1 156
6	0.725	155	14	0.925	1 624
7	0.750	201	15	0.950	2 620
8	0.775	255	16	0.975	2 999

从表 2-9 可以看出,在相关性系数下限 $R_{min}=0.975$ 时,可以获得 2 999 个分类结果。当 $R_{min}=0.9$、0.8、0.7、0.6 时,相应的聚类结果分别为 1 156、324、130、56 个。采用曲线的相关性系数高低进行分频信号包络曲线的聚类效果还是比较理想的。

（3）利用分类结果,对每一类包络曲线的振动特征进行分析与概括,在此基础上进行包络曲线的合理聚类汇总处理。

2）频段信号包络曲线分类特征

分析表明,利用分频段信号包络曲线可以实现敲击振动信号特征的准确描述与分类处理。以相关性系数下限为 0.975 的分类结果为例,图 2-17 所示是敲击之初,由敲击工具与管柱之间的敲击激励引发的、最初的敲击振动的变化过程,这类敲击分频振动信号成分只在敲击开始的很短一段时间内存在,在敲击之初快速增长,振动达到顶峰后也快速衰减。在敲击后的支座反射和管柱振动传播阶段,这些振动成分的振动幅度很小,可以忽略不计。本书将这些分频段信号称之为敲击振动分频段信号。

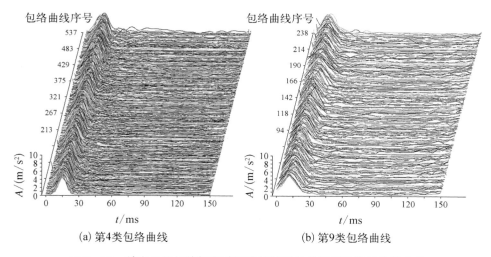

(a) 第4类包络曲线　　　　　　　(b) 第9类包络曲线

图 2-17　敲击工具与管柱在敲击期间的敲击分频振动信号包络曲线

图 2-18 中的分频段振动信号包络曲线所对应的信号,显然不属于敲击振动分频段信号。从图中可以看出,不同分类的信号之间存在明显的时间差异。显然,这是在敲击振动的激发下,不同时段这些频率的振动成分在管柱传播过程中产生的振动响应。在敲击和支座振动反射之间,已经很难将这些信号进行合

理的归属和归类处理；而且这些分频段振动信号也只具有撞击振动的特征，在振动激励下发展形成快，衰减也快，没有在管柱中形成大时段的振动传播现象。本书将这些分频振动信号称之为敲击激励撞击分频振动信号。

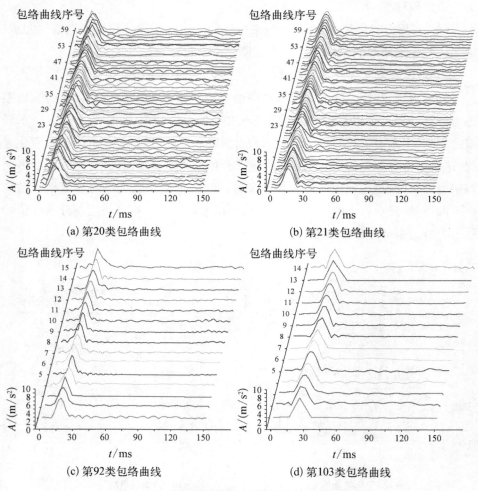

(a) 第20类包络曲线　　　(b) 第21类包络曲线

(c) 第92类包络曲线　　　(d) 第103类包络曲线

图 2-18　敲击激励撞击分频振动信号包络曲线

图 2-19 的敲击分频段振动信号包络曲线的包络范围比较大，包含了整个敲击和支座反射振动的作用时间段；说明在敲击振动过程中，这种频段成分振动是一个敲击与反射相互激励与增强的过程。但这些分频段振动信号在管柱振型模态的抑制下不能自由发展，在敲击动作之后很快衰减，本书称这些分频段振动信号为敲击正激励衰减分频振动信号。

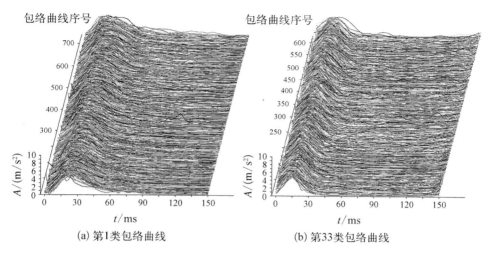

(a) 第1类包络曲线　　　　　　　　(b) 第33类包络曲线

图2-19　敲击正激励衰减分频振动信号包络曲线

图2-20所示的敲击分频振动信号包络曲线，它不仅是敲击正激励衰减分频振动信号，其特点是正激励振动的时间段长，而且在正激励振动的后尾段，还存在一个时间分布范围更广，振动幅度稍小的管柱自身的反射振动，其振动信号的音效相当于声振传播后存在一个回音信号，说明这种频率成分的振动，具有与环境和谐共生的特征。本书称这样的分频振动信号为含回音敲击正激励衰减分频振动信号。显然，从这些信号中可以提取得到与管柱自身结构相关的特征信息。

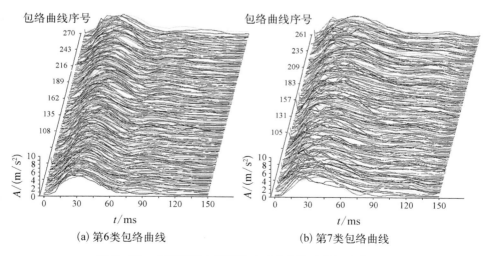

(a) 第6类包络曲线　　　　　　　　(b) 第7类包络曲线

图2-20　含回音敲击正激励衰减分频振动信号包络曲线

图 2-21 展示了敲击分频段振动信号包络曲线具有线性缓衰减包络特征。在敲击期间,这些频段振动信号在管柱内的传播由快速增长到振幅最大值后,在敲击后的 $0\sim130$ ms 的时间段内以分频振动包络曲线近似线性形式缓慢衰减为 0 的振动。进一步分析这些分频段振动信号的波形,就可以发现这些振动信号的后半段是由多个具有群速度的衰减振动波组成的。因此,本书称这些分频信号为多波包敲击正激励衰减分频振动信号。

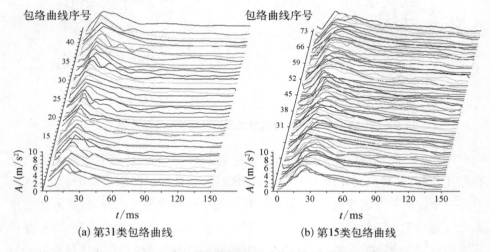

(a) 第31类包络曲线　　　　　　　(b) 第15类包络曲线

图 2-21　多波包敲击正激励衰减分频振动信号包络曲线

图 2-22 所示的敲击反射互抑制衰减分频振动信号包络曲线最明显的特征是敲击和支座反射产生的振动波,在敲击振动期间由于互相抑制,导致在敲击至反射形成这一很短的时间段内,振动波形上出现了明显的下陷而形成两个明显的波峰。其中,前一个波形是由敲击激励形成的振动,而后一个波峰主要是由支点反射作用与敲击振动的叠加产生的。由于管柱振动的衰减影响,前一个振动的波峰幅度数值要明显大于后一个波峰。从这些分频信号中,不仅可以获得管柱结构信息,而且也可以获得敲击与支点的定位信息,本书称这些分频信号为敲击反射互抑制衰减分频振动信号。

在图 2-23 所示的管柱自身分频振动信号包络曲线中,敲击和反射形成的振动成分很少,几乎可以忽略不计,管柱受敲击之后最大的振动幅度出现在 6 ms 左右振动的中后部,主要为管柱自身的横向振动。这种振动幅度不大,但持续时间长,在高、中、低频段都存在特定的振动频率分布。本书称这样的分频

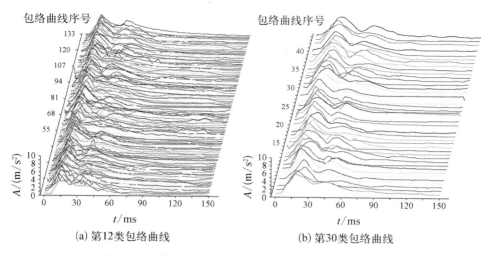

(a) 第12类包络曲线　　　　　　　　　(b) 第30类包络曲线

图 2-22　敲击反射互抑制衰减分频振动信号包络曲线

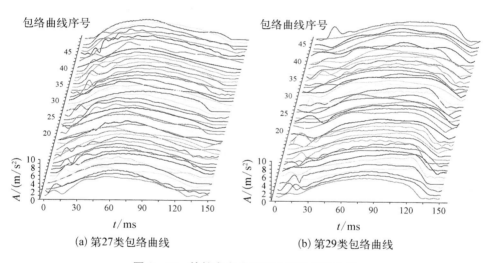

(a) 第27类包络曲线　　　　　　　　　(b) 第29类包络曲线

图 2-23　管柱自身分频振动信号包络曲线

振动信号为管柱自身分频振动信号。

　　如果在敲击期间存在相应的敲击或支点反射分频段振动信号成分,则图 2-23 中的包络曲线就演变成为图 2-24 中的包络曲线。本书称这样的分频段振动信号为含敲击反射管柱自身分频振动信号。

　　通过上述分析可以看出,利用分频振动信号包络曲线,可以实现管柱振动特征的分类与识别处理,确定在不同时段振动信号的频率组成,并由此推断这些频

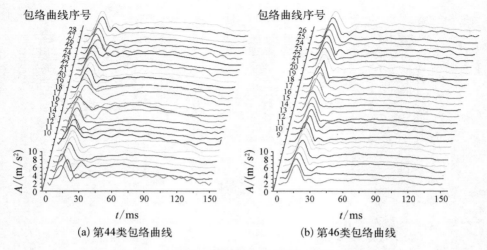

(a) 第44类包络曲线　　　　　　　　(b) 第46类包络曲线

图 2 - 24　含敲击反射管柱自身分频振动信号包络曲线

率振动成分的振动模态与振动来源,从而给信号的分离与建模创造有利条件。

从前面的分析中还可以看出,管柱振动信号可以分为敲击激励振动、支座反射振动、管柱自身横向、周向和轴向的振动、管柱加速度刚体运动等。如果仔细分辨,还可以得出管柱与支座、管柱与敲击工具之间的摩擦振动。在进行信号分析、测试、分离和识别过程中,对这些信号成分进行合理的分离、分辨与识别是一项很基本的要求。

由于不同的振动其来源不同,如管柱的轴向振动、横向振动和扭转振动,这些振动形式的不同会在振动测点上呈现出不同的变化。在进行信号处理的过程中,首先要对这些不同的振动形式进行合理的分辨,在此基础上对信号进行合理的分离与识别处理。

为了更好地实现信号合理、准确与快捷的识别、分离和分析处理,有必要对信号的组成做一个基本的分析。显然,开展这样分析的最恰当的工具,是基于物理学原理的管柱敲击振动的建模与仿真分析。

第3章
管柱振动信号仿真分析

本章以振动信号传递过程模型为基础,基于 Windows 平台,利用 Delphi 开发工具开发了管柱振动系统仿真软件,以便对管柱振动波的传播过程进行仿真分析,由此来掌握管柱内部振动信号传递的过程与量变变化规律,实现对管柱振动信号的组成与演变过程的了解。

选择文献[4]介绍的方法来开展管柱振动信号仿真分析,存在一个明显的缺陷是欠严谨、过于简化、误差大。从普遍的观点出发,最简单的也应当采用文献[5-7]中那样的特征线法,或者采用技术成熟的有限元或数值计算方法,以便通过仿真获得可靠的动态应力、应变数值,以及信号更为逼真的结果。但受目前的计算技术和计算工作量的制约,本书只采用朴素的管柱透反射理论来开展管柱振动的仿真研究,也能够获得管柱振动信号形成的线索、路径以及振动信号变化规律与发展趋势,在此基础上来进一步确切地掌握管柱振动的行为特征。实践表明,采用管柱振动的透反射理论也可以很好地满足管柱仿真的这种目的与要求,而且计算的工作量小,计算速度快,应对各种仿真条件的能力强。研究的结果也可以为下一步制定更科学、更合理的研究方案创造有利条件。

3.1 管柱振动信号基本模型

3.1.1 敲击振动信号

为了能够掌握了解不同频段振动信号在管柱内部传播过程的变化规律,本书采用式(3-1)表示的功能特征时频子波作为仿真敲击振动信号,以此来开展管柱振动波传播仿真研究。

$$y(t) = A e^{-\alpha(t-t_0)^2} \cos(\omega t + \varphi_0)$$

或

$$y(t) = A e^{-\alpha(t-t_0)^2} \cos(2\pi f t + \varphi_0) \qquad (3-1)$$

式中,ω 为角速度,rad/s;f 为频率,Hz;t_0 为子波时间,s;α 为子波衰减系数,s^{-2};φ_0 为子波初相位,rad;A 为振幅,m/s^2。

图 3-1(a)就是取 $A=10$、$\alpha=2.5$、$\varphi_0=0$,ω 在[0.5,35]区间内,以 1.5 rad/s 的增量变化时得到的系列敲击仿真时频子波,每个敲击仿真时频子波所对应的频谱参见图 3-1(b)。

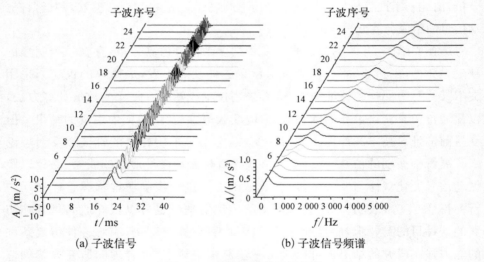

(a) 子波信号   (b) 子波信号频谱

图 3-1 敲击子波信号及频谱

3.1.2 管柱振动波传播模型

本书采用管柱振动的反射、透射原理,结合文献[4]介绍的方法,开展功能特征时频子波仿真振动的研究。以图 2-1 中的管柱敲击振动系统为实物模型,忽略支点反射,振动波在管柱内的传播过程中会产生透射和反射。管柱会在振动波的作用下产生轴向振动、径向振动、横向振动,这些振动在复杂、不确定的边界条件下耦合在一起,形成具有显著随机特征、复杂的振动系统。显然,根据材料变形的泊松比关系,管柱单纯的轴向振动也可以较为容易地获得管柱的径向或横向振动。为测试方便,本书以管柱的横向振动作为研究对象。

振动波在沿管体传播的过程中,一旦遇到变截面杆体,管体损伤或杆柱和接头这样波阻发生变化的横截端面时就会发生透射与反射作用,具体可用下式表示:

$$Z_L = \rho c A_L, \quad Z_H = \rho c A_H \tag{3-2}$$

式中,Z_L 为杆的波阻,Z_H 为接头波阻,ρ 为材料密度,c 为传播速度,A_L 为杆的横截面积,A_H 为接头横截面积。

可以计算得到在接头处反射系数 λ、透射系数 μ 分别为

$$\lambda = (Z_H - Z_L)/(Z_L + Z_H)$$
$$\mu = 2Z_L/(Z_L + Z_H) \tag{3-3}$$

由此可确定管柱振动波传播的透反射规律:

$$A_{Rg} = A_{Rj}\lambda, \quad A_{Tg} = A_{Rj}\mu \tag{3-4}$$

式中,A_{Rj}、A_{Rg}、A_{Tg} 分别为接头处的入射源振幅、反射信号振幅和透射信号振幅。

若只考虑波的透射与反射,不考虑波的发散损失,则有

$$\lambda + \mu = 1 \tag{3-5}$$

另外,在自由端处,空气的波阻无限趋近于零,即 Z_L 趋于零,此时没有透射,只有反射,并且是全反射,即 $\lambda = 1$、$\mu = 0$。

显然,图 2-1 中的管柱敲击振动模型,是一个最简单的管柱振动波传播实验模型。当管柱之间采用接头连接,或者管柱内部存在损伤时,这一模型中就会出现振动波的透射、衍射、反射等复杂情况。管柱所具有的这些特殊的几何结构和机械特性,在传播过程中也会存在独特的传播效应。例如,振动信号在一系列不同尺寸和机械特性的部分,如在钻井中的钻杆、接头、底部钻具组合等不连续界面处,振动反射波容易形成钻柱多次波。钻杆接头在钻柱中周期性出现,导致振动波沿钻柱传播过程中除了衰减外,还会引起振动波的带阻效应,并由此降低振动传播的群速度,增加信号的分辨难度。管柱振动波传播过程中的这些传播效应,都可以通过仿真研究来初步获得其中的关键信息。

3.2 管柱敲击仿真振动流程设计

3.2.1 管柱敲击振动传递事件链路的构建

对于实际的钻柱振动问题,由于钻柱内部的声波传播速度可以达到 6 000 m/s,非常快。因此,以一个 10 m 长的单根柱为例,撞击振动源和传感器 都在单根柱的中部,即使撞击振动源的持续时间只有几毫秒,传感器在某一较短 的 1 s 时间内接收到的振动信号实际上也是由两端反射近 600 次的旅行波与撞 击首波叠加而成的信号,信号混叠不可避免。但即便如此,理论上同样可以从实 测管柱振动信号中提取撞击振动源信号,并解析得到管柱的结构信息。为了降 低管柱仿真振动的难度,本书对通过多次透反射后,对信号振幅与源信号比降低 到一定程度后的微弱的信号进行截断处理,在仿真过程中只记录没有被截断的 透反射信号,由此来形成振动传递事件链路。在仿真过程中,管柱的不同位置 (或测点)可以形成不同的振动传递事件链路。

表 3-1 就是 2 m 长的无损管柱,在 1.2 m 处被敲击产生振动,振动波在无 损管柱内部传播时前 20 个撞击振动传递事件链路的组成情况。其中,"J0 反 射"是指在 0 m 管端处的振动波反射,而"J1 反射"是指在 2 m 管端处的振动波 反射,这里假定管柱振动波传播速度为 5 990 m/s,振动波衰减系数 β_n 为 0.05 m^{-1}。分析表明,在不到 30 ms 的时间段内,振动波来回旅行了 90 趟后,振 动波的振动幅度就降到原来的 5‰以下。因此,2 m 管柱的敲击振动信号是由一 个非常多的正反射敲击振动波叠加而成的信号。

表 3-1 管柱撞击振动传递事件链路的组成

序号	来　源	振源位置	信号编号	传播方向	振动强度	到达时间	信号源
1	敲击	1.2	S[1]	正向	1.000 00	0.000 00	敲击
2	敲击	1.2	S[2]	反向	1.000 00	0.000 00	敲击
3	J1 反射	2	S[3]	反向	0.960 79	0.000 13	S[1]
4	J0 反射	0	S[4]	正向	0.941 76	0.000 20	S[2]

序号	来　源	振源位置	信号编号	传播方向	振动强度	到达时间	信号源
5	J0 反射	0	S[5]	正向	0.869 36	0.000 47	S[3]
6	J1 反射	2	S[6]	反向	0.852 14	0.000 53	S[4]
7	J1 反射	2	S[7]	反向	0.786 63	0.000 80	S[5]
8	J0 反射	0	S[8]	正向	0.771 05	0.000 87	S[6]
9	J0 反射	0	S[9]	正向	0.711 77	0.001 14	S[7]
10	J1 反射	2	S[10]	反向	0.697 68	0.001 20	S[8]
11	J1 反射	2	S[11]	反向	0.644 04	0.001 47	S[9]
12	J0 反射	0	S[12]	正向	0.631 28	0.001 54	S[10]
13	J0 反射	0	S[13]	正向	0.582 75	0.001 80	S[11]
14	J1 反射	2	S[14]	反向	0.571 21	0.001 87	S[12]
15	J1 反射	2	S[15]	反向	0.527 29	0.002 14	S[13]
16	J0 反射	0	S[16]	正向	0.516 85	0.002 20	S[14]
17	J0 反射	0	S[17]	正向	0.477 11	0.002 47	S[15]
18	J1 反射	2	S[18]	反向	0.467 67	0.002 54	S[16]
19	J1 反射	2	S[19]	反向	0.431 71	0.002 80	S[17]
20	J0 反射	0	S[20]	正向	0.423 16	0.002 87	S[18]

　　开展管柱纵向仿真振动实际上就是针对不同的管柱结构和参数,不同的撞击位置,获得不同测点的振动传递事件链路,并利用这一链路来确定具体的时域振动叠加信号的过程。反之,则可以通过这一链路来解析得到振动撞击源信号及管柱结构等信息,以便实现振动信号的检测、识别与管柱内部损伤或故障的诊断。

　　通过对仿真系统的精细设计,可以根据管柱数量(或长度)、传播速度、反射与透射系数、传感器位置、撞击位置等多种不同的实验条件,开展系统的仿真与室内实证研究。

3.2.2　管柱敲击仿真振动流程

为了实现管柱振动的系统仿真分析,本书基于 Windows 平台利用 Delphi 开发工具,开发了一个可以实现管柱振动系统仿真的处理软件,用于实现不同条件下管柱振动信号传播规律的系统分析。管柱振动信号系统仿真流程如图 3 - 2 所示。

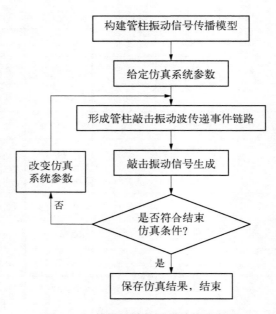

图 3 - 2　管柱振动信号系统仿真流程

图 3 - 2 中的"管柱振动信号传播模型"为冲击振动信号在管柱中进行反射和透射传播的一维纵向振动模型。在模型中可以考虑或不考虑管柱振动的散逸损失,也可以采用任意波形的敲击源信号,以便逼真地模拟各种实际的工况,处理起来很方便。

3.3　管柱振动信号仿真测试

3.3.1　不同敲击子波仿真振动

图 3 - 3 是采用图 3 - 1 中的时频子波信号作为敲击振动信号进行仿真,在

不同测点处获得的仿真振动信号。从图上可以看出,时频子波信号频率越高,激发产生的振动信号主频也越高。敲击不同时频子波,信号的波形、振幅、频谱等均不相同。其中,最明显的是不同敲击时频子波在同一根管柱内进行振动传播过程中,振幅大小的变化,说明有些子波通过振动波的传播,振动得到加强;而有的子波在管柱内传播过程中振动被抑制,而且这种抑制振动的特征随着敲击时频子波信号频率 f 或角速度 ω 的变化,具有一定的周期性变化特征。

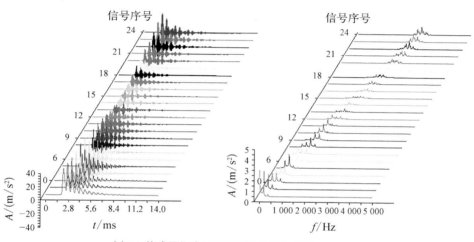

(a) 1#传感器仿真测量得到的信号与频谱

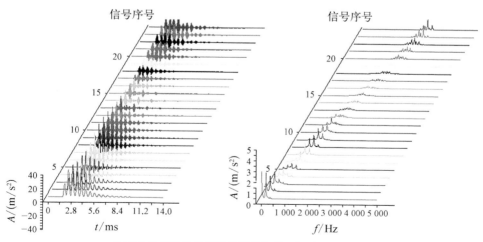

(b) 2#传感器仿真测量得到的信号及频谱

图 3 - 3　不同敲击子波振动信号仿真显示图

　　比较图 3-3 的 1♯ 传感器和 2♯ 传感器上的仿真信号也可以发现,不同位置振动信号的振动幅度和频谱变化趋势相同,但信号波形和频谱图形在变化细节上却存在明显的差异。

　　图 3-4(a)为仿真所得 1♯ 敲击振动信号主频随时频子波信号频率的变化关系曲线。从图上可以看出,振动信号主频与敲击时频子波信号频率之间并非呈严格的线性关系,只能说是一种近似为线性的变化关系。图 3-4(b)是 1♯ 传感器上的仿真振动信号主频与时频子波信号频率之间的差值随时频子波信号频率的变化曲线,从中可以看出,振动信号主频随时频子波信号频率呈现出复杂的

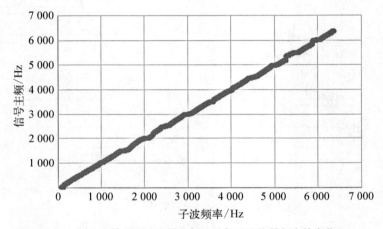

(a) 1♯ 敲击振动信号主频随时频子波信号频率的变化

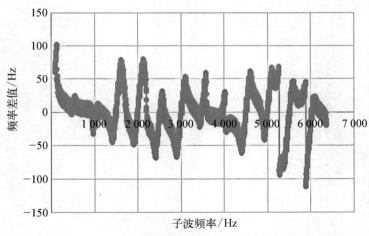

(b) 子波信号频率与 1♯ 敲击振动信号主频的差值

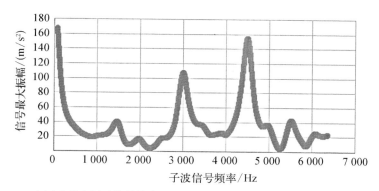

(c) 1#敲击振动信号最大振幅随时频子波信号频率的变化关系曲线

图 3 - 4　1♯敲击振动信号主频随时频子波信号频率的变化

变化关系。好在这种变化是一种较为稳定的转变过程,频率差值的增大与减小主要是由振动信号主频的间断性跃迁变化造成的。图 3 - 4(c)是仿真敲击振动信号最大振幅随时频子波信号频率的变化关系曲线。由图可见,敲击振动信号的最大振幅与时频子波信号频率之间呈较为复杂的关系变化,但这种变化也较为稳定。

3.3.2　不同敲击点仿真振动

图 3 - 5 是取图 3 - 1 中的 10♯子波,从 5 cm 的位置开始,按照 5 cm 步长敲击管柱后,在 1♯和 2♯传感器上获得的仿真振动信号。从图上可以看出,测点

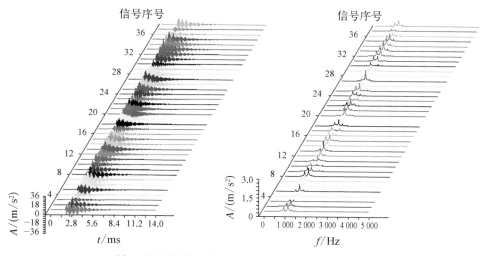

(a) 1#传感器测量得到的信号及频谱

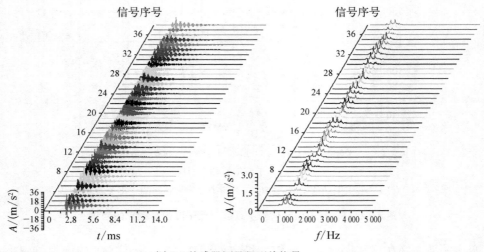

(b) 2#传感器测量得到的信号

图 3-5　不同敲击点振动信号仿真显示

位置不同信号不同,而且敲击点不同,信号波形也有明显差别;每个接收信号的振幅不同、频谱也各异。随着敲击点的变化,振动信号的振幅也随之呈现出一定的周期性变化特征。图 3-6 就是图 3-5(b)曲线的相关参数统计结果。

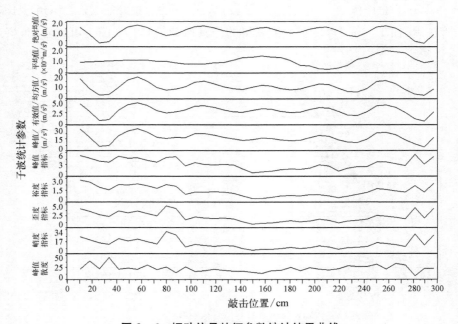

图 3-6　振动信号特征参数统计结果曲线

虽然在图 3-6 上显示了不同敲击点产生的管柱振动信号统计参数呈现出富有规律性的变化,但要实现系统量化模型的构建还需要做大量的工作。

3.3.3　不同测点位置振动信号

如果保持其他条件不变,传感器测点的位置在 0.1～1.9 m 的范围内,以步长 0.1 m 进行测点振动信号的采集,则可以获得图 3-7 的结果。其中,这些信号都是以图 3-1 的 10♯时频子波为敲击振动信号,进行仿真振动获得的结果。显然,随着测点位置的不同,信号波形、振幅和频谱都发生了明显的变化。

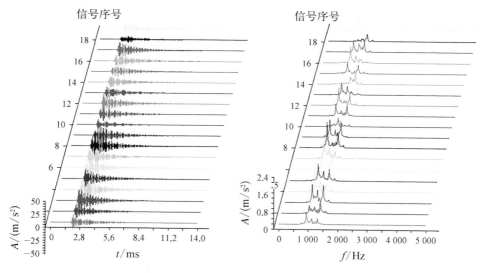

图 3-7　传感器在不同测点位置上采集的仿真振动信号及频谱

3.3.4　子波参数 α 对敲击仿真振动信号的影响

如果将图 3-1 的敲击子波参数中的 α 在[0.05, 2.5]的区间内以步长 0.05 变化,可以得到图 3-8(a)的系列敲击时频子波。利用这些子波进行敲击仿真计算,可以得到图 3-8(b)的 1♯传感器敲击振动信号。从图上可以看出,子波 α 参数值越小,α 的微小变化对敲击振动信号波形的影响就越大。随着 α 的增大,敲击振动信号的波形也迅速由梭子形向锥子状包络形状转变,而且随着 α 的增大,锥子状包络的轴长稍微变短,但总体影响不大。

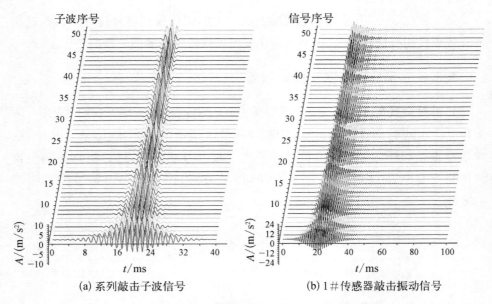

(a) 系列敲击子波信号　　　　　　(b) 1#传感器敲击振动信号

图 3‐8　不同敲击点振动信号仿真显示

3.3.5　敲击源信号与敲击振动信号的关联性

图 3‐9 是时频子波角速度为 3 rad/s，α 分别取 0.5 和 1.0 时，衰减系数 β_n 在[0.05，0.5]区间内以步长 0.05 增长时，在 2 m PVC 管上仿真获得的敲击振动信号。比较时频子波信号和敲击振动信号的时域波形，可以发现随着振动波混叠次数的增多，振动信号的波形逐渐向低频方向偏移。也就是说，敲击振动信号一开始没有混叠的一段是原时频子波信号的波形，但随着时间的推移，振动波来回反射、混叠次数的增多，振动信号波形的动态频率逐渐下降，这种变化在所有不同频率的子波中的表现形式相同。因此，敲击振动信号波形具有一个基本的特征是：随着时间的增长、振动波混叠次数的增多，敲击振动信号的动态频率逐渐下降。

从方法论的观点出发，信息蕴藏于信号之中，开展信号处理的目的，就是要从信号内部提取各种有用的信息，以便为工程生产、设计施工、故障诊断、安全监测等服务。目前，人们一直在努力研发各种信号处理方法，不断进行信号处理方法上的革新，来实现对各种工程信号波形的处理。如频谱分析、时频分析、小波分析、EMD 等，无一例外地将重点放在了如何提取信号波形上，期望通过对信号

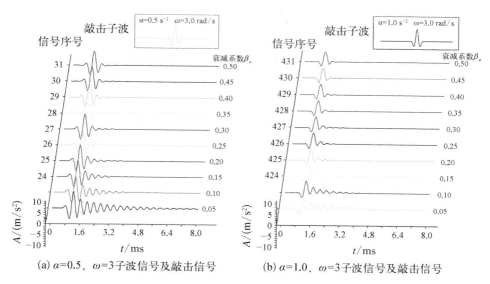

图 3 - 9　敲击源信号与敲击振动信号之间的变化图

波形的详细分析与识别处理,来实现信号内部所蕴含的各种反映事物发展变化规律的信息的提取。譬如,用小波分析进行端点检测,用 EMD 提取信号的有限个本征模态。但就前面的管柱仿真结果来看,这样的努力对管柱振动问题的分析而言,几乎是搞错了本应关注的重点研究方向。例如,敲击源信号频率变化,管柱直径、长度、材料的变化,敲击与传感器采集位置的不同等,都对振动信号的波形有明显的影响。因此,如何开展管柱振动信号的处理,实现管柱振动各种信息快速、有效的提取与应用,就成为一个需要探讨的问题。从上面的初步分析中可以看出,从简单的管柱振动信号仿真测试中就可以提取得到许多有用的信息。为此,本书利用这个模型进行了管柱敲击振动测试的系统仿真研究,具体介绍如下。

3.4　管柱敲击振动系统仿真研究

3.4.1　衰减系数 β_n 对管柱振动影响的研究

图 3 - 10(a)是信号的传播速度为 1 500 m/s,衰减系数 β_n 在[0.005, 0.5]范围内,以步长 0.005 m^{-1} 递增时,采用 10# 子波做敲击仿真时获得的 1# 测点振

动信号。从图上可以看出，随着衰减系数的增大，振动信号作用的范围逐渐缩短，振动信号的衰减程度也不断增强。从图 3－10(b)的频谱图形上可以看出，随着衰减系数的增大，振动信号的频谱形状基本保持不变，但振动主振幅随衰减系数的增大而减小。

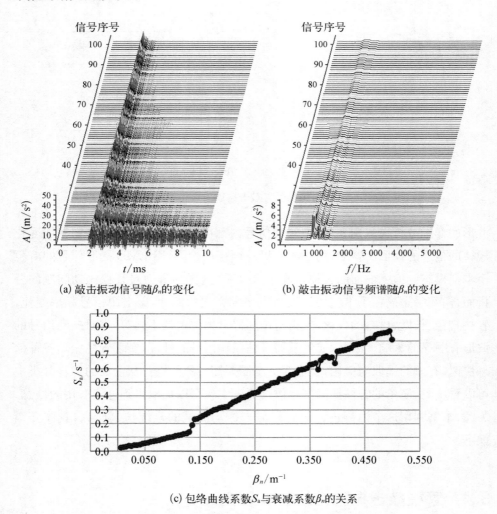

(a) 敲击振动信号随 β_n 的变化　　　　　(b) 敲击振动信号频谱随 β_n 的变化

(c) 包络曲线系数 S_a 与衰减系数 β_n 的关系

图 3－10　衰减系数 $\boldsymbol{\beta_n}$ 变化对振动信号的影响

由于图 3－10(a)振动信号的包络线是以对数曲线的形式变化的，上包络以对数曲线的形式下降，而下包络是以对数曲线的形式上升，这两条包络线随着时间的增加逐渐趋向于 0。因此，将这两条包络曲线用下式来表示：

$$y(t) = e^{-S_a \times t + b} \tag{3-6}$$

式中,$y(t)$ 是振动信号的包络线;t 是以包络最大(或最小)值所对应的点为起点来计算的振动信号采样时间,s;S_a 和 b 是系数,其中 S_a 被称为振动信号包络曲线的形状系数。

　　利用从图 3-10(a)振动信号中获得的包络曲线,按照式(3-6)进行回归处理,可以获得图 3-10(c),以及表 3-2 的结果。结合图 3-10(a)和图 3-10(c)可以看出,振动信号衰减系数 β_n 和系数 S_a 之间存在两组系列的线性依存关系。当衰减系数 β_n 较小的时候,振动信号衰减缓慢,S_a 随 β_n 的线性变化斜率较小。当振动信号随衰减系数 β_n 变化呈现为一个冲击振动信号时,系数 S_a 与 β_n 的斜率增大。

表 3-2　衰减系数 β_n 变化对仿真振动信号包络曲线的形状系数 S_a 的影响结果汇总表

序号	β_n/m^{-1}	S_a/s	b	R	序号	β_n/m^{-1}	S_a/s	b	R
1	0.005	0.025 24	4.082 3	−0.665 5	55	0.275	0.477 45	12.567 4	−0.828 8
5	0.025	0.038 31	3.960 6	−0.869 2	60	0.300	0.523 88	13.236 1	−0.834 4
10	0.050	0.058 01	4.017 3	−0.959 5	65	0.325	0.569 61	14.039 6	−0.842 2
15	0.075	0.081 24	4.313 8	−0.982 3	70	0.350	0.631 01	15.133 9	−0.841 1
20	0.100	0.106 03	4.694 6	−0.989 6	75	0.375	0.685 64	16.105 5	−0.843 1
25	0.125	0.130 42	5.050 9	−0.993 6	80	0.400	0.725 18	16.462 3	−0.841 3
30	0.150	0.246 99	8.550 9	−0.803 3	85	0.425	0.751 20	16.973 5	−0.843 9
35	0.175	0.300 52	9.695 7	−0.811 2	90	0.450	0.789 97	17.612 1	−0.860 5
40	0.200	0.325 32	9.751 2	−0.813 6	95	0.475	0.853 69	18.718 2	−0.859 7
45	0.225	0.388 67	11.083 5	−0.818 8	100	0.500	0.810 98	17.574 2	−0.886 2
50	0.250	0.425 76	11.523 6	−0.820 5					

　　比较式(2-4)与式(3-6)可知,理论上 $n = -S_a$,而 $\beta_n = c \times n$,c 为振动波传播速度。但从图 3-10(c)和表 3-2 可看出,系数 S_a 与 β_n 并不对等。

　　从图 3-11 上可以看出,随着衰减系数 β_n 的增大,敲击振动信号的主振幅、平均振幅和振幅均方根统计结果均以下降的速率逐渐减小,并趋向于某个特定

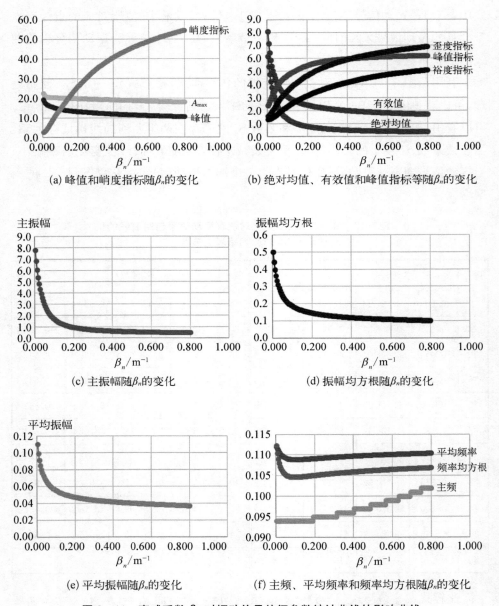

(a) 峰值和峭度指标随 β_n 的变化

(b) 绝对均值、有效值和峰值指标等随 β_n 的变化

(c) 主振幅随 β_n 的变化

(d) 振幅均方根随 β_n 的变化

(e) 平均振幅随 β_n 的变化

(f) 主频、平均频率和频率均方根随 β_n 的变化

图 3‑11　衰减系数 β_n 对振动信号特征参数统计曲线的影响曲线

的数值。而信号的主频、平均频率和频率均方根参数,在传播速度很低、振动信号波形呈分散状态时,随着衰减系数的增大,这些参数迅速减小,但达到一定程度后,振动信号的波形就会呈现出稳定而特定的结构形式,平均频率和频率均方根参数随衰减系数的增大,也近似线性地增大;而信号主频随衰减系数的增大以加速的形式增长。随着衰减系数的增大,仿真信号也会变得越来越具有冲击特征,相应的峰值指标、歪度指标、裕度指标和峭度指标也会以下降的速率增加。

3.4.2　振动传播速度对管柱振动信号的影响分析

图 3-12 是振动波传播速度在[200,6 000]范围内,以步长 100 m/s 增量增加时,管柱敲击振动信号的变化情况。从图中可见,当传播速度很低时,敲击形成的振动波呈时间离散的形式分布。随着传播速度的增加,离散的振动波迅速聚拢,逐步形成一个完整的冲击振动信号。从振动信号由低速传播到高速传播过程的演变,可以十分明确地确定冲击振动信号的形成与构成形式。

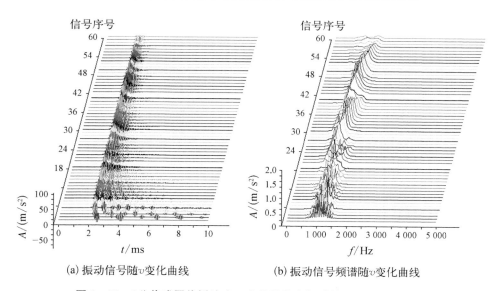

(a) 振动信号随 v 变化曲线　　　　(b) 振动信号频谱随 v 变化曲线

图 3-12　1♯传感器传播速度 v 变化的仿真振动信号及频谱波形图

随着传播速度的增加,振动信号的作用时间就越短。无论是波形,还是频谱,都随着传播速度的增加呈现出周期性的变化。在这种变化的某个周期内,振动信号的主频是随着 v 的增大而升高的。

与 3.4.1 的情况相类似,在振动信号变化的特定周期内,冲击信号的振动包络也可以用式(3-6)表示。系数 S_a 随 v 的增大，近似线性地增大。随着传播速度的增加，单位时间内振动波的传播距离也增大，振动波的衰减作用也相应地增强。由此可见，振动波传播速度越大，单位时间内的振动波衰减率越大，振动波的衰减速度也越快。图3-13(b)是采用式(3-6)进行"v-S_a"之间半对数线性回归的相关性系数随传播速度 v 的变化曲线。

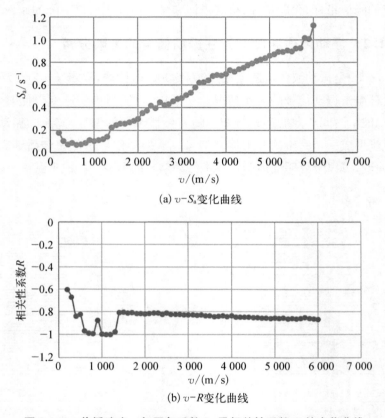

(a) v-S_a变化曲线

(b) v-R变化曲线

图3-13 传播速度 v 与回归系数 S_a 及相关性系数 R 的变化曲线

图3-14是2♯传感器传播速度变化的仿真振动信号及频谱。比较图3-12和图3-14可以看出，同一个敲击振动信号在不同测点，获得的不同传播速度下振动信号的变化趋势和规律相似，具有一定的可比性。

图3-15是对图3-12振动信号进行参数统计后获得的结果。分析表明，对图3-14的2♯通道振动信号进行信号特征参数的统计也可以获得类似的结果。

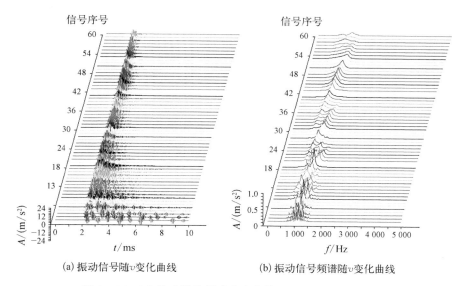

(a) 振动信号随v变化曲线　　　　　　(b) 振动信号频谱随v变化曲线

图 3 - 14　2♯传感器传播速度变化的仿真振动信号及频谱

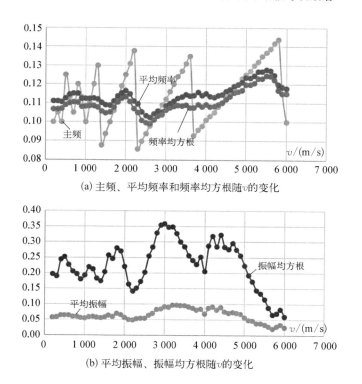

(a) 主频、平均频率和频率均方根随v的变化

(b) 平均振幅、振幅均方根随v的变化

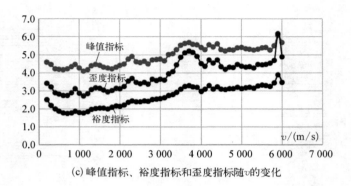

(c) 峰值指标、裕度指标和歪度指标随υ的变化

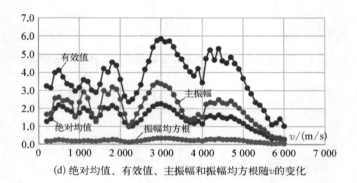

(d) 绝对均值、有效值、主振幅和振幅均方根随υ的变化

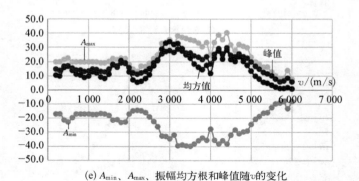

(e) A_{min}、A_{max}、振幅均方根和峰值随υ的变化

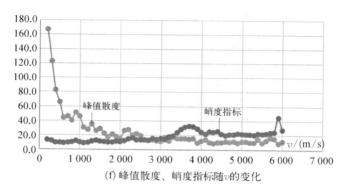

(f) 峰值散度、峭度指标随 v 的变化

图 3 - 15　1 ♯ 传感器振动信号特征参数统计结果

从上述分析也可以看出,可以将振动信号的特征参数分成以下几类:

(1) 振动信号的振幅最大值与最小值,这是一对变化趋势互为正反的变化曲线。

(2) 振动信号的峰值指标、峭度指标、歪度指标和裕度指标为一类,这些指标的变化规律相同,已知其中的任何一类,就可以推断出另外三类曲线的大体变化。

(3) 绝对均值、均方值、有效值、峰值、主振幅、平均振幅、振幅均方根为一类,这些参数之间的依存关系与变化特征,同第 2 类相似。

(4) 平均频率与频率均方根为一类,在振动信号随传播速度的变化关系上,具有很好的一致性。

(5) 振动信号的主频和峰值散度单独成为 2 条独立变化的参数曲线,这 2 个参数可以很好地揭示信号内在结构的变化。对上述统计参数之间的依存关系进行汇总,可以形成表 3 - 3。

表 3 - 3　管柱振动信号特征统计参数的分类

序号	归　类　参　数	基　本　描　述
1	信号的最大值和最小值	互为正反的变化曲线
2	峰值指标、峭度指标、歪度指标和裕度指标	
3	绝对均值、均方值、有效值、峰值、主振幅、平均振幅、振幅均方根	已知每个类中的任何一条曲线的变化,就可以推断出同类其他曲线的大体变化
4	平均频率与频率均方根	
5	峰值散度	独立参数
6	振动信号的主频	独立参数,可以很好地揭示内在信号的结构

3.5　管柱敲击仿真振动结果的系统分析

为了能够从整体上对管柱振动信号的变化规律有一个较为全面的了解,本书开展了振动波传播速度和振动衰减系数平面内,管柱敲击振动信号的系列仿真分析,具体获得的结果介绍如下。

3.5.1　仿真参数设置

为了全面了解在不同振动波传播速度和材料振动波衰减系数的情况下,管柱振动波传播和衰减的特征,本书针对一定长度的管柱开展敲击振动的系统仿真研究。这里分别取管柱长度为 1、2、3、5、10 m,传播速度在 $200 \sim 6\,000$ m/s 的区间内,以 100 m/s 的步长增加,材料的衰减系数在 $[0.005, 0.8]$ m^{-1} 区间内,以步长 0.005 m^{-1} 增加,如表 3-4 所示。

表 3-4　管柱系统仿真参数设置表

序号	仿真参数	下限	上限	步长
1	v 传播速度/(m/s)	200	6 000	100
2	β_n 衰减系数/m^{-1}	0.005	0.8	0.005
3	L 管柱长度/m	1、2、3、5、10		
4	传感器位置/m	1#: 0.6 或 0.7　2#: 1.6 或 0.4		
5	敲击时频子波参数	$\alpha = 2.5\,\mathrm{s}^{-2}, \omega = 0.5 \times i$　（i 为敲击序号）		

3.5.2　管柱长度为 2 m 时的处理结果

当管柱长度为 2 m 时,在不同传播速度与衰减系数组合下,在 1# 传感器上的仿真振动信号特征参数统计结果如下:

(1) 随着传播速度和衰减系数的变化,各种信号特征参数的变化具有稳定、连续的变化特征,很少出现不连续和瞬间的突变变化。

(2) 表 3-5 是不同敲击子波进行敲击仿真时获得的振动信号绝对均值统

计分布情况。从表中的图上可以看出,在子波频率很低($\leqslant 2$ rad/ms)时,绝对均值的统计分布图形随传播速度的增大而增大、随衰减系数的增大而减小,敲击振动信号绝对均值的变化随衰减系数和传播速度的变化均为单增或单减函数。但随着敲击时频子波信号频率的进一步增大,绝对均值随传播速度的变化呈现出复杂的波动变化,敲击时频子波信号频率越高,绝对均值随传播速度变化的波动曲线就越复杂,而且在一定的衰减系数值下,绝对均值随传播速度变化的峰值位置对应的传播速度数值也随之增大,基本与敲击时频子波信号频率相对应。而随着衰减系数的增大,振动信号的绝对均值也随之下降,这一变化规律在整个传播速度变化计算范围内没有改变。

表 3 - 5　不同敲击子波进行敲击仿真时获得的振动信号绝对均值统计分布情况

敲击序号	绝对均值分布图	敲击序号	绝对均值分布图
1		10	
20		25	

敲击序号	绝对均值分布图	敲击序号	绝对均值分布图
35		45	
50		60	
70			

由表 3-3 可知,振动信号的均方值、有效值、峰值、主振幅、平均振幅和振幅均方根,这些参数在"$v-\beta_n$"平面内的变化规律也与绝对均值参数的变化规律相似。

(3)表 3-6 是振动信号峭度指标在"$v-\beta_n$"平面内的变化情况。在振动波传播速度 v 保持恒定的情况下,随着衰减系数 β_n 的增大,振动波形的衰减程度随之增强,振动信号峭度指标数值也随之增大。图 3-16 就是不同敲击序号时频子波在 $v=2\,000\,\text{m/s}$, $\beta_n=0.05\,\text{m}^{-1}$ 时管柱仿真振动信号及频谱的具体实例。

表 3-6　振动信号峭度指标在"$v-\beta_n$"平面内的变化情况

敲击序号	峭度指标分布图	敲击序号	峭度指标分布图
1		10	
20		25	

敲击序号	峭度指标分布图	敲击序号	峭度指标分布图
35		45	
50		60	
70			

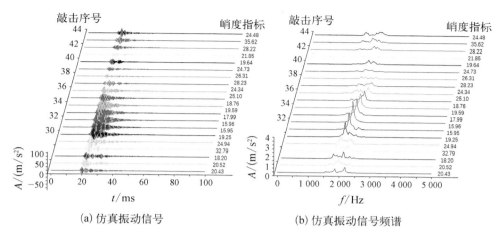

(a) 仿真振动信号　　　　　　　　　(b) 仿真振动信号频谱

图 3 - 16　不同敲击序号时频子波在 $v = 2\,000$ m/s、$\beta_n = 0.05$ m^{-1} 时管柱仿真振动信号及频谱

随着敲击时频子波信号频率的升高,振动信号的波形也随着传播速度 v 的增大而呈现出较为复杂的变化。正如表 3 - 4 所指出的那样,峰值指标、歪度指标、裕度指标与峭度指标等参数在"v-β_n"平面内的变化规律也相似。敲击时频子波的频率越高,这种变化就越为复杂。

(4) 表 3 - 7 是振动信号平均频率在"v-β_n"平面内的变化情况。若 v 为恒定值,则随着衰减系数 β_n 的增大,振动波形的衰减程度随之增强,振动信号平均频率数值变化复杂。例如,图 3 - 17 所示是 50♯敲击子波在 1.2 m 处敲击时,2♯传感器接收的振动信号频率均值统计参数在"v-β_n"平面内的变化情况。从图上可以看出,在保持 v 不变的情况下,平均频率随 β_n 数值在[0.19,0.22]范围内波动,变化不大。但从变化趋势上看,随着 β_n 的增大,平均频率的变化模式可以分成单调增加、单调减少、单凹和单凸等变化模式。

在保持 β_n 不变的情况下,平均频率随 v 的变化则要复杂得多。但当 β_n 超过 0.025 m^{-1} 后,平均频率随 v 的变化曲线形状就已经变得很稳定了。

振动信号的频率均方根统计变化趋势和规律与平均频率相似,在此不再赘述。

(5) 表 3 - 8 是振动信号主频在"v-β_n"平面内的变化情况汇总。总体来看,振动信号主频在"v-β_n"平面内的分布是所有统计特征参数中变化最复杂,信息也是最丰富的统计参数,好在这种变化具有很好的规律性。

表 3-7　振动信号平均频率在"v-$\boldsymbol{\beta}_n$"平面内的变化情况

敲击序号	平均频率分布图	敲击序号	平均频率分布图
1		10	
20		25	
35		45	

敲击序号	平均频率分布图	敲击序号	平均频率分布图
50	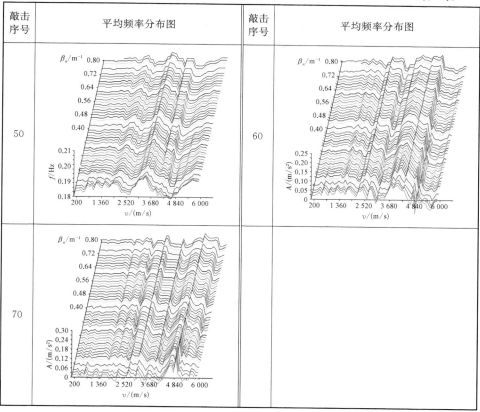	60	
70			

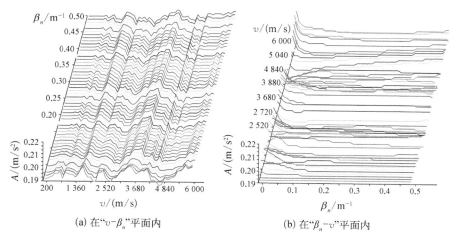

(a) 在"v-β_n"平面内　　　　　　(b) 在"β_n-v"平面内

图 3 - 17　50♯敲击子波在 1.2 m 处敲击时,2♯传感器接收的振动信号频率均值统计参数在"v-β_n"平面内的变化情况

表 3-8 振动信号主频在"$v-\beta_n$"平面内的变化状况汇总

敲击序号	主频分布图	敲击序号	主频分布图
1		8	
20		25	
35		45	

敲击序号	主频分布图	敲击序号	主频分布图
50		60	
70			

从图 3-18 上可以看出，在不同的"$v-\beta_n$"数值组合下，如果振动信号的波形没有发生大的改变，信号主频也几乎保持为一个常数。但一旦振动信号的波形发生了改变，相应的主频也会发生明显的变化。当 v 一定时，振动信号随衰减系数 β_n 的变化较为稳定。相反，在 β_n 恒定时，主频随 v 的变化较为复杂，但不同 β_n 下的变化模式基本相同，具有很好的可比性。

（6）表 3-9 是振动信号包络曲线形状系数 S_a 在"$v-\beta_n$"平面内的变化情况汇总。总体来看，当振动信号的波形的变化趋势没有出现大的转变，振动随着时间的增长逐渐衰减的情况下，振动信号曲线形状系数 S_a 在"$v-\beta_n$"平面内的分布呈近似的线性关系。

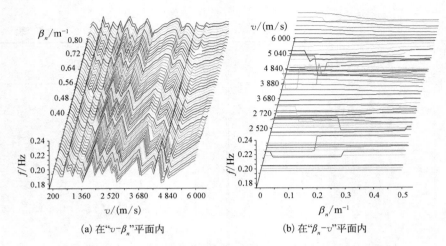

(a) 在"v-β_n"平面内

(b) 在"β_n-v"平面内

图 3-18 $L=2\,\mathrm{m}$ 的 2♯ 通道,敲击序号为 50 的仿真信号
主频在"v-β_n"平面内的分布图

表 3-9 振动信号包络曲线形状系数 S_a 在"v-β_n"平面内的变化情况

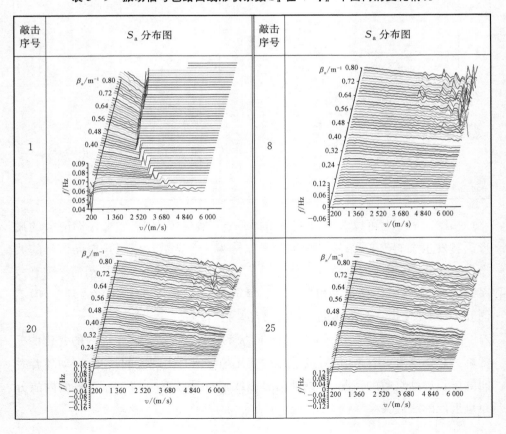

敲击序号	S_a 分布图	敲击序号	S_a 分布图
1		8	
20		25	

敲击序号	S_a 分布图	敲击序号	S_a 分布图
35	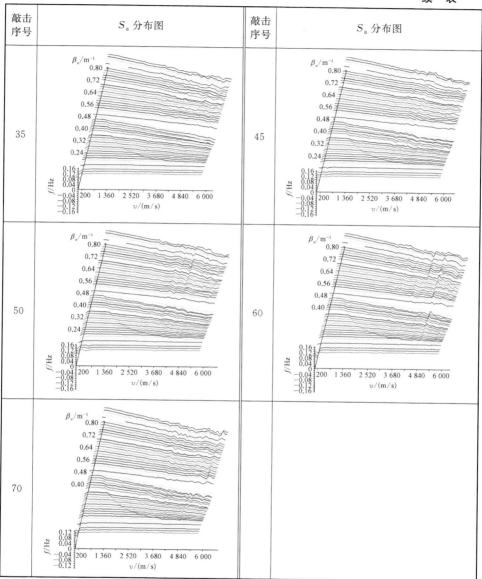	45	
50		60	
70			

图 3-19 是管柱长度为 2 m、1♯通道序号、敲击序号为 49 的振动信号计算结果。从图上可以看出,当振动波传播速度低时,振动波波形呈一个个分离状态,但这并不表明每一个分离的振动波就是原来的敲击子波。相反,这些波形也是由许多个历经衰减的敲击子波互相叠加的结果,其中的每个波形的最大振幅

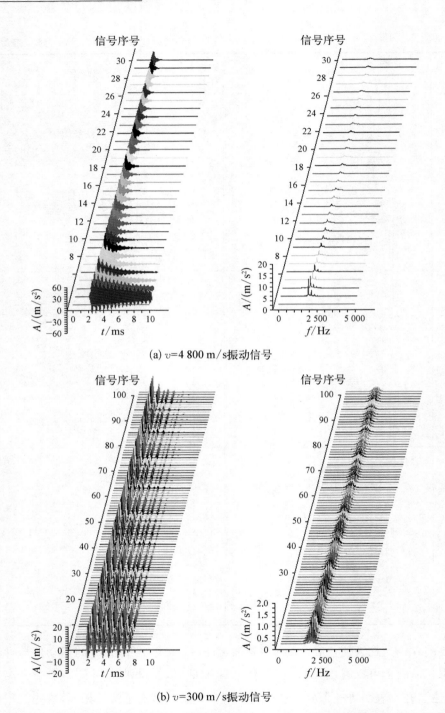

(a) v=4 800 m/s振动信号

(b) v=300 m/s振动信号

图 3-19　管柱长度为 2 m、1♯通道序号、敲击序号为 49 的振动信号计算结果

也并不是随着时间的推移逐渐衰减的。譬如,图 3 - 19(b)第一个衰减系数为 0.005 m^{-1} 的振动信号中的第四个波形的振幅就要比第二和第三个波形的振幅大,但随着衰减系数的逐渐增长,后续的波形逐渐被衰减。

由此可见,振动信号波形的这些变化,必然会对系数 S_a 的计算结果产生明显的影响。在不同的"$v - \beta_n$"数值组合下,如果振动信号的波形没有发生大的改变,则信号的 S_a 也几乎保持为同一个变化趋势。一旦振动信号的波形发生了改变,相应的 S_a 也会发生一定的变化。由此,表 3 - 9 中 S_a 在"$v - \beta_n$"平面上的波动发生起伏变化。

峰值散度在"$v - \beta_n$"平面内的变化较为单调,在此不做赘述。

3.5.3　管柱长度对振动信号统计参数的影响

分析表 3 - 1 的管柱撞击振动传递事件链路,以及式(3 - 1)～式(3 - 5)可以得出:在两个不同的管柱敲击振动系统中,当管柱长度、振动衰减系数 β_n 和振动波传播速度 v 之间满足如下关系式:

$$\frac{L_1}{v_1} = \frac{L_2}{v_2} = \mathrm{const}, \qquad \frac{\beta_{n_1}}{L_1} = \frac{\beta_{n_2}}{L_2} = \mathrm{const} \qquad (3 - 7)$$

如果敲击点、采样点布置完全按照几何相似原则下布控,则这两个敲击管柱系统的实验结果具有很好的等比性。利用这一关系,不同长度管柱敲击实验结果就可以实现相互的转换。因此,管柱长度 L 对管柱振动信号参数的影响在此不做赘述。

3.6　管柱敲击振动问题的反演计算

3.6.1　无损伤管柱敲击振动信号模型的推导

假定一条长度为 L 的无损伤管柱在 x_0 处受敲击振动信号 $\boldsymbol{x}_{\mathrm{knock}}$ 的作用产生振动,传感器测点位置为 x_c,且 $x_c > x_0$。 在只有管柱两端反射,无支点反射的情况下,管柱振动模型可以用下式表示:

$$\boldsymbol{x}_{\mathrm{knock}} = [x_1, x_2, \cdots, x_M] \qquad (3 - 8)$$

如果采用傅立叶级数进行变换,可以得到式(3 - 8)中任何一点 x_j 的表达

式为

$$x_j = h(t_j) = \sum_{i=1}^{N} \left(a_i \cos\left(\frac{2\pi \times i \times j}{2N+1}\right) + b_i \sin\left(\frac{2\pi \times i \times j}{2N+1}\right) \right),$$
$$(j = 1, 2, 3, \cdots, M) \tag{3-9a}$$

经过一定的转换,可以获得:

$$h(t) = \sum_{i=1}^{N} \left(a_i \cos\left(\frac{2\pi \times i}{2N+1} \times \frac{F_p \times t_z}{T_z}\right) + b_i \sin\left(\frac{2\pi \times i}{2N+1} \times \frac{F_p \times t_z}{T_z}\right) \right),$$
$$(j = 1, 2, 3, \cdots, M) \tag{3-9b}$$

式中,$t_z = t - T_z \times \text{truncate}(t/T_z)$,s;$T_z = M/F_p$,s,为信号采样时间;truncate($\cdot$)为取实数中的整数值函数;$M$ 为敲击源信号采样点数量,即信号点数量;F_p 为信号采样率,Hz。

显然,$h(t)$ 函数就是将式(3-9a)拓展为可以在任意时间计算周期为 T_z(或 M 个采样点)的敲击原信号数值的函数表达式。式(3-9b)为敲击振动时间函数。

经过一系列的推导,可以获得在传感器上的信号函数表达式:

$$\boldsymbol{y} = [y_1, y_2, \cdots, y_M]$$
$$y(\text{t}) = y_s(t) + y_0(t) + y_1(t) \tag{3-10a}$$

式中,$y_s(t) = \left(A_{10} \times e^{-\beta_n(x_c - x_{0c})} \times h\left(\frac{x_c - x_0}{v}\right) \right)$,为敲击振动信号在管柱内传播未到达反射端时就被接收的信号;$y_0(t) = \sum_{i=1}^{Z} A_0 \times K_L^{i+1} K_O^i \times \left(\lambda_O \times e^{-\beta_n(2iL - x_0 - x_c)} \times h\left(\frac{2iL - x_0 - x_c}{v}\right) + \lambda_L \times e^{-\beta_n(2iL - x_0 + x_c)} \times h\left(\frac{2iL - x_0 + x_c}{v}\right) \right)$ 是敲击振动信号在 O 端反射一个旅程后,在传感器上被接收的信号;$y_1(t) = \sum_{i=0}^{Z} A_0 \times K_O^{i+1} K_L^i \times \left(\lambda_O \times e^{-\beta_n(2iL + x_0 + x_c)} \times h\left(\frac{2iL + x_0 + x_c}{v}\right) + \lambda_L \times e^{-\beta_n(2iL + x_0 - x_c)} \times h\left(\frac{2iL + x_0 - x_c}{v}\right) \right)$ 是敲击振动信号在 1 端反射一个旅程后,在传感器上被接收的信号。

因此有

$$y(t) = \left(A_{10} \times e^{-\beta_n (x_c - x_{0c})} \times h\left(\frac{x_c - x_0}{v} \right) \right) +$$

$$\sum_{i=1}^{Z} A_0 \times K_L^{i+1} K_O^i \times \left(\lambda_O \times e^{-\beta_n (2iL - x_0 - x_c)} \times h\left(\frac{2iL - x_0 - x_c}{v} \right) + \lambda_L \times \right.$$

$$\left. e^{-\beta_n (2iL - x_0 + x_c)} \times h\left(\frac{2iL - x_0 + x_c}{v} \right) \right) + \sum_{i=0}^{Z} A_0 \times K_O^{i+1} K_L^i \times$$

$$\left(\lambda_O \times e^{-\beta_n (2iL + x_0 + x_c)} \times h\left(\frac{2iL + x_0 + x_c}{v} \right) + \lambda_L \times \right.$$

$$\left. e^{-\beta_n (2iL + x_0 - x_c)} \times h\left(\frac{2iL + x_0 - x_c}{v} \right) \right) \tag{3-10b}$$

式中，A_0 为敲击振动信号源振动强度；v 为振动波传播速度，m/s；λ_L 为 L 端振动波反射系数；λ_O 为 O 端振动波反射系数；K_O、K_L 分别为 O 端和 L 端反射波动影响系数。

因此，完全可以用理论公式直接表示单管或多管的敲击振动信号模型。在式（3-10）模型中包含了敲击振动信号源波形、管柱长度、振动波传播速度、材料对振动波的衰减系数、敲击位置、传感器位置等影响因素。利用式（3-10）就可以开展无损伤管柱敲击振动问题的基本演算和分析。类似地，也可以同样推导得到 $x_c \leqslant x_0$ 时，$y(t)$ 的计算公式。

3.6.2　无损伤管柱敲击振动信号的计算

1）管柱敲击振动信号处理方案的设计

我们可以采用图 2-1 的测试装置进行管柱敲击振动信号的测量工作。在测量得到管柱敲击振动信号之后，开展管柱振动信号处理工作的实质就是一个卷积与反卷积，以及信号复原的问题。信号的复原包括提取敲击振动过程中的轴向、周向和径向振动、横向振动信号，管柱与敲击工具、支座支撑点之间的摩擦，以及排除测试仪器和环境等的各种干扰。卷积与反卷积处理的实质就是一个管柱敲击振动模型的构建，敲击系统几何模型参数的确定，管柱物理性质（如材料的物理机械特性参数、振动波传播速度、振动波衰减系数等）的提取等问题。

在管柱模型几何参数已知的情况下开展信号处理工作，就是希望能够通过处理敲击管柱振动信号，来提取得到管柱材料的振动波传播速度 v、振动波衰减

系数 β_n、敲击源的时域波形信号 $\boldsymbol{x}_{\text{knock}}$ 等信息。考虑到问题的复杂性，为了实现 υ、β_n、$\boldsymbol{x}_{\text{knock}}$ 的计算，本书建立了图 3-20 的管柱敲击振动信号反演计算流程。

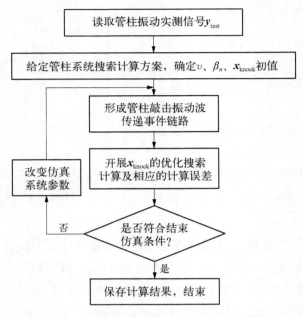

图 3-20　管柱敲击振动系统仿真反演计算流程

在图 3-20 中 $\boldsymbol{x}_{\text{knock}}$ 的优化搜索计算过程是一个以实测信号和仿真信号之间误差最小为目标函数的一维优化搜索过程。理论上这一过程可以分为两个（或三个）子循环搜索过程来实现，即在给定 $(\upsilon$、$\beta_n)$ 组合数值下，对 $\boldsymbol{x}_{\text{knock}}$ 的优化搜索计算过程，以及在给定 $\boldsymbol{x}_{\text{knock}}$ 下对 $(\upsilon$、$\beta_n)$ 组合的优化搜索过程。实践表明，由于 υ 对 β_n 有直接的影响，两者不是独立的变量，导致对 $(\upsilon$、$\beta_n)$ 组合的优化搜索非常难以实现。因此，将 υ 和 β_n 单独进行优化搜索计算，将原来的两步循环优化拆分成三步循环优化计算，在给定 $(\upsilon$、$\beta_n)$ 组合数值对 $\boldsymbol{x}_{\text{knock}}$ 的优化搜索计算的基础上，加入在给定 $\boldsymbol{x}_{\text{knock}}$ 和 β_n 值下对 υ 的优化搜索计算过程，以及在给定 $\boldsymbol{x}_{\text{knock}}$ 和 υ 值下对 β_n 的优化搜索计算过程。在每一个 $(\upsilon$, $\beta_n)$ 组合下都可以获得一个最优的 $\boldsymbol{x}_{\text{knock}}$、对应 $\boldsymbol{x}_{\text{knock}}$ 下的敲击振动信号 $\boldsymbol{y}_{\text{opt}}(\upsilon, \beta_n)\big|_x = \boldsymbol{x}_{\text{knock}}$，以及 $\boldsymbol{y}_{\text{opt}}(\upsilon, \beta_n)$ 与实测信号 $\boldsymbol{y}_{\text{test}}$ 之间的最优误差 F_{opt}。也就是说，图 3-20 是采用最优化的理论与方法，对下列目标函数开展对 υ 和 β_n 组合的最优化搜索。

$$\min: F = \sum_{i=1}^{m}(y_i(v,\beta_n) - y_{\text{test }i})^2 \qquad (3-11)$$

式中，y_{test} 为采样点数量为 m 的实测管柱敲击振动信号；$y_i(v,\beta_n)$ 为第 i 次搜索时在给定 (v,β_n) 组合和第 $i-1$ 次优化搜索敲击振动信号 $x_{\text{knock }i-1}$ 下的测点仿真信号。

在一定的 (v,β_n) 范围内，通过比较每一个 (v,β_n) 组合下的最优误差函数值 F_{opt}，就可以实现敲击原信号 x_{knock} 的确定。在此基础上，进一步细化 (v,β_n) 的搜索范围，开展更加精细的小范围内的优化搜索，最终就可以获得满足一定精度范围的管柱敲击振动问题的反卷积计算。

2）PVC 管敲击振动信号的测量

在进行 $\Phi3$ cm 长 2 m 的大 PVC 管敲击振动测试时，首先进行的是无损 PVC 管的敲击振动测试，采集得到了从 5 cm 开始，间隔 5 cm 共 39 组的 2 通道振动信号，具体如图 3-21 所示。其中，图 3-21(a)、图 3-21(b)分别为 1♯ 和 2♯ 传感器测量 2 m 大 PVC 管敲击振动信号。

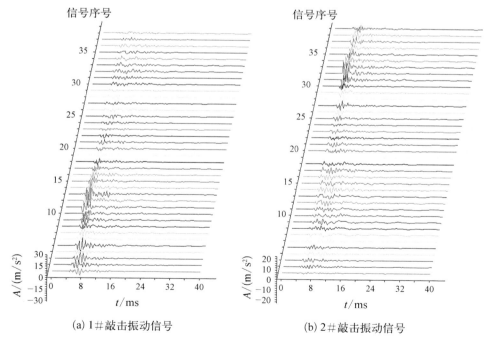

(a) 1♯敲击振动信号　　　　　　(b) 2♯敲击振动信号

图 3-21　实测无损伤 PVC 管敲击振动信号

然后按照表 3-10 指定的顺序,依次给 Φ3 cm PVC 管制造出锯缝和钻孔损伤,在此基础上开展与图 3-21 类似的振动测试实验,每次均可获得 45 组不同损伤情况下的敲击振动测试结果。

表 3-10　直径 3 cm PVC 管敲击振动测试方案

序号	文件编号	敲击方式	孔数量	缝数量	缝深度	序号	文件编号	敲击方式	孔数量	缝数量	缝深度
1	359	左侧击	0	0	0	24	384	右侧击	1	2	穿透
2	360	左侧击	0	1	浅	25	385	上侧击	1	2	穿透
3	361	右侧击	0	1	浅	26	386	左侧击	2	2	穿透
4	363	上侧击	0	1	浅	27	387	右侧击	2	2	穿透
5	364	左侧击	0	1	中深	28	388	上侧击	2	2	穿透
6	365	右侧击	0	1	中深	29	389	左侧击	3	2	穿透
7	366	上侧击	0	1	中深	30	390	右侧击	3	2	穿透
8	367	左侧击	0	1	穿透	31	391	上侧击	3	2	穿透
9	368	右侧击	0	1	穿透	32	392	左侧击	4	2	穿透
10	369	上侧击	0	1	穿透	33	393	右侧击	4	2	穿透
11	370	左侧击	0	2	浅	34	394	上侧击	4	2	穿透
12	371	右侧击	0	2	浅	35	395	左侧击	5	2	穿透
13	372	上侧击	0	2	浅	36	396	右侧击	5	2	穿透
14	373	左侧击	0	2	中深	37	397	上侧击	5	2	穿透
15	374	右侧击	0	2	中深	38	398	左侧击	6	2	穿透
16	375	上侧击	0	2	中深	39	399	右侧击	6	2	穿透
17	376	左侧击	0	2	穿透	40	400	上侧击	6	2	穿透
18	377	右侧击	0	2	穿透	41	401	左侧击	7	2	穿透
19	378	上侧击	0	2	穿透	42	402	右侧击	7	2	穿透
20	379	左侧击	0	2	穿透	43	403	上侧击	7	2	穿透
21	380	右侧击	0	2	穿透	44	404	左侧击	8	2	穿透
22	381	上侧击	0	2	穿透	45	405	右侧击	8	2	穿透
23	383	左侧击	1	2	穿透	46	406	上侧击	8	2	穿透

表 3 - 10 中的第一条缝位于管柱的左侧 60 cm 处,第二条缝位于左侧 90 cm 处。而钻孔是从 10 cm 开始的,一直到 80 cm 处的 8 个上下、左右的不同方位上排布。文件编号为 359 的第一组敲击测试,是管柱无损伤时的敲击振动测试,即图 3 - 21 的结果。

3) 无损伤管柱敲击振动信号的反卷积计算分析

通过对无损伤管柱敲击振动问题的大量计算,可以得出以下几点结论:

(1) 无论采用哪一个敲击通道振动信号,不同测点的敲击振动信号,与采用图 3 - 20 的最优化搜索计算获得的敲击仿真信号之间的误差,具有相似甚至相同的规律性分布,而且每一次优化搜索计算结果,F_{opt} 都可以得到预期的结果。例如,图 3 - 22 就是无损伤管柱敲击振动信号反卷积计算误差在“$v - \beta_n$”平面的变化。

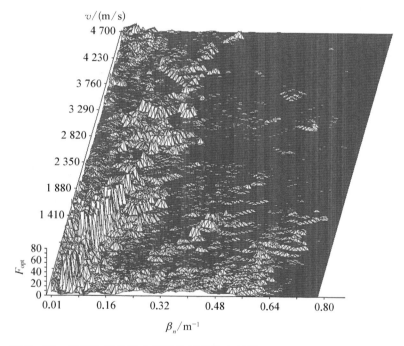

图 3 - 22　无损伤管柱敲击振动信号反卷积计算误差在“$v - \beta_n$”平面的变化

(2) 当材料振动衰减系数 β_n 大于 0.8 及以上时,敲击振动源信号与测量振动信号已经十分接近,我们定义这一临界衰减系数为 β_{n_0},并称其为高阻尼振动临界值(或临界系数)。

(3) 通过高阻尼振动临界系数 β_{n_0},可以将误差分布区域划分为低临界阻尼振动区域和高临界阻尼振动区域两个部分。

（4）随着振动传播速度的增大，误差分布的高临界阻尼振动区域分布逐渐扩大，而低阻尼临界阻尼振动区域则逐渐往 $\beta_n = 0$ 轴靠近。

（5）从图 3-22 的无损伤管柱敲击振动信号反卷积计算结果的比较来看，很难实现管柱 v、β_n、x_{knock} 的一次性确定处理。因为 F_{opt} 在"v-β_n"平面内的分布复杂，存在着众多的局部最优点，每个局部最优点的误差都相当接近。采用图 3-22 流程进行优化搜索计算的工作量非常大，搜索效率低。

4）有损伤管柱敲击振动信号的反卷积计算分析

针对有损伤 PVC 管的敲击振动信号，如果仍然采用图 3-22 的处理流程和计算方法，来开展（v，β_n，x_{knock}）$_{\text{opt}}$ 的搜索计算，很难获得正确的计算结果。因为通过大量的验算表明，在存在损伤的情况下的信号模型误差计算结果会产生明显的偏差。其中，全局最小偏差数值也在 3.40 以上，而不会趋向于 0。也就是说，当管柱内部存在缺陷的情况下，继续采用无缺陷模型时无法实现敲击振动问题的反演计算，也无法提取得到满意的敲击振动信号。

从图 3-23 的有损伤管柱敲击振动信号反卷积计算误差在"v-β_n"平面内

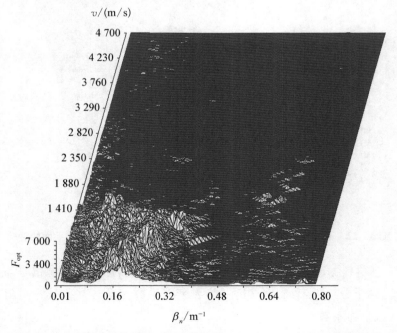

图 3-23　有损伤管柱敲击振动信号反卷积计算误差在"v-β_n"平面内的变化

的变化可以得出一个很有用的结论:管柱损伤产生的振动干扰,或振动畸变信号,对于图 3-20 的信号模型而言,具有十分敏感作用。也就是说,管柱损伤对管柱振动模型而言是十分敏感的。

　　进一步的分析还表明,管内存在损伤后振动系统性能最主要的影响是传播速度下降,而不是反射和透射等参数的变化。由于振动波传播的波长往往大于损伤的几何尺寸,对振动波的传播而言,管柱损伤对波传播的影响有限,但反演计算的初步计算结果表明,有损伤时最佳的传播速度会发生明显的降低。

　　显然,上述研究为进一步完善有损伤振动波传播模型指明了方向。

3.7　振动波传播速度和衰减系数的初步计算

　　从上一节的分析中可以看出,在同一个管柱的不同地点敲击获得的管柱振动信号在 (v, β_n) 组合下的误差函数略有不同,单一的敲击振动信号无法准确地确定管柱材料的 v 和 β_n 值,而采用 (v, β_n) 组合下来求解这两个参数值,实际计算的工作量又非常大。因此,如何快速地求取得 v 和 β_n 是一个值得研究的问题。

　　本书根据 v 和 β_n 对振动信号影响的敏感性不同,首先在给定较为合适的 β_n 初值的前提下,采用最优化的方法,可以从一系列不同位置的敲击振动信号中搜索得到较为准确的振动波传播速度 v 的数值。然后,在给定 v 为恒定值下采用相同的求解思路优化搜索得到近似的 β_n 数值。通过几轮的优化搜索计算,最终可以获得较为满意的管柱材料振动波传播速度 v 的数值。

3.7.1　振动波传播速度的确定

　　本书首先利用 3.5 节的实测管柱敲击振动信号的绝对均值、峭度指标和信号主频等统计结果,在系统仿真结果数据库中可以搜索得到与之相近的仿真信号参数,以及对应的 v 和 β_n 的大致范围。由于与振动波衰减系数 β_n 相比较,振动波传播速度 v 对式(3-11)中信号误差 F 的影响,要比衰减系数的影响大很多。v 的大小不仅影响振动波的波形,而且对振动波的衰减系数 β_n 也有一定的影响。因此,应当首先在给定 β_n 初值的前提下,对最佳 v 进行搜索计算,具体的计算流程如下:

在图 3-24 中,$F(v)$ 函数是不同位置多点敲击时的振动信号参数与同一位置敲击产生的仿真信号之间的误差累计值。考虑到局部最优点的多样性,本书首先在指定的 v 值大范围内开展逐点的计算,然后根据 $F(v)$ 的变化,确定出所有可能的局部最优点,以及对应的 v 区间,然后在每个区间再进行一维最优化搜索计算,得到每个区间的最优 $F_{opt}(v_i)$ 和对应的 v_{opti} 数值,再比较每个局部最优点的 $F_{opt}(v_i)$ 值的大小,即可确定全局最优点 v_{opt} 和 F_{opt}。

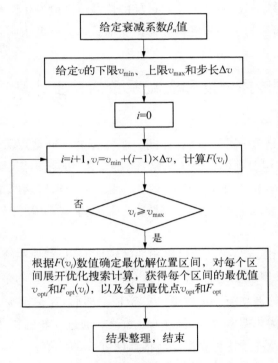

图 3-24 振动信号定量化建模处理流程

采用无损钢管敲击振动实验信号,在排除了振动信号中的管柱刚体运动成分之后,获得的管柱振动信号统计参数如表 3-11 所示。类似地,对图 3-21 的无损 PVC 管敲击振动信号进行参数统计也可以获得相应的结果。图 3-25(a) 就是利用图 3-21 中每个信号的最大振幅 A_{max} 和有效值参数,取 $\beta_n = 0.05\ \mathrm{m}^{-1}$ 时,在传播速度为 $300 \sim 7\,000\ \mathrm{m/s}$ 范围内,进行 $1\ \mathrm{m/s}$ 为步长的最优 x_{knock} 搜索计算结果。而图 3-25(b) 是在图 3-25(a) 上的一个可能存在最佳传播速度 v_{opt} 区间 $[2\,350,2\,360]\ \mathrm{m/s}$ 范围内,进行 $0.01\ \mathrm{m/s}$ 为步长的最优 x_{knock} 搜索计算获

得的 F_{opt} 散点图,最终计算得到的最优传播速度为 $v_{\text{opt}}=2\,350.35\text{ m/s}$。实际的演算表明,信号误差函数 F 对 (v,β_n) 的取值是十分敏感的。

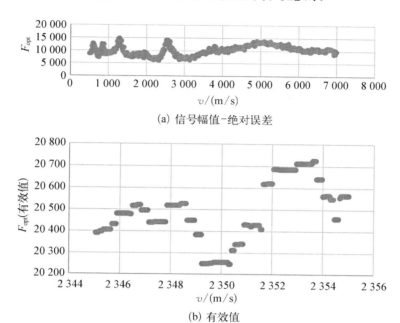

(a) 信号幅值-绝对误差

(b) 有效值

图 3‐25　PVC 管传播速度优化计算结果示意图

表 3‐11　管柱振动信号统计参数

敲击序号	敲击位置	$A_{\min}$	$A_{\max}$	均值	均方值	有效值	峰值	峰值指标	裕度指标	歪度指标	峭度指标
1	0.10	−37.825	39.106	3.629	39.136	6.256	28.689	4.586	1.724	2.847	10.521
2	0.20	−12.177	11.602	1.928	8.734	2.955	10.591	3.584	1.533	2.206	5.795
3	0.30	−43.716	33.756	3.706	40.327	6.350	29.786	4.690	1.713	2.965	11.268
4	0.40	−23.086	26.032	3.064	23.663	4.864	20.827	4.282	1.587	2.569	8.358
5	0.50	−32.230	23.984	2.202	13.051	3.613	16.103	4.457	1.640	2.928	12.699
6	0.60	−25.247	26.988	1.950	12.106	3.479	16.569	4.762	1.784	3.097	12.901
7	0.70	−43.971	39.874	4.255	47.257	6.874	28.879	4.201	1.616	2.562	8.545
8	0.80	−30.448	34.204	3.368	32.877	5.734	25.121	4.381	1.702	2.789	9.678

敲击序号	敲击位置	A_{min}	A_{max}	均值	均方值	有效值	峰值	峰值指标	裕度指标	歪度指标	峭度指标
9	0.90	−38.646	33.888	3.702	37.757	6.145	27.942	4.547	1.660	2.767	10.072
10	1.00	−26.310	32.890	2.920	22.441	4.737	20.062	4.235	1.623	2.609	8.885
11	1.10	−45.360	42.749	3.775	37.541	6.127	28.774	4.696	1.623	2.897	11.712
12	1.20	−46.327	34.395	3.525	38.752	6.225	30.444	4.890	1.766	3.126	13.166
13	1.30	−15.582	21.101	1.904	9.863	3.141	13.522	4.306	1.650	2.647	9.034
14	1.40	−49.718	42.273	5.462	88.441	9.404	39.093	4.157	1.722	2.629	8.428
15	1.50	−32.625	27.392	3.280	21.891	4.679	18.197	3.889	1.427	2.230	7.011
16	1.60	−35.025	44.406	5.604	72.069	8.489	31.280	3.685	1.515	2.166	5.824
17	1.70	−30.687	30.165	4.483	45.094	6.715	25.384	3.780	1.498	2.258	6.305
18	1.80	−22.741	19.750	2.173	13.865	3.724	17.100	4.592	1.714	2.894	10.573
19	1.90	−51.637	37.224	4.525	51.193	7.155	28.862	4.034	1.581	2.475	8.142
20	2.00	−25.037	31.170	3.260	25.501	5.050	20.671	4.093	1.549	2.477	8.021
21	2.10	−19.160	16.445	2.348	13.828	3.719	14.797	3.979	1.584	2.447	7.344
22	2.20	−43.493	45.700	5.126	82.726	9.095	36.661	4.031	1.774	2.486	7.473
23	2.30	−45.522	29.175	3.855	43.507	6.596	29.035	4.402	1.711	2.806	10.012
24	2.40	−40.736	36.863	4.510	55.786	7.469	32.369	4.334	1.656	2.712	9.093
25	2.50	−48.240	39.253	4.234	48.208	6.943	31.882	4.592	1.640	2.803	10.371
26	2.60	−22.943	27.991	2.657	16.564	4.070	16.911	4.155	1.532	2.478	8.256
27	2.70	−21.104	18.310	2.635	16.284	4.035	16.864	4.179	1.531	2.428	7.639
28	2.80	−30.382	33.643	3.975	40.596	6.371	25.287	3.969	1.603	2.423	7.273
29	2.90	−49.909	46.704	5.561	74.219	8.615	35.849	4.161	1.549	2.471	7.904

　　采用前述同样的方法,利用表 3－11 中的最大振幅、有效值和峭度指标这三个数据,分别作为构建误差函数 $F(v)$ 的原始数据。在 $\beta_n = 0.005$ 时,进行 v 的最优搜索,得到的最优 v_{opt} 分别为 5 674.30、5 670.9 和 5 674.34 m/s,计算结果十分接近。

图 3 - 26 就是利用管柱敲击振动信号的有效值和峭度指标,进行振动波传播速度最优搜索的误差函数 F 的计算曲线。由此可见,利用管柱敲击振动信号统计参数,来求取管柱材料的振动波传播速度,这一方法是可行、可靠的。

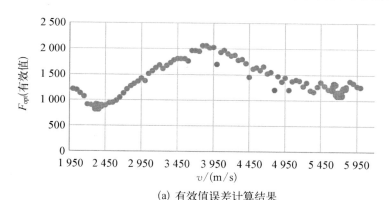

(a) 有效值误差计算结果

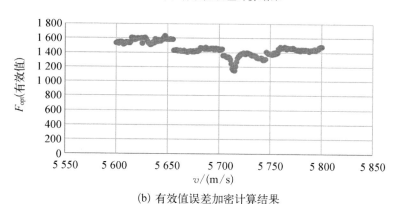

(b) 有效值误差加密计算结果

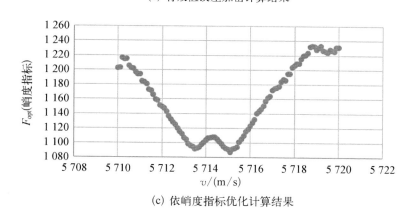

(c) 依峭度指标优化计算结果

图 3 - 26　振动波传播速度最优搜索的误差函数 F 的计算曲线

3.7.2　振动波衰减系数 β_n 的确定

采用与上一节求解 v_{opt} 相类似的处理流程,只不过此时需要将 v 和 β_n 进行交换,即 v 指定,而 β_n 变化。此时,如果限定 $v=1\,291.30\ \text{m/s}$ 的前提下,采用 PVC 管分频振动信号来求取最优 β_{nopt} ,计算得到的最优 β_n 值如图 $3-27$ 所示。

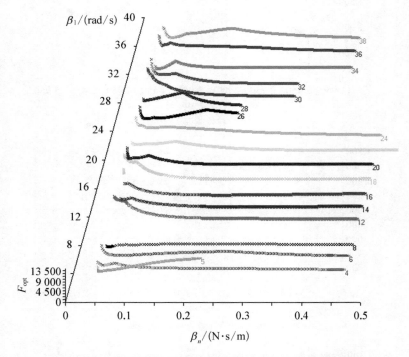

图 3‑27　不同频率振动波 PVC 管衰减系数优化计算结果图

从图上可见,随着敲击振动波分频频率的变化,β_{nopt} 也是变化的。这一计算结果表明,不仅材料本身对振动波存在一定的衰减效应,而且 β_{nopt} 也随子波振动的频率而变化。另外,杆管柱本身的几何尺寸也对振动波的传播具有选择性的抑制作用。因此,上图得到的 β_{nopt} 是材料衰减效应和管柱衰减效应的综合结果。

就钢管而言,在限定 $v=5\,674.30\ \text{m/s}$ 的前提下,将钢管振动信号峭度指标作为计算参数,求取的最优 β_{nopt} 的计算结果如图 $3-28$ 所示。

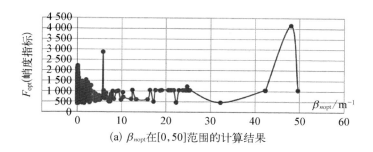

(a) β_{nopt}在[0,50]范围的计算结果

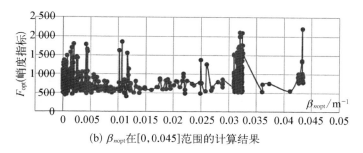

(b) β_{nopt}在[0,0.045]范围的计算结果

图 3-28 不同频率振动波钢管衰减系数优化计算结果

上述的优化计算结果表明,可以很方便、比较准确地确定管柱振动波传播速度。对于振动波衰减系数而言,由于存在着管柱结构体对振动波的衰减效应,采用本节介绍的方法得到的衰减系数是一个复杂的函数关系式,但从实际演算的综合趋势上可以看出,管柱材料对振动波的衰减系数 β_n 是随着振动波频率 f 的增加而增大的。

第4章
管柱敲击振动信号的
分离识别与特征提取

通过上一章的分析，对管柱在敲击激励作用下，不同分频子波信号在管柱内诱发振动的基本特征有了一定的了解；在第2章对实测管柱分频段振动信号进行了基于包络曲线的分类处理，得出的一个总的结论是，基于分频段信号分析是一个很值得研究的课题。

实测管柱敲击振动分频段信号包含了敲击、支点反射、管柱自身的纵向、横向、周向和径向等的激励振动、管柱与支点之间的摩擦振动等。这些振动各有特点，但混叠在一起，不利于后续的精细处理和分析。为此，本书采用信号的模式滤波法来实现这些混叠信号的初步分离、分类与识别处理，在此基础上实现各类信号特征的提取。

4.1 管柱敲击振动信号的模式滤波法处理

4.1.1 敲击振动信号的模式滤波分解

声信号的模式滤波法可以参见文献[2]的介绍。以 PVC 管敲击振动信号为例，采用模式滤波法分解获得的子波在"t-f"二维平面分布的图例如表 4-1 所示。由于是在管柱一侧进行的轻微侧敲击，管柱没有出现明显的横向移动，管柱与支座接触点之间的摩擦及支座的冲击反射作用也可以忽略不计，由敲击诱发的管柱自身的横向振动也很小。从敲击振动信号波形也可以看出，敲击振动信号的动态频率也是初高后低，呈现出典型的敲击振动信号频率变化特征。如果将每一次敲击最具代表性的时频子波定义为敲击主子波，则表 4-1 中信号的敲击主子波，就如表中的标注所示。尽管在敲击之前已经对管柱的损伤进行了一定的标定,但在子波分布图形上显然很难直接确定哪些是正常子波,哪些又是损伤特征子波。

表 4 - 1　在 5 cm 处左侧管柱敲击振动信号及子波分解结果

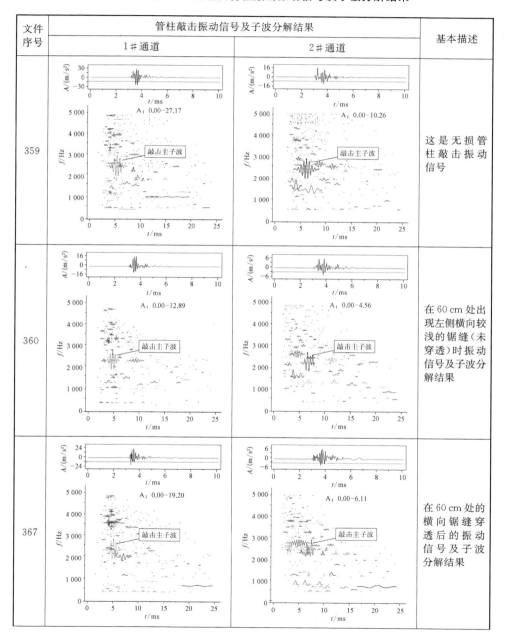

文件序号	管柱敲击振动信号及子波分解结果		基本描述
	1♯通道	2♯通道	
383	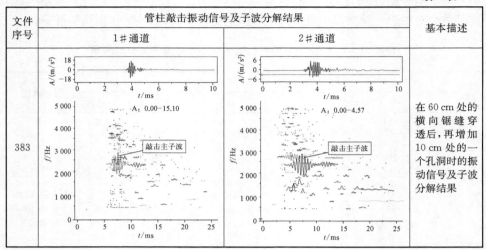		在 60 cm 处的横向锯缝穿透后，再增加 10 cm 处的一个孔洞时的振动信号及子波分解结果

如果对分解获得的时频子波按照波形的相关性进行分类，在维持相关性数值下限为 0.925 的条件下，可以将所有子波分为 816 类。图 4-1 是 PVC 管敲击振动信号时频子波分类数量在 50 个以上的时频子波在"$f-\alpha-A$"三维空间

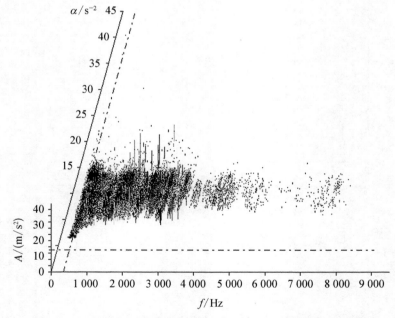

图 4-1　PVC 管敲击振动信号时频子波分类数量在 50 个以上的
时频子波在"$f-\alpha-A$"三维空间的分布情况

的分布情况。从图上可以看出,PVC 管的敲击时频子波主要分布在 $\omega\in[0,20]$ rad/s(即 $f\in[0,3\,200]$ Hz),$\alpha\in[0,16]$ 的二维矩形区域内。而且,利用模式滤波法分解 PVC 管敲击振动信号,可以获得数量不少的时频子波信号频率大于 40 rad/s,即大于本次采样的奈奎斯特频率(5 000 Hz)的子波,这是 PVC 管敲击振动信号最优时频子波分解的一大特色。

从图 4‑1 上也可以看出另一个时频子波分布特征——子波的聚集,其具有沿频率 f(或角加速度 ω)的梳状分布;在某些特征频率上,时频子波聚集程度高,其他地方则少而疏。

4.1.2　PVC 管敲击振动时频子波分布特征分析

1)时频子波依 α 分段

研究表明,时频子波在子波参数 α、β_1、A 和相位角 β_0 的某些特征点上具有一定的聚集分布的特征,了解和掌握这些特征可以给子波聚类、信号分离、特征识别和振动特征提取处理带来很大的方便,图 4‑2 就是 PVC 管敲击振动信号时频子波随 α 的分布统计曲线。本书按照时频子波的分布情况将 α 分成表 4‑2 中的 46 段。

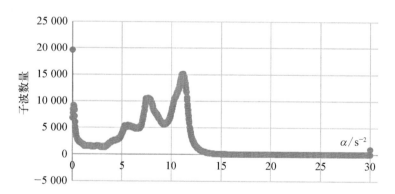

图 4‑2　PVC 管敲击振动信号时频子波随 α 的分布统计曲线

表 4‑2　时频子波随衰减系数 α 分布的分段结果

序号	α/s^{-2}	序号	α/s^{-2}	序号	α/s^{-2}	序号	α/s^{-2}
1	0	3	0.180 252 36	5	1.231 724 46	7	1.832 565 66
2	0.030 042 06	4	0.630 883 26	6	1.682 355 36	8	2.072 902 14

续 表

序号	α/s^{-2}	序号	α/s^{-2}	序号	α/s^{-2}	序号	α/s^{-2}
9	2.373 322 74	19	5.647 907 28	29	8.652 113 28	39	12.437 412 84
10	2.523 533 04	20	5.918 285 82	30	9.162 828 3	40	12.617 665 2
11	2.703 785 4	21	6.188 664 36	31	9.583 417 14	41	12.948 127 86
12	3.124 374 24	22	6.368 916 72	32	9.853 795 68	42	13.188 464 34
13	3.274 584 54	23	6.519 127 02	33	10.394 552 76	43	14.450 230 86
14	3.484 878 96	24	6.789 505 56	34	10.544 763 06	44	18.325 656 6
15	4.235 930 46	25	6.939 715 86	35	10.755 057 48	45	22.681 755 3
16	4.776 687 54	26	7.450 430 88	36	11.205 688 38	46	29.831 765 58
17	5.167 234 32	27	7.630 683 24	37	12.046 866 06		
18	5.317 444 62	28	8.351 692 68	38	12.227 118 42		

在表 4-2 中,序号为 1～8,$\alpha\in[0,\ 2.073]$范围内,是 PVC 管的各种自由振动信号对应的时频子波;序号为 8～21,$\alpha\in(2.073,\ 6.189]$范围内的绝大部分时频子波,是管柱受敲击时产生的、含磨滑特征的时频子波;序号为 22～31,$\alpha\in(6.189,\ 9.583]$范围内的绝大部分时频子波,是管柱受敲击后的支点反射低频冲击时频子波,及管体发出的清脆"咚咚"声敲击时频子波;序号为 32～44,$\alpha\in(9.583,\ 18.326]$范围内的时频子波,为管体敲击后呈现出结结实实的、闷声的"咚咚"敲击声。$\alpha>18.326$ 的时频子波数量不多,这些子波多半含有管柱损伤的信息,以及敲击时敲击工具在管体上的唧唧磨划子波。

2) 时频子波依 β_1 分段

与 α 的分段方法相类似,可以将时频子波依 β_1 进行统计,并将 β_1 分成 146 段进行时频子波的聚类处理。表 4-3 是将时频子波依 β_1 分成 146 段的具体分段结果。图 4-3 是时频子波在 β_1 轴上的数量统计曲线,从图上可以看出,时频子波大体上可以截成 6 段进行较粗的聚类,表 4-4 就是这 6 段的具体分段情况,以及每个分段内的子波数量统计结果。

表 4 - 3　时频子波依 β_1 分成 146 段的具体分段结果

序号	$\beta_1/$ (rad/s)	序号	$\beta_1/$ (rad/s)	序号	$\beta_1/$ (rad/s)	序号	$\beta_1/$ (rad/s)	序号	$\beta_1/$ (rad/s)
1	0.000	25	7.547	49	15.094	73	22.586	97	30.133
2	0.055	26	7.880	50	15.372	74	22.919	98	30.410
3	0.666	27	8.213	51	15.705	75	23.252	99	30.743
4	0.999	28	8.490	52	16.038	76	23.529	100	31.076
5	1.276	29	8.823	53	16.315	77	23.862	101	31.354
6	1.609	30	9.156	54	16.648	78	24.140	102	31.687
7	1.942	31	9.434	55	16.981	79	24.473	103	31.964
8	2.220	32	9.767	56	17.258	80	24.805	104	32.297
9	2.553	33	10.100	57	17.591	81	25.083	105	32.630
10	2.886	34	10.377	58	17.924	82	25.416	106	32.908
11	3.163	35	10.710	59	18.202	83	25.749	107	33.240
12	3.496	36	10.988	60	18.535	84	26.026	108	33.573
13	3.829	37	11.321	61	18.868	85	26.359	109	33.851
14	4.107	38	11.654	62	19.145	86	26.692	110	34.184
15	4.439	39	11.931	63	19.478	87	26.970	111	34.517
16	4.772	40	12.264	64	19.756	88	27.303	112	34.794
17	5.050	41	12.597	65	20.089	89	27.580	113	35.127
18	5.383	42	12.874	66	20.422	90	27.913	114	35.405
19	5.716	43	13.207	67	20.699	91	28.246	115	35.738
20	5.993	44	13.540	68	21.032	92	28.524	116	36.071
21	6.326	45	13.818	69	21.365	93	28.857	117	36.404
22	6.604	46	14.151	70	21.642	94	29.189	118	36.681
23	6.937	47	14.484	71	21.975	95	29.467	119	37.291
24	7.270	48	14.761	72	22.308	96	29.800	120	37.624

序号	$\beta_1/$ (rad/s)	序号	$\beta_1/$ (rad/s)	序号	$\beta_1/$ (rad/s)	序号	$\beta_1/$ (rad/s)	序号	$\beta_1/$ (rad/s)
121	37.957	127	39.844	133	41.675	139	46.725	145	55.160
122	38.235	128	40.122	134	42.341	140	48.279	146	55.493
123	38.568	129	40.455	135	42.619	141	49.500		
124	38.901	130	40.732	136	43.285	142	50.721		
125	39.178	131	41.065	137	43.840	143	52.330		
126	39.511	132	41.398	138	45.227	144	53.884		

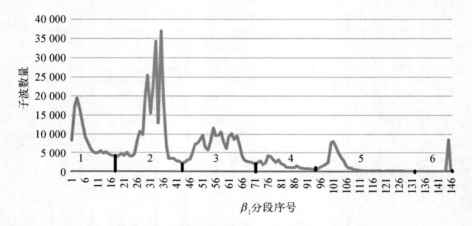

图 4-3　时频子波在 β_1 轴上的数量统计曲线

表 4-4　子波 β_1 间隔划分及子波数量统计

序　号	下 限 值	上 限 值	子波累计数量	区间子波数量
1	0.000	5.716	741 186	741 186
2	5.716	13.540	1 557 876	816 690
3	13.540	22.308	2 047 072	489 196
4	22.308	29.467	2 173 640	126 568
5	29.467	39.844	2 308 066	134 426
6	39.844	99.990	2 335 070	27 004

　　测试表明,图 4-3 中分段序号为 1 的时频子波主要代表 PVC 管做加速度刚体运动及敲击后支点低频反射的时频子波。分段序号为 2 的是管体的"咚咚""笃笃"敲击子波,而分段序号为 3 的是管体"嗒嗒"敲击时频子波,分段序号为 4 的是"嘀嘀"敲击子波,分段序号为 5 的是"唧唧""叽叽"敲击磨划子波。

　　3) 时频子波依 A 和 β_0 分段结果

　　图 4-4(a)和图 4-4(b)分别是时频子波在 A 和 β_0 轴上进行数量统计

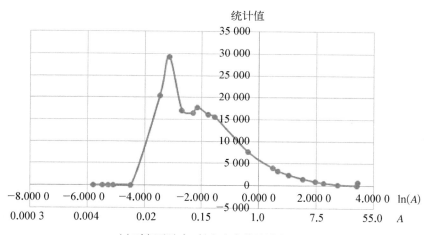

(a) 时频子波在 A 轴上分布的统计曲线

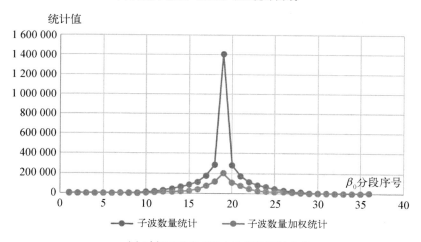

(b) 时频子波在 β_0 轴上分布的统计曲线

图 4-4　时频子波在 A 和 β_0 轴上的数量统计曲线

获得的曲线。根据图 4-4(a)曲线的数据,可以将时频子波依 A 聚类情况分成 25 段,表 4-5 是详细的分段信息。图 4-4(b)中有两条曲线,分别对应时频子波按照数量累计和按子波数量的振幅加权统计的结果。从图上可以看出,当 $\beta_0 = 0$ 时有一个子波数量的跃升点;当进行振幅加权统计时,这一跃升点消失了,说明在 $\beta_0 = 0$ 点处存在大量振幅很小、数量众多的时频子波。

表 4-5 时频子波 A 分段结果

序 号	A 下限	A 上限	序 号	A 下限	A 上限
1	6.55E-16	6.81E-16	14	0.119 9	0.176 2
2	6.81E-16	0.001 1	15	0.176 2	0.222 0
3	0.001 1	0.002 2	16	0.222 0	0.704 7
4	0.002 2	0.003 2	17	0.704 7	1.708 3
5	0.003 2	0.004 4	18	1.708 3	1.992 7
6	0.004 4	0.005 3	19	1.992 7	2.928 5
7	0.005 3	0.006 4	20	2.928 5	4.830 7
8	0.006 4	0.011 9	21	4.830 7	7.378 0
9	0.011 9	0.032 4	22	7.378 0	10.039 2
10	0.032 4	0.042 4	23	10.039 2	16.560 2
11	0.042 4	0.069 9	24	16.560 2	31.864 7
12	0.069 9	0.102 8	25	31.864 7	100.000 0
13	0.102 8	0.119 9			

4) 时频子波依系列分布特征

图 4-5 是按照表 4-2、表 4-3、表 4-5 的分段要求对时频子波进行分段处理后,时频子波数量统计在不同坐标系统中的显示结果。

由图 4-5 可以看出,时频子波的" f-α-A "三维空间的某些特征点上具有聚类分布特征,掌握这一聚类特征有助于开展敲击振动信号的分析处理工作。

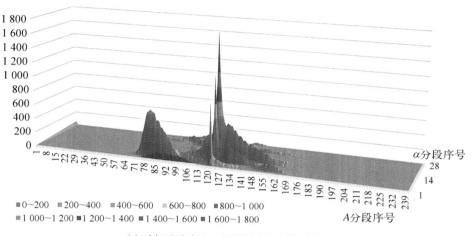

(a) 时频子波在"A-α"平面分布统计结果

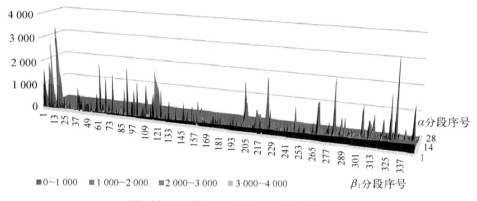

(b) 时频子波在"β_1-α"平面分布统计结果

图 4 - 5　时频子波依系列的数量统计分布图

4.1.3　按振幅分段时频子波分布特征分析

1）在第 1～8 分段内时频子波的分布特征

图 4 - 6 和图 4 - 7 分别为侧击时在 1♯ 通道和 2♯ 通道采集的振动信号,对应振幅在 0～0.011 9 m/s² 范围内的时频子波在"f - α"二维空间的分布情况。从这些图形中可以看出,无论是哪一种敲击方式,同次敲击得到的 1♯ 和 2♯ 通道振动信号的时频子波分布规律和特征都很相似,具有很好的一致性,说明管柱在敲击作用下不同测点的背景振动响应是一致和同步的。

117

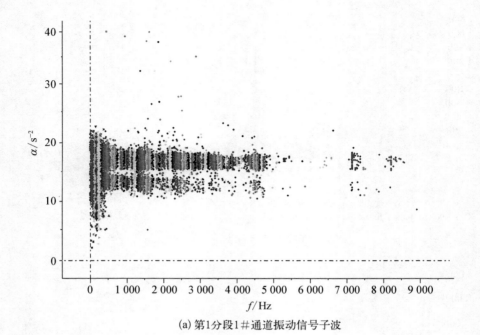

(a) 第1分段1#通道振动信号子波

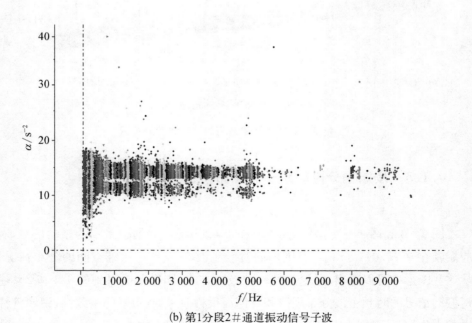

(b) 第1分段2#通道振动信号子波

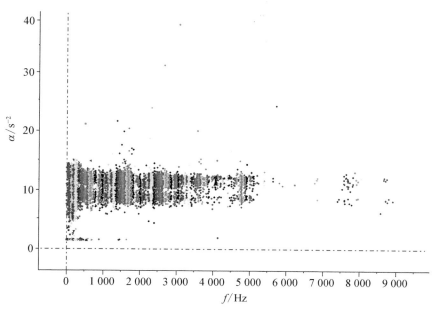

(c) 第7分段1#通道振动信号子波

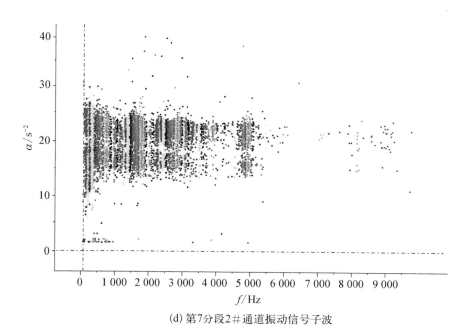

(d) 第7分段2#通道振动信号子波

图 4-6　左侧击振动信号不同振幅分段下时频子波分布

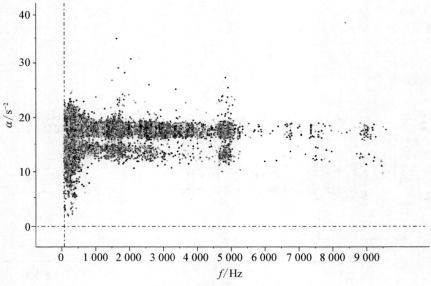

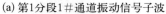

(a) 第1分段1#通道振动信号子波

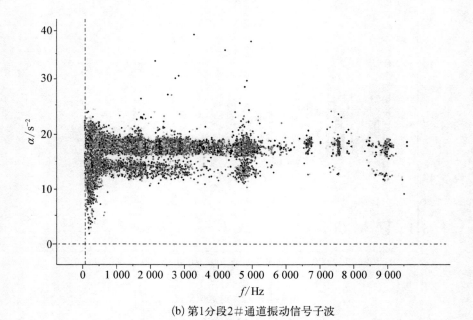

(b) 第1分段2#通道振动信号子波

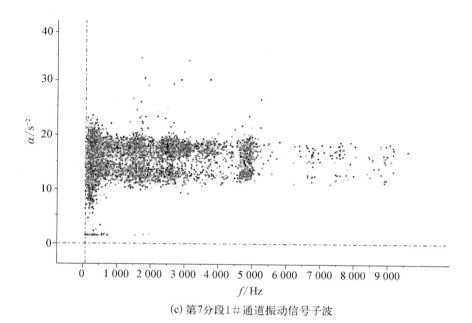

(c) 第7分段1#通道振动信号子波

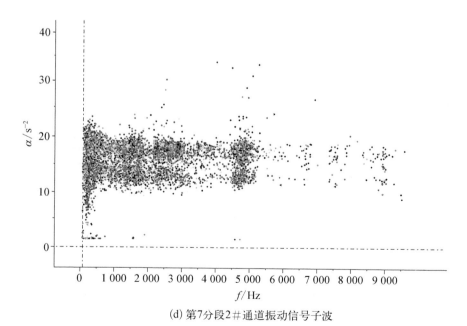

(d) 第7分段2#通道振动信号子波

图 4-7　上侧击振动信号不同振幅分段下时频子波分布

从图上还可以看出,敲击作用下产生的振动按照 α 的高低主要分为两种状态,即管柱静态或振动叠加后的松弛状态下受敲击时产生的低 α 振动,以及振动叠加作用后产生的重载或张紧作用下产生的高 α 振动。这两种振动状态下时频子波的音效具有人耳可辨的明显差异。

在沿 β_1 轴上,管柱的振动状态可以划分成多种形式,具体有管柱与底座、传感器导线与敲击螺钉之间的强烈耦合振动;管柱加速度刚体运动,管柱与底座之间的冲磨、撞击振动,螺钉敲击产生的管柱中频冲击、撞磨振动;存在损伤情况下引发的高频振动,以及管柱与底座之间的高频冲磨、磨划振动等。表征这些振动的时频子波分布在"f-α"平面的特定位置上,结合时频子波在时间轴上的分布,形成特定波形的振动信号。由于第 1～8 号振幅分段时频子波的振幅很小,但数量很多,可以将其中的绝大部分时频子波看成是管柱振动的背景时频子波。

比较图 4-6 和图 4-7 可以看出,敲击方式不同形成的信号时频子波分布既有相似之处,同时也存在着明显的差异。其中,最大的差异存在于在低 β_1 区域内,图 4-6 的时频子波数量和分布范围要明显大于图 4-7 中的数量和分布范围,它反映了上部敲击会引起管柱支座处的反射振动波,以及管柱自身较为强烈的横向振动。

2) 在第 9～18 分段内时频子波的分布特征

图 4-8 是子波振幅的第 17 分段区间,时频子波在"f-α"二维空间的分布情况。从图上可以看出,与图 4-6 或图 4-7 相比较,时频子波分布的变化表现在 α 轴上时频子波数量的增多与扩张上面。而且,在低 α 轴对应的 β_1 特征值附近,也逐渐出现了"嗒嗒""咯咯""笃笃"的敲击,以及管体刚体运动的时频子波。因此,反映管柱敲击运动特征的子波在这一分段范围内逐渐显现。

3) 在第 19～25 分段内时频子波的分布特征

随着振幅分段序号的上升,也即子波振幅的增大,时频子波的数量会逐渐减少,子波分布的位置也逐渐聚集在敲击振动子波所在的位置及管柱加速度刚体运动区域,具体如图 4-9 所示。与侧击情况相比较,上侧击时与反映低频段管体振动相关的子波明显增多。

由上面的分析可以看出,敲击振动信号时频子波的分布具有很强的振幅分段特征。

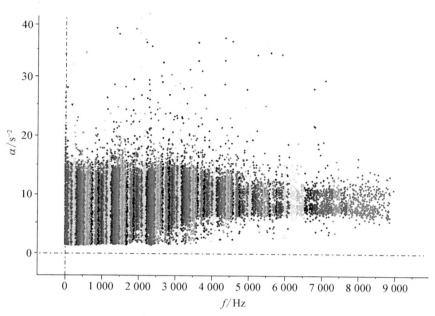

(a) 左侧击第17分段1#通道振动信号子波

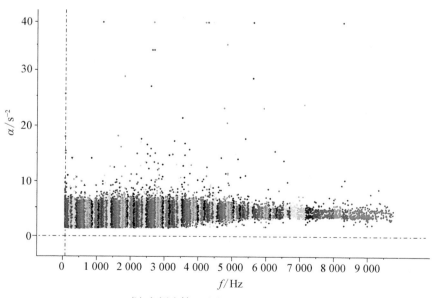

(b) 左侧击第17分段2#通道振动信号子波

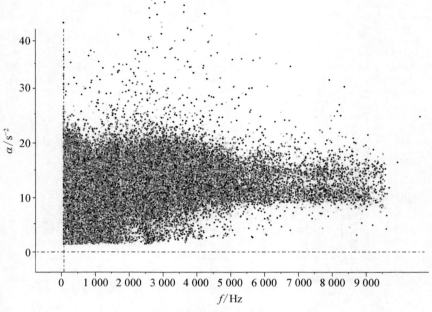

(c) 上侧击第17分段1#通道振动信号子波

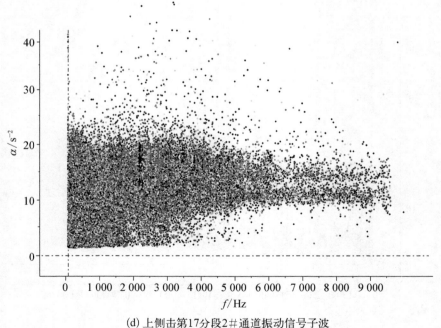

(d) 上侧击第17分段2#通道振动信号子波

图 4‑8　子波振幅的第 17 分段区间，时频子波在"f‑α"二维空间的分布情况

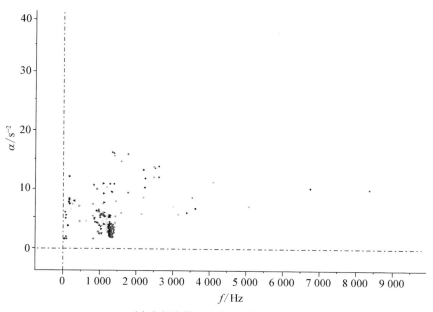

(a) 左侧击第24分段1#通道振动信号子波

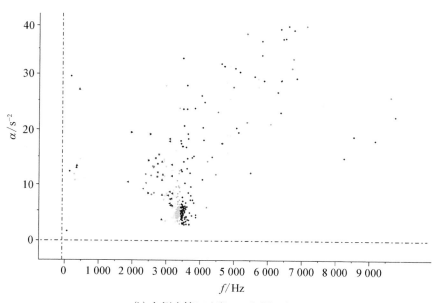

(b) 左侧击第24分段2#通道振动信号子波

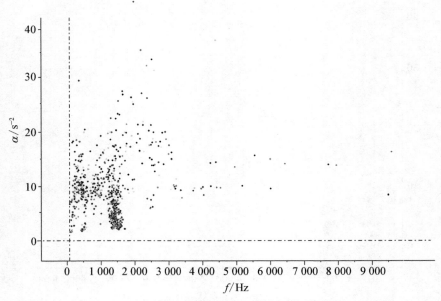

(c) 上侧击第24分段1#通道振动信号子波

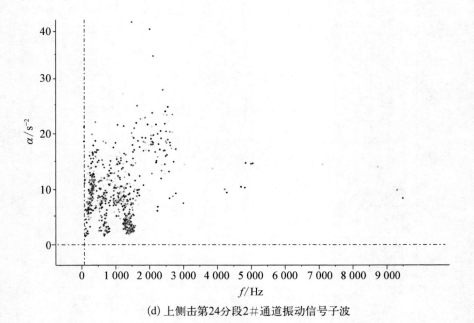

(d) 上侧击第24分段2#通道振动信号子波

图 4-9　敲击振动信号第 24 振幅分段下时频子波分布

4.2　PVC 管时频子波的分类与识别

4.2.1　PVC 管敲击时频子波声效特征分析

本书首先从数据库中调出振幅 A 在第 18～25 段范围内的时频子波,数据库中属于这些振幅分段范围内的子波共有 12 373 个。其次是将这些时频子波生成相应的循环时频子波信号。最后对这些循环时频子波信号开展逐一的音频测试,在此基础上实现所有 12 373 个子波音效测试结果的分类处理,具体结果参见表 4－6。图 4－10 就是典型时频子波声效分类汇总结果。

表 4－6　PVC 管敲击时频子波声效分类结果

序号	细分类描述	主类声效	主类序号	细类序号	序号	细分类描述	主类声效	主类序号	细类序号
1	伴随主子波	动作子波	0	1	15	啵啵、叭叭较强撞击			58
2	主子波			2	16	啵啵、咯咯撞击振动			59
3	极低频低 α 振动	无声	1	251	17	啵咯较弱撞击			60
4	极低频低 α 反弹振动			252	18	啵笃撞击			61
5	低频反弹前振动	嚯嚯	2	126	19	啵咯较强烈撞击(声母 b 声)			62
6	低频反弹后振动			127	20	典型的 b 声母或啵啵声			63
7	低频敲击前振动			128	21	啵咯较强烈撞击振动	啵啵	3	64
8	啵啵较弱冲磨撞击	啵啵	3	51	22	啵咯较强撞击			65
9	啵啵开瓶塞的声音			52	23	啵咯撞击			66
10	啵啵冲磨撞击(接近开瓶声)			53	24	啵啵低频振动			67
11	啵啵较弱撞击			54	25	啵啵爆破振动			68
12	啵啵敲击			55	26	啵啵暴击(开瓶声)			302
13	啵啵较强撞击			56	27	啪啪撞击(开瓶声)	啪啪	4	301
14	啵啵暴击			57	28	叭叭较轻撞击	叭叭	5	26

序号	细分类描述	主类声效	主类序号	细类序号	序号	细分类描述	主类声效	主类序号	细类序号
29	叭叭开瓶塞声（典型）	叭叭	5	27	53	咯咯、笃笃较强撞击	咯	6	206
30	叭嗒纯净撞击			28	54	笃笃厚实敲击主子波			207
31	叭叭撞击			29	55	咯、嗒有载撞击			208
32	叭叭较强撞击			30	56	笃笃弱声撞击	笃笃	7	176
33	叭叭暴击（声弱）			31	57	笃笃含磨滑敲击主子波			177
34	叭叭暴击声			32	58	笃、咯开瓶声（典型）			178
35	叭嗒撞击			33	59	笃笃声			179
36	叭嗒有载撞击			34	60	笃笃较强撞击			180
37	叭咯撞击（声弱）			35	61	笃笃木鱼敲击弱声			181
38	叭咯撞击			36	62	笃笃木鱼敲击声			182
39	叭嘚暴击			37	63	笃笃木鱼磨滑敲击声			183
40	叭咯暴击主子波（声母b声）			38	64	笃笃木鱼敲击声（典型）			185
41	吧嗒撞击			39	65	喔喔磨滑声	喔喔	8	326
42	叭叭、咯咯撞击子波			40	66	喔喔、笃笃冲磨撞击			327
43	叭叭很微弱撞击			41	67	嗒嗒极微弱撞击（典型）	嗒嗒	9	76
44	叭叭较弱撞击			42	68	嗒嗒声弱撞击			77
45	叭嗒较弱撞击			43	69	嗒嗒纯净撞击（较弱）			78
46	叭叭、嗒嗒含开瓶撞击			44	70	嗒嗒沉闷、泄气撞击声			79
47	叭叭、嗒嗒含开瓶撞击（声弱）			45	71	嗒嗒较轻撞击			80
48	咯咯较轻撞击	咯咯	6	201	72	嗒嗒纯净撞击			81
49	咯咯撞击振动			202	73	嗒嘚纯净撞击			82
50	咯咯较强撞击振动			203	74	嗒嗒敲击			83
51	咯咯厚实撞击			204	75	嗒嗒暴击			84
52	咯咯、笃笃含木鱼声撞击			205	76	嗒嗒厚实（声衰）撞击			85

序号	细分类描述	主类声效	主类序号	细类序号	序号	细分类描述	主类声效	主类序号	细类序号
77	嗒嗒厚实敲击声			86	100	嘚嘚轻载撞击			108
78	嗒嗒木鱼敲击声(很弱)			87	101	嘚嘚敲击或刚体运动			109
79	嗒嗒近似开瓶撞击(典型)			88	102	嘚嘚撞击(近乎无声)			110
80	嗒嗒木鱼含磨润滑撞击			89	103	嘚嘀弱声撞击			111
					104	嘚嘀含磨撞击			112
81	嗒嗒木鱼敲击声			90	105	嘚嘀撞击			113
82	嗒嗒木鱼撞击			91	106	嘚嘚撞击			114
83	嗒咯含爆敲击主子波(开瓶声效)			92	107	嘚嘚纯净响亮撞击	嘚嘚	10	115
84	嗒嗒撞击(开瓶声效)	嗒嗒	9	93	108	嘚嘚暴击			116
85	嗒嗒圆润撞击(声弱)			94	109	嘚嗒含磨撞击			117
86	嗒嗒圆润撞击			95	110	嘚嘚较强撞击			118
87	嗒嗒有载撞击声			96	111	嘚嘚弱声撞击			119
88	嗒咯撞击振动			97	112	嘚嘚有载撞击			120
89	嗒咯撞击			98	113	嘚嘚含爆撞击			121
90	嗒嗒清脆敲击声			99	114	嘚嗒含爆撞击			122
91	嗒嗒重载撞击			100	115	灼灼磨滑撞击	灼灼	11	184
92	嗒嗒含磨纯净撞击			95	116	嘀嘀沉闷撞击			151
93	嘚嘚较弱撞击			101	117	嘀嘀冲磨撞击(声弱)			152
94	嘚嘚含磨较弱撞击			102	118	嘀嘀、叽叽冲磨撞击			153
95	嘚嘚沉闷敲击			103	119	嘀嘀清脆撞击			154
96	嘚嘚沉闷暴击	嘚嘚	10	104	120	嘀嘀敲击	嘀嘀	12	155
97	嘚嘚含磨撞击			105	121	嘀唧磨滑撞击			156
98	嘚嘚纯净撞击			106	122	嘀唧铲磨撞击			157
99	嘚嘚轻载纯净撞击			107	123	嘀唧撞击			158

序号	细分类描述	主类声效	主类序号	细类序号	序号	细分类描述	主类声效	主类序号	细类序号
124	嘀嘀敲击（几乎无声）	嘀嘀	12	159	133	唧唧磨划撞击（声弱）	唧唧	15	227
125	嘀嘀纯净敲击			160	134	唧唧磨滑			228
126	嘀嘀弱声撞击			161	135	唧唧磨划撞击			229
127	嘀嘀含磨撞击			162	136	唧唧撞击			230
128	嘀嘀较强撞击			163	137	唧唧嘚嘚沉闷撞击			231
129	嘀唧弱声撞击			164	138	唧唧铲磨撞击			232
130	菊菊磨滑撞击	菊菊	13	276	139	唧唧高频50子波			233
131	呲呲冲磨	呲呲	14	236	140	唧菊声弱撞击			234
132	唧唧声弱撞击	唧唧	15	226	141	唧菊磨滑撞击			235

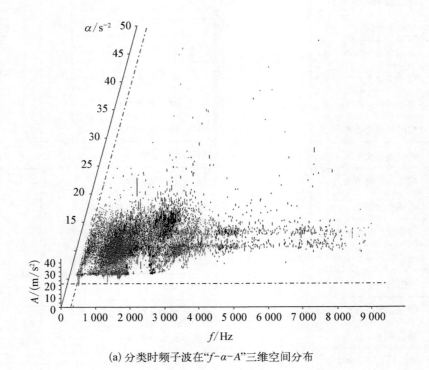

(a) 分类时频子波在"f-α-A"三维空间分布

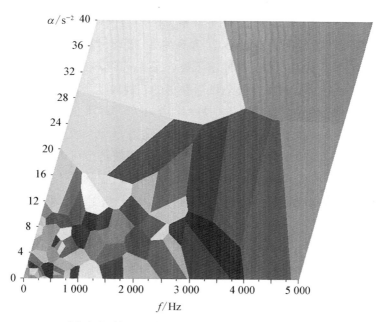

(b) 分类时频子波在"$f-\alpha$"平面内的分割

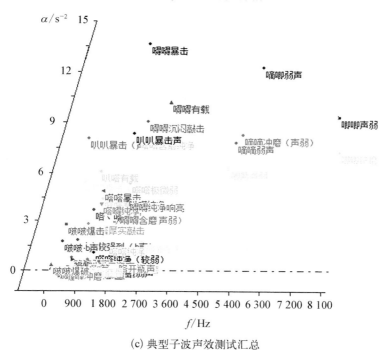

(c) 典型子波声效测试汇总

图 4‑10　典型时频子波声效分类汇总结果

在 PVC 管振动信号时频子波中,最常见的是与 PVC 管材振动相对应的嗒嗒、嘚嘚等具有撞击特征的声效子波,含有冲磨、松动、弹击状态的时频子波,以及在不同载荷下带有不同响度的撞击子波。图 4 - 10(a)是 PVC 管敲击振动信号所有时频子波按声效进行分类测试后获得的各种典型子波在"f-α-A"三维空间的分布图形,而图 4 - 10(b)就是每一细类在"f-α"平面上的位置与分布情况,图 4 - 10(c)是时频子波声效测试汇总显示结果。

从表 4 - 6 可以看出,PVC 管敲击子波按照声效特征可以分为曜曜、啵啵、啪啪、叭叭、嗒嗒、嘎嘎、笃笃、喔喔、灼灼、嘀嘀、唧唧、呲呲等 15 个大类,每个大类可以进一步按照声效强弱、音质等不同进一步细分为 141 个小类。

4.2.2 时频子波的音频测试分类处理

本书在时频子波振幅分段属于第 18~25 段中的时频子波按音频测试结果进行分类汇总之后,再对数据库中的所有时频子波按照波形相关性进行合理的聚类处理。在相关性系数下限分别为 0.975、0.95 和 0.925 时,对应的子波分类结果有 3 302、2 367 和 912 类,利用这一分类结果,以相关性归属同类、音频归属类也相同的原则,对所有时频子波进行音频分类归属处理。在此基础上,分别调出这些子波进行更加精细的比较分析和逐一的分类处理。

1) 典型时频子波汇总

对振幅分段在第 18~25 分段内的时频子波进行音效测试获得的表 4 - 6 的141 个分类的基础上,对这些子波进行子波参数的同类汇总统计,最终可以获得124 个汇总结果。图 4 - 11 就是这 124 个汇总统计时频子波在"f-α"的二维平面的分布图,而表 4 - 7 是这些分类时频子波的部分分类参数统计结果汇总。

从图 4 - 11(a)分布图上看出,可以将"f-α"平面通过一系列折线初步围成"A~G"7 个区域。从横轴上考察发现,随着时频子波的频率 f(或角速度 ω)的不同,时频子波声效存在着由曜曜、啵啵、叭叭、嗒嗒向嘚嘚、嘀嘀、唧唧的转变。由此可见,决定时频子波声效最本质的参数就是子波的频率 f。在图 4 - 11(a)分布图中的最左下角由折线围成的"A"区为低频、低 α 参数围成的区域,主要由管柱的低频振动和加速度刚体运动成分组成,相应的音效表现为无声或"曜曜"声效;"B"区为"啵啵"声效区,α 由低到高表现为开瓶塞盖发出的"啵啵"声,到空气爆裂时发出的"啵啵"声;区域"C"上 α 由低到高,对应时频子波的声效由含磨滑的敲击声转变到"敲木鱼"的声效,α 数值稍有不大的提高即由"敲木鱼"声效

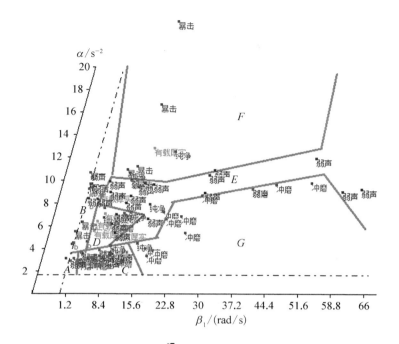

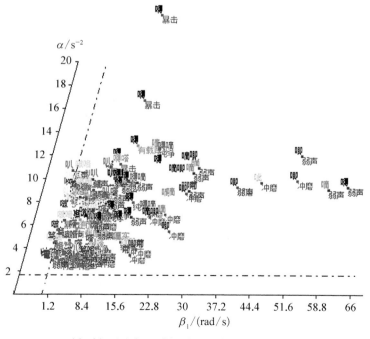

(a) 时频子波在 $\omega \in [0, 60]$、$\alpha \in [0, 20]$ 范围区域的分布

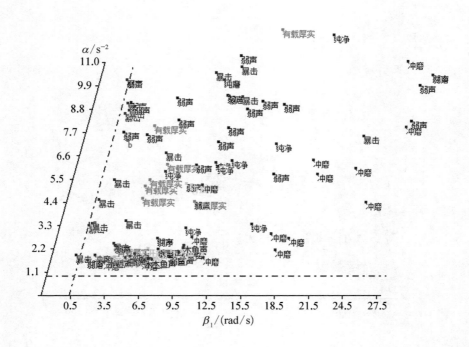

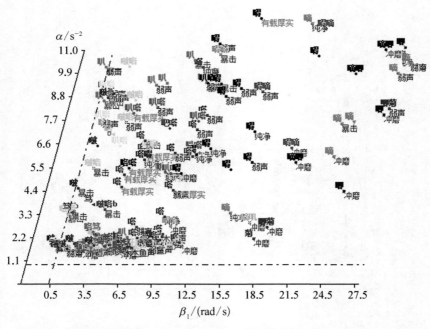

(b) 时频子波在 $\omega \in [0,25]$、$\alpha \in [0,10]$ 范围区域的分布

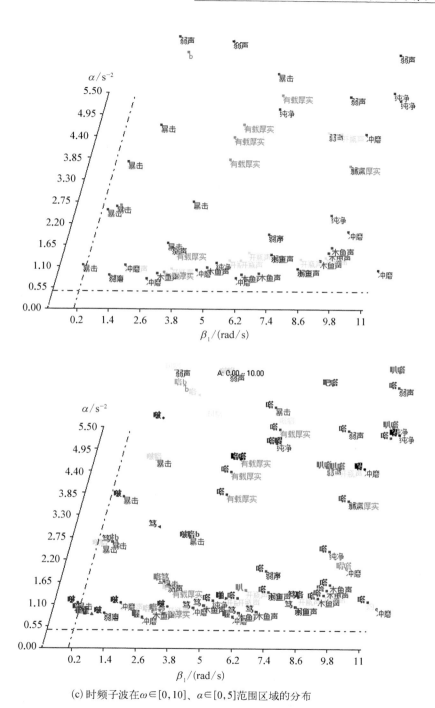

(c) 时频子波在 $\omega \in [0, 10]$、$\alpha \in [0, 5]$ 范围区域的分布

图 4 - 11　典型时频子波在 "f - α" 二维平面的分布

转变到"开瓶塞"声效;继续提高 α 不大的数值就会转入声弱的"E"区,在该区域的时频子波的声效都不纯净响亮,而是表现出沉闷的声音;而在"D"区则是表现出管柱在受到一定的载荷、张力等作用的情况下发出的有载厚实的声效。当 α 数值大于"E"区上限时,所有的时频子波声效均表现出"爆裂"的效果。

表 4-7　典型时频子波参数及声效描述表

序号	$\alpha/$ s^{-2}	$\beta_1/$ (rad/s)	$\beta_0/$ rad	$t_0/$ ms	$A/$ (m/s²)	声效描述
1	2.165 9	3.529 1	0.100 6	10.058 6	3.333	啵咯较强烈(b声)
2	6.315 1	1.704 1	−0.751 1	11.816 4	11.268	叭咯暴击(b声)
3	2.062 6	0.822 6	1.217 3	13.525 4	57.182	啵啵声
4	0.307 4	8.211 3	0.534 9	8.300 8	2.247	笃笃木鱼弱声
5	0.752 4	9.227 1	0.245 1	8.935 5	18.558	嗒嗒木鱼
6	0.524 4	8.982 1	−0.020 8	8.984 4	21.772	嗒嗒木鱼含磨
7	0.905 5	9.261 4	−0.000 4	8.984 4	23.122	嗒嗒木鱼声
8	0.128 9	6.148 7	0.104 3	14.257 8	4.85	笃笃木鱼声
9	0.165 7	2.919 8	−0.240 6	17.773 4	3.248	咯笃木鱼声
10	4.085 9	7.922 2	0.097 3	7.910 2	20.875	叭嗒开瓶(声弱)
11	0.119 5	1.115 9	−0.956	7.421 9	5.778	啵啵较弱冲磨
12	9.696 8	27.019 3	1.005 1	7.470 7	11.408	嘀嘀冲磨(声弱)
13	9.461 7	0.188 7	−1.455 8	7.666	5.668	叭叭暴击(声弱)
14	99.99	54.083 2	−1.925 5	7.714 8	2.746	嘚嘚沉闷暴击
15	1.263 2	6.763 4	−0.097 2	8.252	57.907	嗒嗒纯净(较弱)
16	6.253 8	9.785 6	0.183	7.421 9	11.974	嗒嗒极微弱
17	10.696 8	9.638 5	−0.097 9	8.837 9	21.445	嘚嘚沉闷敲击
18	9.167 1	26.132 1	−0.406 1	7.568 4	18.375	嘀嘀弱声
19	35.742 4	30.785 2	3.141 6	7.080 1	3.805	嘀唧弱声
20	0.903 9	3.189 5	0.172 2	12.402 3	2.401	笃笃弱声

续　表

序号	$\alpha/$ s^{-2}	$\beta_1/$ (rad/s)	$\beta_0/$ rad	$t_0/$ ms	$A/$ (m/s^2)	声效描述
21	10.983 9	48.322 9	−0.001 8	7.470 7	25.718	唧唧声弱
22	7.314 3	26.284 3	0.277	7.568 4	10.005	唧菊声弱
23	7.097 9	3.706 7	−0.638 7	12.939 5	3.863	叭嗒有载
24	3.322 7	4.464 9	−0.386 6	13.916	17.681	嗒嗒厚实敲击
25	5.110 5	5.794	0.354 6	19.873 1	1.768	嗒嗒有载声
26	12.023 3	12.700 8	−0.176 1	8.007 8	16.622	嘚嘚有载
27	4.297 9	4.611 2	0.718 4	13.476 6	7.598	咯、嗒有载
28	0.196 3	3.162 8	−0.38	16.552 7	3.595	咯笃厚实敲击
29	0.741 4	3.426 5	−0.165	20.361 3	2.142	咯咯厚实
30	0.747 1	6.184 9	0.286 6	10.449 2	11.933	叭叭开瓶声
31	0.533 8	5.948 1	−0.000 8	10.888 7	20.756	嗒嗒开瓶
32	0.565 3	8.229 2	−0.430 9	13.085 9	9.421	笃、咯开瓶声
33	9.452 2	8.748 3	0.118 2	7.812 5	83.209	嗒嗒含磨纯净
34	4.045	9.362	0.458 9	8.252	22.929	嘚嘚含磨
35	0.262 9	4.375	−0.137 4	8.349 6	5.372	笃笃含磨滑
36	8.367 9	48.824 6	−0.269	7.519 5	2.682	唧唧铲磨
37	0.02	2.578 7	−0.152 9	12.548 8	1.994	喔喔冲磨
38	9.811 4	7.888 2	−0.274 6	8.789 1	21.178	叭叭暴击声
39	3.267 2	0.622 6	−0.793 7	12.207	13.196	啵啵暴击
40	0.401 9	0	−0.992 5	11.621 1	13.255	啵啵爆破
41	5.705	5.369 1	0.149 4	11.132 8	4.864	嗒嗒暴击
42	25.510 9	9.962 6	0.717 9	7.812 5	9.934	嘚嘚暴击
43	5.19	9.986 3	−0.682 8	7.959	16.141	叭嗒纯净
44	1.797 4	8.919 9	0.021 7	9.179 7	27.678	嗒嗒纯净

序号	$\alpha/$ s^{-2}	$\beta_1/$ (rad/s)	$\beta_0/$ rad	$t_0/$ ms	$A/$ (m/s²)	声效描述
45	4.729 2	5.801	−0.182 8	9.082	17.192	嗒嘟纯净
46	4.982 4	10.304 6	0.068 5	41.992 2	1.921	嘟嘟纯净响亮
47	2.006 5	14.664 9	0.405 7	9.277 3	2.242	嘀嘀清脆

从以上所述可以看出,时频子波的 α 参数是反映振动波传播期间环境介质作用大小及效果的一种度量,对振动波传播的性状、声效都具有十分重要的作用。振动波的声效不仅反映在频率 f(或角速度 ω)上,而且也反映在时频子波参数衰减系数 α 上。

2) 管柱敲击振动时频主子波

如果从每个振动信号中检索出如表4-1所示的敲击主子波进行汇总显示,则可以获得图 4-12 的结果。从图上可以看出,敲击主子波的核心区域就在图 4-11(a)上的"B"区和"C"区,尤其是在"C"区的"嗒嗒"声效区域。如果在敲击过程中出现了明显的支座反射冲击振动,导致敲击后管柱的振动波不能够顺畅地传播,则敲击主子波会向图 4-11(a)中的"D"区迁移。从图 4-12(a)中可见,随着敲击时环境条件的不同,敲击主子波可以由"嗒嗒"的椭圆圈闭 B 区,向"咯咯"的 A 区、"嘟嘟"的 C 区,以及"嘀嘀"的 D 区迁移。图 4-12(b)所示则是对应的敲击主子波波形信号。

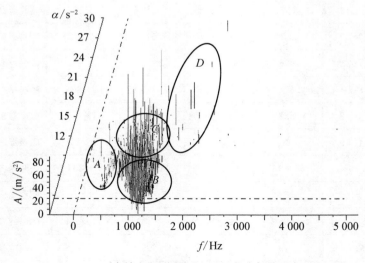

(a) 敲击主子波在"f-A"三维空间的分布

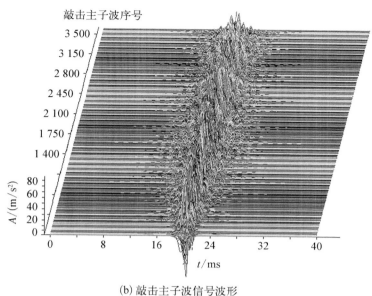

(b) 敲击主子波信号波形

图 4 - 12　PVC 管敲击主子波图

3) 时频子波的分类

结合表 4 - 6 的分类结果,可以将时频子波按照音效分成 16 个大类。不同声效的时频子波实际上也同时表征了不同尺度的管柱敲击振动波类型。初步的汇总结果是:可以将时频子波在"$f - \alpha$"平面内分成 9 个类,具体如图 4 - 13 所示。在此基础上,可以将图中的①、②归为一类,此波属于管柱低频振动和加速

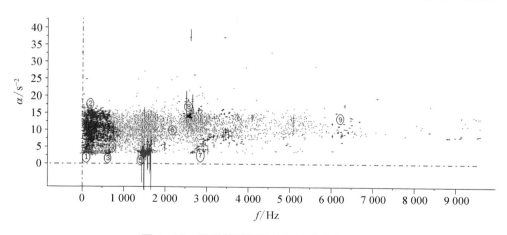

图 4 - 13　PVC 管时频子波的区域分类处理

度刚体运动。③、⑧为一类,此波是管柱自身的敲击诱发的管体振动,这种振动往往出现在敲击之后,具有明显的时间特征;而图中的④～⑦又可归并为一类,是敲击产生的振动。⑨为一类,代表的是敲击之后的管柱低频晃动信号。

4) 时频子波分类与信号分离处理

按照上述时频子波分类结果,进行分类信号的重构,就可以初步获得敲击振动、管柱加速度刚体运动、管柱横向振动、管柱低频晃动等不同类型的振动信号。分析表明,由于在模式滤波法信号分解过程中,存在时频子波的低频成分消失、假低频成分生成,以及高阶时频信号的低维度表达等问题,可以直接采用模式滤波法进行信号的分离,分离信号的内部还或多或少存在着各种交叉和混叠,在许多场合还不能达到理想的信号分离效果。

第5章
振动信号的分频段模式滤波法处理

5.1 PVC 管敲击振动信号分频段模式滤波处理

5.1.1 分频段模式滤波子波的提取

研究表明,自然界任何物体的振动都具有相速度传播的特征,而这种传播特征在信号频谱中的表现就是信号频谱的频散分布特征。在实际的信号频谱分析中,以一定频率振动的信号,其实际频谱并不是一条在振动频率上其振幅等于实际信号的振幅,而在其他频率点对应的频谱为 0;而是一条接近实际频率处振幅最大,越远离该频率振幅就越小的分布曲线。

模式滤波法中的时频子波信号可以很好地描述振动信号的这一频谱变化现象。为此,本书按照处理信号的频谱分布特征,对信号进行 2.5 节那样的频谱分段处理,并对频谱分段后的重构信号进行模式滤波法分解,提取得到的时频子波被称为分频子波,对应的子波重构信号为分频子波信号。图 5-1 就是直接利用不同模式滤波法信号分解结果对比。

从图 5-1 可以看出,直接采用模式滤波法进行信号的分解处理,提取得到的子波数量少、稀疏、精练,用很少数量的时频子波就可以很好地表达实际的信号。而分频模式滤波法分解的子波数量众多,似乎给处理增加不少难度。但实际的应用表明,过于精练地进行信号的分解,对信号识别和细节问题的处理反而带来很大的麻烦,也给信号分离、识别和建模研究带来不利的影响。对图 5-1(b)进行分析,可以获得比图 5-1(a)要更加丰富、更加详细的信息。

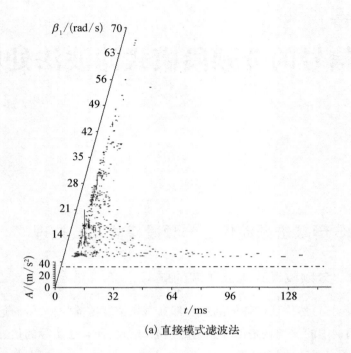

(a) 直接模式滤波法

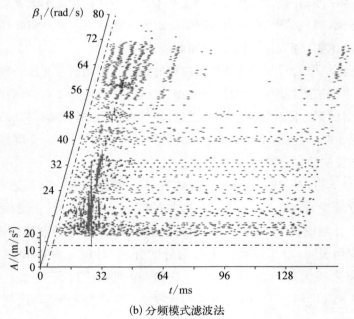

(b) 分频模式滤波法

图 5-1　不同模式滤波法信号分解结果对比

5.1.2　分频段模式滤波子波信号包络曲线

将分频模式滤波信号分解后获得的子波,按照各自分频段的情况进行汇总,并按照式(5-1)进行分频子波信号包络曲线的计算:

$$y_m(t) = \sum_{i=1}^{N_m} A_{mi} e^{-\alpha_{mi}(t-t_{0mi})^2} \tag{5-1}$$

式中,$y_m(t)$为第 m 系列分频段模式滤波子波包络曲线,简称 m 系列子波包络曲线;A_{mi} 为第 m 系列第 i 个时频子波振幅,m/s^2;α_{mi} 为第 m 系列第 i 个时频子波衰减系数,s^{-2};t_{0mi} 为第 m 系列第 i 个时频子波初始时间,s。

对所有的振动信号进行分频子波分解后,计算每个系列的分频子波包络曲线,并对这些曲线按照相关性系数的高低进行分类。计算表明,如果仅取 Φ2 cm PVC 管的 184 个敲击振动信号中的 17 142 条分频包络曲线进行分类处理,且取相关性系数下限为 0.925,就可以获得 1 057 个分类结果。在相关性系数下限为 0.90 时,可获得 823 个分类结果。相关性系数下限为 0.925 时,子波包络曲线汇总数量前 40 个典型分类汇总的信息,如表 5-1 所示;图 5-2 是前 40 个典型分频子波包络典型曲线。

表 5-1　系列分频子波包络曲线部分分类结果表

编号	包络序号	分频系列数量	子波总量	信号数量	文件百分比/%	编号	包络序号	分频系列数量	子波总量	信号数量	文件百分比/%
1	1	3 250	46 425	175	95.11	10	20	320	4 628	115	62.50
2	2	1 471	22 411	179	97.28	11	23	243	1 864	106	57.61
3	10	1 373	58 466	178	96.74	12	21	238	1 225	85	46.20
4	3	857	29 230	175	95.11	13	28	171	3 096	69	37.50
5	16	738	38 891	173	94.02	14	83	161	3 873	53	28.80
6	5	490	4 035	89	48.37	15	266	148	517	56	30.43
7	22	477	5 828	106	57.61	16	38	126	3 401	54	29.35
8	9	405	18 716	136	73.91	17	19	125	213	45	24.46
9	4	323	4 647	125	67.93	18	125	123	675	64	34.78

编号	包络序号	分频系列数量	子波总量	信号数量	文件百分比/%	编号	包络序号	分频系列数量	子波总量	信号数量	文件百分比/%
19	50	119	525	63	34.24	30	12	88	4 432	75	40.76
20	56	118	8 685	64	34.78	31	242	84	2 411	41	22.28
21	7	115	3 371	74	40.22	32	40	82	595	60	32.61
22	210	109	2 033	1	0.54	33	27	79	1 703	53	28.80
23	37	102	2 990	52	28.26	34	52	77	1 801	57	30.98
24	243	100	1 399	40	21.74	35	11	76	1 057	9	4.89
25	31	97	3 215	69	37.50	36	306	75	2 369	60	32.60
26	33	94	3 864	69	37.50	37	39	72	500	53	28.82
27	17	94	2 830	64	34.78	38	8	71	2 267	51	27.72
28	51	93	2 237	52	28.26	39	54	65	204	46	25.00
29	143	89	3 928	62	33.70	40	6	63	1 480	7	3.80

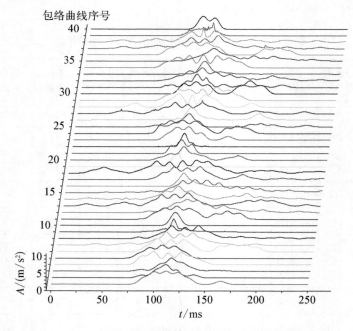

图 5-2 前 40 个典型分频子波包络典型曲线

从表 5-1 可知,这 40 个典型曲线可以代表其中 17 142 个包络曲线中的 75.86%,具有很好的典型性与代表性。而且,排名在前 5 个的典型包络曲线类型几乎在每个敲击振动信号中普遍存在,说明这些包络曲线是敲击振动特征的典型代表,是真正的敲击管柱的振动形式。在后面的介绍中还可以看出,每一类包络曲线都存在于特定的敲击振动时间段中,具有强烈的时间变化特征。

在第 2 章中已经采用分频段信号包络曲线进行了管柱振动信号的分类处理。但从运动和能量的角度考察,采用信号包络曲线的分类方法却存在如下的一些弊端:① 信号包络曲线不能正确反映信号内部敲击振动能量随时间的变化;② 分频段信号包络曲线的聚类能力有限;③ 采用能量分布的方式进行分频段信号的分类与聚类处理,能够更加准确地表达分频段信号的本质与变化,使得分类结果更加准确有效,而信号包络曲线却不能很好地反映信号能量的真实变化;④ 由于采用信号包络可能会将不同的类型归并为同一类,而将本是同一类的分频段信号归并为不同的类,加大了信号处理的难度与工作量。因此,本书以子波包络为主、信号包络为辅来开展分频段信号的分类处理工作。

5.1.3　敲击振动信号分频子波分析

每一类分频子波信号包络曲线都代表着敲击管柱振动中的某一类特定的运动。例如,表 5-1 中编号为 1 的第 1 类时频子波中聚集了 3 250 个子波包络曲线,主要代表管柱受敲击时产生的管柱振动和底座的冲击反射信号成分,以及管柱、底座和整个测试系统中微弱的整体运动。第 3 类和第 5 类主要为管柱受敲击时不同频段分频子波的振动信号。为处理方便,现引入如下的定义。

1) 子波比例系数的定义

为了能够定量表达子波振幅的相对大小,现定义两个子波比例系数——子波振幅相对比例系数和子波分布相对比例系数。子波振幅相对比例系数的定义如下:

$$\chi_f = \arctan\left(\frac{A_{ij}}{A_{i\max}}\right) \tag{5-2}$$

式中,χ_f 为子波振幅相对比例系数,(°);A_{ij} 为第 i 系列中第 j 个子波的振幅,m/s²;$A_{i\max}$ 为第 i 系列中振幅最大子波的振幅,m/s²。

子波分布相对比例系数的定义为

$$\chi_{\mathrm{m}} = \frac{1\,000 \times A_{ij}}{A_{i\max}} \quad\quad (5-3)$$

式中,χ_{m} 为子波分布相对比例系数。

χ_{f} 和 χ_{m} 都是反映系列子波内部相对于本系列内部振幅的相对大小,只不过两个系数之间的相对大小的比例尺度有所不同。本书将 $\chi_{\mathrm{f}}=45°$,即系列子波中振幅最大的子波定义为系列主子波,或分频系列主子波。

如果 χ_{m} 和 χ_{f} 是在同一分频系列子波中计算得到的两个比例系数,则称 χ_{m} 和 χ_{f} 分别为分频系列子波分布相对比例系数($\chi_{\mathrm{m}分频}$ 或 χ_{m})和分频系列子波振幅相对比例系数($\chi_{\mathrm{f}分频}$ 或 χ_{f}),对应的主子波为分频系列主子波。如果 χ_{m} 和 χ_{f} 是在同一个振动信号的所有子波中计算得到的两个比例系数,则称 χ_{m} 和 χ_{f} 分别为信号子波分布相对比例系数($\chi_{\mathrm{m}信号}$)和信号子波振幅相对比例系数($\chi_{\mathrm{f}信号}$),对应的主子波为信号主子波。

2) 分频子波分布特征分析

(1) 时域分布特征。

图 5 - 3(a)是 PVC 管上左侧击时,在第 2 通道测量获得的振动信号最优分解子波在"$t-\beta_1-A$"三维空间的分布图形。从图上可以看出,子波具有极强的

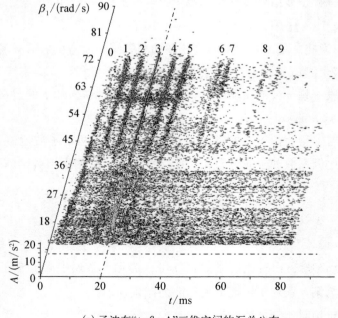

(a) 子波在"$t-\beta_1-\mathrm{A}$"三维空间的汇总分布

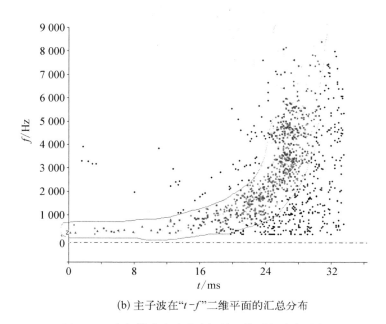

(b) 主子波在"t-f"二维平面的汇总分布

图 5 - 3　分频模式滤波法分解结果的时间分段特征

时间分布特征,尤其是高频子波,绝大多数子波都聚集在少数几个特定的时间点,而这一时间间隔的分布也恰好反映了敲击振动的时频子波的分布特征。表 5 - 2 就是图 5 - 3(a)子波的时间间隔统计结果,表中的分段序号就是图 5 - 3(a)分布图中的数字所对应的聚集子波。

表 5 - 2　敲击振动子波时间统计

分段序号	1	2	3	4	5	6	7	8	9
时间/ms	1.494	6.578	12.673	18.659	23.683	36.546	39.352	53.924	58.922
间隔/ms	1.494	5.084	6.094	5.986	5.024	12.863	2.806	14.572	4.997

从表 5 - 2 可以看出,段与段之间具有固定的时间间隔数值,而且间隔值并不为常数。另外,对于分段序号为 0 段对应的子波,并不能够用一条垂直于时间 t 轴的某恒定时间值来恰当描述。如果将其单独提取出来,并且只取 $\chi_f \leqslant 4°$、$\chi_m \leqslant 10$,能够较好地反映敲击振动最初起跳的时频子波进行显示,就可以获得图 5 - 3(b)。以图中被一条灰色曲线圈闭起来的那些散点为样本数据点进行曲线回归,可以得到如下回归方程:

$$\omega = e^{0.611\,985t + 0.608\,4} \tag{5-4}$$

式中,ω 为子波角速度;t 为时间,ms。

式(5-4)反映了不同系列的子波信号在起跳时间上略有差异,频率越大,起跳的时间就相对越晚。进一步的分析表明,子波分布的上述特征具有很好的普适特性。

(2)分频段时频子波随衰减系数的分布变化。

在不分频的前提下进行信号的模式滤波分解,可以从时频子波在"$f-\alpha-A$"三维空间的分布图上获得子波分布在 α 轴上两处明显聚集的情况,进行分频系列时频子波分解,这种情况也依然存在,只不过分频子波分布在 α 轴上两处的聚集已经弱化,显得不那么明显。分频子波的这种弱化不仅表现在子波振幅 A 的减小上,而且也表现在子波分布的分散上。当 $\omega \leqslant 35$ 时,子波主要在 $\alpha \in [0.092\,1, 10]$ 范围分散分布,但当 $\omega > 35$ 后,α 的分散性迅速增大。另一个值得注意的是,对 PVC 管敲击振动信号进行分频模式滤波法分解,算法的约束将 α 值的最小值设定为 $0.092\,1\ \text{s}^{-2}$。

如果取 $\chi_f \geqslant 45°$、$\chi_{\text{m信号}} \geqslant 220$ 的分频子波进行显示,可以得到图 5-4(a)和图 5-4(b)。从图上可以看出,在系列分频主子波中,$\chi_f \geqslant 45°$、$\chi_{\text{m信号}} \geqslant 220$ 的主子波在参数空间中的变化也具有很强的规律性。对图中的数据进行回归处理,可以获得如下结果:

$$\alpha = 0.058\,368\omega - 0.457\,970 \tag{5-5}$$

$$\alpha = e^{-1.717\,541t + 39.094\,163} \tag{5-6}$$

式中,α 为时频子波衰减系数,s^{-2};ω 为时频子波角速度,rad/s;t 为时间,ms。

(3)分频段时频子波分布特征分析。

研究表明,系列分频时频子波具有强烈的振幅跃迁变化规律。以表 5-1 中编号为 1 的第 1 类分频包络子波为例,当 $\chi_f = 1$ 时,子波数量很少;当 $\chi_f = 2 \sim 6$ 时,主要是振幅很小、各类振动都包含其中,并且难以区分振动成分,本书称 $\chi_f \in [1, 6]$ 为背景振动,具体如图 5-5(a)、图 5-5(b)所示。其中,横轴 X 为时间 t 轴,纵轴 Y 为频率 f 轴。在 $\chi_f = 7 \sim 13$ 的散点图中,可以逐渐清晰地看到有明显的按时间点聚集的分频子波分布,具体如图 5-5(c)、图 5-5(d)所示。显然,这是由敲击引发的、各类低幅的振动成分,以及振动扩散传播期间的运动变化表征。

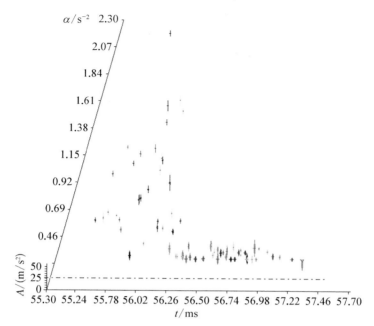

(a) 分频主子波在"t-α-A"三维空间的分布

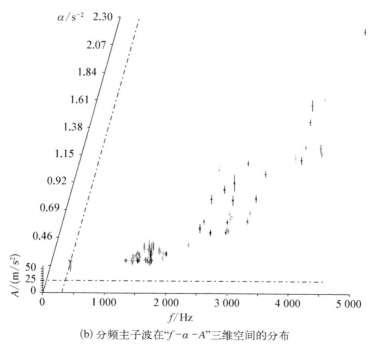

(b) 分频主子波在"f-α-A"三维空间的分布

图 5-4　系列分频时频子波三维空间分布

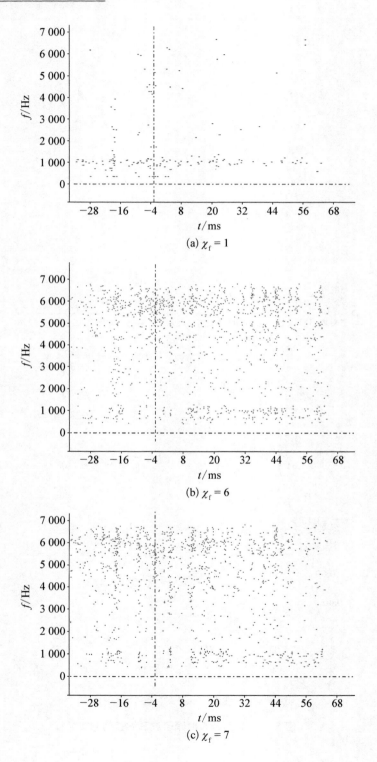

(a) $\chi_f = 1$

(b) $\chi_f = 6$

(c) $\chi_f = 7$

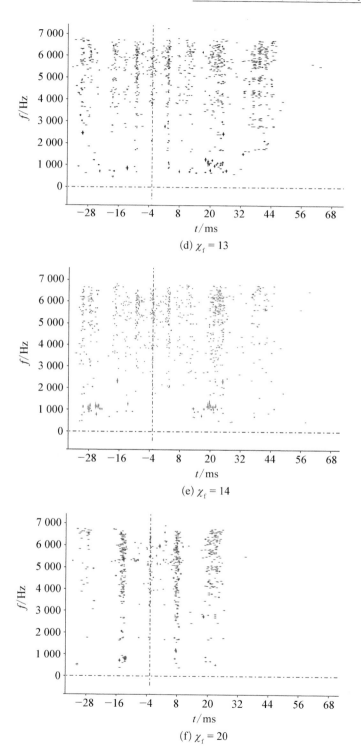

(d) $\chi_f = 13$

(e) $\chi_f = 14$

(f) $\chi_f = 20$

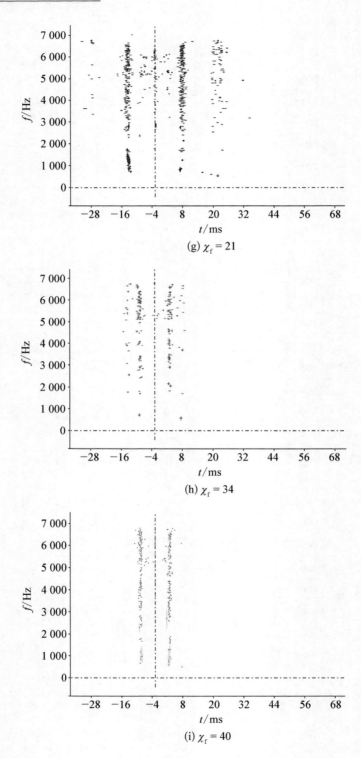

(g) $\chi_f = 21$

(h) $\chi_f = 34$

(i) $\chi_f = 40$

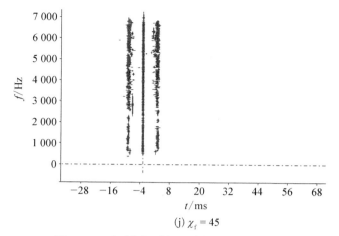

(j) $\chi_f = 45$

图 5 - 5　系列分频时频子波振幅的阶跃分布

在 $\chi_f = 14 \sim 20$ 的各张散点图中,分频子波已经越来越集中于特定时间点上,显现出管柱敲击振动的明显特征,具体如图 5 - 5(e)、图 5 - 5(f)所示。在 $\chi_f = 21 \sim 46$ 的各张散点图中,随着 χ_f 数值的提高,分频子波已完全集中于特定的时间点上,是管柱受敲击产生的强烈振动,具体如图 5 - 5(g)～图 5 - 5(j)所示。由此可见,管柱分频时频子波的振幅变化或振幅分布不是连续的,振幅数值也具有明显的跃变特征。

当人们进一步分析其他包络类型的分频时频子波时发现,其也具有同样的跃迁分布特征。

3) 分频主子波分频包络曲线时间分布分析

如果取同类分频子波包络曲线中的分频系列主子波在"$t - f$"平面上显示,可以获得图 5 - 6 的结果,其中 BH 是指包络曲线的分类编号。从图上可以看出,时频主子波分布具有强烈的时间聚集特征,各类包络曲线时频主子波均聚集在某个特定的时间范围内。对分类包络曲线时频主子波进行时间统计,可以获得表 5 - 3 所示的数据。

如果将表 5 - 3 中的主子波时间 t_0 统计结果在"$t_0 - f$"平面上显示,并且用数字标注每个散点所包含的敲击振动曲线的数量,就可以获得图 5 - 7。从图上可以看出,包络曲线在 184 个敲击振动信号中只出现 1 次,即只在一个敲击振动信号中出现的系列时频子波,几乎都只出现在管柱敲击动作完成之后的时间段内,且在管柱传播振动的时间段中;而在敲击中以及敲击后产生强烈振动的时间段没有出现。敲击振动信号中较为典型的包络曲线主子波均位于敲击的前部,时间为 52～59 ms 的时间段内。

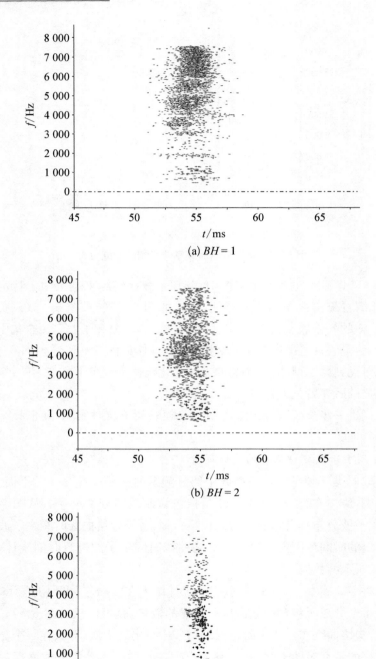

(a) $BH = 1$

(b) $BH = 2$

(c) $BH = 9$

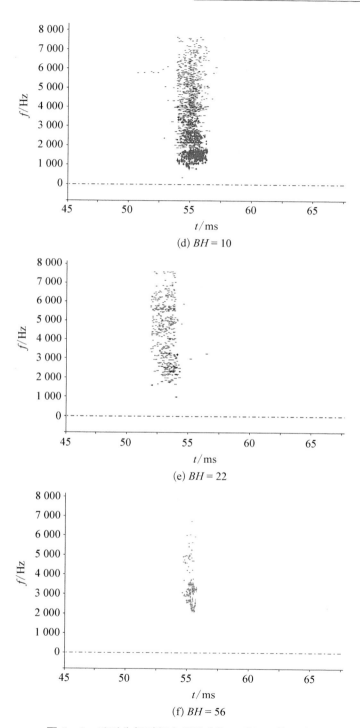

(d) $BH = 10$

(e) $BH = 22$

(f) $BH = 56$

图 5 - 6　系列分频时频主子波在"t - f"平面的分布

表 5 - 3 　敲击振动系列部分主子波时间统计

BH	$t_{0平均}$/ms	BH	$t_{0平均}$/ms	BH	$t_{0平均}$/ms	BH	$t_{0平均}$/ms
1	55.485 0	15	56.719 8	37	58.782 3	125	55.859 8
2	55.039 2	16	56.930 3	38	55.798 2	128	54.056 2
3	57.366 9	17	58.945 7	39	54.657 6	136	55.948 4
4	54.962 0	19	52.732 5	40	54.578 9	139	55.457 7
5	52.948 7	20	55.153 0	41	58.308 3	143	55.221 9
6	55.706 5	21	53.470 3	48	56.005 5	242	55.881 1
7	53.467 1	22	54.307 6	50	55.005 5	243	58.323 1
8	55.535 1	23	54.613 2	51	57.820 4	244	55.065 1
9	55.631 3	27	54.219 4	52	55.712 0	245	55.830 0
10	55.787 6	28	55.408 9	54	54.604 1	247	56.065 0
11	55.721 4	31	56.073 2	56	55.946 6	266	53.051 6
12	55.142 4	33	58.603 5	63	56.805 4	306	54.946 1

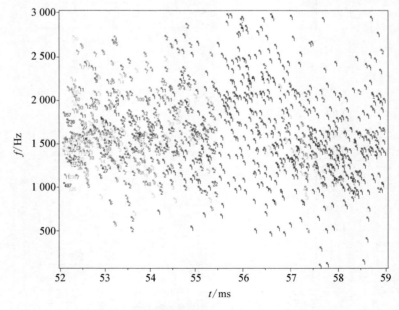

图 5 - 7 　系列分频时频主子波在"t - f"平面的分布

4）分频主子波的"t-f"时间分布分析

如果以信号为单位，对每个信号中的同类子波包络曲线中的主子波进行散点分布比较，可以获得表 5 - 4。从表上可以看出，不管是在 50 cm 处左侧击，还是在 140 cm 处左侧击，在 1♯ 和 2♯ 通道接收得到的信号分频主子波的分布都有很好的可比性。

从表上可以看出，在 50 cm 处敲击获得的 2♯ 通道主子波在"t-f"平面的分布，与 140 cm 处敲击获得的 1♯ 通道振动信号主子波的分布极为相似。这种分布特征具有非常好的稳定性，在不同的时间段进行测量时，获得的这种分布特征十分稳定。

5）分频主子波分析

对表 5 - 4 的子波分布图形进行分析发现，只有在 50 cm 处敲击获得的 2♯ 通道主子波与 140 cm 处敲击获得的 1♯ 通道振动信号主子波在"t-f"平面的分布在高频段具有极为相似的分布特征。如果将这些分布特征进行汇总整理，可以获得图 5 - 8 的结果。图 5 - 8(a)与图 5 - 8(b)是在 50 cm 处敲击获得的 2♯ 通道振动信号与 140 cm 处敲击获得的 1♯ 通道振动信号主子波在不同 χ_f 时的分布图形。而图 5 - 8(c)与图 5 - 8(d)是在 50 cm 处敲击获得的 1♯ 通道振动信号与 140 cm 处敲击获得的 2♯ 通道振动信号子波在不同 χ_f 时的分布图形。

图 5 - 8(a)是振动信号子波分布比例系数小于 10°的子波在"t-β_1-A"三维空间分布的情况。从图上可以看出，具有高频特殊分布规律的子波均属于 $\chi_f \leqslant$ 10°类子波，尤其是 1°和 2°类子波的数量占 72.99％，代表的是管柱敲击背景振动成分。而图 5 - 8(b)是信号 $\chi_f >$ 10°的类子波，是代表敲击引发的管柱振动的敲击振动信号类分频主子波。对比图 5 - 8(c)和图 5 - 8(d)可以看出，这些子波就是受敲击时管柱的振动子波，而且这些子波的振动频率 ω 的上限数值为 33.88。说明图 5 - 8(a)中 ω 数值大于 33.88 的子波，实际上是代表位于两个传感器中间这一段管柱在受敲击时激发的特有的振动形式。由于在实验过程中，管柱的孔、洞和锯缝等缺陷或损伤均出现在 50~130 cm 的管段中。由此可见，图 5 - 8(a)中显示的分频时频主子波的特殊分布，正是管柱损伤情况的真实写照。管柱损伤的存在，会在特定的测试方案中，显示出特定的主子波分布图形。另外，管柱损伤激发的振动幅度远小于敲击产生的振动，极易混杂在背景噪声之中，很难进行分离与识别处理。

表 5 - 4 管柱敲击分频主子波规整整理图片汇总

信号序号	50 cm 处左侧击		140 cm 处左侧击			备 注
	1# 通道	2# 通道	1# 通道	2# 通道		
1						1. 首先在 $BH = 102$ 中,最明显的是框内结构
2						2. 其次是高振幅成分的有规律分布
3						

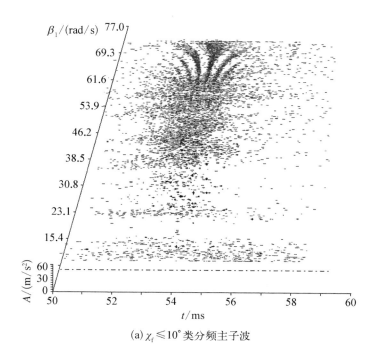

(a) $\chi_f \leqslant 10°$ 类分频主子波

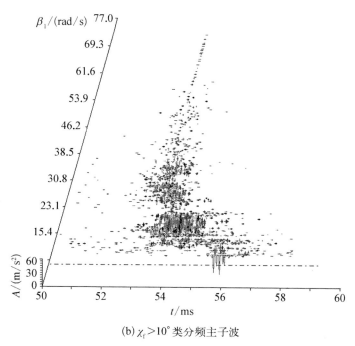

(b) $\chi_f > 10°$ 类分频主子波

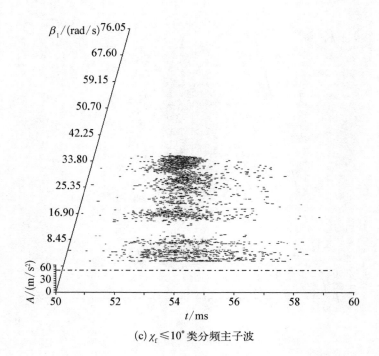

(c) $\chi_f \leqslant 10°$ 类分频主子波

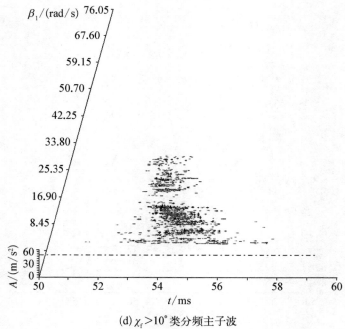

(d) $\chi_f > 10°$ 类分频主子波

图 5-8　系列分频时频主子波在"$t-f$"平面的分布

如果对图 5-8(a)中的高频特征子波分布进行逐一的归类,并对每一归类后的子波采用 Logistic 曲线进行拟合处理,可以获得表 5-5 和图 5-9 的结果。回归所得的拟合曲线方程为

$$y = \frac{A_d}{1 + e^{b_1 t + b_2}} \tag{5-7}$$

式中,t 为时间,ms;A_d、b_1、b_2 为 Logistic 曲线系数。

表 5-5　子波分布系列 Logistic 处理结果

序号	A_d	b_1	b_2	相关性系数	t 值下限	t 值上限	总误差
1	64.529 4	1.508 3	−83.422 8	0.980 5	52.501 8	54.726 5	207.44
2	67.532 2	1.330 6	−73.886 3	0.980 9	50.685 5	54.780 0	34.60
3	67.582 0	1.980 2	−109.691 5	0.773 9	51.829 8	54.702 0	48.67
4	68.958 1	3.204 8	−177.106 7	0.952 4	53.483 3	54.868 4	520.43
5	69.071 8	8.068 9	−445.689 3	0.846 3	54.207 8	55.105 5	2 001.93
6	69.167 3	−4.621 6	252.116 0	−0.908 2	54.979 9	55.803 2	251.67
7	69.275 0	−3.161 2	173.224 2	−0.930 7	55.069 6	57.146 3	393.67
8	68.287 3	−2.114 1	115.826 9	−0.945 3	55.195 2	58.176 7	154.97
9	66.566 7	−1.465 0	80.028 7	−0.773 5	55.409 1	60.757 1	73.95

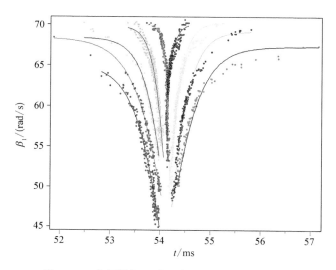

图 5-9　高频特征子波分布 Logistic 曲线拟合图

从图上可以看出,采用这一曲线进行数据点的拟合处理,在低频段子波的曲线拟合效果较好,但在曲线顶部大曲率拐弯段的逼近效果较差,需要做进一步的修正处理。从表5-5可以看出,若仅考虑相关性系数,除了序号为3和9之外,其他曲线的拟合效果很好。

5.2　钢管振动信号分频段模式滤波处理

5.2.1　分频段模式滤波子波分解

1)振动信号的时频子波分解

采用分频段模式滤波法对钢管敲击振动信号进行信号的时频子波分解处理,图5-10就是用螺钉在5 cm处侧击钢管时,在1♯传感器上振动信号的分频段时频子波在"$t - \beta_1 - A$"三维空间的分布情况。与PVC管敲击振动信号相比较,钢管振动信号的时频子波分布情况存在很大的不同,包括:① 振动信号主子波的频率数值差异很大,PVC管振动信号主子波的频率在"嗒嗒"区附近,β_1平均值为8.707 rad/s,对应的频率为1 384 Hz,而图5-10钢管敲击振动信号主子波的$\beta_1 = 20.008$ rad/s,$f = 3 181$ Hz;② 钢管敲击振动引发的加速度刚体运动

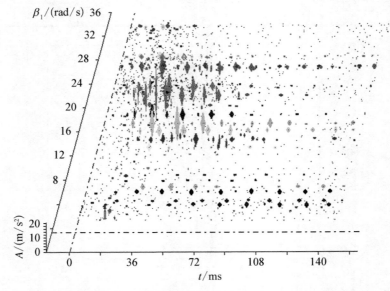

图5-10　钢管敲击振动信号分频段时频子波在"$t - \beta_1 - A$"三维空间的分布

非常普遍,几乎存在于所有敲击振动信号中,而 PVC 管的左、右侧击振动信号几乎没有这种运动;③ 钢管敲击振动信号的频谱远比 PVC 管丰富;④ 从时间 t 轴上考察,PVC 管振动信号的衰减比钢管大很多,钢管信号的分频系列时频子波远比 PVC 管丰富;⑤ 钢管在敲击后引发的管体自身振动要比 PVC 管强烈,而且这种振动不仅出现在低频,也出现在中频段和高频段,在多个频段上都有明显的呈现。

2) 振动信号分频段时频子波统计

为了了解钢管振动信号的特征,需要对分解后的时频子波进行时空分布的分析。为此,本书首先在给定表 5 - 6 的分频段时频子波统计范围的基础上,来开展精细的分布统计分析。其中,表 5 - 6 中的计算方式 1 采用上下限直接的几何平均值,而计算方式 2 是对上限和下限数值分别进行自然对数计算转换后,再实施几何平均值计算。因此,分段步长 Δx、分段数量 i_{num} 和参数上限(x_{max})、下限(x_{min})之间的关系为

$$方式 1: \Delta x = \frac{x_{max} - x_{min}}{i_{num}} \tag{5-8a}$$

$$方式 2: \Delta x = \frac{\ln x_{max} - \ln x_{min}}{i_{num}} \tag{5-8b}$$

表 5 - 6 时频子波统计参数

序号	项目名称	下限值	上限值	分段数量	步　长	计算方式
1	α	0.006 74	148.413 16	4 000	0.002 5	2
2	β_1	0	40	4 000	0.01	1
3	β_0	−1.5	1.5	4 000	0.000 75	1
4	A	6.305E − 16	148.413 16	4 000	0.01	2

(1) 钢管敲击振动时频子波沿 α 轴的分布。

钢管敲击振动信号的分频段时频子波沿参数 α 轴的分布如图 5 - 11(a)所示。由图可见,时频子波的数量在[0.011 56, 0.011 59]范围内有一个集中的跃迁数值。就左侧击和上侧击振动信号而言,三个通道振动信号在该区段的子波数量分别达到 54 896、54 936、52 388、75 375、147 744 和 93 467 个,分别

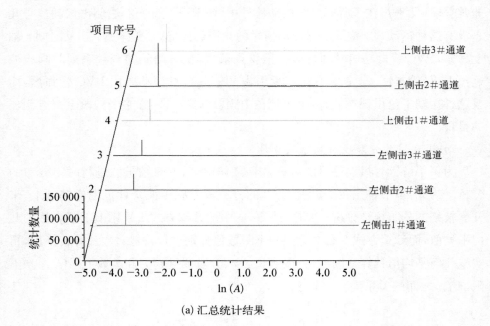

(a) 汇总统计结果

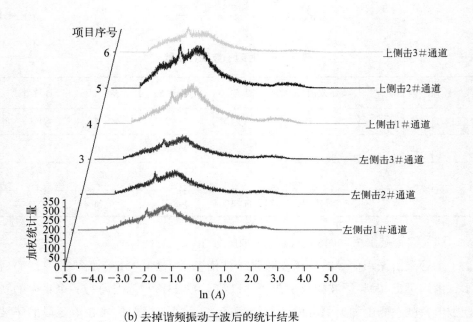

(b) 去掉谐频振动子波后的统计结果

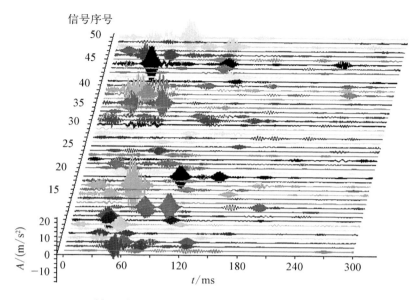

(c) $\alpha \in [0.088\ 26, 0.095\ 13]$内的部分子波信号

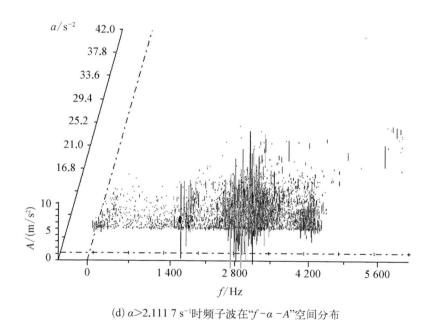

(d) $\alpha > 2.111\ 7\ \text{s}^{-1}$时频子波在"$f$-$\alpha$-$A$"空间分布

图 5-11　时频子波随 α 轴的数量分布

占据了所有子波数量的 25.25%、26.00%、26.15%、23.24%、34.56%、39.61%。由于这是由子波分解算法所限定的子波 α 下限时的时频子波,是反映敲击谐频振动特征的子波。如果从统计曲线上去除这一区间的子波统计结果,就可以获得图 5-11(b)的结果。从图 5-11(b)可以看出,无论是侧击还是上侧击,钢管敲击振动时频子波数量统计曲线随 α 轴的分布的变化规律是一致的。分析表明,在 X 轴的 $-2.427\sim-2.353$ 范围内,也就是 $\alpha\in[0.088\,26,0.095\,13]$ 范围内有一个小的子波数量跃升区段,这些子波主要反映的是管柱在敲击作用下,管柱与支座支点及环境之间的磨滑振动。去除管柱刚体运动时频子波,由这一区段形成的信号参见图 5-11(c)。而在 X 轴的统计分段大于 0.746,即 $\alpha>2.111\,7\,\text{s}^{-1}$ 所对应的时频子波在"f-α-A"三维空间中的分布参见图 5-11(d)。测试表明,由 $\alpha>2.111\,7\,\text{s}^{-1}$ 时频子波所形成的信号是声效主要为"沙沙"声的松动冲磨信号。除此之外的剩余子波属于敲击后管柱的加速度刚体运动和管柱振动时频子波。

在进行后续时频子波分析处理过程中,本书就将 α 轴分成表 5-7 的 8 个分段开展研究。

表 5-7　时频子波沿 α 轴的分段数据

序　号	α 下限	α 上限	序　号	α 下限	α 上限
1	0.000 0	0.020 5	5	0.650 0	2.500 0
2	0.020 5	0.050 0	6	2.500 0	6.500 0
3	0.050 0	0.110 0	7	6.500 0	25.000 0
4	0.110 0	0.650 0	8	25.000 0	100.000 0

(2) 钢管敲击振动时频子波沿 β_1 轴的分布。

钢管敲击振动信号的分频段时频子波沿参数 β_1 轴的分布如图 5-12 所示。从图上可以看出,左侧击和右侧击钢管振动信号时频子波沿 β_1 轴的分布,在三个测量通道中能够保持很好的一致性。上侧击时频子波沿 β_1 的分布在三个测量通道中基本相似,但也有一定差异,表明上侧击产生的支座反射和管柱的横向振动,在这三个通道中存在着不同的表现。1#通道基本沿袭了侧击时时频子波的分布状态;而 2#通道的时频子波分布与其他 5 个之间存在很大的不同,说明

2♯通道处振动很敏感,包含了支点反射、管柱与支撑点之间的摩擦等运动信息,信号组成成分复杂。3♯通道上侧击时的振动信号时频子波在低频段有明显的差异,该通道上管柱的振动含有 110 cm 长一段悬臂梁的振动,导致该通道处管柱的振动在低频段存在有别于其他测点的振动。

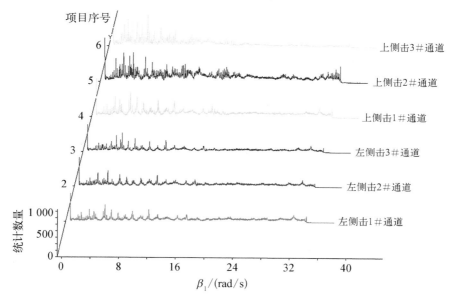

图 5-12　时频子波沿参数 β_1 轴的分布

振动信号的分频、分类、分离和特征识别处理,主要是围绕着 β_1 轴展开的。考虑到分频段时频子波在 β_1 轴分布的复杂性,本书根据不同的情况将 β_1 轴分成表 5-8 所示的 201 个细分段和 23 个粗分段,来开展相关的研究工作。

表 5-8　时频子波沿 β_1 轴的分段处理结果

序号	细分段		粗分段	序号	细分段		粗分段	序号	细分段		粗分段
	下限值	上限值			下限值	上限值			下限值	上限值	
1	0.000 0	0.076 4	1	5	0.525 5	0.625 7	2	9	1.144 5	1.337 7	2
2	0.076 4	0.238 2		6	0.625 7	0.878 0		10	1.337 7	1.515 8	
3	0.238 2	0.360 2		7	0.878 0	1.036 2		11	1.515 8	1.669 9	
4	0.360 2	0.525 5	2	8	1.036 2	1.144 5		12	1.669 9	1.833 9	

序号	细分段		粗分段	序号	细分段		粗分段	序号	细分段		粗分段
	下限值	上限值			下限值	上限值			下限值	上限值	
13	1.833 9	1.999 7	2	39	5.998 5	6.157 8		170	26.957 8	27.112 0	
14	1.999 7	2.081 6		40	6.157 8	6.319 8		171	27.112 0	27.269 9	
15	2.081 6	2.309 3		41	6.319 8	6.470 8		172	27.269 9	27.418 2	
16	2.309 3	2.474 8		42	6.470 8	6.633 5		173	27.418 2	27.597 0	
17	2.474 8	2.635 5		43	6.633 5	6.783 4		174	27.597 0	27.759 9	
18	2.635 5	2.795 1		44	6.783 4	6.950 7	6	175	27.759 9	27.918 0	21
19	2.795 1	2.937 8		45	6.950 7	7.118 1		176	27.918 0	28.078 8	
20	2.937 8	3.118 6	3	46	7.118 1	7.268 0		177	28.078 8	28.222 7	
21	3.118 6	3.279 9		47	7.268 0	7.438 2		178	28.222 7	28.399 2	
22	3.279 9	3.439 2		48	7.438 2	7.592 0		179	28.399 2	28.549 7	
23	3.439 2	3.597 2		49	7.592 0	7.747 9		180	28.549 7	28.719 5	
24	3.597 2	3.657 8		50	7.747 9	7.914 9		181	28.719 5	28.877 4	
25	3.657 8	3.890 9		51	7.914 9	8.078 1		182	28.877 4	29.025 6	
26	3.890 9	4.079 1		52	8.078 1	8.238 6		183	29.025 6	29.195 3	
27	4.079 1	4.234 7		53	8.238 6	8.398 4	7	184	29.195 3	29.360 0	
28	4.234 7	4.392 6		54	8.398 4	8.558 6		185	29.360 0	29.519 6	
29	4.392 6	4.556 4		55	8.558 6	8.714 9		186	29.519 6	29.679 7	
30	4.556 4	4.715 6	4	56	8.714 9	8.869 5		187	29.679 7	29.811 2	
31	4.715 6	4.857 3		57	8.869 5	9.038 4		188	29.811 2	29.993 8	22
32	4.857 3	5.039 2		58	9.038 4	9.194 7		189	29.993 8	30.157 5	
33	5.039 2	5.196 6		59	9.194 7	9.357 4		190	30.157 5	30.311 1	
34	5.196 6	5.358 0		60	9.357 4	9.449 5	8	191	30.311 1	30.479 2	
35	5.358 0	5.482 8		61	9.449 5	9.677 4		192	30.479 2	30.639 7	
36	5.482 8	5.679 4	5	62	9.677 4	9.839 6		193	30.639 7	30.795 1	
37	5.679 4	5.838 8		63	9.839 6	9.998 8		194	30.795 1	30.951 8	
38	5.838 8	5.998 5			······			195	30.951 8	31.118 5	23

续　表

序号	细分段		粗分段	序号	细分段		粗分段	序号	细分段		粗分段
	下限值	上限值			下限值	上限值			下限值	上限值	
196	31.118 5	31.216 8	23	198	31.326 3	31.713 7	23	200	31.903 8	33.794 6	23
197	31.216 8	31.326 3		199	31.713 7	31.903 8		201	33.794 6	39.282 8	

（3）钢管敲击振动时频子波沿 β_0 轴的分布。

钢管敲击振动信号的分频段时频子波沿参数 β_0 轴的分布如图 5-13 所示。与图 4-4(b)类似，钢管振动信号的时频子波分布在 $\beta_0=0$ 位置有一个跃迁值。去掉这个跃迁值点，或者进行时频子波的振幅加权统计，得到的时频子波数量随 β_0 的变化是一条近似以 $\beta_0=0$ 为中心的正态分布曲线。

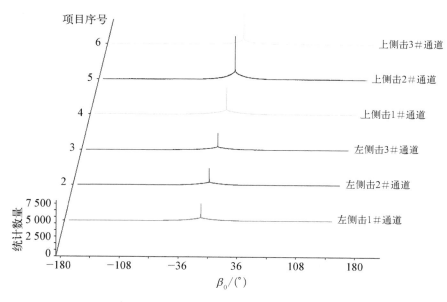

图 5-13　时频子波沿参数 β_0 轴的分布

（4）钢管敲击振动时频子波沿 A 轴的分布。

按照表 5-6 对振幅统计分段的划分，获得的时频子波沿振幅 A 轴的数量统计结果如图 5-14 所示。由于 1# 传感器在测量过程中存在振幅标定异常，导致振幅统计结果与其他两个通道相比较存在明显差异。但是，所有统计曲线的时频子波数量随 A 轴的变化趋势是相似的。子波振幅越接近 0，时频子波的数

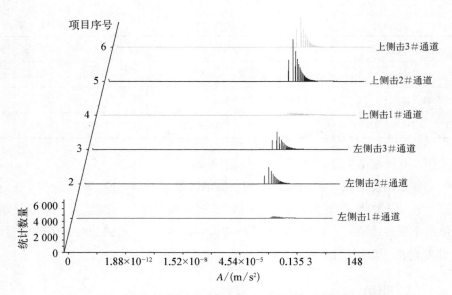

图 5-14 时频子波随振幅 A 轴的数量统计结果

量就越多;而随着振幅 A 的增大,时频子波数量以自然对数的形式快速下降。

通过以上分析,可以对钢管敲击振动信号时频子波空间分布情况有一个大致的了解。

5.2.2 分频段模式滤波子波包络曲线

1)分频段时频子波包络曲线分类

本书采用与 5.1.2 节相同的方法进行钢管敲击振动信号的子波包络聚类分析,表 5-9 就是相应的子波包络曲线聚类的结果。其中,波动分类处理就是在进行子波曲线相关性计算时,采取了子波曲线序列左右浮动 20 个点进行相关性比较的方法,来消除不同成分的振动信号之间在敲击试件上存在的微小时间错动给子波聚类造成的影响。

表 5-9 钢管敲击振动信号分频段信号子波包络曲线聚类

序号	相关性下限	分类数量	波动分类数量	序号	相关性下限	分类数量	波动分类数量
1	0.600	20	13	3	0.650	29	16
2	0.625	24	12	4	0.675	28	18

序号	相关性下限	分类数量	波动分类数量	序号	相关性下限	分类数量	波动分类数量
5	0.700	39	24	11	0.850	204	174
6	0.725	49	32	12	0.875	295	278
7	0.750	68	46	13	0.900	428	429
8	0.775	75	55	14	0.925	620	697
9	0.800	108	80	15	0.950	1 008	1 233
10	0.825	150	113	16	0.975	1 765	2 332

与表 2-6 相比较,在相同的相关性系数下限值下,采用子波包络曲线的方法要比信号包络曲线的方法聚类的效率高。因此,本书在后续的处理中主要采用子波包络曲线来进行分频段信号的聚类处理。

2) 典型分频段时频子波包络曲线

图 5-15(a)就是在相关性系数值下限为 0.975 的情况下,从钢管敲击振动信号分频段时频子波包络曲线中聚类得到的第 1 类典型曲线,图 5-15(b)是对应的分频段信号。为了便于考察分析,本书将这些曲线进行峰谷和峰值幅度的一致化处理,将曲线转化成为在同一幅度进行显示,图 5-15(c)~图 5-15(h)就是经过一致化处理后的曲线。从图上可以看出,图 5-15(a)和 5-15(b)是以敲击工具和管柱的敲击振动为主,带有明显可察、但幅度较小的支点反射作用,在后续的振动中含有幅度很小、数量不等的振动波群。图 5-15(c)和 5-15(d)是以敲击工具和管柱的敲击振动作用为主,多数没有支点反射的振动波作用,在后续的振动中含有幅度很小、数量为 4 个左右的振动波群。

类似地,图 5-15(e)和 5-15(f)是以敲击工具和管柱的敲击振动作用为主,含有明显的支点反射振动波作用,在后续的振动中含有幅度可观、数量为 2 个的振动波群。图 5-15(g)和 5-15(h)是以敲击工具和管柱的敲击振动作用为主,含有明显可察的支点反射振动波作用,在后续的振动中含有幅度可观、数量为 3 个的振动波群。图 5-15(i)和 5-15(j)是没有敲击工具和管柱的敲击振动作用的,只有支点的反射振动波作用,在后续的振动中也没有上述的敲击作用,或者只含有幅度很小的振动波群。图 5-15(k)和 5-15(l)是没有敲击工具和管柱的敲击振动作用,只有支点的反射振动波作用,或者只有管柱刚体运动时的振动波的作用。

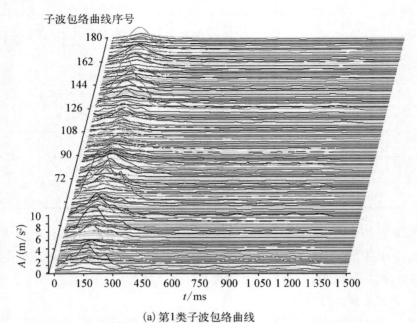

子波包络曲线序号

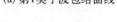

(a) 第1类子波包络曲线

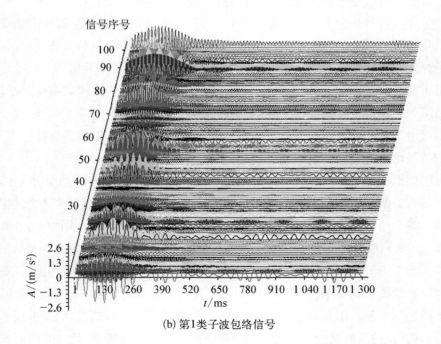

(b) 第1类子波包络信号

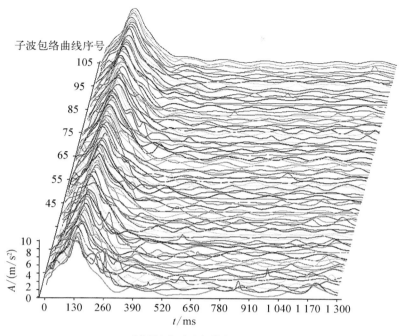

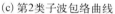

(c) 第2类子波包络曲线

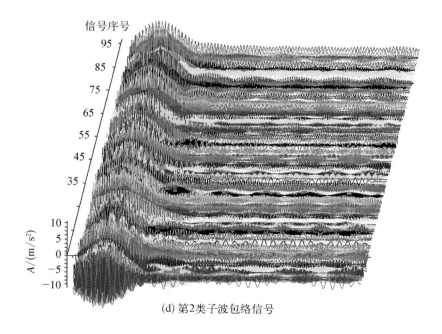

(d) 第2类子波包络信号

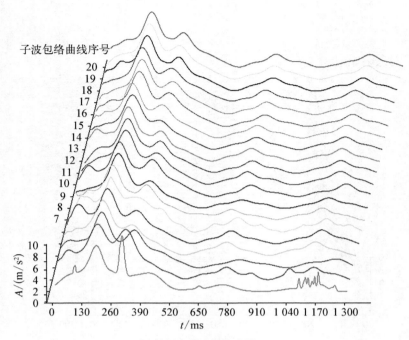

(e) 第26类子波包络曲线

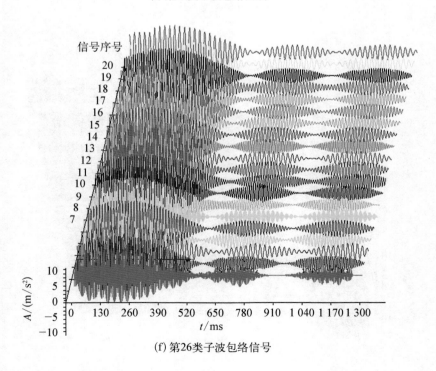

(f) 第26类子波包络信号

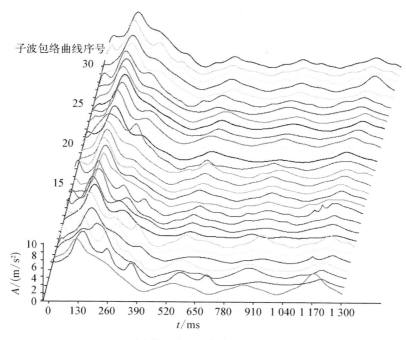

(g) 第13类子波包络曲线

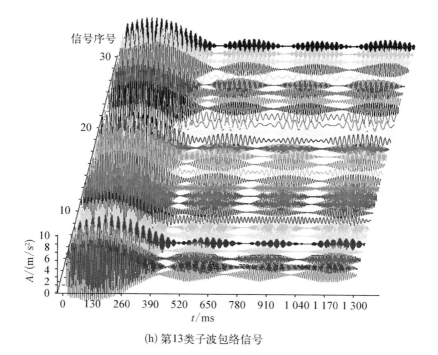

(h) 第13类子波包络信号

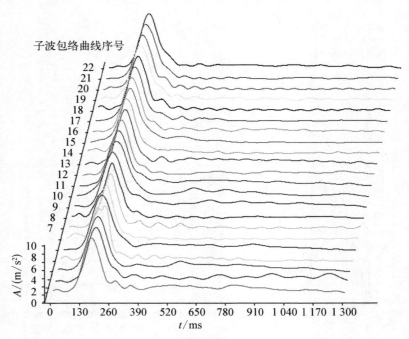

(i) 第58类子波包络曲线

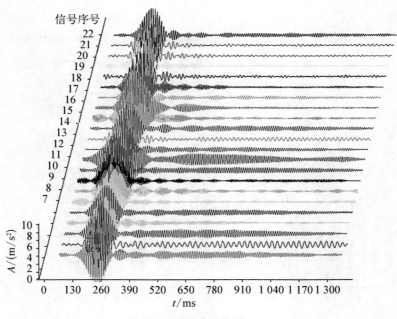

(j) 第58类子波包络信号

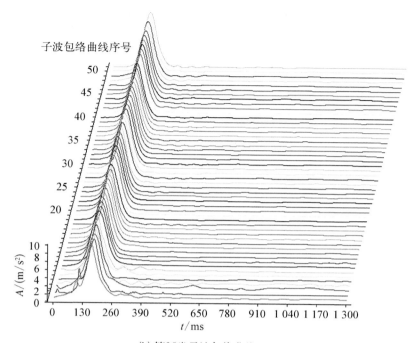

(k) 第35类子波包络曲线

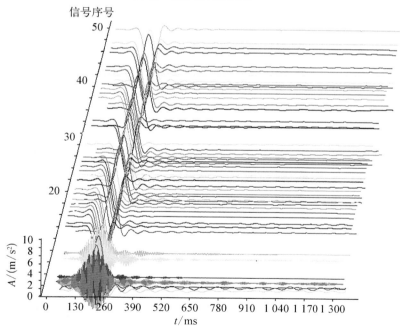

(l) 第35类子波包络信号

图 5 - 15 典型分频段时频子波信号与子波包络曲线

上述可知,只有在对分频段管柱敲击振动信号进行合理分类的基础上,才有可能对振动信号开展准确的描述与量化处理。

5.2.3 钢管敲击振动信号分频段时频子波分析

1) 分频段时频子波的时域分布特征

图 5-16 就是图 5-15 所对应的分类分频时频子波在"$t-\beta_1-A$"三维空间的分布图形。从图上可以看出,图 5-16 的各类时频子波中,一般都在每个分频系列最大振幅的主子波两边较为恒定的某个时间间隔上出现两列振幅数值大小排在第 2 和第 3 类的时频子波,正是由于这两列子波幅值的不同构成了不同类型的子波系列。

图 5-16(a)是主子波左右的这两类子波幅度都不是很大,而子波包络曲线斜率相对较大时的情况。图 5-16(b)是时间大于主子波的右边一类子波幅度较大,导致子波包络曲线出现明显的峰值变化的情况。而图 5-16(c)和图 5-16(d)是在敲击之后还出现了明显的管柱自身振动子波的有规律分布。图 5-16(d)类系列时频子波主要反映的是管柱的低频敲击振动响应。图 5-16(f)是与管柱的加速度刚体运动相关联的振动系列时频子波。

经过详细的音频测试表明,上述每一类系列时频子波信号都能够很好地对应敲击过程中各种特定形式的振动。譬如,图 5-16(a)和图 5-16(b)主要代表管柱受敲击产生的振动;图 5-16(c)~图 5-16(e)不仅代表敲击触发的振动,而且也包含了管柱自身受敲击激励产生的管体振动,而图 5-16(f)是管柱受敲击后的管柱加速度刚体运动。

由于 α 数值能够很好地表征管柱敲击振动期间内部受力的状态。因此,本书在进行分频段时频子波分析时,在某些场合也需要将子波分成两个大类——松动冲磨子波和敲击谐频振动子波,以便排除这两类子波在分析过程中的相互干扰。分析表明,这种干扰往往出现在敲击振动中的中高频类子波中,反映了敲击工具和管柱之间的力、变形和运动的瞬间突发性变化。

2) 钢管敲击振动信号分频子波时域分布特征

对照图 5-16(a)~图 5-16(d),如果定义每个系列主子波中的前一个幅度最大的子波为左 1 子波,位于主子波后一个幅度最大的子波为右 1 子波。从图 5-16 可以看出,分频系列信号中的主子波、左 1 子波和右 1 子波的参数(如 α、t_0 和 A 等),对子波曲线的聚类结果起到非常重要的作用。当然,这三个子波也对分频信号的声效、振动行为和振动的分类归属属性产生显著的影响。对

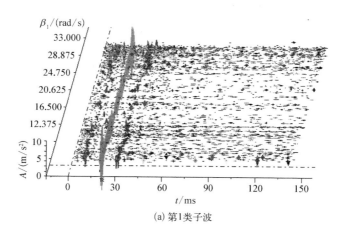

(a) 第1类子波

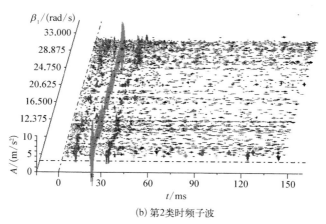

(b) 第2类时频子波

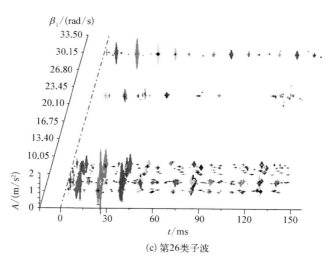

(c) 第26类子波

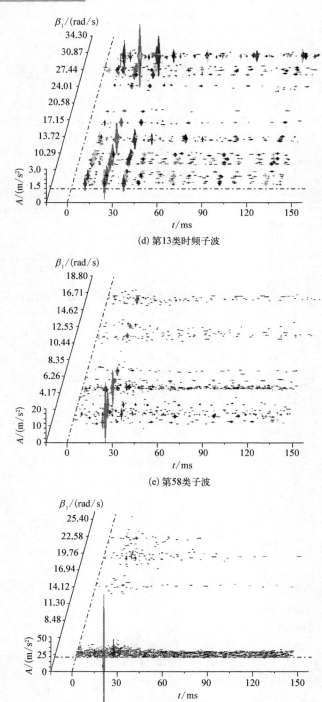

(d) 第13类时频子波

(e) 第58类子波

(f) 第35类时频子波

图 5-16　典型分频段时频子波在"t-β_1-A"三维空间的分布

图 5 - 16(a)～图 5 - 16(d)中的每一个分类进行左 1、右 1 和主子波之间的时间间隔统计，可以获得表 5 - 10 的结果。

表 5 - 10　左 1、右 1 和主子波之间的时间间隔统计表

序号	N975	N950	N900	数量	左 1 时间/ms	主子波时间/ms	右 1 时间/ms	左间隔/ms	右间隔/ms
1	1	1	1	8	4.076	16.232	30.675	12.156	14.443
2	1	2	1	12	4.667	15.417	25.343	10.750	9.926
3	1	2	8	20	4.223	15.019	25.814	10.797	10.795
4	1	8	8	10	1.801	15.048	27.103	13.247	12.055
5	1	27	8	10	10.661	16.678	23.269	6.017	6.591
6	2	2	3	29	3.087	13.950	24.845	10.863	10.895
7	2	8	25	4	3.717	12.867	21.667	9.150	8.800
8	2	18	3	3	3.533	12.600	21.433	9.067	8.833
9	2	109	3	3	1.267	12.567	23.667	11.300	11.100
10	13	68	3	8	2.179	12.310	24.408	10.131	12.099
11	26	7	1	3	5.417	18.700	32.317	13.283	13.617
12	26	23	67	7	6.624	18.770	32.545	12.146	13.775
13	35	216	56	3	11.417	16.600	21.550	5.183	4.950
14	35	216	79	8	9.769	16.011	21.531	6.241	5.521

从表上可以看出，尽管在相关性系数值下限为 0.975 的条件下，再结合相关性系数下限为 0.95 和 0.90 的条件进行子波聚类，获得的分频系列时频子波中的主子波、左 1 子波和右 1 子波之间的时间间隔数值相差还是很大的。例如，表 5 - 10 中序号为 1～5 类聚类结果中，序号为 1 的左、右间隔时间是 12.156 和 14.443 ms，而序号为 5 的左右间隔时间是 6.017 和 6.591 ms，子波的时间间隔相差很明显。厘清造成这些差异的原因，实现不同参数下主子波和左 1、右 1 子波相互作用产生的敲击振动特征的统一描述是一件很有意义的事情。因此，本书将钢管敲击振动分频信号中的部分典型的主子波和左 1、右 1 子波组合结果汇总为一个表格，具体参见表 5 - 11。

表 5 - 11　钢管敲击分频信号中主子波和左 1、右 1 子波典型组合案例

序号	N975	N950	N900	数量	左1时间/ms	子波时间/ms	右1时间/ms	左间隔/ms	右间隔/ms	信号波形	子波分布
1	6	8	8	23	11.358	14.357	16.659	2.999	2.302		
2	3	3	2	57	15.895	21.984	26.702	6.089	4.718		

续　表

序号	N975	N950	N900	数量	左1时间/ms	子波时间/ms	右1时间/ms	左间隔/ms	右间隔/ms	信号波形	子波分布
3	7	4	8	21	10.668	16.812	22.690	6.144	5.878		
4	118	2	3	23	4.954	14.376	23.895	9.422	9.518		

续 表

序号	N975	N950	N900	数量	左1时间/ms	子波时间/ms	右1时间/ms	左间隔/ms	右间隔/ms	信 号 波 形	子 波 分 布
5	32	2	3	13	4.853	14.355	25.250	9.502	10.894		
6	1	2	3	40	4.093	14.410	24.335	10.317	9.925		

从表 5-11 可以看出,左间隔和右间隔时间小于 5 ms 的第 1 号组合,主要是体现敲击作用的子波,相比主子波振幅,左 1 和右 1 子波的振幅很小。因此,可以将这一系列的子波定义为敲击子波。归属这一类的子波还包括序号为第 3 和第 6 号。由此可见,这一类子波的关键是左 1 和右 1 与主子波振幅之间的比值大小。在这一类子波中有一个比较特殊的子类是反映管柱刚体运动的低频类分频信号,如第 6 类。

当左间隔和右间隔时间大于 5 ms,并且相比主子波振幅,左 1 和右 1 子波的振幅也有明显的数值时,对应的分频系列信号呈现出明显的敲击响应特征,故而可以将这一系列子波定义为敲击响应子波。表 5-11 中的绝大部分都可以归属为这样的一类子波。

在除了主子波、左 1 和右 1 子波之外,如果还存在明显的振动子波,由这些子波形成的信号往往代表管柱自身的振动。也就是说,在敲击振动之后还出现了受激管体振动。因此,本书将这一系列子波定义为敲击管柱振动系列子波。属于这一类的子波包括第 4 类和第 5 类等。

如果主子波已经超出了敲击阶段的时间域而进入到管柱振动的后一阶段,说明这种系列的子波信号已经成为管柱自身的振动信号。因此,将这一类子波称为管柱振动子波。

不管是被归属为哪一类子波,每一类子波都具有特定的子波聚类特征,每一个子波都在特定的位置上,以特定的振幅和 α 等子波参数,形成一个特定形式的钢管敲击振动信号。

3) 信号分系列子波特征分析

为了对钢管敲击振动信号的左间隔 t_z 与右间隔 t_y 数值情况,以及相应的振动信号有一个全面的了解,本书将所有这些信息在“t_z-t_y-A_m”三维空间(其中 A_m 是主子波振幅,m/s^2)进行显示,具体如图 5-17 所示。t_z 与 t_y 的数值解释如下:

$$t_z = t_m - t_{z_1}$$
$$t_y = t_{y_1} - t_m \tag{5-9}$$

式中,t_z 是左 1 与主子波之间的时间间隔,ms;t_y 是右 1 与主子波之间的时间间隔,ms;t_m 是主子波时间,ms。根据图中数据点的分布情况,本书用椭圆划分成为圈闭 $A \sim I$ 共 9 个区。

如果将圈闭 $A \sim G$ 每个区中的散点对应的系列时频子波信号进行调用显

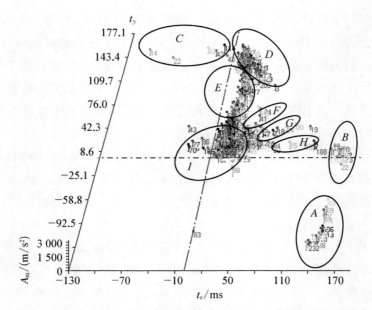

图 5 - 17　分频系列信号的"t_z-t_y-A_m"三维空间分布

示,可以获得图 5 - 18 的结果。由图可见,圈闭 A 属于无右 1 时频子波,主子波位于该系列子波中的时间较大的情况下,此时 t_y 值为负。也就是说,该系列时频子波信号的主子波位于管柱振动信号的尾端。而圈闭 B 中的系列信号与圈闭 A 相似,但该系列时频子波中存在右 1 的时频子波,因此 t_y 大于 0。圈闭 C 中的主子波位于敲击振动信号段内,左 1 子波靠近主子波,但右 1 子波位于管柱振动信号的尾端时的情况,这往往是由信号的频谱泄漏造成的。圈闭 D 与圈闭 C 类似,只不过左 1 子波存在与主子波之间的正常敲击时间间隔,而右 1 子波往往位于振动信号的末端的情况。此时,随着 t_m 的增大,$t_{y_1}-t_m$ 的数值(即 t_y)随之线性减少。圈闭 E 的系列时频子波的右 1 子波位于管柱受激振动段内的情况,这种系列时频子波信号存在明显的管体自身的振动,而且这种振动的幅度还十分显著。圈闭 F、G 和 H 不仅右 1 子波位于管体振动段内,而且整个系列子波中的主子波也属于管体振动段内的情况。从图上可以看出,出现这种情况并不是随机的,而是具有一定的分布规律性。

在排除了圈闭 A~G 这 8 个区域之后,余下的圈闭 I 区就是正常的管柱敲击振动系列时频子波区域。在这个区域中,主子波、右 1 和左 1 子波都在一定的间隔范围内分布,属于敲击子波,或敲击响应系列子波。

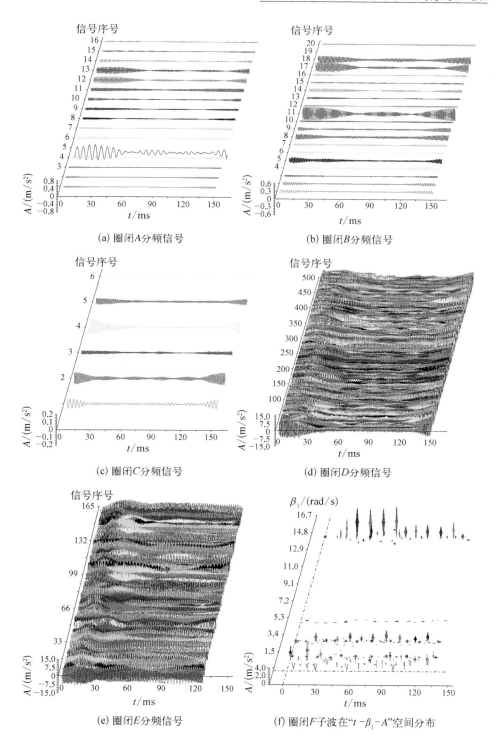

(a) 圈闭 A 分频信号

(b) 圈闭 B 分频信号

(c) 圈闭 C 分频信号

(d) 圈闭 D 分频信号

(e) 圈闭 E 分频信号

(f) 圈闭 F 子波在"t-β_1-A"空间分布

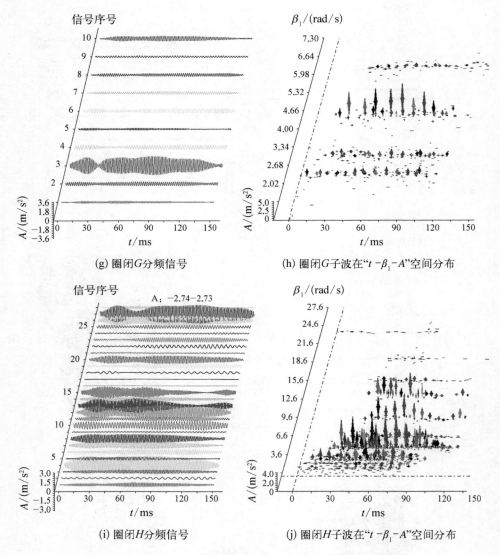

(g) 圈闭G分频信号

(h) 圈闭G子波在"$t-\beta_1-A$"空间分布

(i) 圈闭H分频信号

(j) 圈闭H子波在"$t-\beta_1-A$"空间分布

图 5-18　圈闭区域分频系列信号及时频子波的空间分布图

如果将圈闭 I 区的散点在"t_z-t_y"平面内显示时,大部分散点都集中于某条直线的区域范围内分布。对这些散点进行线性回归,可以获得下式:

$$y = 0.982\,992x + 0.343\,755 \qquad (5-10)$$

式中,y 为右 1 与主子波的时间间隔,ms;x 为左 1 与主子波的时间间隔,ms。

从式(5-10)可以看出,右间隔 t_y 的数值总趋势是大于左间隔时间 t_z 值的。

5.2.4　钢管敲击振动信号系列子波特征分析

1）主子波分布特征分析

如果将所有分频系列主子波进行汇总显示,就可以获得图 5-19 的结果。按照相关性系数 0.75 为下限,对每个子波包络曲线进行分类显示,就可以获得图 5-20。

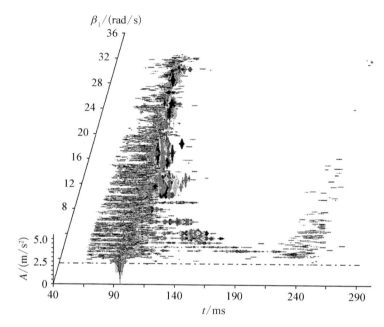

图 5-19　2♯通道系列主子波在"$t-\beta_1-A$"三维空间显示

从图 5-19 和图 5-20 可以看出,在敲击振动信号中,最先出现的是敲击主子波,而后才出现受激励产生的管柱振动主子波,而且从总的趋势来看,管柱振动主子波随着主子波频率的减小,出现的时间也随之增长。这一分布特征与 PVC 管敲击振动信号是相一致的,也与 3.3.5 节的仿真研究结果相一致。从图 5-20 可以看出,不同的分类结果在"$t-\beta_1-A$"三维空间的分布,随时间 t 轴呈现出非常有规律的变化,说明子波包络曲线聚类结果能很好地反映不同类型的管柱振动。

2）信号系列主子波特征分析

管柱敲击后与受激励相对应的管柱振动主子波是随着主子波频率的减小,

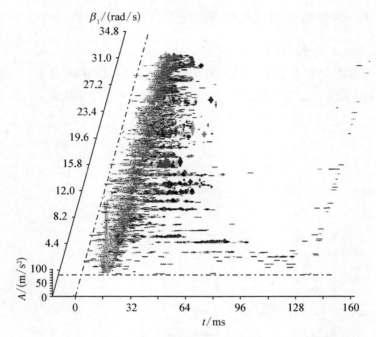

图 5‑20   1♯通道系列主子波在"t‑β_1‑A"三维空间显示

出现的时间是逐渐增大的,但这种变化趋势总是在一个特定的范围内波动变化
的,体现了敲击的条件、敲击期间管柱与环境的综合作用。再对逐个的信号进行
分析,这种分布又具有一定的分布规律性。图 5‑21 就是部分钢管敲击振动信
号主子波在"t‑β_1"平面的分布。

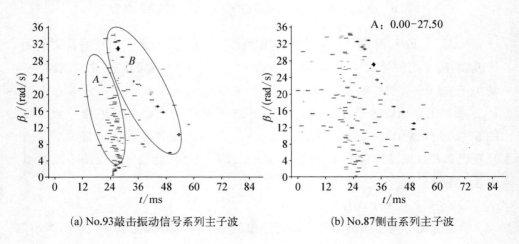

(a) No.93敲击振动信号系列主子波   (b) No.87侧击系列主子波

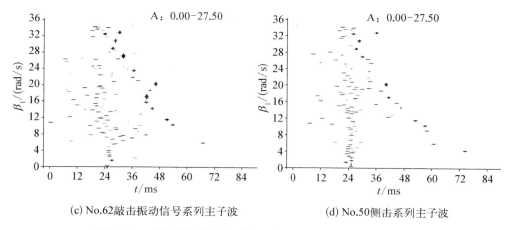

(c) No.62敲击振动信号系列主子波　　　　(d) No.50侧击系列主子波

图 5 - 21　部分钢管敲击振动信号主子波在"t - β_1"平面的分布

图 5 - 21 中的主子波可以分为两个大类:敲击主子波和敲击响应主子波。在图 5 - 21(a)中,用椭圆圈闭的 A 椭圆主子波为敲击主子波,B 椭圆内的主子波为敲击响应主子波。从中可以看出,敲击主子波分布在敲击发生期间的一个很短的时间段内,而敲击响应主子波是随着子波频率的降低,主子波出现的时间呈现出近似线性的增大。

(1)敲击主子波分析。

与敲击响应主子波相比较,敲击主子波具有在敲击作用下的时间同步特征,导致某类敲击主子波的出现往往集中于某个特定、很窄的时间段内,而且同类的数量往往很多。图 5 - 22(b)就是敲击主子波在"t - β_1 - A"三维空间的分布,从

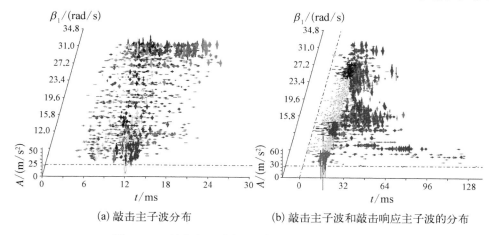

(a) 敲击主子波分布　　　　(b) 敲击主子波和敲击响应主子波的分布

图 5 - 22　敲击主子波在"t - β_1 - A"三维空间的分布

191

冲击振动信号结构分析与建模

中可以看出,敲击主子波具有很强的时间分布敏感性。对图 5-22(a)的螺钉侧击时敲击主子波进行分类时间统计,就可以得到表 5-12 的统计结果。与敲击响应主子波相比较,敲击主子波出现的时间要早于敲击响应主子波。

表 5-12 敲击主子波类子波时间统计结果

序号	分类序号	数量	时间/ms	序号	分类序号	数量	时间/ms	序号	分类序号	数量	时间/ms
1	2	105	6.9	15	55	42	15.5	29	58	22	17.8
2	20	18	11.2	16	25	22	15.6	30	8	62	18.2
3	51	18	11.3	17	11	33	16.1	31	26	20	18.2
4	13	30	11.4	18	35	51	16.1	32	23	76	18.7
5	50	34	11.8	19	15	51	16.5	33	24	56	18.7
6	16	35	12.9	20	49	17	16.5	34	98	25	18.8
7	6	88	14.5	21	7	127	16.6	35	9	54	19.4
8	19	19	14.5	22	14	24	16.8	36	56	17	19.4
9	143	21	14.6	23	27	18	16.8	37	12	66	21.5
10	1	180	14.7	24	29	18	16.9	38	3	87	21.6
11	32	32	14.7	25	43	25	17.0	39	4	28	23.4
12	118	26	15.2	26	5	293	17.6	40	40	18	26.2
13	96	121	15.3	27	47	28	17.6	41	59	19	26.8
14	48	22	15.4	28	10	30	17.8	42	222	16	32.9

（2）敲击响应主子波分析。

从图上可以看出,属于管柱自身受激振动的敲击响应主子波的分布,随时间的增长呈近似线性分布。因此,可以对每个信号进行管柱振动主子波的"$t-\beta_1$"线性回归处理。尽管从单一敲击振动信号管柱自身振动主子波角速度随时间之间的变化关系,可采用线性回归可以得到较好的结果,但从图 5-20 和图 5-22(b)的汇总显示来看,管柱振动主子波角速度随时间的变化采用半对数关系式来处理,显得更为合适。因此,表 5-13 就是管柱自身振动主子波出现时间随频率变化的半对数回归结果。

表 5 - 13　管柱自身振动主子波出现时间随频率变化的半对数回归结果

序号	A_{Coef}	B_{Coef}	R_R	表 达 式	x_{min}	x_{max}	y_{min}	y_{max}
1	-0.039 2	3.944 3	-0.903 4	$y = \exp(-0.039\,232x + 3.944\,340)$	14.1	25.7	19.797 2	30.592 5
2	-0.026 9	3.689 5	-0.963 2	$y = \exp(-0.026\,904x + 3.689\,464)$	12.8	76.9	4.574 72	30.425 9
3	-0.033 3	3.747 7	-0.967 2	$y = \exp(-0.033\,270x + 3.747\,679)$	13.5	72.2	4.576 55	30.599
4	-0.031 9	3.829 3	-0.978 5	$y = \exp(-0.031\,939x + 3.829\,295)$	15	51.4	9.329 02	30.652 6
5	-0.037 2	3.914 2	-0.979 5	$y = \exp(-0.037\,187x + 3.914\,190)$	14.4	45.4	9.306 38	30.734 4
6	-0.035 3	3.848 1	-0.958 3	$y = \exp(-0.035\,258x + 3.848\,131)$	12.9	37.9	11.583 5	30.654
7	-0.032 4	3.784	-0.982 4	$y = \exp(-0.032\,429x + 3.783\,998)$	12.9	71.4	4.579 04	30.619 3
8	-0.035 8	3.861	-0.986 2	$y = \exp(-0.035\,766x + 3.860\,983)$	12.8	65.2	4.576 53	30.517 9
9	-0.057 7	4.179 4	-0.973 4	$y = \exp(-0.057\,727x + 4.179\,390)$	12.2	30.2	11.560 1	30.271 2
10	-0.054 7	4.224 1	-0.902	$y = \exp(-0.054\,723x + 4.224\,104)$	16	32.6	11.555 9	30.784 8
11	-0.063 4	4.418 1	-0.959 7	$y = \exp(-0.063\,414x + 4.418\,072)$	14.8	36.5	9.310 74	30.745 9
12	-0.024 4	3.676 3	-0.945 7	$y = \exp(-0.024\,430x + 3.676\,251)$	15.3	95.5	4.576 99	30.772 3
13	-0.023 9	3.726 3	-0.929 9	$y = \exp(-0.023\,939x + 3.726\,311)$	14.2	97.4	4.587 55	30.890 9
14	-0.046	4.202 1	-0.956 3	$y = \exp(-0.045\,963x + 4.202\,105)$	16.2	38.1	11.616 8	30.990 8
15	-0.026 9	3.699 3	-0.895	$y = \exp(-0.026\,946x + 3.699\,274)$	12.7	55.9	9.313 66	30.850 2
16	-0.023 2	3.520 6	-0.931 3	$y = \exp(-0.023\,221x + 3.520\,578)$	12.4	93.6	4.577 4	30.744 8
17	-0.025 9	3.697 4	-0.957 5	$y = \exp(-0.025\,890x + 3.697\,396)$	11.9	89.7	4.572 27	30.776 7
18	-0.039 9	3.875 5	-0.963 7	$y = \exp(-0.039\,867x + 3.875\,471)$	14	61.3	4.574 45	30.514 4
19	-0.031 1	3.840 8	-0.949 2	$y = \exp(-0.031\,106x + 3.840\,795)$	13.2	44.4	11.411 7	30.640 3
20	-0.022 7	3.631 7	-0.978 2	$y = \exp(-0.022\,733x + 3.631\,677)$	13.7	35.5	10.421 9	30.899 3

　　比较表明，管柱自身振动信号主子波的"$t-\beta_1$"关系采用半对数关系处理，相关性系数均得到一定的提高，采用半对数关系更加符合实际的结果。图 5-23 就是钢管敲击振动信号主子波频率随时间变化曲线与主子波分类数量分布。

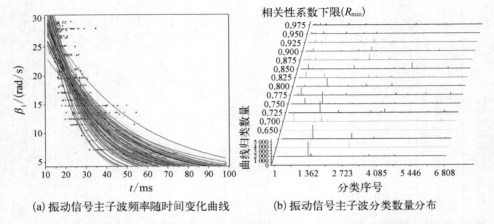

(a) 振动信号主子波频率随时间变化曲线　　(b) 振动信号主子波分类数量分布

图 5-23　管柱敲击振动信号主子波频率随时间变化曲线与主子波分类数量分布

　　图 5-23(b)是对所有 6 090 个包络曲线分类结果进行汇总显示获得的结果。其中，横轴代表包络曲线分类序号，纵轴为分类相关性系数下限。从图上可以看出，在某些类型上子波包络曲线的聚类十分集中，并且聚类结果也十分稳定。

第6章
管柱敲击振动信号建模研究与应用

6.1 管柱敲击振动信号模式滤波法处理流程

在进行信号的模式滤波法处理，或者是分频段信号模式滤波法处理时，按照精细程度的不同，可以将信号分解成为不同数量的时频子波。此时，人们面临的一个重要问题就是如何实现这些时频子波的分类、识别与信号分离处理。如何进行时频子波的聚类处理成为一个极为重要的、决定着模式滤波法应用前景的重大问题。通过第 2 章～第 5 章的研究，本书总结出一套使用模式滤波法处理工程信号的行之有效的方法，具体如下。

6.1.1 工程信号分离处理的分频段模式滤波法处理流程

结合第 2 章～第 5 章的研究成果，本书整理分频段模式滤波法处理流程如图 6-1 所示，具体可分为以下 7 步：

（1）对采集的信号进行截取和分工况整理。

（2）对每一个所要处理的信号进行分频段预处理，将原信号分离成为一系列分频段信号。

（3）进行分频段信号包络曲线的分类处理，以便获得分频段信号的初步归类整理。实际上这是对处理信号所做的第一次合理的分类处理工作，以消除频段之间的相互干扰。

（4）分频段信号的模式滤波法分解，将分频段信号分解成为用一系列时频子波表示的信号。

（5）计算分频段时频子波包络曲线，并将这些子波包络曲线进行波动相关聚类处理。

（6）按照时间同步、结构同步、能量同步、动作同步的要求，结合子波包络曲线和分频段信号包络曲线的分类结果，实现对系列分频时频子波的分段、分类和同类聚集处理。

（7）同类子波的聚集、信号重构分析、信号分离和识别处理，以便实现不同类型振动信号的分类、分离、识别与特征提取处理。

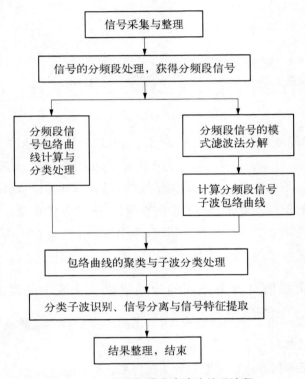

图 6-1　分频段模式滤波法处理流程

同步分为时间同步和结构同步。时间同步是指对于一个完整的信号而言，系列时频子波的变化肯定存在内在的时间作用与时间变化的规律性。例如，钢管敲击振动信号中，敲击类子波几乎在一个时间变化不大的范围内同时出现或发生。而敲击响应类子波则随着子波频率的不同，又以一定的方式或规律依次出现。而能量的一致性是指，如果在一个信号内部有两个分频段或分离信号的能量分布形式是相同的，则这两个信号要么是同一类分离信号，要么就是耦合在一起的信号。就信号处理工作者而言，这两个信号就是同一类信号。

所谓动作同步是指信号所代表的研究对象运动和行为方式与步调的协调一致性。

6.1.2 分频段模式滤波法处理实例

为了更好地理解图 6-1 的处理流程,下面就用一个实际的信号为例作一介绍。

图 6-2(a)是一个钢管敲击振动信号。将这个信号进行分频段处理,可以获得图 6-2(b)的 63 个系列分频段信号。对这些分频段信号进行信号包络曲线分类和模式滤波法分解,信号分解后可得到图 6-2(c)。对每个系列时频子波计算子波包络曲线,可以得到图 6-2(d)。

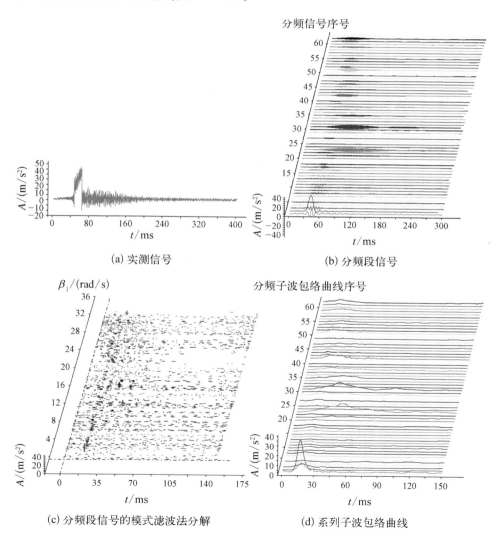

(a) 实测信号

(b) 分频段信号

(c) 分频段信号的模式滤波法分解

(d) 系列子波包络曲线

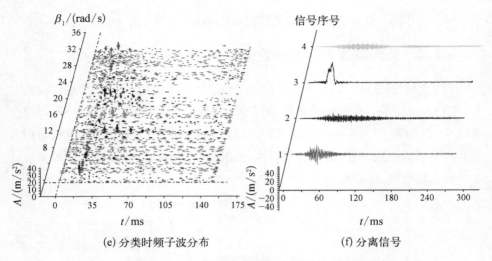

(e) 分类时频子波分布　　　　　　　　(f) 分离信号

图 6 - 2　信号的模式滤波法处理流程实例图

对图 6 - 2(d) 的子波包络曲线进行相关性聚类处理,在相关性系数值下限为 0.85 时,可以获得表 6 - 1 中的 11 个分类结果。对这些曲线及对应的分频信号进行音频测试和识别处理,可以获得敲击、敲击后管柱振动、管柱含回波振动、管柱刚体运动这四类分离信号。其中,敲击后管柱振动(第 2 类)和管柱含回波振动(第 4 类)可以合并成为敲击后管柱振动这一个大类进行处理。

表 6 - 1　管柱敲击振动信号分类测试表

依次归类序号	信号波形	音效测试	二次归类序号
1		"笃笃"敲击振动信号	1
2		"叮叮"敲击后管柱振动信号	2
3		"吁吁"敲击后管柱振动信号	4
4		"菊菊"敲击磨滑振动信号	1
5		含"呲呲"冲击振动信号	3
6		"笃笃"冲击振动信号	3
7		"哚哚、喔喔"敲击振动信号	2
8		含回声的"吁吁"敲击后管柱振动信号	4

依次归类序号	信 号 波 形	音 效 测 试	二次归类序号
9		"菊菊"敲击磨滑振动信号	1
10		"哚哚"敲击振动信号	4
11		"吁吁"敲击后管柱振动信号	2

就本质而言,上述管柱敲击振动信号处理过程中,模式滤波法的作用就是提供了一个对信号的各个分段和各种组分,进行合理挑选、分割、排列、组合等功能的方便快捷的操作工具。

6.2　管柱敲击振动信号建模研究

6.2.1　振动信号建模流程

从前面的分析中可以得出:

(1)信号是有结构的。不同声源、不同声效的信号具有特定形式的波形结构和频谱特征。相关文献已经介绍了汉语音节声母信号的分时段结构特征,以及笛子、三角铁、鼓的时频域声信号结构。在无混叠情况下这些特定形式的声信号都有其自身稳定、可辨的结构形式。

(2)信号的结构是可以定量描述的。针对具有特定物理含义的信号,信号内部各种频率成分所对应的振幅、相位、时频子波衰减系数等参数的变化都有自身的定量组合变化关系。这些关系有的可以用振动方程进行描述,有的需要采用精确、合理的信号分解手段,在对分解后的各种信号成分之间进行量化统计,在此基础上实现信号的定量建模。例如,相关文献提出了乐器基元声信号基于系列时频子波的表达公式:

$$y_{\text{BOU}}(t) = A_0 e^{-\alpha_1 \times (t-t_{01})^2} \cos(2\pi f_1 t + \beta_{01}) +$$
$$\sum_{i=2}^{M} f(A_0, \alpha_1, f_1, t_{01}, \beta_{01}) e^{-\alpha_i \times (t-t_{0i})^2} \cos(2\pi f_i t + \beta_{0i}) \quad (6-1)$$

式中,$y_{\text{BOU}}(t)$ 是基元信号波形函数;A_0 是声源振幅,mPa;f_i 是第 i 系列时频子波信号频率,Hz;$f(A_0, \alpha_1, f_1, t_{01}, \beta_{01})$ 是第 i 系列时频子波与第 1 系列子波(即基元主

子波)振幅的函数；β_{0i} 是第 i 系列时频子波的初始相位，rad；M 是子波系列数量。

式(6-1)就是基于乐器声信号内部不同系列时频子波的振幅，具有恒定的数量变化规律这一振动特征，通过建立基元主子波和其他系列子波在振幅变化上的量变关系，来简化基元信号的量化描述。随着研究的深入，这种量变规律也会越来越精确和精细化。

（3）信号内部存在时间、结构、能量和行为上的同步和一致性，信号的同步性具体表现在时频子波的时间并发、结构并发等特征上；而信号的一致性主要体现在分频段信号包络曲线和系列时频子波包络曲线的关联性上。在前一节的介绍中，本书就是利用信号的同步性和一致性进行时频子波的归类整理、信号分离与识别处理。

（4）信号是可以量化建模的。当然，声信号的建模并不是一蹴而就的，而是需要通过持之以恒的努力，逐步实现的精细化描述过程。

本书研究的目的，就是提出一个可供参照的声信号建模的通用处理流程，这一信号模型化定量描述处理流程如图6-3所示。

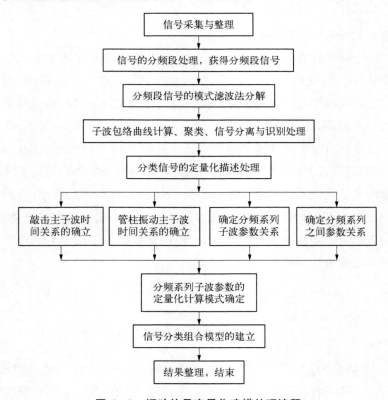

图6-3 振动信号定量化建模处理流程

　　与图 6-1 相比较可以看出,两者之间具有很好的一致性。也就是说,开展工程信号模式滤波法分离处理的过程,也是进行信号分离、分类、识别与定量化描述的过程,能够实现信号的合理分离处理,也就意味着在信号定量建模的道路上完成了关键环节的工作。

6.2.2　管柱敲击振动信号建模处理实例

1) 敲击振动信号建模步骤

　　还是以 6.1.2 节中的信号处理案例为例说明实际信号的建模处理流程。开展信号定量化模型描述的步骤如下:

　　(1) 对信号进行分频段处理,并对分频段信号进行信号的模式滤波法最优分解。

　　(2) 计算每个频段的子波包络曲线,依据相关性对这些曲线进行合理的分类处理。由于在对图 6-2(a)信号的子波包络曲线处理过程中,得到了表 6-1 的 11 类典型的包络曲线。这些子波包络曲线也可以用其中典型的子波组合进行描述,具体参见表 6-2。这里,可以根据问题的需要,对这些典型子波曲线和典型子波曲线的子波参数进行一定的修饰与删减处理。例如,如果只需要掌握信号的核心成分,提取得到敲击振动信号的关键成分,则只有自身一个子波包络曲线的第 6~11 号曲线就可以直接删除处理。但如果需要掌握信号内部详细的细节,就需要保留所有的典型子波包络曲线,并分析每一条曲线内部的组成成分,并对每一个组成成分进行有效的标记与处理,以便于后续的子波聚类和信号分离处理。

表 6-2　典型子波包络曲线的子波参数描述

序号	α/s^{-2}	$\beta_1/(rad/s)$	β_0/rad	t_0/ms	$A/(m/s^2)$	类号
1	0.180	18.043	−0.209	1.00	0.059	1
2	0.020	18.040	−0.068	8.30	0.133	1
3	0.067	17.797	0.249	16.00	−0.068	1
4	0.020	17.930	−0.044	17.40	0.419	1
5	0.080	17.863	0.173	26.00	−0.140	1

序号	α/s^{-2}	$\beta_1/(\mathrm{rad/s})$	β_0/rad	t_0/ms	$A/(\mathrm{m/s}^2)$	类号
6	0.020	18.010	−0.017	38.30	0.096	1
7	0.020	17.892	0.245	52.20	0.054	1
8	0.020	18.010	0.023	120.20	0.052	1
9	0.040	18.103	−0.305	134.60	−0.052	1
10	0.020	18.045	−0.022	149.20	−0.077	1
11	0.020	12.277	−0.333	0.70	0.118	2
12	0.028	11.966	0.119	7.90	−0.336	2
13	0.191	12.320	0.182	9.70	−0.068	2
14	0.020	11.915	0.072	19.80	0.482	2
15	0.134	11.812	−0.078	20.30	−0.153	2
16	0.152	11.761	−0.003	24.20	0.089	2
17	0.020	11.865	0.052	31.70	−0.317	2
18	0.088	11.622	0.089	31.70	0.049	2
19	0.063	11.865	0.001	41.20	−0.135	2
20	0.020	11.894	0.179	64.20	−0.114	2
21	0.020	11.889	−0.078	94.60	−0.109	2
22	0.062	11.755	−0.026	118.10	−0.065	2
23	0.020	11.851	−0.045	127.90	0.134	2
24	0.020	11.752	0.051	149.00	−0.128	2
25	0.064	10.266	−0.001	0.80	−0.112	3
26	0.021	10.517	0.424	10.90	0.375	3
27	0.057	10.577	−0.127	22.80	−0.093	3
28	0.020	10.541	−0.252	23.60	−0.719	3
29	0.211	10.291	−0.148	29.00	0.049	3
30	0.057	10.425	0.005	33.50	−0.513	3

序号	α/s^{-2}	$\beta_1/(rad/s)$	β_0/rad	t_0/ms	$A/(m/s^2)$	类号
31	0.020	10.456	0.118	34.10	1.691	3
32	0.075	10.465	−0.303	42.80	−0.435	3
33	0.140	10.844	−0.220	49.20	−0.052	3
34	0.020	10.328	0.675	50.60	0.102	3
35	0.020	10.420	0.368	51.00	1.283	3
36	0.064	10.437	0.001	52.20	−0.335	3
37	0.077	10.554	−0.131	63.00	−0.084	3
38	0.020	10.424	−0.299	63.30	−0.711	3
39	0.134	10.344	0.399	70.00	−0.067	3
40	0.020	10.407	0.011	76.90	0.560	3
41	0.101	10.420	−0.012	77.20	0.126	3
42	0.020	10.377	0.046	90.20	0.372	3
43	0.065	10.436	0.000	91.10	0.083	3
44	0.020	10.362	−0.098	102.00	−0.228	3
45	0.020	10.390	−0.195	113.20	0.170	3
46	0.020	10.433	−0.106	128.00	−0.166	3
47	0.020	10.418	−0.016	143.70	−0.251	3

（3）对每一条典型子波曲线开展详细的分段子波分类、识别与分离处理。例如,在表 6-1 的第 11 类信号中,明显包含有敲击和管柱在敲击激励作用下自身的振动这两部分信号,需要对这两部分信号进行分类标记和定位处理,以便给同类信号的处理提供指导。

（4）子波的聚类和分类整理。根据上面第三步提供的典型子波曲线分类信息,以及典型子波曲线的量化组合关系,实现对子波的量化分类和聚类处理。

（5）根据子波分类的结果,进行分离信号的重构、音效测试与分类识别处理。如果对测试结果不满意,则可以针对问题的需要,返回前面任何一步开展相应的处理,以便实现各种混叠成分的合理分类与整理。

（6）根据子波分类的结果，实现信号量化模型的建立。

2）钢管敲击振动通用信号模型的建立

（1）敲击振动通用信号模型的概念。

所谓敲击振动通用信号模型，指的是在所有信号中基本上都会在受敲击振动期间，依序逐一呈现振动信号成分，由这些振动成分构建而成的敲击振动信号。从信号的组成的角度，通用模型包含了任何一个敲击振动信号内部所包含的、那些最能体现这个信号特征与本质的信号成分。从效用的角度来考察，通用模型就是一个信号模板，任何一个声信号只要经过这个通用模型去套用、拆解或过滤，就可以大致确定该信号是不是一个敲击振动信号。

显然，敲击振动信号通用模型忽略或去除了每个信号各自特有的细节成分，抽取了它们的共性成分。因此，从振动行为统计学的角度来看，敲击振动信号通用模型就是由每个信号中，施加敲击这一动作的统计概率数值较大的信号成分所构成的信号，并针对每一类敲击振动信号中每个成分的量化组合都有明确标定的信号。由此可见，信号通用模型不是一个具体的信号，而是一个针对某类信号的通用框架。在框架内的振动信号就是敲击振动信号，在框架以外的信号就不是，或者只能根据相似的程度大小，来判定是否为疑似敲击振动信号。

（2）钢管敲击振动通用信号模型。

在进行钢管敲击振动通用信号模型建立的过程中，本书采用表 5-8 中 β_1 粗分段结果对子波进行并类处理。正如在 1.2.2 节中指出的那样，由于低频段振动信号成分往往内含了所有中高频段振动成分的动作响应，很难实现彻底的分离处理，导致低频振动成分的归类难以达到对敲击振动的通用建模的目的。因此，针对管柱刚体加速度运动等类的敲击低频振动成分的建模，本书通过统计建模的途径来实现。

在介绍各种模型的基础上，接下来分步介绍各种模型的建立过程和方法。

① 第一步介绍钢管刚体运动信号子模型的建立。

分析表明，管柱加速度刚体运动子模型可以从以下几个方面进行描述：

一是确定性管柱加速度刚体运动。此类振动是每个存在管柱加速度刚体运动的振动中都存在的一种运动成分，这种运动成分所在的位置参见图 6-4(a) 中用椭圆圈闭的 A 区中的子波，这些子波参数取值区间参见表 6-3，由这些子波重构形成的信号就是前后两翼无波动的单峰冲击振动。

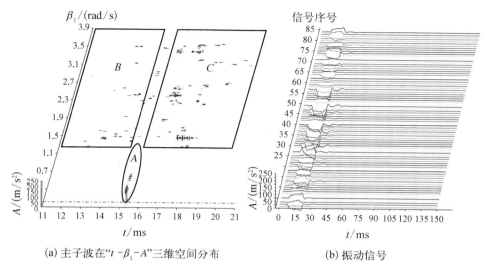

(a) 主子波在"t-β_1-A"三维空间分布　　　(b) 振动信号

图 6-4　管柱敲击加速度刚体运动系列主子波和振动信号

表 6-3　管柱加速度刚体运动子波参数取值区间

名　　称	σ/s^{-2}	$\beta_1/(\mathrm{rad/s})$	φ_0/rad	$A/(\mathrm{m/s^2})$
下限	0.025	0.221	−0.182	2.786
上限	0.217	0.627	0.172	255.770

　　二是如果在一个敲击振动信号中存在与确定性管柱加速度刚体运动主子波相比较,间隔不大于 5 ms、β_1 小于 550 Hz 的主子波,具体如图 6-4(a)中的平行四边形 B 和 C 所示。分析表明,B 区和 C 区的主子波存在一定的互斥作用。由这两部分主子波形成两种不同的管柱加速度刚体运动形式,当存在四边形 B 区的主子波时,振动叠加的结果使得前一个加速度跃迁值大于后一个反向加速度。类似地,当存在四边形 C 区的主子波时,振动叠加的结果使得前一个加速度跃迁值小于后一个反向加速度。B 区和 C 区的子波叠加导致图 6-4(b)中的振动曲线出现后倾或前倾现象,具体在每个信号中主子波的出现情况具有一定的随机性。前倾振动、后倾振动和确定性刚体运动的振动信号曲线,可参见图 6-5。

　　三是在次数不多的管柱加速度刚体运动中,也出现与确定性主子波时间同步或近似同步的主子波,具体参见图 6-4(a)中四边形 B 区和 C 区中间没有被

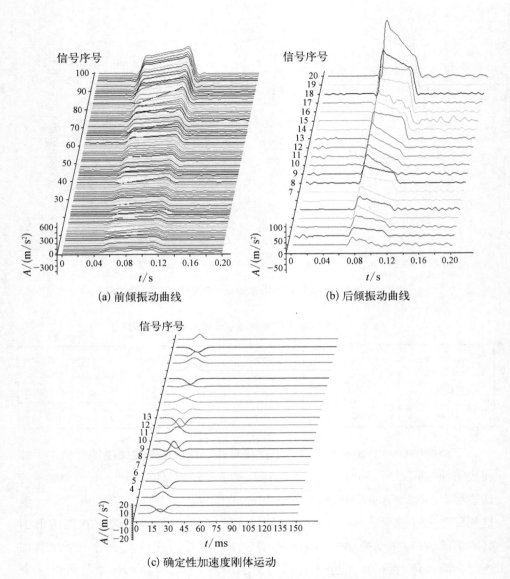

(a) 前倾振动曲线

(b) 后倾振动曲线

(c) 确定性加速度刚体运动

图 6-5　管柱敲击加速度刚体运动分类特征曲线

圈闭的子波。这些子波只对图 6-5(c)的振动信号曲线起到一定的修饰作用。

　　分析表明,主子波在 C 区出现的概率要明显大于在 B 区出现的概率,而且 C 区主子波的分布也具有很强的区域特征。在 5.2.4 节中已经介绍了这些主子波振幅随子波频率的量变关系。以管柱左侧击的 89 个敲击振动信号为统计样本,获得的 B 区、C 区主子波的并发统计结果如表 6-4 所示。

表 6 - 4　管柱左侧击不同刚体运动类型统计结果

	小刚体运动类	后倾振动类	前倾振动类	单峰撞击	修饰类	合计
样本数量	4	20	38	19	8	89
百分比/％	4.49	22.47	42.70	21.35	8.99	100
振幅范围		15.56～89.61	15.10～255.77	2.79～17.76	2.67～26.32	

　　图 6 - 6(a)是图 6 - 4(a)中前倾振动类(即 C 区)主子波进行区域分类的结果。如果以第 1 类的确定性管柱刚体运动类主子波振幅为横轴,在同一个敲击振动信号中以第 2～5 类其余管柱刚体运动类子波振幅为纵轴,由此构成的散点分布图参见图 6 - 6(b)。由图 6 - 6(b)可见,各类主子波与第 1 类主子波配对而成的散点呈线性分布,而且频率越高,散点所处的位置就越接近 X 轴,将第 4 和第 5 类散点归为一类,线性回归的结果参见表 6 - 5。

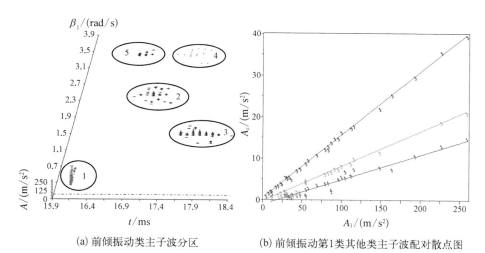

(a) 前倾振动类主子波分区　　　(b) 前倾振动第1类其他类主子波配对散点图

图 6 - 6　管柱左侧击加速度刚体前倾振动类主子波分区及配对散点分布

表 6 - 5　钢管刚体运动区域不确定性主子波与确定性主子波振幅回归结果

序号	表达式	R_R	数量	系列序号	x_{min}	x_{max}	y_{min}	y_{max}
1	$y = 0.2593x - 0.2164$	0.9992	36	3	15.095	255.77	3.482	65.663
2	$y = 0.1433x - 0.1064$	0.9975	24	2	21.769	255.77	3.015	36.039
3	$y = 0.1017x - 0.9776$	0.9784	47	4 和 5	33.888	255.77	2.897	26.113

在管柱加速度刚体运动类主子波的振幅和振动曲线的类型已知的前提下，就可以根据子波在图6-6(a)中的位置，利用表6-4直接计算其他类型主子波的振幅。

如果按照图6-6(a)的区域划分方式，将管柱刚体运动主子波划分为五类，并且以这五类主子波作为统计元素，以一个个刚体运动信号作为统计单元，进行主子波的并发统计处理，可以获得表6-6的结果。由于原子数值为1的确定性主子波在每个刚体运动信号中100%出现，不同的只是这一子波的参数数值，而这些数值可以通过表6-3采用随机的方式参照生成。在确定了确定性主子波后，就可以根据表6-6序号为1~4的概率统计值，来随机生成非确定性子波。假如所生成的非确定性子波的原子数值为5，则从表6-6可见，序值为5的原子生成序值为4原子的概率为0。因此，按照概率数值的大小，从序值为2、3、5中随机生成下一个主子波。依次类推，直至达到管柱加速度刚体运动信号指定的主子波数量，而刚体运动信号的主子波数量也同样可以采用统计的方法来确定，具体不再赘述。

表6-6 钢管刚体运动主子波并发统计结果

序号	主子波1	主子波2	数量	概率/%	序号	主子波1	主子波2	数量	概率/%
1	1	2	42	39.25	11	3	4	14	22.97
2	1	3	36	33.64	12	3	5	17	17.57
3	1	4	11	10.28	13	4	2	13	48.15
4	1	5	18	16.82	14	4	3	14	51.85
5	2	2	3	4.17	15	4	4	0	0.00
6	2	3	38	52.78	16	4	5	0	0.00
7	2	4	13	18.06	17	5	2	18	48.65
8	2	5	18	25.00	18	5	3	17	45.95
9	3	2	38	6.76	19	5	4	0	0.00
10	3	3	5	0.00	20	5	5	2	5.41

四是可以根据确定性管柱加速度刚体运动主子波与其余分频系列主子波之间存在的振幅间恒定的数值变化关系，来检索出所有与刚体运动相关联的主子

波,以及相对应的分频信号系列。图 6-7 就是此类主子波汇总和振动信号曲线。表 6-7 是各分频系列主子波与确定性管柱刚体运动主子波振幅之间的部分线性回归结果。

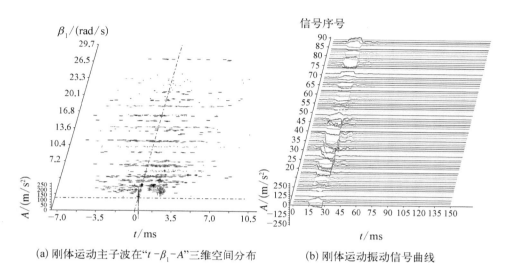

(a) 刚体运动主子波在"t-β_1-A"三维空间分布   (b) 刚体运动振动信号曲线

图 6-7 管柱左侧击加速度刚体运动主子波汇总和振动信号曲线

表 6-7 各分频系列主子波与确定性管柱刚体运动主子波振幅之间的部分线性回归结果

序号	分频序号	表 达 式	相关性系数	散点数量	x_{min}	x_{max}	y_{min}	y_{max}
1	1	$y = 0.311\,024x - 2.599\,833$	0.994 9	4	12.196 0	52.318 0	0.741 0	13.700 0
2	2	$y = 0.262\,396x - 2.991\,100$	0.984 8	8	7.196 0	255.770 0	0.477 0	65.663 0
3	4	$y = 0.278\,232x - 1.189\,874$	0.999 1	10	6.450 0	97.199 0	0.466 0	25.991 0
4	5	$y = 0.256\,029x + 0.130\,375$	0.996 1	9	4.277 0	116.644 0	2.805 0	29.975 0
5	6	$y = 0.272\,020x - 2.721\,812$	0.986 5	8	8.410 0	193.503 0	0.772 0	49.750 0
6	7	$y = 0.257\,696x - 0.079\,393$	0.999 9	7	1.594 0	117.243 0	0.260 0	30.082 0
7	8	$y = 0.301\,076x - 3.715\,798$	0.986 5	6	21.149 0	85.798 0	2.154 0	21.743 0
8	9	$y = 0.259\,622x - 0.359\,261$	0.994 9	12	2.786 0	225.082 0	1.001 0	59.370 0
9	12	$y = 0.148\,240x + 0.189\,635$	0.976 3	8	6.396 0	47.044 0	1.236 0	7.664 0
10	13	$y = 0.115\,852x + 0.341\,155$	0.988 6	13	6.877 0	109.901 0	0.881 0	13.108 0

序号	分频序号	表　达　式	相关性系数	散点数量	x_{min}	x_{max}	y_{min}	y_{max}
11	16	$y = 0.131\,298x - 0.919\,819$	0.962 5	20	2.462 0	255.770 0	0.203 0	36.039 0
12	27	$y = 0.101\,692x - 0.883\,780$	0.977 1	43	1.594 0	255.770 0	0.105 0	26.113 0
13	32	$y = 0.058\,016x - 0.323\,980$	0.977 1	23	2.293 0	225.082 0	0.090 0	13.413 0
14	33	$y = 0.057\,997x - 0.247\,650$	0.970 6	40	4.277 0	255.770 0	0.162 0	13.857 0
15	47	$y = 0.056\,127x - 0.271\,396$	0.996 1	48	4.277 0	255.770 0	0.249 0	13.792 0
16	72	$y = 0.022\,507x + 0.015\,256$	0.978 7	52	0.631 0	225.082 0	0.055 0	4.976 0
17	91	$y = 0.032\,357x - 0.077\,922$	0.997 6	4	7.592 0	97.199 0	0.121 0	3.057 0
18	93	$y = 0.008\,046x + 0.056\,458$	0.994 8	3	7.592 0	89.607 0	0.082 0	0.774 0
19	110	$y = 0.016\,185x + 0.275\,496$	0.975 3	14	7.196 0	255.770 0	0.384 0	4.553 0
20	145	$y = 0.010\,809x + 0.365\,577$	0.973 4	3	17.763 0	193.362 0	0.347 0	2.462 0
21	146	$y = 0.023\,020x + 0.065\,475$	0.983 2	3	9.494 0	27.068 0	0.307 0	0.709 0
22	161	$y = 0.024\,475x + 0.193\,687$	0.991 7	7	2.293 0	151.163 0	0.362 0	3.981 0

　　五是除了图 6-7(a)中利用分频子波之间的振幅共长、共生及共消亡的规律,来提取管柱刚体运动相关联的振动成分之外,另一种可能的途径就是利用信号的结构并发特征,来提取同一种形式的振动成分。振动具有一定的随机性,敲击后管柱内产生两种明显的运动——管柱刚体运动和管柱敲击响应振动。这两种运动混叠在一起,很难直接分离。本书利用表 5-1 的分频包络曲线分类和表5-8 的子波粗分类结果,进行主子波的细化分类处理,然后对重新分类后的主子波以信号为单元进行主子波的结构并发统计。图 6-8 就是在与管柱确定性刚体运动主子波相关联,至少在 20 个敲击振动信号中并发出现的分频系列主子波,排除敲击响应主子波后,剩余的主子波以及对应的重构信号。从统计学的观点来看,图 6-8(a)中的分频系列主子波,就是与管柱加速度刚体运动紧密关联的主子波。音频测试表明,这些主子波构成的信号是敲击工具在管壁上的磨滑振动信号成分。

　　通过上述分析,可以建立管柱加速度刚体运动子信号建模处理流程,如图 6-9 所示。随着研究的进一步深入,可以在图 6-9 基础上进行补充和完善,

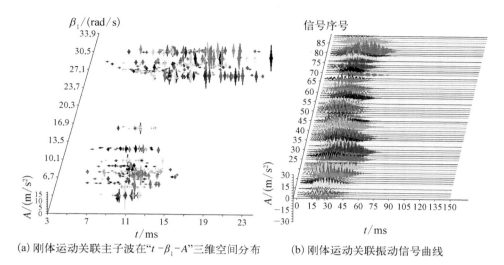

(a) 刚体运动关联主子波在"$t-\beta_1-A$"三维空间分布　(b) 刚体运动关联振动信号曲线

图 6-8　与管柱左侧击加速度刚体运动相关联的主子波汇总和振动信号曲线

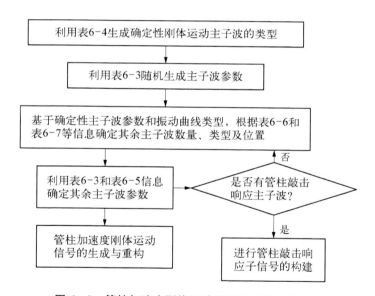

图 6-9　管柱加速度刚体运动子信号建模处理流程

来建立更加准确的信号模型。

②　第二步介绍管柱敲击响应信号子模型的构建。

在 4.4.1 节中已经介绍了 PVC 管敲击后的敲击主子波,这些主子波具有"嗒嗒"的 PVC 管敲击响应声效特征。钢管的敲击响应主子波实际上就是图 6-

6(a)的第 2 类椭圆圈闭子波。由于钢管受敲击作用后会产生管柱的加速度刚体运动,导致钢管的敲击响应被掩盖,甚至被淹没。从本次测试的钢管左侧击 89 个振动信号中,可以找到 42 个振动信号存在第 2 类圈闭子波。采用前述相同的方法,可以获得敲击响应分频系列并发主子波,如图 6‑10(a)所示,相应的敲击响应信号参见图 6‑10(b)。表 6‑8 是敲击响应主子波和其他分频系列并发主子波振幅的部分线性回归结果。

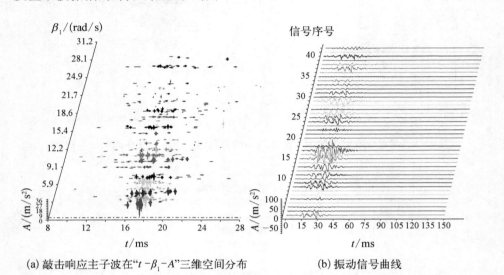

(a) 敲击响应主子波在"$t\text{-}\beta_1\text{-}A$"三维空间分布　　　　(b) 振动信号曲线

图 6‑10　管柱左侧击响应主子波汇总和振动信号曲线

表 6‑8　敲击响应主子波和其他分频系列并发主子波振幅的部分线性回归结果

序号	表　达　式	R_R	数量	分频序号	x_{min}	x_{max}	y_{min}	y_{max}
1	$y = 6.945\,212x + 7.211\,580$	0.985 6	14	1	0.339	36.039	1.639	255.770
2	$y = 0.725\,122x - 0.436\,394$	0.984 3	21	27	1.350	36.039	0.502	26.113
3	$y = 0.396\,330x + 0.255\,411$	0.947 2	21	33	0.339	36.039	0.406	13.857
4	$y = 0.264\,054x + 0.463\,830$	0.978 4	11	35	1.943	36.039	0.763	10.460
5	$y = 0.182\,293x + 0.662\,100$	0.914 3	12	38	0.075	32.542	0.150	6.108
6	$y = 0.395\,770x + 0.369\,598$	0.959 7	27	47	0.339	36.039	0.592	13.792
7	$y = 0.264\,732x + 0.219\,119$	0.941 2	19	56	0.339	36.039	0.343	9.959

续　表

序号	表　达　式	R_R	数量	分频序号	x_{min}	x_{max}	y_{min}	y_{max}
8	$y = 0.156\,411x + 0.021\,499$	0.934 8	10	65	1.651	17.578	0.263	3.115
9	$y = 0.161\,380x - 0.127\,118$	0.903 1	10	66	1.487	18.166	0.265	3.785
10	$y = 0.174\,793x + 0.112\,788$	0.941 4	24	72	0.075	32.542	0.156	4.976
11	$y = 0.215\,330x + 0.495\,939$	0.906 9	13	74	0.075	36.039	0.667	9.535
12	$y = 0.285\,734x - 0.441\,199$	0.968 7	13	78	0.339	32.542	0.275	9.515
13	$y = 0.263\,681x - 0.118\,534$	0.929 6	28	79	0.339	36.039	0.173	9.863
14	$y = 0.164\,416x + 0.368\,556$	0.912 0	17	83	0.339	32.542	0.187	4.468
15	$y = 0.178\,662x - 0.132\,298$	0.946 4	16	115	2.089	32.542	0.105	5.915
16	$y = 0.160\,780x + 0.021\,426$	0.944 9	15	116	0.339	36.039	0.180	5.537
17	$y = 0.072\,752x + 0.229\,721$	0.945 3	22	124	0.339	36.039	0.158	2.780
18	$y = 0.201\,862x - 0.324\,752$	0.942 4	14	134	1.651	20.577	0.195	3.838
19	$y = 0.172\,762x - 0.197\,418$	0.923 3	14	135	1.350	36.039	0.211	6.998
20	$y = 0.099\,231x + 0.149\,929$	0.916 3	14	214	1.487	20.577	0.272	2.333

由图 6 - 10 可以看出,钢管敲击响应信号的波形是很相似的。敲击响应主子波的时间作用范围不大,大体在 10~25 ms 内。对这些主子波进行时间分布统计,可得图 6 - 11。其中,图 6 - 11(a)是在不同时间段主子波数量的统计分布,而图 6 - 11(b)是进行主子波振幅加权后的统计结果。利用这两个统计结果,就可以实现敲击响应主子波时间和振幅的随机模型的初步构建。也可以利用前述同样的方法,进行分频系列主子波的并发统计,获得如表 6 - 6 的主子波生成信息表,在此基础上形成一个较为完整的敲击响应信号建模流程。鉴于篇幅,在此不做赘述。

③ 第三步介绍管柱受激振动信号子模型的构建。

管柱受激振动信号分为两个部分:一是敲击振动波在管体内传播形成的衰减谐振,这部分振动在敲击后的一段时间内存在,并逐步衰减消失;二是管柱受敲击作用形成的管体低频振动,这部分振动会在后续很长的一段时间内持续不断地振动。这类振动信号的分频包络曲线如图 2 - 23 和图 2 - 24 所示,这类分

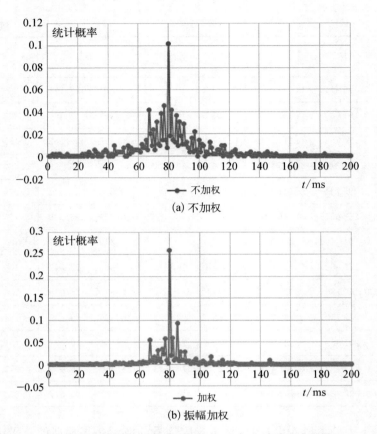

图 6‑11　管柱左侧击敲击响应主子波 t_0 统计分布曲线

频包络或子波包络曲线的关键参数就是主子波时间的确定。为此,本书对属于管体受激振动类主子波进行分类统计,获得的部分结果参见表 6‑9。

表 6‑9　管柱受激振动主子波参数统计结果

序号	分频序号	$\alpha/$ s^{-2}	$\beta_1/$ (rad/s)	$\beta_0/$ rad	$A/$ (m/s^2)	$t_0/$ms					
						最小值	最大值	平均值	均方根	σ	a_0
1	35	0.02	4.581	−0.001	2.697	28.3	101.9	76.4	12.004	24.998 7	17.818 9
2	41	0.02	5.390	0.005	2.239	27.4	59.7	46.4	8.211	13.625 0	5.557 2
3	47	0.02	6.314	−0.005	0.626	23.2	73.4	53.9	17.507	30.541 1	−5.753 4
4	67	0.02	9.302	0.014	2.034	24.4	62.4	44.9	10.049	15.761 9	2.236 9

续　表

| 序号 | 分频序号 | $\alpha/$ s^{-2} | $\beta_1/$ (rad/s) | $\beta_0/$ rad | $A/$ (m/s^2) | t_0/ms | | | | | a_0 |
						最小值	最大值	平均值	均方根	σ	
5	68	0.02	9.331	−0.008	2.034	27.9	73.6	47.3	10.854	16.830 7	3.295 3
6	75	0.02	10.424	−0.025	2.790	23	58.9	34.0	8.340	42.266 2	−42.603 0
7	80	0.02	11.592	−0.029	4.566	23.7	57.9	36.8	7.618	10.677 2	0.378 1
8	81	0.03	11.606	−0.026	4.919	23	57.7	37.5	8.341	42.086 2	−34.591 7
9	90	0.36	12.747	−0.054	3.516	24.6	66.6	42.5	11.044	17.759 6	−2.771 3
10	91	0.47	12.788	−0.021	3.126	25.6	69.4	41.7	11.956	18.990 4	−4.891 9
11	104	0.03	14.203	0.017	3.789	24.6	74	41.5	10.773	17.050 4	−2.724 2
12	112	0.02	15.400	0.012	7.987	23.6	67.4	33.3	6.501	12.389 9	−4.354 0
13	119	0.02	16.829	−0.012	5.077	23.1	50.4	29.6	5.448	9.768 3	−5.306 6
14	129	0.44	18.523	−0.078	1.409	23.7	45.3	32.4	6.127	9.936 8	−3.143 7
15	138	0.05	19.726	−0.051	6.811	23	42.1	28.5	4.549	71.416 4	−102.650 9
16	139	0.44	19.808	0.005	9.158	23.2	45.2	28.9	5.543	9.714 0	−6.366 2
17	159	1.12	21.280	−0.038	5.572	23.8	56	30.2	8.380	15.670 4	−13.443 2
18	195	0.04	24.380	0.006	7.477	23.4	53.6	28.8	6.428	12.200 8	−9.808 7
19	196	0.03	24.454	0.003	9.237	23	42.5	27.1	4.499	95.594 1	−155.038 6
20	223	0.02	27.820	0.005	1.366	23	36.5	29.1	3.465	69.191 1	−94.641 8

表 6-9 中的 σ、a_0 是瑞利分布函数的系数,即

$$f(t)=\begin{cases} \dfrac{t-a_0}{\sigma^2}\mathrm{e}^{-\frac{(t-a_0)^2}{2\sigma^2}} & (t\geqslant a_0) \\ 0 & \end{cases} \qquad (6-2)$$

式中,t 为时间,ms;a_0 为主子波初始时间的参数,ms;σ 为瑞利系数,$\sigma>0$,ms。

显然,也可以对主子波参数 α、β_1、β_0、A 等进行式(6-2)的参数建模处理,

以便获得比主子波更加准确的量化建模处理结果。

　　由于管柱受激振动受到管柱几何结构特征、环境约束条件等因素的限制，导致管柱在某些频率值上振动强烈，在其他频率值下振动小或没有振动。表 6 - 10 就是管柱受激振动信号分频系列统计结果。在总共 258 个分频系列中，尤其是分频序号为 90、104、112、119、139 这五个系列，其振幅累计贡献量就接近 30％，而表 6 - 10 的 60 个分频系列的振幅加权统计结果就超过 90％，说明管柱受激振动的分频特征是非常明显的。

表 6 - 10　管柱受激振动信号分频系列统计结果

序号	分频序号	样本数	A	百分比/%	序号	分频序号	样本数	A	百分比/%
1	34	12	2.615	0.606	19	104	59	3.789	4.319
2	35	47	2.697	2.449	20	105	10	2.691	0.520
3	39	10	1.953	0.377	21	111	12	7.532	1.747
4	40	5	2.781	0.269	22	112	68	7.987	10.495
5	41	30	2.239	1.298	23	118	5	7.039	0.680
6	61	12	1.248	0.289	24	119	58	5.077	5.690
7	62	14	1.766	0.478	25	120	6	2.606	0.302
8	67	23	2.034	0.904	26	126	12	1.786	0.414
9	68	29	2.034	1.140	27	127	15	1.956	0.567
10	74	7	2.786	0.377	28	128	14	1.542	0.417
11	75	56	2.790	3.018	29	129	16	1.409	0.436
12	80	47	4.566	4.146	30	137	8	4.801	0.742
13	81	37	4.919	3.517	31	138	20	6.811	2.632
14	89	9	2.870	0.499	32	139	24	9.158	4.247
15	90	38	3.516	2.582	33	140	12	7.929	1.839
16	91	23	3.126	1.389	34	141	16	8.704	2.691
17	92	4	3.647	0.282	35	153	6	3.566	0.413
18	94	5	2.781	0.269	36	154	7	4.642	0.628

序号	分频序号	样本数	A	百分比/%	序号	分频序号	样本数	A	百分比/%
37	156	7	4.538	0.614	49	208	10	6.272	1.212
38	157	13	4.603	1.156	50	209	9	3.998	0.695
39	159	18	5.572	1.938	51	210	7	5.066	0.685
40	161	6	2.274	0.264	52	223	18	1.366	0.475
41	192	4	5.430	0.420	53	237	4	5.068	0.392
42	193	9	8.098	1.408	54	238	8	6.252	0.967
43	194	12	9.611	2.229	55	239	9	6.800	1.182
44	195	23	7.477	3.323	56	240	2	9.115	0.352
45	196	17	9.237	3.034	57	241	9	6.782	1.179
46	197	14	7.344	1.987	58	242	11	6.647	1.413
47	206	10	3.442	0.665	59	243	8	5.816	0.899
48	207	5	4.262	0.412	60	257	8	3.055	0.472

在获得表 6-9 和表 6-10 信息的基础上，就可以尝试创建管柱受激振动信号随机子模型。

④ 第四步介绍钢管敲击振动通用模型的建立。

通过前面的介绍，已经对管柱加速度刚体运动、敲击响应、管柱受激振动等信号子模型的建立进行了介绍。在此基础上，可以按照图 6-12 的流程来建立钢管敲击振动信号模型。

在图 6-12 的流程中，第一个主子波不是管柱刚体运动主子波，就是管柱敲击响应主子波。如果是敲击响应主子波，就表明在这个敲击振动信号中没有管柱刚体运动成分。此时，就按照敲击响应时的信号构建流程来生成管柱敲击振动信号。如果第一个信号是刚体运动主子波，则按照图 6-9 的流程来生成敲击振动信号。

在生成敲击振动信号分频系列主子波后，相应的每个分频系列的子波包络曲线也就确定了。根据子波包络曲线，就可以确定出每个系列的子波数量、子波参数等信息，并由此确定整个敲击振动信号的子波组成和信号波形。

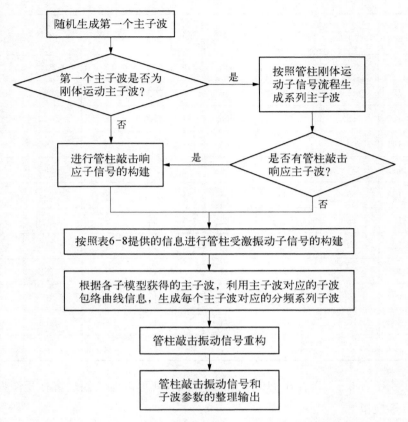

图6-12　钢管敲击振动通用模型构建流程

（3）利用钢管敲击振动通用信号模型生成信号。

首先介绍信号的生成。根据前面的描述,本书开发了一个简单的管柱敲击振动信号仿真软件。该软件可以利用敲击主子波或实际的敲击振动信号子波,在给定表6-5～表6-10等信息的基础上,实现敲击振动行为的简单仿真。图6-13就是采用管柱左侧击仿真振动结果。音频测试表明,这些仿真信号具有非常逼真的敲击音效,但从图上可以看出,由于没有提供敲击时底部管柱支撑点的约束信息,仿真获得的信号在确定性敲击子波振幅很大的情况下,也只有敲击冲击,而没有管柱刚体运动的行为特征。显然,通过持续不断完善信号模型,采用信号仿真技术是可以实现精细化管柱敲击动态结构模型描述的,并获得逼真的敲击振动信号。敲击振动信号结构描述越精细,敲击振动信号仿真的结果

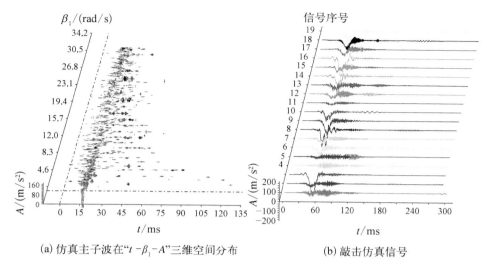

(a) 仿真主子波在"$t-\beta_1-A$"三维空间分布　(b) 敲击仿真信号

图 6‑13　管柱左侧击仿真振动结果(1)

也越接近实际的敲击。

　　其次讨论管柱刚体运动信号模型改进的方向。由于初建的钢管敲击振动信号模型存在着没有充分考虑敲击后底部管柱支撑点的约束的缺陷,这既是现有管柱敲击振动信号模型的缺陷,又是给下一步建立更加完善的信号模型指明了努力的方向。因此,本书对此开展了初步的分析,首先提取得到与管柱敲击和支点反射振动时频子波及重构信号,如图 6‑14 所示。图 6‑14(a)是相应的时频子波系列重构信号,图 6‑14(b)最上部就是图 6‑14(a)重构信号的汇总信号。

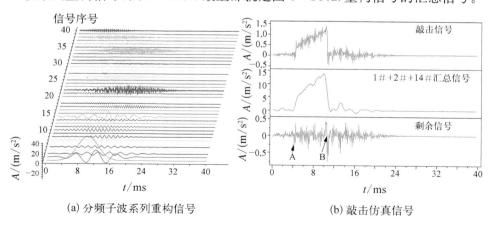

(a) 分频子波系列重构信号　(b) 敲击仿真信号

图 6‑14　管柱左侧击仿真振动结果(2)

如果直接选择图 6-14(a) 中的 1♯、2♯ 和 14♯ 重构信号进行汇总计算,可以获得图 6-14(b) 中部的汇总信号,而图 6-14(b) 下部就是其他剩余 37 个汇总信号。从图 6-14 中可以看出,1♯+2♯+14♯ 汇总信号可以看成是管柱刚体运动的主要振动成分,但在下部的剩余信号中,在箭头所指的 A 和 B 处,可以十分明显地看出管柱刚体运动时支点的反射作用成分。由于撞击是一个频谱成分分布很广的信号,这些撞击成分在图 6-14(a) 的分频系列重构信号中,以分散的方式在 A、B 箭头所指的时间段中泛存于其他分频系列分类信号之中。如果进一步考察每一个子波在管柱刚体运动信号中的位置,图 6-15(a) 就是其中 10 个含有刚体运动信号的子波定位显示图形,而图 6-15(b) 是序号为 2 的管柱刚体运动信号中高频子波信号图形。从图上可以看出,形成图 6-14(b)A、B 位置信号振幅峰值是可以通过每个子波信号相位角的调整来实现的。

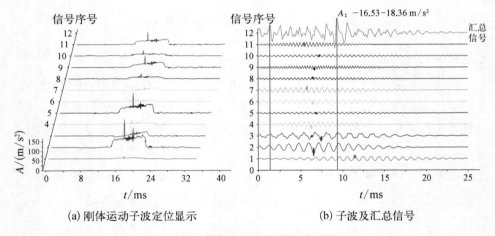

(a) 刚体运动子波定位显示　　　　(b) 子波及汇总信号

图 6-15　管柱左侧击仿真振动结果(3)

就目前而言,为了实现管柱撞击、反射、透射等支点振动的定量建模与描述,还需要做大量更加精细的管柱敲击实验。显然,发现问题和找出问题的原因之所在,解决问题也就有了目标与方向,信号仿真技术研究对信号建模是具有非常大的推动作用的。

第7章
钻柱振动信号仿真实验研究

7.1 引言

钻进过程中钻头破岩、钻柱与井壁的接触碰撞,以及钻柱的弯曲等均会引起钻柱的振动,这些振动对钻柱的危害很大。与此同时,钻具振动信号也是一种携带了钻柱、钻头、井眼和所钻地层大量丰富信息的、非常复杂的振动波。研究人员可以通过采集和分析钻柱振动信号来研究地下钻柱、钻头的工况和所钻地层的岩性信息。在钻井机械系统中,钻柱是高效的信息通道,这使得钻柱振动检测技术成了一种研究钻井状态的重要工具,可方便地应用于钻柱振动录井和钻柱振动故障的诊断之中。

在钻井过程中以钻头与地层相互作用产生的震动作为震源衍生出一种新的地震勘探方法,从广义的角度可以将这种勘探方法分为随钻振动录井、钻头随钻地震(drill-bit seismic while drilling,DB-SWD)和随钻垂直地震剖面(vertical seismic profiling,VSP)三种技术类别。钻柱振动录井是通过地面采集的钻柱振动信号,利用信号处理方法分析钻具在井下的动力学行为,从而获取所钻井井下状态信息,主要用于地层评价和钻前诊断。1960 年,Finnie 等第一次提出了钻柱振动录井技术。1968 年,Deily 等研究了在钻柱不同位置记录的纵向和横向振动,获得了这些振动的频谱特征。1984 年,ARCO 公司开发了高级钻柱分析与测量系统(advanced drilling analysis and measuring system,ADAMS),用以优化调整钻井参数。20 世纪 60 年代,法国的 Elf 公司通过安装在钻柱顶部的钻柱短节测量钻柱和钻头的动态行为。1988 年,Elf 公司又研制了钻进动态控制装置(drilling dynamics control unit,DDCU),用于研究钻柱的动态行为。

1998 年，Macpherson 同时在井下和地面采集纵向加速度振动信号，通过对比这两种信号的谱图，得出在钻柱顶端获得的信号能够真实反映井下工况的结论。2002 年，Greg Myers 等在大洋钻探技术（integrated ocean drilling program，ODP）中，采集了钻柱的振动数据，分析发现，振动信号振幅与岩性有内在联系。2004 年，哈里伯顿公司推出了声波遥测系统（acoustic telemetry system，ATS）。2007 年，XACT Downhole Telemetry Inc. 和 Extreme Engineering Ltd. 研制了一套可用于高速传输的无线随钻测量系统。Sperry Drilling 公司也在 2013 年发布了 XBAT 随钻声波仪器。这些技术的进步极大地促进了钻柱振动录井技术的发展。钻柱振动录井对降低钻井成本有很大作用，不需要井下测量工具就可以实时获得井下各种信息，采用此方法能降低 10%～30% 的钻井成本，经济效益非常可观。

国内从 20 世纪 90 年代开始本项目的研究，1997 年马斐等结合现场数据对钻柱振动的特征进行了研究，分析了不规则井壁对钻柱的接触碰撞、钻柱自激振动、钻头与井底岩石相互作用，以及钻头失效等振源产生的振动特征。从 20 世纪 90 年代开始，郭学增等依托石油钻井录井，利用钻柱振动信号识别所钻地层的岩性作为研究的重点。油田地层岩性识别可以通过三种途径实现：测井技术岩性识别、地震技术岩性识别和振动信号岩性识别。而传统的油田现场岩性识别方式只有岩屑录井和测井资料分析，两种方法都存在明显的滞后性。采用钻柱录井技术识别岩性，具有显著的低时延和低成本优势。刘志国和郭学增等利用频谱分析技术，探讨了钻柱振动检测在岩性识别和海上油井出砂监测中的应用，并在 1999 年介绍了钻柱应力波频段特征、应力波频段信息分离，以及频谱技术在石油工程中的应用。2008 年，高岩等对随钻钻柱振动声波录井、岩性分层和油藏识别，开展了实验室和现场可行性验证。金朝娣等在 2011 年采用短时傅立叶变换（short-time fourier transform，STFT）时频分析方法分析了三种介质模型，发现了不同介质层信号的时频特征与差异性，有效地提取了钻头状态与地层信息。刘瑞文等提出了一种可以直接在地面检测钻柱三轴振动信号的装置，并进行了现场实验。通过分析振动信号的时频特征，认为钻柱非稳定状态、粘卡、钻头故障等异常工况，都可以通过信号处理来识别。王乾龙等采用小波包多层分解、域值滤波、最优向量选取及重构信号等方法，有效地提取出被噪声淹没的调幅信号，检测出中心频率及其边频率带，计算出与岩性相关的综合齿数，由此实现快速、有效的岩性分类处理。韩韧等利用钻机振动信号随所钻岩性的变化而变化的特点，统计了矿机在静态、准静态和动态条件下的振动特性,利用信号能量、频谱和方差等特征,来实现钻遇岩性的判断。刘刚等利用牙轮钻头的破岩振动信号,通过主成分分析降维获取振动信号的特征向量,建立了钻头信号的"指纹"特征,采用反向传播神经网络进行聚类并识别岩性。李占涛等开展了花岗岩、汉白玉、青石和加气混凝土等典型岩土材料的钻孔实验,采集了钻孔振动和声波信号数据,提取了典型岩石的钻柱振动频谱特征。付孟雄等研究了煤巷顶板锚固孔钻进过程中钻杆横向、纵向、扭转振动特征,指出钻杆横向、纵向振动速度和加速度主要由顶板岩石坚固性系数 f 决定,扭转振动加速度主要由岩石黏聚力 C 和内摩擦角 ϕ 决定。钻杆横向、纵向振动速度和加速度及扭转振动加速度波峰密度和峰值大小随着岩石强度的增加而增加,可作为识别顶板岩层强度,特别是岩层结构裂化区域的指标。洪国斌针对钻头钻具的振动信号时频图像,结合 Mobilenet 和 ResNet 构建以卷积神经网络算法为基础的复杂地层岩性(砾岩、砂岩和泥岩)随钻识别模型,开展了振动时频图像实时识别岩性的研究。

在钻井期间,钻柱的振动信号与所钻地层的岩性紧密相关,但由于受地面、井眼、钻井液等大量环境因素的干扰,如何从这些强干扰环境中提取真正与岩石破碎作用相关的信号与信息,是一个非常重要的问题。为了提高声信号的识别准确度和识别效率,黄仁东等介绍了一种将声信号(或者振动信号)转化为可重复播放的声信号,采用耳听识别的数字化音频技术,极大地提高了在声波信号勘查中处理环境噪声的针对性和能力。在解决了如何识别声信号的基础上,作者在 2004 年采用最优频率匹配法实现了所有 1 200 多个汉语单音节语音信号声母和韵母的分离,以及各种韵母音素的提取。2008 年,又以井场钻柱和钻井泵振动信号作为突破口,开展井场机械设备振动信号的探索,实现了机械设备振动信号、柴油发动机缸盖和钻柱顶部振动信号的分离和识别处理。作者在 2010 年介绍了井场地面机械设备和井下钻柱振动信号的分离情况,以及采用模式滤波法分离声信号的优越性和强大的功能。上述分析表明,在钻柱振动混叠信号中,钻柱振动起到了绝对的主导作用,但这并不影响模式滤波法对各种微弱信号的分离与提取处理。在放大 20 倍、30 倍之后,仍然可以获得井下逾 2 000 m 深处较为完整的钻头破岩、钻柱撞击及地面柴油发动机振动经动力传动链路和井架传递到水龙头上的振动信号。采用模式滤波法处理井场钻井泵液力端振动信号,可以分离出曲轴与连杆之间的撞击振动、连接件松动、安全阀盖跳动、缸套与活塞之间的冲击摩擦、缸套泄漏、缸套内钻井液涡流振动等混叠信号,而且能够保证所分离的信号在音效测试层面上的无混杂和独立完整性。

　　只有在实现钻柱振动信号各混叠成分合理分离的基础上,才能够真正获得钻柱、钻头与岩石相互作用的动态信息。信号是有结构的,只有信号在传输过程中保持自身结构的完整性,才能够被有效利用与真正的识别处理。实现钻头信号"指纹"特征提取、岩性识别、钻柱故障诊断的关键,是钻柱振动信号结构的建模与应用。为此,作者在信号结构与建模研究上提出了以下三条十分有效的途径:① 将机械设备动力学仿真获得的振动信号作为研究对象,进行信号特征提取与参数化描述的方法,称为基于动力学仿真的信号分析方法;② 利用声信号模式滤波参数来建立信号时频子波隐马尔可夫模型(hidden markov model, HMM),并利用 HMM 进行信号结构的分析与定量建模的方法,称为基于信号自身参数的信号分析方法,6.2 节是其中的一个案例;③ 可以采用某种特定波形的激发信号,通过考察这种激发信号在振动系统中传播的反射、折射、衍射和叠加形成的振动信号,来获得信号结构的规律性描述,作者称这种方法为基于物理学原理的信号分析方法。显然,本书的第 3 章就是一个很好的实例。

　　基于工程问题的动力学模型仿真和信号处理的模式滤波法分析,可以在信号结构、机理与信号波形特征之间建立起有机的联系,可对信号波形进行直接解释来识别工况,实现工程设备故障的诊断和预警。为了全面、系统地了解钻柱振动系统的动力学特征,作者将三方面的研究进行融合,使之成为一个完整的信号分析处理工具。下面就采用钻柱动力学仿真的信号分析方法,来探究钻柱振动行为与信号特征,以及外部激励作用下钻柱振动的规律性。

7.2　钻柱动力学模型的建立与求解

7.2.1　钻柱系统动力学模型

7.2.1.1　钻柱单元离散化模型

　　关于钻柱纵向自由振动的力学模型,国内外学者已经提出了好几种。这些力学模型大同小异,其共同特点是,为了绕过数学上的困难,把钻杆和钻铤作为连续等直杆来处理。其中,最具影响力的模型如图 7 - 1(a)所示。图中 k_1 为井架和钢丝绳的综合刚度系数;m_1 为游动滑车、大钩、水龙头和方钻杆的质量和;m_2 为减震器的质量;k_2 为减震器的弹簧刚度系数。这种力学模型对于仅由一种规格的钻杆和钻铤及减震器等组成的简单钻柱系统是比较符合实际的,但对于较为复杂的钻柱系统（如采用复合钻杆系统，或者安装有多个稳定器或扩孔器等辅助工具系统），就会产生很大的差异。图 7-1(b)所示为钻柱纵向振动的一般离散模型。图中质点质量 m_1 为游动滑车、大钩、水龙头、方钻杆及方钻杆短节的质量和，m_n 为减震器的质量（在不安装减震器时，m_n 为钻头及其短节的质量），m_2，m_3，…，m_{n-1} 为各个钻杆、钻铤、各种短节、附件及工具的质量；k_1 为井架和钢丝绳的综合刚度系数，k_2 为方钻杆刚度系数，k_{n+1} 为减震器的弹簧刚度系数（在不装减震器时，k_{n+1} 为钻头和岩石结构的综合刚度系数），k_3，…，k_n 为对应于质量 m_2，m_3，…，m_{n-1} 的各杆件的弹簧刚度系数。

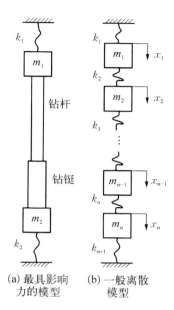

(a) 最具影响　(b) 一般离散
　力的模型　　　模型

图 7-1　钻柱纵向振动力学模型

7.2.1.2　钻柱系统动力学模型

在钻柱力学的研究中，可以把钻柱分成有限个离散的单元，采用数值计算方法将各个单元按一定规律组合在一起，得到一组以位移为未知量的代数方程组。有限元法概念简单、清楚、适用性强，不限制钻柱材料和形状，对于单元尺寸也无严格要求，还可以较容易地考虑钻柱的非线性问题。

1）钻柱系统动力学模型的基本假设

基于钻柱系统的实际工况，为了方便建模和简化计算，使钻柱动力学在现有的理论和计算机计算能力下实现实时仿真，本书对钻柱系统作几点假设。

（1）钻柱为均质弹性直杆，不考虑钻柱连接处和局部孔、槽的刚度。

（2）钻柱顶部的地面设备看作集中弹簧质量系统。

（3）钻柱处于平衡位置时，钻柱轴线与井眼轴线一致。

（4）不考虑钻柱的塑性变形。

（5）井眼从井底到井口横截面为正圆，正圆圆心均在井眼轴线上。

（6）钻柱轴线与井眼轴线重合，钻柱与井壁接触力忽略不计。

（7）钻井液为宾汉流体，其剪切力和动力黏度分别为 τ 和 μ。

（8）不考虑井壁与钻柱发生冲击碰撞等动力学行为。

2）钻柱单元动力学模型

根据有限元的基本原理,本书将钻柱离散为 n 个钻柱单元,结合以上基本假设,钻柱系统可直观地用图 7-2 来表示。

钻柱系统通过离散化处理后,可以将钻柱系统分成 n 个杆单元 e_1,e_2,e_3,$\cdots$,e_i,$\cdots$,e_n,每个杆单元有 2 个节点,每个节点有 2 个自由度,分别是 X 方向位移 u 和绕 X 轴旋转的转角 φ,如图 7-3 所示。

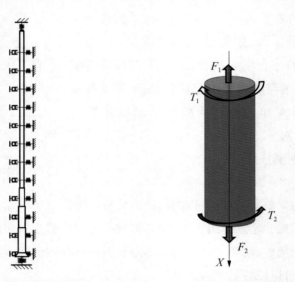

图 7-2　钻柱系统力学模型　　　图 7-3　钻柱单元受力示意图

根据钻柱的力学特性,钻柱单元的动力学平衡方程为

$$F_2 - F_1 = m\,\frac{\mathrm{d}^2 x}{\mathrm{d}t^2} + c\,\frac{\mathrm{d}x}{\mathrm{d}t}$$

$$T_2 - T_1 = J_z\,\frac{\mathrm{d}^2 \varphi}{\mathrm{d}t^2} + c_\varphi\,\frac{\mathrm{d}\varphi}{\mathrm{d}t} \tag{7-1}$$

式中,F_1、F_2 为单元体两端的轴向力,N;T_1、T_2 为单元体两端的轴向扭矩,N·m;m 为单元体质量,kg;J_z 为管柱单元的转动惯量,kg·m;φ 为单元体两端的转角;X 为单元体轴向位移,m。

3）钻柱单元动力学方程的推导

（1）钻柱无黏滑弹性系统动力学方程。

钻柱无黏滑弹性单元的总动能和总势能分别为

$$T = \sum_{i=1} \frac{1}{2}(m_i \dot{x}_i^2 + J_{zi} \dot{\varphi}_i^2)$$

$$U = \frac{1}{2}(k_{x_1} x_1^2 + k_{\varphi_1} \varphi_1^2) + \frac{1}{2}(k_{xn+1} x_{n+1}^2 + k_{\varphi n+1} \varphi_{n+1}^2) + \qquad (7-2)$$

$$\sum_{i=2}^{n} \frac{1}{2}(k_{xi}(x_i - x_{i-1})^2 + k_{\varphi i}(\varphi_i - \varphi_{i-1})^2)$$

式中，$k_{xi} = \dfrac{EA_i}{L_i}$、$k_{\varphi i} = \dfrac{GJ_{0i}}{L_i}$ 为钻柱的轴向振动刚度和扭转振动刚度；A_i、J_{0i}、L_i 为钻柱的横截面积、截面惯性矩和钻柱长度；E、G 为钻柱材料的弹性模量和剪切弹性模量。

按照 Lagrange 方程，上述保守系统内部的能量保持守恒，固有

$$\frac{\mathrm{d}}{\mathrm{d}t}\left(\frac{\partial T}{\partial \dot{x}_i}\right) - \frac{\partial U}{\partial x_i} = 0 \quad (i = 1, 2, \cdots, n = p + q + 2) \qquad (7-3)$$

推得系统的运动方程：

$$m_1 \ddot{x}_1 + (k_1 + k_2)x_1 - k_2 x_2 + J_{z_1} \ddot{\varphi}_1 + (k_{\varphi_1} + k_{\varphi_2})\varphi_1 - k_{\varphi_2} \varphi_2 = 0$$

$$m_i \ddot{x}_i - k_i x_{i-1} + (k_i + k_{i+1})x_i - k_{i+1} x_{i+1} +$$

$$J_{zi} \ddot{\varphi}_i - k_{\varphi i} \varphi_{i-1} + (k_{\varphi i} + k_{\varphi i+1})\varphi_i - k_{\varphi i+1} \varphi_{i+1} = 0$$

$$(i = 2, 3, \cdots, n-1)$$

$$m_n \ddot{x}_n - k_n x_{n-1} + (k_{n-1} + k_n)x_n + J_{zn} \ddot{\varphi}_n - k_{\varphi n} \varphi_{n-1} + (k_{\varphi n-1} + k_{\varphi n})\varphi_n = 0$$

写成矩阵形式，有

$$[M]\boldsymbol{x} + [K]\boldsymbol{x} = 0 \qquad (7-4)$$

式中，M 为质量矩阵；K 为刚度矩阵；$\boldsymbol{x}$ 为位移向量。它们的表达式分别为

$$\boldsymbol{x} = [x_1, x_2, x_3, \cdots, x_n, \varphi_1, \varphi_2, \varphi_3, \cdots, \varphi_n]^{\mathrm{T}}$$

$$[M] = \mathrm{diag}[m_i] = \begin{bmatrix} m_1 & & & & & & & & \\ & m_2 & & & & & & & \\ & & \ddots & & & & & & \\ & & & m_n & & & & & \\ & & & & J_{z1} & & & & \\ & & & & & J_{z2} & & & \\ & & & & & & \ddots & \\ & & & & & & & J_{zn} \end{bmatrix}$$

$$[K] = \begin{bmatrix} k_1+k_2 & -k_2 \\ -k_2 & k_2+k_3 & -k_3 \\ & & \ddots \\ & & -k_{n-2} & -k_{n-2}+k_{n-1} & -k_{n-1} \\ & & & -k_{n-1} & k_{n-1}+k_n \\ & & & & & k_{\varphi 1}+k_{\varphi 2} & -k_{\varphi 2} \\ & & & & & -k_{\varphi 2} & k_{\varphi 2}+k_{\varphi 3} & -k_{\varphi 3} \\ & & & & & & & \ddots \\ & & & & & & & -k_{\varphi n-2} & k_{\varphi n-2}+k_{\varphi n-1} & -k_{\varphi n-1} \\ & & & & & & & & -k_{\varphi n-1} & k_{\varphi n}+k_{\varphi n} \end{bmatrix}$$

由于钻柱轴向振动与扭转振动是 2 个相互独立的变量,因此式(7 - 4)也可以表述如下:

① 钻柱的轴向振动动力学方程为

$$[M]\ddot{\boldsymbol{x}} + [K]\boldsymbol{x} = 0 \tag{7-5}$$

式中,$[M]$ 为质量矩阵;$[K]$ 为刚度矩阵;$\boldsymbol{x}$ 为位移向量。它们的表达式分别为

$$[M] = diag[m_i] = \begin{bmatrix} m_1 \\ & m_2 \\ & & \ddots \\ & & & m_n \end{bmatrix}$$

$$[K] = \begin{bmatrix} k_1+k_2 & -k_2 \\ -k_2 & k_2+k_3 & -k_3 \\ & \cdots & & \cdots \\ & -k_{n-2} & k_{n-2}+k_{n-1} & -k_{n-1} \\ & & -k_{n-1} & k_{n-1}+k_n \end{bmatrix}$$

$$\boldsymbol{x} = [x_1, x_2, x_3, \cdots, x_n]^{\mathrm{T}}$$

② 钻柱的扭转振动动力学方程为

$$[J_z]\ddot{\boldsymbol{\varphi}} + [K_\varphi]\boldsymbol{\varphi} = 0 \tag{7-6}$$

式中,$[J_z]$ 为转动惯量矩阵;$[K_\varphi]$ 为扭转刚度矩阵;$\boldsymbol{\varphi}$ 为扭转角向量。它们的表达式分别为

$$[J_z] = \text{diag}[J_{zi}] = \begin{bmatrix} J_{z1} & & & \\ & J_{z2} & & \\ & & \ddots & \\ & & & J_{zn} \end{bmatrix}$$

$$[K_\varphi] = \begin{bmatrix} k_{\varphi 1} + k_{\varphi 2} & -k_{\varphi 2} & & & \\ -k_{\varphi 2} & k_{\varphi 2} + k_{\varphi 3} & -k_{\varphi 3} & & \\ & & \ddots & & \\ & & -k_{\varphi n-2} & k_{\varphi n-2} + k_{\varphi n-1} & -k_{\varphi n-1} \\ & & & -k_{\varphi n-1} & k_{\varphi n-1} + k_{\varphi n} \end{bmatrix}$$

$$\boldsymbol{\varphi} = [\varphi_1, \ \varphi_2, \ \varphi_3, \ \cdots, \ \varphi_n]^{\mathrm{T}}$$

（2）钻柱黏滑弹性系统动力学方程。

类似地,可以单独考虑某一黏滑因素的影响,进行受力平衡方程的推导,结果如下:

$$\begin{cases} k_1(x_2 - x_1) - F_0 = m_1 \ddot{x}_1 + c_1 \dot{x}_1 \\ k_2(x_3 - x_2) - k_1(x_2 - x_1) = m_2 \ddot{x}_2 + c_2 \dot{x}_2 \\ \vdots \\ k_n(x_n - x_{n-1}) - k_{n-1}(x_{n-1} - x_{n-2}) = m_{n-1} \ddot{x}_{n-1} + c_{n-1} \dot{x}_{n-1} \\ F_n - k_n(x_n - x_{n-1}) = m_n \ddot{x}_n + c_n \dot{x}_n \end{cases} \quad (7-7)$$

$$\begin{cases} m_1 \ddot{x}_1 + c_1 \dot{x}_1 + k_1 x_1 - k_1 x_2 = F_0 \\ m_2 \ddot{x}_2 + c_2 \dot{x}_2 - k_1 x_1 + (k_1 + k_2) x_2 - k_2 x_3 = 0 \\ \vdots \\ m_{n-1} \ddot{x}_{n-1} + c_{n-1} \dot{x}_{n-1} - k_{n-1} x_{n-2} + (k_{n-1} + k_n) x_{n-1} - k_n x_n = 0 \\ m_n \ddot{x}_n + c_n \dot{x}_n - k_n x_{n-1} + k_n x_n = F_n \end{cases}$$

用矩阵形式,可表达如下:

$$\begin{bmatrix} m_1 & & & & \\ & m_2 & & & \\ & & \ddots & & \\ & & & m_{n-1} & \\ & & & & m_n \end{bmatrix} \begin{bmatrix} \ddot{x}_1 \\ \ddot{x}_2 \\ \vdots \\ \ddot{x}_{n-1} \\ \ddot{x}_{n-2} \end{bmatrix} + \begin{bmatrix} c_1 & & & & \\ & c_2 & & & \\ & & \ddots & & \\ & & & c_{n-1} & \\ & & & & c_n \end{bmatrix} \begin{bmatrix} \dot{x}_1 \\ \dot{x}_2 \\ \vdots \\ \dot{x}_{n-1} \\ \dot{x}_{n-2} \end{bmatrix} +$$

$$\begin{bmatrix} k_1 & -k_1 & & & \\ -k_1 & k_1+k_2 & -k_2 & & \\ & & \ddots & & \\ & & k_{n-1} & k_{n-1}+k_n & -k_n \\ & & & -k_n & k_n \end{bmatrix} \begin{bmatrix} x_1 \\ x_2 \\ \vdots \\ x_{n-1} \\ x_{n-2} \end{bmatrix} = \begin{bmatrix} F_0 \\ 0 \\ \vdots \\ 0 \\ F_n \end{bmatrix} \tag{7-8a}$$

类似地,可以推导得到扭转振动的动力学系统方程,具体如下:

$$\begin{bmatrix} J_{z1} & & & & \\ & J_{z2} & & & \\ & & \ddots & & \\ & & & J_{zn-1} & \\ & & & & J_{zn} \end{bmatrix} \begin{bmatrix} \ddot{\varphi}_1 \\ \ddot{\varphi}_2 \\ \vdots \\ \ddot{\varphi}_{n-1} \\ \ddot{\varphi}_{n-2} \end{bmatrix} + \begin{bmatrix} c_{\varphi1} & & & & \\ & c_{\varphi2} & & & \\ & & \ddots & & \\ & & & c_{\varphi n-1} & \\ & & & & c_{\varphi n} \end{bmatrix} \begin{bmatrix} \dot{\varphi}_1 \\ \dot{\varphi}_2 \\ \vdots \\ \dot{\varphi}_{n-1} \\ \dot{\varphi}_{n-2} \end{bmatrix} +$$

$$\begin{bmatrix} k_{\varphi1} & -k_{\varphi1} & & & \\ -k_{\varphi1} & k_{\varphi1}+k_{\varphi2} & -k_{\varphi2} & & \\ & & \ddots & & \\ & & k_{\varphi n-1} & k_{\varphi n-1}+k_{\varphi n} & -k_{\varphi n} \\ & & & -k_{\varphi n} & k_{\varphi n} \end{bmatrix} \begin{bmatrix} \varphi_1 \\ \varphi_2 \\ \vdots \\ \varphi_{n-1} \\ \varphi_{n-2} \end{bmatrix} = \begin{bmatrix} T_0-T_{m1} \\ -T_{m2} \\ \vdots \\ -T_{mn-1} \\ T_n-T_{mn} \end{bmatrix} \tag{7-8b}$$

式中,$c_{\varphi i}=2\pi R_{0i}^3\left(\dfrac{\tau}{\sqrt{v_b^2+(R_{0i}\dot{\varphi}_i)^2}}+\dfrac{2\mu}{D_w-2R_{0i}}\right)$。其中,$v_b$ 为钻头机械钻速,

m/s;$\dot{\varphi}_i$ 为钻柱旋转角速度,rad/s;D_w 为井眼直径,m;R_0 为钻柱半径,m。

一般情况下,$v_b \ll R_0\dot{\varphi}_i$ 成立。故有

$$c_i=\frac{2\pi\mu}{\ln(D_w/2R_{0i})}$$

$$c_{\varphi i}=\left(\frac{2\pi R_{0i}^2\tau}{\dot{\varphi}_i}+\frac{4\pi R_{0i}^3\mu}{D_w-2R_{0i}}\right) \rightarrow c_{\varphi i}=\frac{4\pi R_{0i}^3\mu}{D_w-2R_{0i}},\ T_{mi}=2\pi R_{0i}^2\tau L_i$$

$$\tag{7-9}$$

7.2.1.3 钻柱所受外部载荷

在上述的力学推导过程中已经将钻柱系统看作是保守系统,在这里研究钻柱所受的外载主要是指非保守力和力矩,也就是钻柱在运动状态下的边界处理

问题。下面就按钻柱的主要边界来分析钻柱所受的外部载荷。

1）井口

井口位置的外部载荷相对简单，可以根据不同的钻井工况进行针对性的处理。

当采用顶部驱动或复合钻井时，主要考虑大钩的提力、转盘的扭矩、井架和地基的振动。在静力学中，把大钩的提力处理为轴向拉力，将转盘的扭矩处理为扭转方向的力矩，忽略井架和地基的振动，将其余约束处理为固定边界。在动力学分析中，将大钩处理为固定约束或者具有动态位移的轴向弹簧；将转盘的扭矩处理为动态扭矩，为钻柱旋转提供动力；井架的振动和地基的振动可以处理为相应坐标的动态位移。

当采用动力钻具钻井时，主要考虑大钩的提力、井架的振动和地基的振动。在静力学中，把大钩的提力处理为轴向拉力，忽略井架和地基的振动，将其余约束处理为固定边界。在动力学中，将大钩处理为固定约束或者具有动态位移的轴向弹簧；井架的振动和地基的振动可以处理为相应坐标的动态位移。

2）井底

在井底处的外部载荷主要考虑钻压，以及钻头与岩石的相互作用。钻头与岩石的相互作用的真实情况非常复杂，影响因素有钻头的结构、材料、牙齿的排列和水眼的分布，还有岩石的强度、温度和各向异性等。考虑到问题的复杂性，为了方便计算，需要对井底模型进行简化处理。在本书的动力学模型中，钻头与岩石的相互作用简化如下：

钻头在钻柱的带动下以角速度 $\dot{\varphi}_b$ 转动，所受外力矩有黏性摩擦力矩 T_{ab} 和钻头-岩石干摩擦力矩 T_{fb}。黏性摩擦力矩为：$T_{ab} = c_b\dot{\varphi}_b$，$c_b$ 为黏性阻尼系数。大量研究发现，T_{fb} 是非线性的，它既不能用简单的库伦摩擦模型代替，也不能单纯地将其分为静摩擦和动摩擦两部分。T_{fb} 与钻头转速 $\dot{\varphi}_b$ 及钻压 W_{ob} 有关，可用下面公式表示。

$$T_{fb} = \begin{cases} T_{eb} & \text{当 } \dot{\varphi}_b < \dot{\varphi}_{b0}, T_{eb} < T_{sb} \\ T_{sb}\,\mathrm{sgn}(T_{eb}) & \text{当 } \dot{\varphi}_b < \dot{\varphi}_{b0}, T_{eb} \geqslant T_{sb} \\ W_{ob}R_b\mu_b(\dot{\varphi}_b)\,\mathrm{sgn}(\dot{\varphi}_b) & \text{当 } \dot{\varphi}_b \geqslant \dot{\varphi}_{b0} \end{cases} \tag{7-10}$$

式中，$\dot{\varphi}_{b0}$ 为钻头动摩擦与静摩擦之间的临界转速，rad/s；R_b 为钻头的半径，m；T_{eb} 为钻柱施加在钻头上的扭矩，N·m；T_{sb} 为钻头-岩石最大静摩擦扭矩，$T_{sb} = W_{ob}R_b\mu_{sb}$，N·m；$\mu_{sb}$ 是静摩擦系数；$\mu_b(\dot{\varphi}_b)$ 是干摩擦系数。

干摩擦系数 $\mu_b(\dot{\varphi}_b)$ 可以用下面公式表示,从公式中可以看出,$\mu_b(\dot{\varphi}_b)$ 是 $\dot{\varphi}_b$ 的指数函数,表示钻头达到一定转速后摩擦力矩随 $\dot{\varphi}_b$ 呈指数形式变化。

$$\mu_b(\dot{\varphi}_b) = \mu_{cb} + (\mu_{sb} - \mu_{cb}) e^{-\gamma_b \dot{\varphi}_b} \quad \text{或} \quad M(\dot{\varphi}_b) = M_0 + \Delta M e^{-\gamma_b' \dot{\varphi}_b}$$

$$(7-11)$$

式中,μ_{cb} 为钻头静摩擦系数;系数 γ_b 与钻头和岩石有关,可通过实验测定,$0 < \gamma_b < 1$;M_0 为钻头动摩擦扭矩,$N \cdot m$;ΔM 为钻头静摩擦扭矩和动摩擦扭矩之差值,$N \cdot m$;γ_b' 为系数。

3)钻井液

钻井液对钻柱的作用主要表现为黏性引起的阻尼力和内外压强差引起的压力。在钻柱动力学中,钻井液压力对钻柱运动的影响甚微,可以忽略。而钻井液的阻尼对钻柱运动的影响却非常显著。在动力学中阻尼是普遍存在的,阻尼也十分复杂,影响因素很多,到目前为止也没有一个统一的阻尼计算方法。钻井液阻尼也同样没有一个通用的计算公式,本书采用瑞利比例阻尼的形式来确定钻柱系统的阻尼。

钻井液的当量黏性阻尼因子 ζ 和对应的阻尼系数 μ 分别为

$$\zeta = \frac{\pi}{16} C_1 C_2 \frac{v_m \rho D_w}{\dot{\varphi}_b q_m} \quad \mu = \frac{\pi}{8} C_1 C_2 v_m \rho D_w$$

式中,ζ 又称为阻尼比;C_1 是摩擦系数,由钻井液实验数据确定;C_2 是附加质量系数,圆柱体通常取 1;ρ 是钻井液密度;v_m 是钻井液流速;D_w 是钻柱的外径;q_m 是钻柱线质量。

钻柱的瑞利比例阻尼形式为

$$C = \alpha M + \beta K \qquad (7-12)$$

式中,α、β 是瑞利阻尼比例系数,可以通过钻井液的实验数据结合上面的阻尼系数求得;M、K 分别是钻柱系统的质量矩阵和刚度矩阵。

7.2.2 钻柱运动微分方程的求解

本书已经推导出钻柱纵向振动和扭转运动的系统运动微分方程:

$$\begin{cases} [M]\ddot{x} + [c]\dot{x} + [K]x = F \\ [M]\ddot{x} + [c]\dot{x} + [K]x = T \end{cases}$$

此方程是经各钻柱单元运动微分方程组装而成的,它包括 n 个钻柱单元,

$n+1$ 个节点,同时每个节点有 2 个自由度。由于钻柱两端为已知条件,因此它是由 $2n$ 个未知量形成的 $2n$ 个方程组。当 n 比较大的时候,这个方程组是十分庞杂的。为了方便对方程组优化求解,需要将矩阵分块成如下形式:

令 $[Y]^{\mathrm{T}}=[x_1,\ x_2,\ \cdots,\ x_n,\ \dot{x}_1,\ \dot{x}_2,\ \cdots,\ \dot{x}_n]$,将钻柱系统内部各单元的纵向振动的位移和速度变量组合成为一个新的向量$[Y]$,即

$$[Y]=\left[x_1,\ x_2,\ \cdots,\ x_n,\ \frac{\mathrm{d}x_1}{\mathrm{d}t},\ \frac{\mathrm{d}x_{21}}{\mathrm{d}t},\ \cdots,\ \frac{\mathrm{d}x_n}{\mathrm{d}t}\right]^{\mathrm{T}} \tag{7-13}$$

显然,对于向量$[Y]$对时间的一阶导数,可以表达为

$$[D]=\begin{bmatrix}\dfrac{\mathrm{d}x_1}{\mathrm{d}t}\\[2mm]\dfrac{\mathrm{d}x_2}{\mathrm{d}t}\\[1mm]\vdots\\[1mm]\dfrac{\mathrm{d}x_n}{\mathrm{d}t}\\[2mm]\dfrac{\mathrm{d}^2x_1}{\mathrm{d}t^2}\\[2mm]\dfrac{\mathrm{d}^2x_2}{\mathrm{d}t^2}\\[1mm]\vdots\\[1mm]\dfrac{\mathrm{d}^2x_n}{\mathrm{d}t^2}\end{bmatrix}=\begin{bmatrix}y_{n+1}\\y_{n+2}\\\vdots\\y_{n+n}\\\dfrac{F_1-(k_1x_1+k_2x_2+c_1y_{n+1})}{m_1}\\\dfrac{F_2-(-k_1x_2+k_2(x_2+x_3)-k_3x_3+c_2y_{n+2})}{m_2}\\\vdots\\\dfrac{F_n-(-k_{n-1}x_{n-1}+k_n(x_{n-1}+x_n)-k_{n+1}x_n+c_ny_{n+n})}{m_n}\end{bmatrix}$$

$$\tag{7-14}$$

钻柱系统的整个方程组就是由 n 个这样的方程组组成的含有 n 个未知量的方程组。$2n$ 个方程的方程组在形式上存在扭转与拉压的耦合,由于此方程组耦合项较多,故系数矩阵复杂。本书将扭转和纵向振动通过一定的简化处理进行解耦,形成了纵向振动和扭转振动这两个较为独立的运动,并采用常用的龙格-库塔法进行求解。

7.2.3　钻柱动力学仿真软件的开发

由于钻柱动力学求解比较复杂,本书在建立了钻柱模型和运动微分方程的基础上,开发了一款钻柱动力学仿真软件。开发此软件的主要目的就是通过设

置不同参数来模拟求解钻柱在不同工况下的受力、变形与运动,掌握了解钻柱振动的动态特性。

本软件的处理流程具体参见图7-4。其主要功能有原始资料录入、仿真条

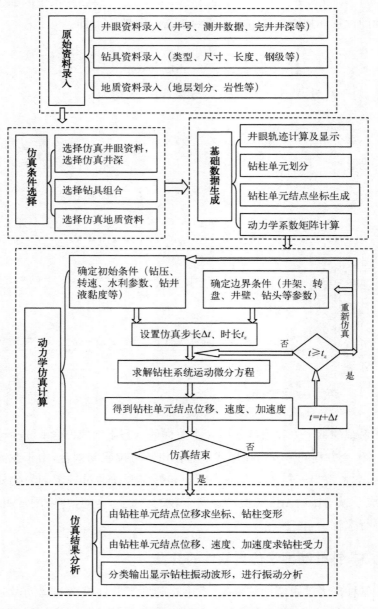

图7-4　钻柱动力学仿真软件开发流程

件选择、基础数据生成、动力学仿真计算和仿真结果分析。其中,原始资料录入包括测井数据、钻具资料、钻井液参数和地层信息等内容;仿真条件选择是根据要仿真的对象选择相关的原始资料;基础数据生成是在选定仿真条件后对钻柱进行单元划分,计算其节点坐标,然后根据钻具资料和划分的钻柱单元计算动力学系统矩阵;动力学仿真计算就是利用生成的基础数据结合仿真条件求解钻柱系统动力学方程,得到钻柱各节点的位移、速度、加速度;仿真结果分析主要是在仿真计算的基础上,分析钻柱的变形与受力,并可对钻柱的振动做初步的分析。

在完成钻柱动力学仿真计算后,可以开展仿真结果系统分析,仿真结果分析包括钻柱受力分析和振动分析两部分,前者可以在"钻柱受力"选项页中进行操作,软件可以计算某时刻钻柱各节点受力情况,并统计显示危险评价信息;还可以计算某时刻某井深处该点钻柱的受力情况。在"振动分析"选项中,软件可以对仿真结果进行图形显示、参数统计、振动信号处理等操作;还可将仿真获得的钻柱振动信号转换为音频,利用人在听觉上的高灵敏性直接分析钻柱振动状况。

7.3　钻柱动力学仿真及分析

7.3.1　仿真条件

在完成钻柱动力学仿真软件编程、测试和试运行后,本书就结合具体的实例开展了钻柱在纵向振动和扭转振动相互耦合情况下,钻柱动力学行为的系统仿真研究。仿真期间对钻柱系统基础参数设定如下。

1) 钻具资料及组合类型

本书仿真井段采用 PDC 钻头＋螺杆钻具＋转盘的复合钻井方式。表 7-1 为相应的钻具结构参数,表 7-2 是具体的钻具组合方式。

表 7-1　钻具结构参数

类　　型	长度/m	内径/m	外径/m	线重力/(N/m)
方钻杆 127	4.6	0.057 2	0.146	284.7
127.00 mm G105 钻杆	11.6	0.108 6	0.127	284.7

续　表

类　　型	长度/m	内径/m	外径/m	线重力/(N/m)
114.30 mm E 级钻杆	11.6	0.050 8	0.114 3	242.3
钻杆钻铤接头	0.41	0.050 8	0.120 7	242.3
6 1/4″钻铤	9.1	0.073 0	0.158 8	1 212
稳定器	1.7	0.073 0	0.241	
7″钻铤	9.1	0.073 0	0.177 8	1 708
钻头接头	0.41	0.073 0	0.241	
PDC 钻头	0.25	0.1	0.241 3	

表 7-2　钻具组合方式

钻进井段	钻　具　组　合
5 500～6 000 m	Φ241.3 mm 钻头＋Φ197 mm 螺杆＋Φ177.8 mm 无磁钻铤 1 根＋Φ177.8 mm 钻铤 9 根＋Φ158.8 mm 钻铤 6 根＋Φ127 mm 加重钻杆 15 根＋Φ127 mm 斜坡钻杆至井口

由于没有可供参考的稳定器、螺杆、接头等工具的机械性能参数,因此在下面的研究过程中,均将这些工具等同于邻段的钻铤或钻杆段处理。

2) 钻井液性能和钻头黏滑运动参数

仿真期间采用的钻井液性能参数参见表 7-3。当存在钻柱黏滑时,采用式(7-11)的摩擦模型,相应的钻头黏滑运动参数参见表 7-4。

表 7-3　钻井液性能参数

钻井液类型	密度/(g/cm³)	黏度/(Pa·s)	动切力/Pa	泥饼/mm	pH 值
聚合物钻井液	1.07	30	3.09	0.4	9
K 值/(Pa·s^n)	滤失量/mL	n 值	含沙量/%	塑性黏度/(mPa·s)	
13.84	3	0.72	0.3	5.69	

表 7-4　钻头黏滑运动参数

M_0/(N/m)	ΔM/(N/m)	γ'_b	$\dot{\varphi}_{bc}$/(rad/s)
130	30	0.01	0.01

3）钻柱单元的划分

在进行系统仿真期间的钻柱单元系统划分结果数据参见表 7-5。

表 7-5　钻柱单元系统划分结果数据

序　号	类　　型	长度/m	内径/mm	外径/mm	线重力/(N/m)
1～5	8″钻铤	15.38×5	73.0	203.20	2 190.0
6～13	6 /4″钻铤	15.38×8	73.0	158.80	1 212.0
15～18	114.30 mm E 级钻杆	850.0×4	50.8	114.30	242.30
19～21	127.0 mm G105 钻杆	800.0×3	57.2	127.00	284.70
合　计		6 000.00			

注：材料弹性模量 $2.1×10^{11}$ Pa，剪切弹性模量 $7.692×10^{10}$ Pa，材料泊松比 0.3，钢材密度 7.85 g/cm³。

7.3.2　钻柱启动阶段钻柱仿真振动分析

利用自主开发的钻柱动力学仿真软件，本书采用"PDC 钻头＋螺杆钻具＋钻铤＋钻杆"的复合钻井钻具组合，开展钻柱纵向、扭转和纵扭耦合钻柱动力学行为的系统仿真研究。

1）启动阶段钻柱运动特征分析

（1）启动阶段钻柱振动特征描述。

假定启动阶段作用在井底的钻压、驱动钻头旋转所需的启动扭矩均保持为恒定值的情况下，启动阶段前 50 s 的仿真结果可参见图 7-5。其中，1♯ 为钻杆顶部节点，5♯ 为钻杆中部节点，10♯ 为钻铤顶部节点，15♯ 为钻铤中部节点、20♯ 为下部钻铤下部节点。从图 7-5(a)可以看出，各节点的转角 φ 都随时间而增大，而转速 $\dot{\varphi}$、角加速度 $\ddot{\varphi}$ 存在振动。当输出功率恒定时，在一开始的启动阶段 $\dot{\varphi}$ 与 $\ddot{\varphi}$ 存在较大的波动。各钻杆单元和钻铤单元节点上各自的波形比较相似，但钻杆单元与钻铤单元之间的振动波形存在着非常大的差异。钻铤扭转振动频率要明显高于钻杆扭转振动频率。

图 7-5(b)是存在黏滑时钻柱启动阶段所有节点角位移、角速度和较加速度变化曲线汇总图，从中可以看出其运行状态基本与图 7-5(a)类似。当钻柱存在黏滑时，仿真期间井底钻头扭矩不再是常数，而存在明显的钻头黏滞。无黏滑

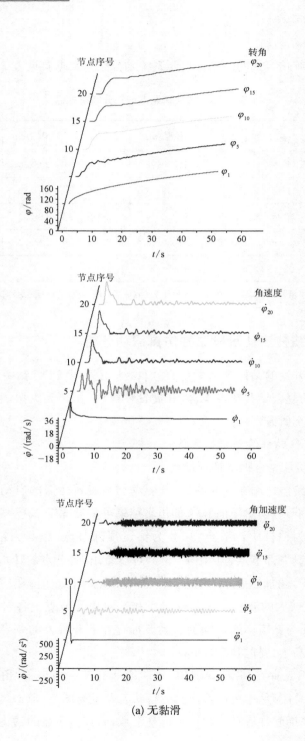

(a) 无黏滑

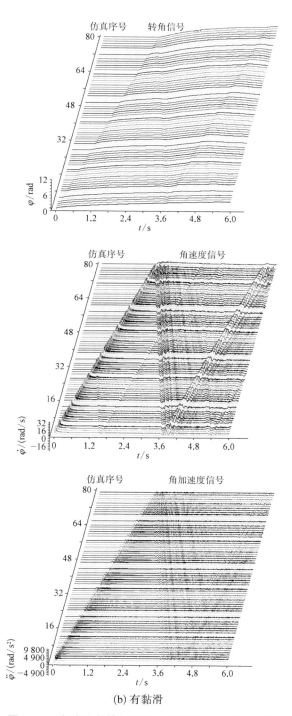

(b) 有黏滑

图 7 – 5　启动阶段钻柱运动参数随时间的变化曲线

时钻头会在短期内进入稳定旋转状态,而有黏滑时则会出现较长时间的钻头黏滑运动。不同转盘输出功率(P_w)下,启动阶段钻头扭矩和钻头转速的变化如图7-6(a)、图7-6(b)所示。从图上可以看出,启动阶段黏滑振动过程中不同 P_w 下同一节点参数之间的变化相似,但数值变化的幅度不同,钻具运动状态的转变规律相似。

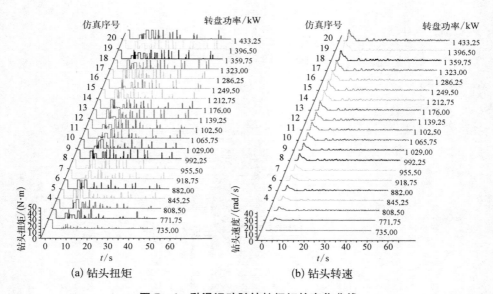

图 7-6　黏滑运动随钻柱扭矩的变化曲线

当启动开始经历大约 50 s 的不平稳运动之后,钻柱就进入相对稳定的旋转运行状态。图7-7就是钻柱在进入相对稳定阶段各节点短时段 $\dot{\varphi}$ 的变化情况。

（2）转盘输出功率对钻柱振动的影响。

研究表明,转盘功率是钻柱运动快慢的决定性因素,钻柱转动速度、角加速度均随转盘输入功率的增大而增大。尽管图7-6、图7-7中输入功率由 735 W 逐步上升到 735 kW,扩大了 1 000 倍,但钻柱振动的波形变化不大。由此可见,在启动阶段钻柱运动随时间变化的波形曲线是由钻柱自身的结构和井眼内部环境特性决定的,外部因素对钻柱运动参数变化的数值(或幅度)有影响,但对钻柱运动曲线波形和变化趋势的影响有限。

人们对钻柱振动更为全面的研究表明,钻井液密度的变化改变钻柱的受力,对钻柱横向振动也有一定的影响。钻井液黏度的增大将增大钻柱运动的非线

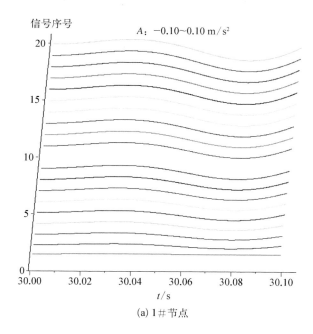

(a) 1#节点

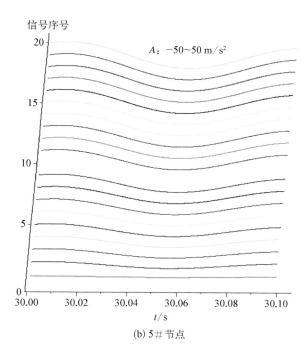

(b) 5#节点

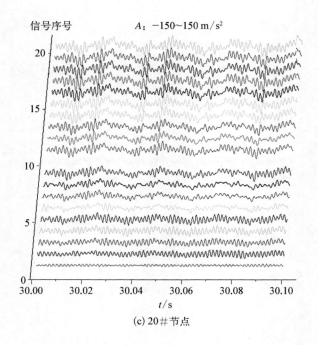

(c) 20#节点

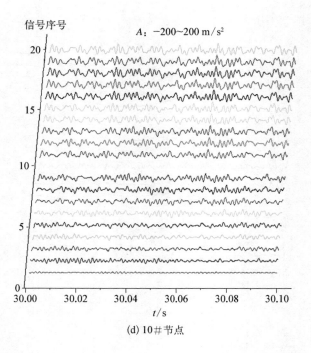

(d) 10#节点

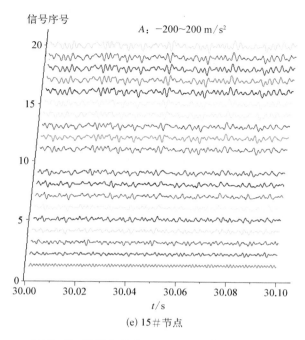

(e) 15#节点

图 7 - 7　钻柱各节点 30～30.1 s 时段振动波形

性,振动能量的耗散增强,对钻柱的运动起到一个阻尼的作用。这种阻尼主要影响钻柱纵向振动的振幅,对振动频率基本无影响,阻尼越大钻柱振幅越小。仿真结果显示,钻井液性能的变化也只对钻柱振动的幅度产生一定的影响,而对振动波形的变化、钻柱运动趋势和钻柱运动状态的转换影响不大。

数字化音频测试结果表明,各节点之间的音频效果各不相同,但同节点不同条件下钻柱振动信号的音频效果很相似,没有发生明显的改变。

2) 外部载荷对钻柱振动的影响

(1) 外部激励对钻柱振动的影响。

钻柱系统振动受到外部载荷和阻尼力等外力的作用,在不同的岩石进行钻进破岩时,由于岩性的不同,接触摩擦状态不同,破岩时岩石破碎响应也会不同,由此呈现出不同的振动形态。同一钻头在同样的钻压下钻进不同岩石,钻头所需的扭矩会出现不同的变化。为方便起见,令 $\mu_{sb}=\mu_{cb}$,从式(7 - 10)可推得

$$T_{fb}=W_{ob}R_b\mu_b(\dot{\varphi}_b)\text{sgn}(\dot{\varphi}_b) \quad (\dot{\varphi}_b \geqslant \dot{\varphi}_{b0}) \tag{7 - 15}$$

为了了解钻柱受冲击时钻柱的振动情况,在钻柱底部施加一个图 7 - 8 的撞

击,且令 $\mu_{sb}=0.02$,由此可以得到图 7-9 的钻柱启动阶段仿真结果。分析表明,纵向激励信号在钻铤段内部能够实现几乎不失真的传输,无论是加速度、速度和纵向位移振动信号,都能够利用数字化音频测试技术实现清晰的分辨。而且,无论是加速度、速度和位移对应的某一位移参量,还是角加速度和角速度对应的某一角位移参量,同一类物理参量对应的这些信号的音频测试效果是相同的,即音质相同,但各种混叠成分之间的音效强度各有差异。由于钻杆与钻铤之间弹性刚度上的差异,底部的激励信号不能够有效地在钻杆内传输。与此同时,纵向激励振动信号却不能够通过扭转振动实现有效的扩散与传播。图 7-9 扭转振动信号中没有可以分辨的纵向激励信号成分。也就是说,对于一个纵向激励信号,只能通过纵向测量,而无法通过扭转振动测试来获得纵向激励的相关信息,反之亦然。由于钻柱受到外部纵向激励的影响,扭转振动变化与无激励的图 7-6 和图 7-9 相比较,存在着明显的差异。

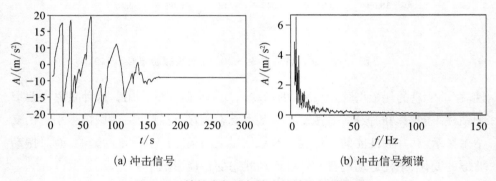

(a) 冲击信号　　　　　　　　　(b) 冲击信号频谱

图 7-8　钻柱底部外部撞击振动及频谱曲线

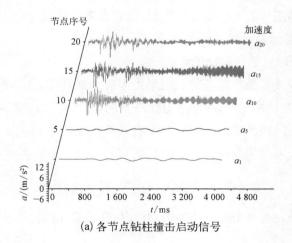

(a) 各节点钻柱撞击启动信号

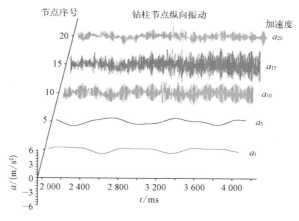

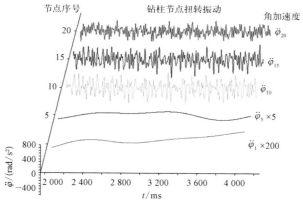

(b) 扭转与纵向振动比较

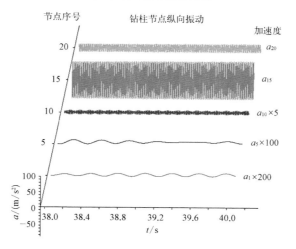

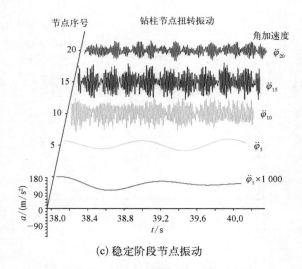

(c) 稳定阶段节点振动

图 7-9　钻柱含纵向撞击振动的启动仿真

图 7-10 是钻柱顶部有纵向振动输入时,钻柱节点的纵向振动加速度和扭振角加速度信号。当钻柱顶部有激励信号时,激励信号无法在钻杆内部实现有效的传输。在顶部 1♯ 节点有外部输入的情况下,顶部振动在 5♯ 钻杆节点中没有反应。显然,钻杆对顶部振动信号的抑制和过滤,使得在钻铤段各节点也无法获得钻柱顶部的振动信息,这与实际情况存在一定的差异。振动信号在钻杆内部应当可以进行一定距离的传播,不会像仿真结果那样被抑制得这么彻底,这与仿真时对钻杆单元处理过于简化有关,需要进行适当的改进。

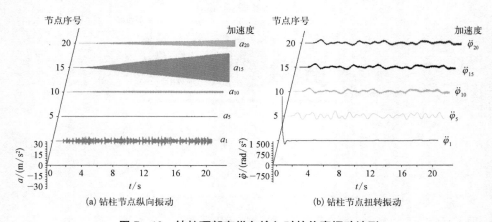

(a) 钻柱节点纵向振动　　　　　　　(b) 钻柱节点扭转振动

图 7-10　钻柱顶部有纵向输入时的仿真振动波形

　　另外,数字化音频测试表明在同个节点上获得的速度和加速度信号,其信号强度各有差异,但音效相同。

　　(2) 地层岩性对钻柱振动的影响。

　　反映地层对钻柱运动、受力影响的参数,有井底地层刚度,以及钻头与井底岩石之间的摩擦系数等。在下面的分析中,钻头与井底岩石之间的摩擦系数用扭矩转换系数来表示。下面从两个方面讨论。

　　一是井底刚度。大量的文献研究指出,钻柱振动与井底地层岩性密切相关,可以利用钻柱振动信号来识别地下岩性。在本模型中本书采用地层刚度系数、井底钻压与扭矩之间的转换系数这两个系数来描述。图 7-11 就是当地层刚度系数(E_f)以步长为 55 000 Pa,从 55 000 Pa 升至 1 155 000 Pa 时,20♯节点在启动阶段 10 s 内的 $\ddot{\varphi}$ 和 12~22 s 内的 $\dot{\varphi}$ 信号曲线,而图 7-12 是钻头的 $\dot{\varphi}$ 和扭矩 T_b 的信号曲线。从图上可以看出,当 $E_f \leqslant 550\,000$ Pa 时,钻头在大约 13 s 后存在黏滞现象。当 $E_f \geqslant 605\,000$ Pa 时,钻头黏滞现象消失。比较图 7-11 与图 7-12 可知,钻柱各节点的振动与钻头的振动形态密切相关。统计仿真信号数据表明,钻头扭矩总是随着地层刚度系数的增大而增大的,具体如图 7-13 所示。

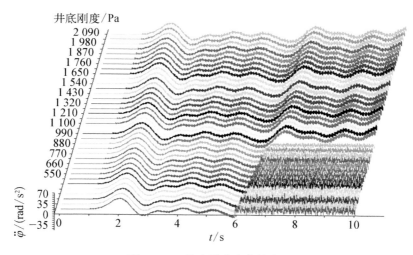

图 7-11　井底刚度变化仿真图

　　二是扭矩转换系数。图 7-14 是钻柱顶部和底部的扭转运动受扭转系数由 0 逐渐增大到 1 时,启动阶段 10 s 信号段的相关统计结果。当转换系数小于 0.6

时,由于转换后的扭矩阻力比较低,钻铤底部的 20♯ 节点可以实现钻柱的旋转和纵向运动,上部钻柱节点则出现正向和负向的加速振动和旋转运动,而当转换系数大于 0.6 后,钻头受很大的扭矩阻力而出现类似钻柱黏滑振动的运动形式,但没有钻柱黏滑振动运动的黏滞静止阶段,钻头的转速、转角角度和加速度既可以大于零,也可以小于或等于零。图 7-14(a) 和图 7-14(b) 最上部曲线就是转换系数 $\mu_{cb} \geqslant 0.7$ 时,钻铤底部节点的角速度和角加速度曲线。在实际的钻进过程中,一般转换系数均小于 0.3。从图 7-15 可以看出,钻头平均扭矩随转换系数的增大而呈线性增大。

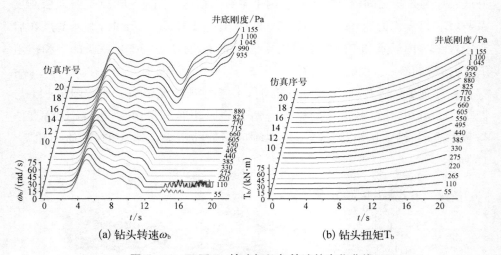

(a) 钻头转速 ω_b　　　　　　　　　(b) 钻头扭矩 T_b

图 7-12　不同 E_f 钻头扭矩与转速的变化曲线

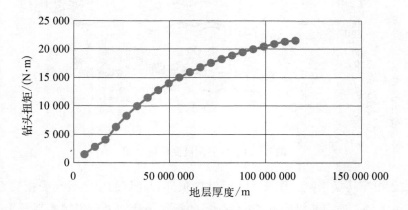

图 7-13　钻头平均扭矩随地层刚度的变化关系

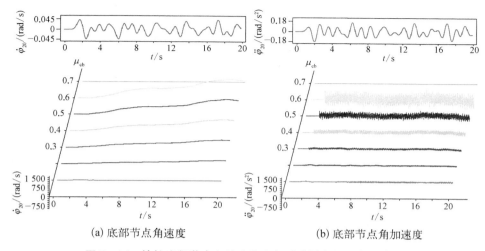

(a) 底部节点角速度　　　　　　　　(b) 底部节点角加速度

图 7‑14　钻柱底部节点角速度和角加速度随扭矩系数的变化

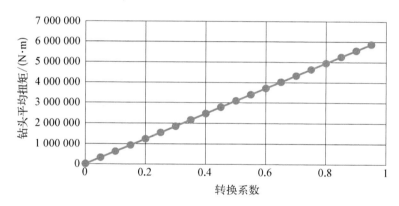

图 7‑15　钻头平均扭矩随转换系数的变化

通过上述分析可以看出,地层与钻头之间的相互作用,可以产生十分复杂的钻柱运动形态。比较作者有关钻柱黏滑振动的介绍可知,在 $\mu_{sb} > \mu_{cb}$ 的条件下钻柱也会形成由于井底钻头受井底岩石干摩擦作用下的钻柱黏滑振动,限于篇幅,在此不做赘述。

7.4　外部激励作用下钻柱仿真振动分析

如何有效地排除各种干扰、快速准确地识别钻柱运转过程中的冲击、摩擦等异常振动,以及井下工具的故障,是科研工作者十分关注的问题。钻柱振动检测技术就是通过地面采集钻柱振动信号,利用信号处理方法分析钻具在井下的动力学行为,从而获取所钻井的井下状态信息的技术,主要用于地层评价和钻前诊断。

由于钻柱运行的环境复杂,引起钻柱振动的原因较多,振动形式多样,给钻柱振动检测技术的应用带来了很多困难,钻柱振动录井技术难以满足人们的期待,急需在钻柱振动信号采集和信号处理技术两个方面进行提高和完善。接下来本书从钻柱振动信号处理的角度出发,通过钻柱动力学仿真来分析研究钻柱振动信号的传输特征与规律性,为今后开展钻柱振动信号分离、识别、特征提取与检测诊断创造条件。

7.4.1 钻柱的振动响应分析

1）钻柱单元长度对钻柱振动的响应

在钻柱动力学仿真过程中,如果保持其他参数不变,只改变钻杆单元的长度进行仿真,图 7－16 就是钻杆不同单元长度下 2♯节点扭转振动信号及频谱。

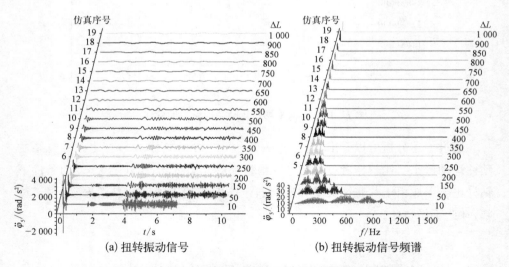

(a) 扭转振动信号　　　　　　　(b) 扭转振动信号频谱

图 7－16　钻杆不同单元长度下 2♯节点扭转振动信号及频谱

从图上可以看出,随着单元长度的增加,钻柱振动响应的频率迅速下降。因此,单元长度选择在钻柱动力学仿真分析中有非常重要的影响,单元长度决定钻柱单元振动的上限频率,也直接影响钻柱振动响应,以及动力学仿真的精度与效果。理论上,离散单元长度越小,计算越精确,仿真效果也越好,但与之相对应的仿真计算工作量也呈几何级数增长,仿真的效率和速度也迅速下降。

2) 井深对钻柱振动的响应

图 7-17 是在其他参数都不变的情况下,钻杆单元长度取 60 m,钻铤单元长度取 40 m,Φ127 mm G105 加重钻杆的长度以步长 240 m,从 240 m 逐步增长到 2 400 m 时,与井口毗邻的 2$\sharp$节点扭转振动信号及频谱。从图上可以看出,随着井深的增加,角位移信号及反射信号之间的时间间隔也呈线性增长,而信号的振动幅度却逐渐减小。信号频谱有变化,但不同井深相应的信号频谱变化不大。

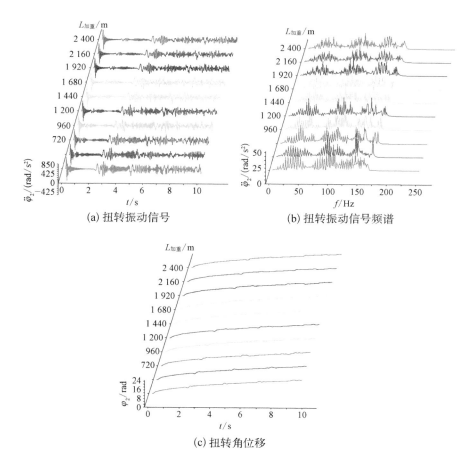

(a) 扭转振动信号　　　　　(b) 扭转振动信号频谱

(c) 扭转角位移

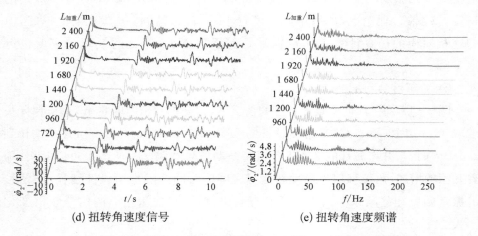

(d) 扭转角速度信号　　　　　　　　(e) 扭转角速度频谱

图 7 - 17　加重钻杆不同单元长度下 2♯节点扭转振动信号及频谱

7.4.2　外部撞击载荷对钻柱振动的影响

1）底部纵向撞击振动

为了了解钻柱受到冲击振动时钻柱的振动情况，在钻柱底部施加一个如图 7 - 8 所示的撞击，令 $\mu_{sb}=\mu_{cb}=0.02$，由此可以得到图 7 - 18 的钻柱启动阶段无撞击、单一撞击和周期性撞击是钻柱纵向和扭转仿真振动结果。在无撞击时，由于纵向处于力学平衡状态，钻柱无纵向振动。钻铤柱的扭转振动明显可分为两个阶段：启动时低频低幅扭振和高频大幅度扭振，而钻杆一直处于低频扭振状态。

在图 7 - 8 所示的单一纵向撞击作用下，撞击振动经过钻柱内部的传播、反射和叠加等作用，最终在钻柱上呈现的撞击信号波形与图 7 - 8 所示的波形之间存在很大的不同。这一撞击在钻柱各段引发的振动各具特色，底部和中间钻铤柱引发高频振动，振动幅度逐渐增强，并在历时 40 s 后趋于稳定。稳定阶段的下部钻铤节点的振动幅度保持在 3.5 m/s² 左右；中部钻铤节点的振动幅度维持在 6 m/s²；上部钻铤节点的高频振动很快趋于稳定，幅度较小，不到 4 m/s²。从振动幅度的比较来看，中间节点钻铤振动最强烈，上部钻杆柱的振动频率比较低，但无论是钻杆，还是钻铤，纵向振动的频率集中于一条或几条有限的谱线上，频谱能量集中。

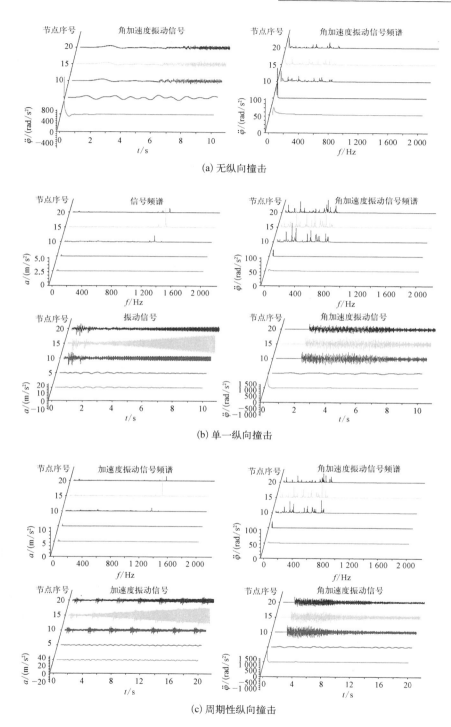

(a) 无纵向撞击

(b) 单一纵向撞击

(c) 周期性纵向撞击

图 7-18 钻柱底部纵向撞击振动启动仿真波形

与无撞击扭转振动相比较,有撞击时的钻铤扭转振动幅度几乎增大了10倍,扭转运动得到非常显著的激励,而钻杆的扭转振动幅度几乎保持不变,钻铤柱扭转振动频谱远比纵向振动复杂。与单一撞击相比较,周期性纵向撞击作用下的频谱成分中,钻柱各节点的撞击频谱成分的幅度显著加强,但信号的频谱成分没有多少变化。

纵向激励信号在钻铤段内部能够实现几乎不失真的传输,无论是加速度、速度和纵向位移振动信号,都能够利用数字化音频测试技术实现清晰的分辨,但由于钻杆与钻铤之间存在弹性刚度上的差异,底部的激励信号不能够有效地在钻杆内传输。与此同时,纵向激励振动信号也不能够通过扭转振动实现有效的扩散与传播。图7-18所示的扭转振动信号中没有可以分辨的纵向激励信号成分。也就是说,对于一个纵向激励信号,只能通过纵向测量,而无法通过扭转振动测试来获得纵向激励的相关信息,反之亦然。

与前文得出的数字化音频测试结论相同,在同个节点上获得的同一种运动参数的速度和加速度信号,其音频强度有异,但音效相同。而不同类型振动之间的音效没有可比性,也不存在不同类型振动信号的转换。也就是说,纵向撞击信号只能通过纵向信号测试检测得到,扭转撞击信号也只能在扭转信号中检测;无论是通过纵向振动来提取钻柱的扭转信息,还是通过扭转振动来提取钻柱的纵向信息,都是一件不可能办到的事情。

2) 底部扭转撞击振动

假定图7-8所示的撞击信号的数值不变,则撞击性质由轴向撞击转变成为扭转冲击。图7-19(a)所示就是受图7-8中单一扭转撞击时启动阶段钻柱各节点的 $\ddot{\varphi}$ 振动信号。由于钻柱振动的幅度比较大,这一撞击信号被淹没在节点振动之中,不易发现,只有在钻头扭矩振动曲线中可以明显看到这一撞击时才能发现。图7-19(b)是周期性扭转撞击作用下各节点启动阶段 $\ddot{\varphi}$ 信号及频谱图形。在周期性扭转冲击的作用下,钻头扭转角速度 $\ddot{\varphi}_b$ 也随之出现如图7-19(b)所示的周期性波动。图7-19(c)是有黏滑启动阶段(20~40 s)钻柱旋转的振动信号,从图上可以看出在此期间钻柱受到强烈的黏滞作用,图中各信号段频谱图形也随各种信号成分而发生相应的变化。

音频测试表明,在钻铤柱节点的运动信号中是可以分辨出钻柱的扭转撞击信号的。

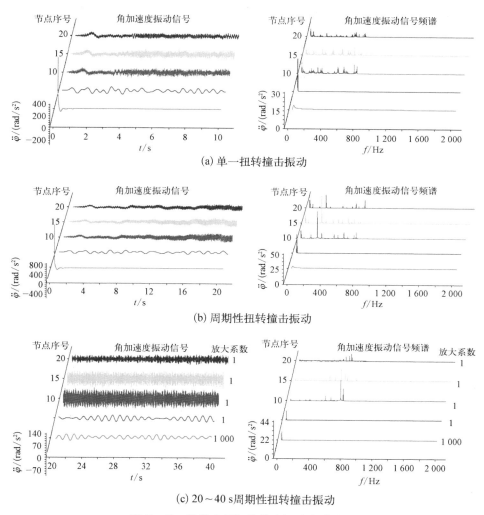

(a) 单一扭转撞击振动

(b) 周期性扭转撞击振动

(c) 20~40 s周期性扭转撞击振动

图 7‐19　钻柱底部扭转撞击振动启动仿真

3）顶部纵向撞击振动

图 7‐20 中所示是钻柱顶部有纵向振动输入时,钻柱节点的纵向振动加速度和扭振角加速度信号。测试表明,当钻柱顶部有激励信号时,激励信号无法在钻杆内部实现有效的传输。在顶部 1♯节点有外部信号输入的情况下,顶部振动在 5♯钻杆节点中没有反应。从图 7‐20(a)可以看出,1♯节点振动信号对应的频谱十分宽泛,各频段都有明显的振动成分,但在 5♯节点上,钻柱振动频谱还是同图 7‐18、图 7‐19 中的一样,只有自身的低频振动成分。显然,这是由于

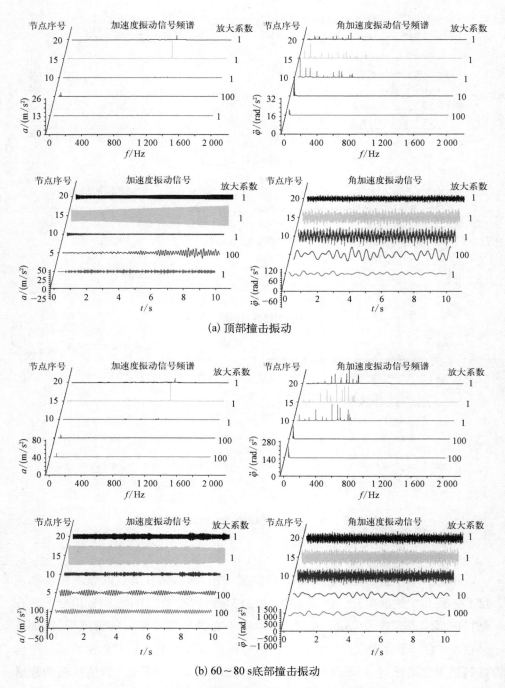

(a) 顶部撞击振动

(b) 60~80 s底部撞击振动

图 7-20 钻柱受纵向不间断撞击仿真振动图形

钻杆对顶部振动信号的抑制和过滤,使得在钻铤段各节点处无法获得钻柱顶部的振动信息。从图 7-18～图 7-20 的信号频谱图中可以看出,只有当外部振动干扰的频率低于钻柱的固有频率时,这些外部扰动才有可能在钻柱内部进行有效的传播,否则就会被强行抑制(或过滤)。

造成这一结果的原因,是由于在进行仿真时,钻杆单元长度为 1 000 m,单元钻杆刚度 $k_{dp}=7.364\times10^7$ N/m;钻铤单元长度为 16 m,单元钻铤刚度 $k_{dc}=3.253\times10^{10}$ N/m 是钻杆单元刚度的近 500 倍,导致振动波在钻杆内的传播被极大地抑制。

7.4.3　钻柱单元细化分段的仿真与分析

从前面的仿真结果中可以看出,由于钻杆的柔性,井下与地面的振动干扰信号是不能实现有效传输的,这与实际情况存在很大的差异,振动信号在钻杆内部可以进行一定距离的传播,不会像仿真结果那样被抑制得这么彻底。导致这一仿真结果的原因,是由于钻杆按照 1 000 m 进行分段,过于粗糙。为此,本书将钻杆进行细化分段来实现钻柱振动更加准确的仿真分析。在保持其他条件不变的情况下,设定钻杆单元长度为 10 m,钻铤单元长度为 16 m 时,将 6 000 m 井深的直井分成 594 个钻柱单元,在此基础上,各种不同工况条件下的仿真结果如图 7-21 所示。

从图 7-21(a)可看出,在 200♯、400♯钻杆节点 $\ddot{\varphi}$ 振动信号的频谱甚至比 590♯钻铤节点对应的振动频谱还要宽,说明在钻杆单元采用 10 m 分段后,钻柱波动振动计算的精度得到极大的提高。另外,从图 7-21(b)中各节点的 $\dot{\varphi}$、$\ddot{\varphi}$ 振动信号上可以看出,启动阶段井口的扭转冲击沿着钻柱向下传播,大约在 1.95 s 时到达井底;这一扭转冲击波再经井底反射向上传播,钻柱内波动现象十分清晰。而后续在各种波的反射、透射等叠加作用下,使得整个钻柱呈现出复杂的运转状态,大约在 5.0—8.5 s 时间段内,中间钻柱单元还存在反向转动现象。这些现象在钻柱运转进入稳定状态后是很难看到的。因此,开展启动阶段钻柱波动分析研究具有十分特殊的重要意义。

图 7-21(c)是底部存在图 7-8 所示的周期性撞击时,钻柱纵向 $\ddot{x}$ 和周向 $\ddot{\varphi}$ 节点振动信号。从图上可以看出,底部纵向周期性撞击在整个钻柱的纵向传播振动信号中十分明显。因此,降低钻杆单元的长度可以非常有效地降低钻杆对波动信号的抑制和过滤效应。

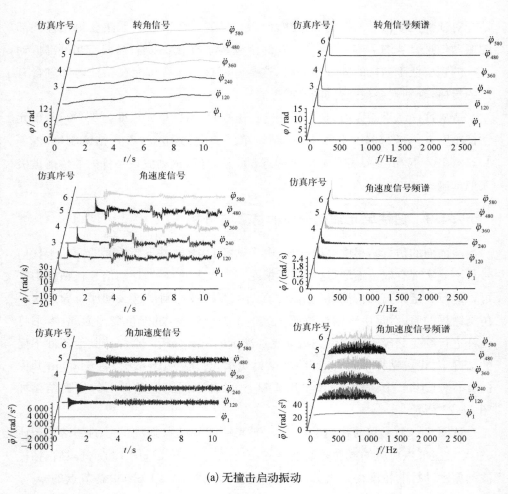

(a) 无撞击启动振动

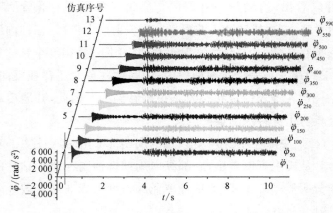

(b) 启动扭转冲击波的传播

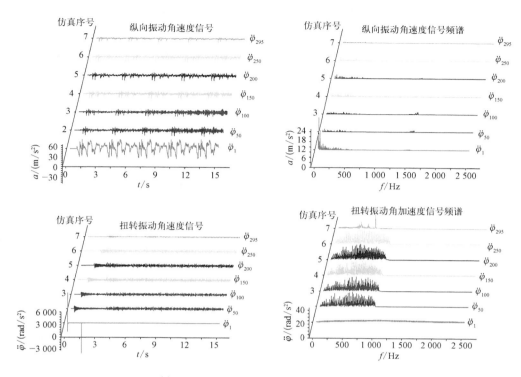

(c) 井底周期性撞击振动信号及频谱

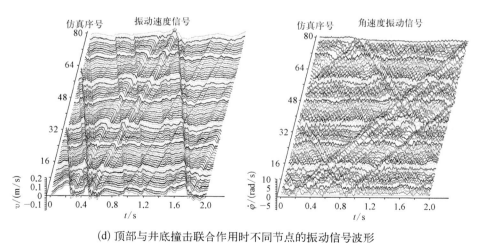

(d) 顶部与井底撞击联合作用时不同节点的振动信号波形

图 7－21　钻柱顶部不间断撞击和底部周期性撞击振动启动仿真

图 7‑21（d）是取钻杆和钻铤单元长度各为 40 m 时,存在井口不间断撞击和井底周期性撞击联合作用时,启动阶段钻柱振动的仿真结果。从图上可以看出,无论是井口,还是井底都可以实现各种振动的有效传播,但也与前文结论相同,不同类型的信号之间同样不能进行有效转换与传播。

从图 7‑21 及数字化音频测试中可以得出,在上述条件下井口与井底之间的撞击分频振动信号都能够得到有效的传递,既可以从井口检测到井底的纵向撞击,也可以在井底节点振动信号中探测到井口的不间断冲击,但由于单元长度越短,钻柱分段数量就越多,算法的计算工作量也呈几何级数增长,从而极大地影响仿真计算的效率和速度。如何实现单元长度与计算精度之间的平衡,是一个有待解决的问题。

7.5　结论

采用钻柱离散单元动力学分析的原理与方法,建立了钻柱纵向和周向振动动力学模型,并采用 Delphi 开发工具研制了钻柱动力学分析仿真软件。通过开展恒转盘输入功率条件下的钻柱动力学仿真研究,以及外部激励作用下钻柱仿真振动的研究,获得了不同形式钻柱运动的系统信息,可以获得以下几点结论:

（1）采用钻柱离散单元动力学分析的途径,本书建立了钻柱纵向和周向振动动力学模型,并采用 Delphi 开发工具研制了钻柱动力学分析仿真软件。通过开展恒转盘输入功率的条件下,启动阶段钻柱动力学运动仿真,可以获得不同工况下钻柱运动的系统信息。

（2）钻柱单元长度选择合理与否会直接影响钻柱动力学仿真的成效。钻柱单元对外部激励振动具有一定的过滤和抑制效应,只能够有效地传递振动频率小于钻柱单元固有频率的振动,大于钻柱固有频率的振动都无法在钻柱内部得到有效的响应。因此,采用钻柱离散单元动力学分析方法,务必在计算工作量、计算速度、计算效率和计算精度之间做一个合理的选择与平衡。

（3）研究表明,启动阶段钻柱运动的形态和运动趋势主要由钻柱自身的机械力学特性决定,而转盘输入扭矩、钻井液性能和地层岩性等影响因素只能对钻柱运动变化的快慢、运动参数的变化幅度与数值大小产生影响。因此,应当重视开发利用钻柱启动阶段的各种动态运动信息,这些信息更能够直观地反映井下钻柱所处的状态。启动阶段钻柱运动形态和运动趋势主要受钻柱自身的机械力学特性的制约,而转盘输入扭矩、钻井液性能和地层岩性等影响因素只能对钻柱运动变化的快慢、运动参数的变化幅度与数值大小产生一定的影响。

（4）通过钻柱动力学仿真分析表明,可以通过井口钻柱振动测试来获得井下钻柱工作状态和井底钻头工况的各种信息。无论是底部干扰,还是顶部干扰,理论上这些干扰信号都可以在钻柱内部实现有效的传递。

（5）随着井深的增加,钻柱振动信号内部变化最大的是扭转冲击首波和底部反射波到达测试节点时,两波之间的时间间隔,该间隔随井深的增大而增大。不同井深所对应的信号频谱有变化,但变化不大。

（6）井底地层刚度、钻压与扭矩转换系数对钻柱的振动影响十分明显,因此井底岩性的变化是可以在钻柱振动信号中实现有效的分辨与检测的。

（7）利用信号的数字化音频测试技术对仿真获得的各种信号进行测试分析表明,钻柱受到外部纵向（或扭转）撞击信号,是不能在扭转（或纵向）振动信号中实现有效的识别的。纵向撞击信号只能通过纵向信号测试检测得到,扭转撞击信号也只能在扭转信号中检测到。而且同一种振动信号的广义加速度和速度信号,其音频测试的音效相同,不同的只是各种信号组成成分的强度。

第8章
回顾与展望

8.1 工程信号处理的模式滤波法

从 2002 年提出了信号分离的最优频率匹配法,实现了矿山声波信号的分离处理和汉语单音节信号声韵母分离处理,以及各种韵母音素的提取,并且将数字化音频测试技术应用于分离后声信号的合理与完整性考察之中。在此基础上,提出了信号分离的基本原则,以及为实现混叠声信号的合理分离应该努力的方向。针对最优频率匹配法分离混叠信号计算工作量大、计算速度慢、无法实时处理等问题,提出了进行信号分离的模式滤波法,从而极大地提高了信号分离处理的灵活、快捷和方便性。将该方法应用于钻柱振动混叠信号中,实现了钻柱振动信号、钻头破岩信号、管柱撞击信号,以及地面柴油发动机振动经动力传动链路和井架传递到水龙头上的振动信号的合理分离处理,而且在放大 20 倍、30 倍之后,仍然提取得到了井下逾 2 000 m 深处较为完整的钻头破岩信号和地面柴油发动机振动信号。将模式滤波法应用于井场钻井泵液力端振动信号的处理,分离出曲轴与连杆之间的撞击振动、连接件松动、安全阀盖跳动、缸套与活塞之间的冲击摩擦、缸套泄漏、缸套内钻井液涡流振动等混叠信号。另外,模式滤波法也实现了机械设备振动混叠弱信号的分离,以及车加工期间刀具上各种振动信号的分离处理。

尽管模式滤波法在声振混叠信号的分离处理上展示出了强大的功能,但面对经过模式滤波最优分解获得的大量的时频子波,如何实现各种时频子波的快速分类整理和聚类处理,是一个十分棘手的问题。为此,作者在果蝇和蚊子鸣声信号处理和信号建模过程中,提出了时频子波的时间同步和结构同步的概念,在处理《杜鹃圆舞曲》声信号分离时提出了信号处理的分频段模式滤波法。结合本书提出的分频段信号包络曲线和子波包络曲线分类方法,很好地解决了时频子波如何进行合理聚类的问题,从而使模式滤波法转变成为简单易懂、易于操作的工程信号处理新方法。

实践表明,任何一种信号处理方法都有其自身的优点和不足,只有充分发挥各种方法的长处,才能够在实际的工作中取得更大的成效。模式滤波法所展现出在混叠信号分离上的优越性能,也只有在不断的创新中不断完善自己,也只有在不断完善后做新的创新,以适应与满足不断复杂化的工程信号处理的需要。

8.2 管柱振动信号建模研究

作者曾在相关研究中提出了开展管柱振动研究的方案与思路。对比图 8-1 可以看出,本书已经初步实现了管柱振动信号的系统仿真,开展了管柱敲击振动实验研究,建立起了管柱通用振动信号模型,也初步掌握了振动波在管柱传播过程中的衰减规律。也就是说,到目前为止,本书已经按计划完成了图 8-1 上半部分的大部分探索研究工作,从而为下一步开展"基于时频子波管柱振动信号 HMM 的建立与仿真研究",创造了很好的条件。

自然界中各种声信号基本上可以分成三类:谐振、摩擦和冲击爆破。谐振信号和摩擦信号是冲击爆破声信号的两个极端的例子,或者说摩擦和谐振是冲击信号的两种极端情况。为了定量地描述各种管柱振动信号,本书以敲击振动信号作为突破口开展研究,在实现管柱敲击子信号建模、管柱刚体运动子信号建模、管柱敲击响应子信号建模和管柱受激振动子信号建模的基础上,建立管柱敲击振动信号 HMM 也就是一件水到渠成的事情。至此,如何开展钻柱室内和现场振动实验测试,以便提取丰富全面的钻柱振动信号资料,在此基础上按部就班地进行管柱振动信号精细化动态随机结构建模与仿真研究,也就提到了议事日程上。

通过建立基于功能特征管柱振动信号的动态模型和精细化、定量化描述方法,就能够实现管柱各种振动信号的识别与定位,为管柱振动信号处理、井下工况识别和井下工具故障诊断创造条件。此外,通过本研究掌握基于时频子波的

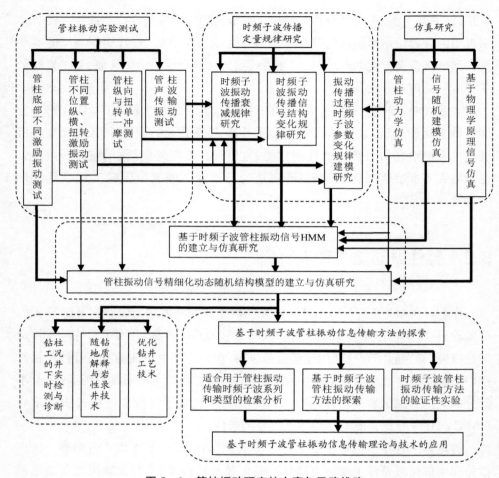

图 8-1　管柱振动研究的方案与思路线路

管柱振动传播与衰减规律,选用合适的时频子波进行信号信息的传输与处理,就能够实现大容量声振信道的高速传输与井下钻柱状态和故障的识别处理。因此,开展基于系列时频子波管柱振动传播过程和信息传输规律的研究,必将给井下钻柱故障诊断、钻井工艺技术、地质解释、岩性识别和油藏描述带来革新与进步。开展管柱振动信号建模与应用的研究,是很有前景的工作,其研究成果的应用必将创造良好的社会效益和经济效益。

俗话说,万事开头难。可喜的是,针对钻柱振动问题的研究,已经解决了带有基础性和全局性的各种困难,为项目研究的进一步开展做了充分的准备,也闯出了一片十分光明的前景。

8.3 管柱仿真振动

针对大量物理意义相同、波形不同的信号,人们在如何实现信号结构的一致性描述上还没有很好的办法。时频子波和功能特征信号的提出,可以为各种信号的定量建模和结构分析创造条件。为此,作者以模式滤波法为工具,以数字化音频测试技术为辅助手段,开展了声信号结构与功能之间关系的探索,实现了钻井泵、管柱振动和语音信号的动态建模及信号结构的合理描述。在信号结构与建模研究上,提出了以下三条十分有效的途径和方法:

(1)将机械设备动力学仿真获得的振动信号作为研究对象,进行信号特征提取与参数化描述的方法,称为基于动力学仿真的信号分析方法。作者所开展的单一管柱纵向振动的模式滤波分析、正弦振动信号模式滤波分析和基于管柱动力学仿真信号的模式滤波分析,是这一方法的几个典型案例。通过分析可以获得较为全面的时频子波分布特征和变化规律的知识,为开展实际信号处理提供了有益的指导。同时,作者开展了面向故障诊断的钻井泵动力学系统仿真研究,实现了钻井泵动力学仿真与实测振动信号处理、状态识别与故障诊断的协调统一,以及钻井泵液力端各种故障的定量诊断。

(2)利用声信号模式滤波参数来建立信号时频子波 HMM,并利用 HMM 进行信号结构的分析与定量建模的方法,称为基于信号自身参数的信号分析方法。在泵启动阶段振动信号的仿真研究中,尽管仿真信号与实际信号在波形和频谱上十分相似,但通过仿真信号的音频测试,可以发现两者的差异。利用这些仿真信息对 HMM 进行逐步的修正,最终获得了具有一定逼真度的钻井泵启动阶段振动信号结构的定量描述模型。

(3)可以采用某种特定波形的激发信号,通过考察这种激发信号在振动系统中传播的反射、折射、透射和叠加形成的振动信号,来获得信号结构的规律性描述,我们称这种方法为基于物理学原理的信号分析方法。采用这种信号分析方法来研究信号,可以获得信号组成、结构,以及波形变化规律等方面详细的信息。通过考察振动信号的遍历性与时频域变化动态,可以获得振动系统的组成、结构及系统机械力学参数等信息。作者通过建立钻柱振动信号传递过程模型,采用仿真的方法进行系统的研究,来详细掌握各种信号的结构成分、管柱内部信号的传播过程与规律性。

基于工程问题的动力学模型仿真和信号处理的模式滤波法，可以在信号结构、机理与信号波形特征之间建立起有机的联系，可对信号波形进行直接解释来识别工况，实现工程设备故障的诊断和预警。为了全面、系统地了解振动系统的动力学特征，我们建立了钻柱和钻井泵运动学和动力学模型，采用计算机模拟和系统分析的方法，开展了钻柱和钻井泵基于信号自身参数的信号分析、基于物理学原理的信号分析和基于动力学仿真的信号分析，并将三方面的研究融合，使之成为一个完整的信号分析处理工具。

研究表明，无论是基于动力学仿真的信号分析方法，还是基于物理学原理的信号仿真分析方法，开展仿真研究的目标不是追求仿真信号与实际系统信号在波形上的一致性，而是追求仿真信号所代表的行为与实际系统行为的逼真与一致性。在这种情况下，降低甚至放弃仿真振动时管柱内部的力、应力、变形结果的精确度，转而追求管柱在振动行为和变化趋势上的一致性和逼真程度，是一种明智的选择。只有这样，才能够提高管柱仿真的可行性，增强仿真研究的有效性，并且真正体现出仿真技术所具有的特殊地位和功能。采用有限元离散化管柱动力学建模，是一项在 20 世纪 80—90 年代就出现的技术。采用这项技术来解决复杂钻井条件下钻柱的受力与变形，其精确度已经远不能达到石油钻井工程实际的需要。但是，就钻柱动力学仿真而言，本书第 7 章的研究不失为一个很典型的成功案例。

同样，对于采用反射、透射等朴素的概念和方法，开展管柱振动信号形成过程与变化趋势方面的仿真，宋一晨等的研究中就已经得出管柱振动信号波形大体上分为结构类信号和传递类信号，结构类信号会在特定的时刻出现，传递类信号往往随测量系统的变化而变化。在管柱物理参数不变的情况下，可以利用结构类信号来确定管柱的几何结构以及撞击信号的源特征；通过分析传递类信号的变化规律可以获得管柱长度、敲（撞）击位置、传播速度、透射系数及反射系数等各种有用信息。而在第 7 章中采用已知激发信号属性与特征的前提下，通过仿真来获得另一端接收到的振动信号，并采用数字化音频测试技术得出以下两点结论：① 钻柱如受到外部纵向（或扭转）撞击信号的影响，是不能在扭转（或纵向）振动信号中实现有效的识别的。纵向撞击信号只能通过纵向信号测试检测得到，扭转撞击信号也只能在扭转信号中检测到。② 同一种振动信号的广义加速度和速度信号，其音频测试的音效相同，不同的只是各种信号组成成分的强度不同。结论的第一点指明了应该如何采集振动信号,而第二条结论则是指出了实施振动信号采集方案期间应当满足的最基本条件是什么,广义加速度、速度和位移信号之间又存在何种依存关系。

基于动力学仿真的信号分析方法和基于物理学原理的信号仿真分析方法,是开展信号结构分析、建模的两个重要的研究手段,这两种方法与基于信号自身参数的信号分析方法相结合,必将在管柱振动信号精细化动态随机结构建模与仿真研究上,发挥更大的作用。

8.4　管柱动力学仿真与管柱损伤探测

结构损伤识别技术是在 20 世纪 70 年代发展起来的,可以分为局部损伤识别技术和全局损伤识别技术。例如,Vandiver 通过测量海风和海浪冲击桩承台产生的固有频率变化来计算结构质量和刚度的变化,据此判定结构损伤的位置。侯吉林等利用局部主频率的变化实现局部损伤的识别。局部损伤识别技术既能识别损伤是否存在,也能确定损伤发生的位置。

全局损伤识别技术主要包括基于静力特性损伤识别技术和基于动力特性损伤识别技术。基于静力特性损伤识别技术通常利用物理力学的方法,在结构静止的状态下,通过对获得的结构静力荷载参数(如位移、应变等)和理论参数进行对比分析实现结构损伤识别。基于动力特性损伤识别技术则是通过结构动态特性参数(如振型、质量、阻尼等)对结构进行损伤识别。20 世纪 80 年代出现了基于振动的损伤识别技术,根据结构损伤前后固有频率、柔度、曲率模态和振型的变化,来实现结构损伤的诊断与定位。随着科技进步与学科理论的交叉发展,在动力特性的损伤识别技术的基础上,基于智能信息处理的损伤识别技术(如小波变换、遗传算法、神经网络等)也逐渐成为结构损伤识别技术研究的热点。

在基于智能信息处理的损伤识别研究领域,人们往往将注意力集中在工程信号的处理上面,如时频分析、小波变化、经验模态分解等,企图通过改进信号处理的方法与途径,来提取得到反映机械工程设备内部存在的故障和损伤。实践表明,由于故障和损伤在发端之初,往往是一个极微弱的信号,而且这些信号混杂在原来较强的设备运转和环境干扰之中,故障的端倪是很难被发现的。要说较为成功的案例,也是利用对正弦(或余弦)函数波形不敏感,而对冲击作用和不稳定运动很敏感的信号包络分析、包络谱分析和高阶谱分析的应用研究之中。这是因为轴承、铁轨、机械故障的存在,会产生一个异于正常运转的不平稳信号,这种不平稳作用的最直观的表象就是设备在周期性运转期间,由于故障的周期性不平稳运动导致的信号包络的变化。信号波形变化也很直接、很敏感,但这种直接的变化如何合理地度量,以便定量表征故障发展变化这种行为呢?

当然,这不是否认时频分析、小波变化和经验模态分解方法的有用性,而只是说明这些方法各有侧重。如果要准确地描述并表征信号波形的定量变化,以便建立这些信号波形上的变化与信号系统之间的本质联系,采用时频分析、小波变化和经验模态分解法是最好的选择。但要提取信号内部所包含的行为特征,信号包络分析和包络谱分析或许是一个更好的选择。

在3.6节的无损伤和有损伤管柱振动信号的反演计算中也发现,管柱损伤产生的振动干扰,或振动畸变信号,对于描述管柱运动的动态模型而言具有十分敏感的作用,管柱损伤对管柱振动模型而言是十分敏感的,因为建立这种管柱振动模型的主要任务就是揭示管柱的振动行为。在5.1.3节的分析中,揭示了在$\chi_f \leqslant 10°$类的背景分频主子波中显现出来的、与管柱损伤直接相关的、特殊的分频主子波"$t - f(\beta_1)$"平面分布图形。说明要探寻管柱损伤弱振动信息,就应当到含有损伤振动的背景信号中去寻找,而不是到$\chi_f > 10°$、反映管柱敲击"强"振动的信号成分中去搜索。在强振动或强背景信号成分中弱损伤信号很容易被湮灭在用时频分析、小波变化和经验模态分解方法处理后的海量数据之中的,很难实现弱信号的分离处理。显然,本书的这些研究心得对于从事机械设备故障诊断、机械装备健康监测和智能诊断的科技工作者而言,具有一定的启迪作用。

8.5　数字化音频测试技术的应用

在信号处理过程中离不开对信号进行适当的过滤处理,而信号过滤的实质就是信号分离。信号分离可通过多种途径实现,在采集、变换和处理的每一个环节都应当采用适时的方法,来尽可能地降低各种混叠与干扰。各种信号分离算法的内在机制都是利用信号分量之间的差异性,只要信号之间在某些域(时域、频域、尺度域等)上存在足够的差异,就有可能实现分离。如果源信号在时域上不重叠,则可利用短时开关进行时域滤波分离;如果源信号在频域上差异显著,就可以利用频域滤波分离；如果源信号分量是扩频信号，在知道扩频码序列协作通信的情况下，利用信号分量扩频码域的不同进行解扩恢复，实现分离。Leon Cohen 指出，多分量信号的可分离性是由时频分析定义的信号分量的瞬时频率和瞬时带宽决定的，只要各个信号分量在时频域上是分开的，则多分量混合信号就具有可分离性。剑桥大学的 James R H 等从理论上论证了单通道盲信号分离的可能性，得出了可分离的条件，并在已知调制滤波器响应的前提下实现信号的分离。许策等探讨了混响背景下主动声呐接收信号的可分性，指出当信号模型中的源信号相关系数很小时，发射信号在混响背景下的主动声呐接收信号具有可分离性。向强等指出，如果时域重叠信号在时频平面上不重叠，也可以进行有效的分离。面对更为复杂的混叠信号的分离探索包括贝叶斯准则下的最大后验估计和最大似然估计、稀疏分量分析、子空间、非负矩阵分解、经验模态分解或集合经验模态分解变换、子带域变换、正弦模型技术、计算听觉场景分析技术、模式识别技术、频谱滤波技术、分数阶傅立叶变换与线性正则变换、偏时域相干分析、基于形态学梯度的信号噪声分离和盲信号分离技术等，几乎涉及了所有可以采用的途径与方法。

在信号分离效果的评价方面，以语音或音频混叠信号为例，信号分离技术评价方法主要包括主观评价方法和客观评价方法两大类。在语音信号盲分离客观评价上，结合语音和听觉感知特性来评价信号的实际分离效果，但是在面对非语音信号的其他混叠信号分离效果的评价上，目前还没有一种公认的信号分离效果评价方法。由于信号分离方法自身存在的局限性，分离的好坏直接影响到后续处理的质量。因此，在以往的工程信号处理过程中一直隐藏着一个极大的隐患。

在本书的研究过程中，无论是语音信号、声信号，还是加速度振动信号，利用软件的方法直接将这些信号转化成为数字化音频信号，对信号的处理效果进行直接的测试、分析与评价，由此来确定正确的信号处理方案与思路，具体可以用图 8-2 描述。

图 8-2 信号的数字化音频测试示意图

由于把声信号、振动信号、电信号等动态时变信号转换成为数字化音频信号,利用人耳分辨信号的强大功能来区分各种具有"功能特征"信号的数字化音频测试技术。通过采用数字化音频测试技术,对井场采集的多通道声信号进行试听、分辨与比较分析,得出所有同步测量的声信号内部所包含的信息是相似的,只是声信号、振动信号和电信号各自的侧重点不同。在进行钻井泵缸套振动信号的分析上,实现了活塞杆松动撞击、阀盘冲击泄漏、缸套磨滑、含砂冲磨等振动信号的识别与特征提取处理,对钻井泵故障的识别起到了极大的推动作用。采用模式滤波法,结合数字化音频测试技术,实现了基于功能特征的单信道混叠信号较为合理、完整的分离处理。由于能够对每一批次处理结果直接进行信号功能特征的音频测试,保证了信号分离的有效性,还极大地提高了对时频子波的操纵能力。在信号建模的研究中,将信号仿真与数字化音频测试技术相结合来识别各种仿真信号,以便全面了解振动信号的细节信息,实现信号系统振动特征与规律的量化描述。利用信号的数字化音频测试工具,可以较为系统、全面地分析时频子波参数变化与信号功能特征之间的联系,获得了各种典型的时频子波,以及基于组合音效平面图的时频子波分类、信号分离、机械设备工况的描述处理。数字化音频测试技术已经成为本书不可或缺的强有力工具,也必将在以后的研究工作中发挥更大的作用。

在开展信号过滤、信号分离和分类研究过程中,应当重视分离后信号的合理性和完整性。

作者曾经放飞过如下的梦想:如果将目前的管柱运动学、动力学理论、信号信息处理理论等类知识的结晶看成是生命体的意识与信息流,时频子波就是承载这些意识和信息流的生命体中的一个个细胞,功能特征信号就是生命体中的细胞群或组织体,而精细化动态结构模型是生命体的整个构架或骨架。物理世界运动和相互作用的理论给予生命体琼浆和血液,时频子波这一生命体最基本的构成单元依靠有序、规则与同步协调作用赋予基元信号以特殊的使命,功能特征信号形成整个生命的组织与功能单元,并使得精细化动态结构模型具有源源不断的生命力。基于系列时频子波声信号模型将信号信息系统的相互作用、相互联结、与外部物质世界相互交换物质和能量的过程,以及这些过程的外化表现,融合在一个统一的理论构架和实际操作应用的模型之中,具有非常好的通用性和普适性,应用前景非常广阔。通过本书的努力,已经在这条通往梦想的路上又扎扎实实地前进了一大步。

　　人类已经步入了智能化的新时代,沐浴着智能的春风,我们必将面临科学认知的大爆发和工业技术的大变革。让我们张开怀抱,放飞梦想,去祈望热烈迎接这个新时代,激情满怀铸就这个新时代!

参考文献

［1］吕苗荣,刘绪. 果蝇鸣声信号结构分析与时频子波建模［J］. 噪声与振动控制,2021,41(6)：105－111.

［2］吕苗荣,古德生. 工程信号处理新方法探索——最优频率匹配法和模式滤波法研究与应用［M］. 上海：上海交通大学出版社,2014.

［3］吕苗荣,张晓晶. 机械设备声振信号结构学［M］. 上海：上海交通大学出版社,2018.

［4］宋一晨,吕苗荣,陆健. 钻井管柱振动信号系统仿真研究［J］. 石油机械,2015(10)：34－41。

［5］唐权钧,姜宇东,赵德斌. 用特征线法进行一维波动方程反演的直接算法［J］. 石油物探,1999,38(1)：44－53.

［6］陈潜,邢晓凯,王炜硕. 基于特征线法的输气管道泄漏瞬态仿真与分析［J］. 科学技术与工程,2017,17(30)：217－222.

［7］邓东平,李亮,赵炼恒. 基于特征线法的锚杆(索)锚固质量应力波检测方法［J］. 中南大学学报(自然科学版),2015,46(12)：4625－4633.

［8］吕苗荣,张晓晶. 声振信号结构分析［M］. 上海：上海交通大学出版社,2022.

［9］吕苗荣. 石油工程管柱力学［M］. 北京：中国石化出版社,2012.

［10］Cawley P, Adams R D. The mechanics of the coin-tap method of nondestructive testing ［J］. Journal of Sound Viration,1988(122)：299－316.

［11］Cawley P, Adams R D. Sensitivity of the coin-tap method of nondestructive testing ［J］. Materials Evaluation,1989,47(5)：558－563.

[12] Cawley P. Low-frequency NDT techniques for the detection of disbonds and delaminations [J]. British Journal of Non-Destructive Testing, 1990, 32(9): 454 − 461.

[13] Raju P, Patel J, Vaidy a U. Characterization of defects in graphite fiber based composite structures using the Acoustic Impact Technique(AIT) [J]. Journal of Testing Evaluation, 1993(21): 377 − 395.

[14] Mackieri, Vardy A E. Applying the coin-tap test to adhesives in civil engineering: A numerical study [J]. Elsevier, 1990, 10(3): 215 − 220.

[15] Peters J J, Barnard D J, Hudelson N A, et al. A prototype tap test imaging system: Initial field test results [J]. AIP Conference Proceedings, 2000, 509(1): 2053.

[16] Wu H, Mel S. Correlation of accelerometer and microphone data in the "Coin Tap Test" [J]. IEEE Transactions on Instrumentation and Measurement, 2000, 49(3): 493 − 497.

[17] Baglio S, Savalli N. "Fuzzy tap-testing" sensors for material health-state characterization [J]. IEEE Transactions on Instrumentation and Measurement, 2006, 55(3): 761 − 770.

[18] Wheeler A S. Nondestructive evaluation of concrete bridge columns rehabilitiated with fiber reinforced polymers using digital tap hammer and infrared thermography [D]. West Virginia: West Virginia University, 2018.

[19] Joshi R M. Nondestructive evaluation of FRP composite bridge componenets using infrared thermography and digital tap testing [D]. West Virginia: West Virginia University, 2018.

[20] Kong Q, Zhu J, HO S C M, et al. Tapping and listening: a new approach to bolt looseness monitoring [J]. Smart Materials and Structures, 2018, 27(7): 2 − 7.

[21] 冷劲松,杜善义,顾震隆. 配橡胶内衬复合材料板壳的敲击法无损检测[J]. 材料科学与工艺,1993(2): 51 − 55.

[22] 冷劲松,杜善义,王殿富,等. 复合材料结构敲击法无损检测的灵敏度研究 [J].复合材料学报,1995(4): 99 − 105.

［23］郭秀琴. 瞬态敲击法在基桩质量无损检测中的应用［J］. 铁道工程学报，1997(3)：108-113.

［24］闫晓东. 飞机复合材料结构智能敲击检测系统研究［D］. 南京：南京航空航天大学，2007.

［25］冯康军，李艳军. 小波分析在飞机复合材料结构智能敲击检测中的应用研究［J］. 飞机设计，2010,30(5)：20-22.

［26］王铮，李硕宁，郭广平. 敲击检测技术在某雷达天线罩在役检测中的应用［J］. 无损检测，2012,34(6)：29-32.

［27］陶鹏，赵一中，姚恩涛，等. 基于敲击声振法的风机叶片脱层检测系统设计［J］. 测控技术，2014,33(4)：12-15.

［28］陈华华. 风电叶片脱层的无损检测技术研究［D］. 南京：南京航空航天大学，2015.

［29］梁钊，邱晓梅，王峰，等. 基于能量特征的刹车片内部缺陷检测方法［J］. 组合机床与自动化加工技术，2018(11)：89-91.

［30］郭开龙，张厚江，管成，等. 木构件局部敲击振动信号的时域分析与研究［J］. 林业机械与木工设备，2019,47(2)：42-46.

［31］李瑾行，鸿彦吴，叶丽，等. 基于敲击声音信号的墙体内管道探测方法［J］. 国外电子测量技术，2022,41(2)：1-6.

［32］Armstrong P R，Stone M L，Brusewitz G H. Peach firmness determination using two different nondestructive vibrational sensing instruments［J］. Transactions of the Asae, 1997, 40(3)：699-703.

［33］Shmulevich I，Galili N，Rosenfeld D. Detection of fruit firmness by frequency analysis［J］. Transactions of the Asae, 1996, 39(3)：1047-1055.

［34］王书茂，籍俊杰. 西瓜成熟度无损检验的冲击振动方法［J］. 农业工程学报，1999,15(3)：241-245.

［35］王俊，滕斌，周鸣. 梨敲击激励后产生的动力学特性研究［J］. 农业机械学报，2004,35(2)：65-68.

［36］王俊，腾斌. 桃下落冲击动力学特性及其与坚实度的相关性［J］. 农业工程学报，2004,20(1)：193-197.

［37］Oveisi Z，Minaei S，Rafiee S，et al. Application of vibration response

technique for the firmness evaluation of pear fruit during storage [J].
Journal of Food Science and Technology，2014，51(11)：3261 - 3268.

[38] 吴雪.鸡蛋裂纹损伤检测的声振分析方法研究[J].食品与机械,2014(6)：
10 - 13.

[39] 徐虎博,吴杰,王塱鹏,等.库尔勒香梨动态频谱响应特性的研究[J].现代
食品科技,2015(3)：71 - 76.

[40] 陆勇,李臻峰,浦宏杰,等.基于声振法的西瓜贮藏时间检测[J].浙江农业
学报,2016,28(4)：682 - 687.

[41] 陈诚.蛋壳裂纹高通量在线检测技术研究[D].镇江：江苏科技大学,2020.

[42] 余焕伟.基于高斯混合——隐马尔可夫模型的特种设备敲击检测[J].无损
检测,2021,43(8)：14 - 20.

[43] 郭鑫,彭博,丁保安,等.柴油机齿轮敲击噪声分析与优化[J].内燃机与动
力装置,2021,38(6)：54 - 58.

[44] 杨靖,吴杰,张勇,等.活塞摩擦与敲击特性关键影响参数的优化研究[J].
内燃机工程,2021,42(2)：95 - 103.

[45] 辛红伟,安伟伦,武英杰.风电齿轮箱两级齿圈故障下振动信号幅值耦合调
制建模[J].振动与冲击,2021,40(22)：221 - 233.

[46] 周敏瑞,胡爽,夏志鹏,等.汽油发动机部分负荷工况 PCV 阀敲击噪声优化
[J].小型内燃机与车辆技术,2022,51(5)：68 - 73.

[47] 冀军鹤,石纬纬,徐飞飞,等.涡旋式空调压缩机阀片敲击音及声品质指标
研究[J].压缩机技术,2022(5)：44 - 47.

[48] 闫铁,王雪刚,李杉,等.钻柱轴向与横向耦合振动的有限元分析[J].石油
矿场机械,2012,41(3)：39 - 42.

[49] 汪志强,李学斌,黄利华.基于波传播方法和多元分析的正交各向异性圆柱
壳振动特性研究[J].振动与冲击,2018,37(7)：227 - 232.

[50] 郝芹,何程.波传播法分析两端固支轴向运动梁的横向振动[J].噪声振动
与控制,2007,27(1)：41 - 44.

[51] 崔士波,葛洪魁,陆斌,等.钻柱振动信号特征及多次波成像[J].地球物理
学进展,2010,25(2)：714 - 720.

[52] Koo G H , Park Y S. Vibration reduction by using periodic supports in a
piping system [J]. Journal of Sound and Vibration, 1998, 210(1)：53 -

68.

[53] 吴江海,尹志勇,孙玉东.周期支撑充液管路轴向振动特性分析[J].中国造船,2020,61(2):136-143.

[54] Finnie L,Bailey J J. An Experimental Study of Drill-String Vibration [J]. Journal of Engineering for Industry, 1960, 82(2): 129-135.

[55] Deily F H, Dareing D W, Paff G H, et al. Downhole measurements of drill string forces and Motions [J]. Journal of Manufacturing Science & Engineering, 1968, 90(2): 217-255.

[56] 马斐. 实测钻柱振动特征分析[J].天然气工业,1997,17(2):48-51.

[57] 刘志国,郭学增. 频谱技术与地层信息[J].石油钻探技术,1999,27(2):21-22.

[58] 刘志国,郭学增.钻柱应力波频谱分析技术的应用[J].录井技术,1999,10(2):20-24.

[59] 高岩,陈亚西,郭学增.钻柱振动信号采集系统及谱分析[J].录井技术,1998,9(3):44-51.

[60] 高岩,武凤旺,梁占良.钻柱振动声波录井技术方法及应用实例[J].录井工程,2009,20(1):1-5.

[61] 金朝娣,能昌信,王振翀,等.基于 STFT 的钻柱振动信号分析与应用[J].煤矿开采,2011,16(2):29-32.

[62] 刘瑞文,管志川,李春山.钻柱振动信号在线监测及应用[J].振动与冲击,2013(1):60-64.

[63] 王潜龙,王冶,冯全科,等.钻进过程中基于小波包理论的岩性识别研究[J].石油学报,2004,25(3):91-94.

[64] 韩韧.矿井钻机随钻测振方法及其应用[D].徐州:中国矿业大学,2016.

[65] 刘刚,张家林,刘闯,等.钻头钻进不同介质时的振动信号特征识别研究[J].振动与冲击,2017,36(8):71-78.

[66] 李占涛,林小国,宋春霞.岩石钻孔振动与声波频谱特性实验研究[J].地下空间与工程学报,2019,15(4):1008-1015.

[67] 付孟雄,刘少伟,范凯,等.煤巷顶板锚固孔钻进钻杆振动特性数值模拟研究[J].采矿与安全工程学报,2019,36(3):473-481.

[68] 洪国斌.振动时频图像的实时岩性识别[D].北京:中国石油大学,2019.

［69］ 黄仁东,徐国元,刘敦文,等.运用信号声音提高声波成析成像探测的针对性[J].西部探矿工程,2005(4):1－2.

［70］ 吕苗荣,陈志强,李梅.机械设备声振弱信号分离的新方法[J].化工机械,2011,38(5):525－530.

［71］ 吕苗荣,李梅.车刀振动信号研究及磨损工况识别[J].机床与液压,2012,40(1):65－71.

［72］ 吕苗荣,王茜.模式滤波法分离井场振动信号的应用实践[J].噪声振动与控制,2010,30(2):107－110.

［73］ 李军强,冯军刚,方同.钻井液阻尼对钻柱动力失稳的影响[J].石油机械.1999,27(7):30－33.

［74］ 吕苗荣,古德生.声信号分离基本原则与分离方法[J].中南大学学报(自然科学版),2004,35(1):62－66.

［75］ 王茜,吕苗荣,刘亚军,等.钻井泵振动信号分离与特征提取的研究[J].石油机械,2010(3):54－56.

［76］ 吕苗荣,陈志强,李梅.机械设备声振弱信号分离的新方法[J].化工机械,2011,38(5):525－530.

［77］ 吕苗荣,李梅.车刀振动信号研究及磨损工况识别[J].机床与液压,2012,40(1):65－71.

［78］ 吕苗荣,刘志成,裴峻峰,等.面向故障诊断的钻井泵动力学系统仿真分析[J].系统仿真学报,2014,26(7):1598－1606.

［79］ 侯吉林,欧进萍,Jankowski L.基于局部主频率的子结构损伤识别研究与实验[J].工程力学,2012,29(9):99－105.

［80］ Banan M R, Hjelmstad K D. Parameter Estimation of Structures from Static Response II: Numerical Simulation Studies [J]. Journal of Structural Engineering, 1994, 120(11): 3259－3283.

［81］ 徐先峰,张华竹,段晨东.鲁棒独立分量分析在结构损伤特征提取中的应用[J].计算机与数字工程,2019(3):508－512.

［82］ 赵一男,公茂盛,杨游.结构损伤识别方法研究综述[J].世界地震工程,2020,36(2):73－84.

［83］ 许策,赵相霞,章新华,等.混响背景下主动声呐接收信号的可分离性探讨[J].声学技术,2010,26(3):327－330.

［84］ 毕岗,曾宇. 类傅立叶变换的多分量信号分离重构［J］. 电子与信息学报，
  2007,29(6)：1399－1402.

［85］ 向强,秦开宇,张传武. 基于线性正则变换的时频信号分离方法［J］. 电子科
  技大学学报,2010,39(4)：570－573.

索 引

总体国家安全观系列丛书

气候变化与国家安全

Climate Change and National Security

总体国家安全观研究中心
中国现代国际关系研究院 　著

时事出版社
北京

编委会主任

袁　鹏

编委会成员

袁　鹏　傅梦孜　胡继平

傅小强　张　力　王鸿刚

张　健

主　编

郭晓兵　唐新华

撰稿人

梁建武　姚　琨　张　锐

孙　冉　田京灵　陈子楠

韩一元　周宁南　孙榕泽

郭晓兵　唐新华

总体国家安全观
系列丛书

《气候变化与国家安全》
分册

总　序

东风有信，花开有期。继成功推出"总体国家安全观系列丛书"第一辑之后，时隔一年，在第七个全民国家安全教育日来临之际，"总体国家安全观系列丛书"第二辑又如约与读者朋友们见面了。

2021 年丛书的第一辑，聚焦《地理与国家安全》《历史与国家安全》《文化与国家安全》《生物安全与国家安全》《大国兴衰与国家安全》《百年变局与国家安全》六个主题，凭借厚重的选题、扎实的内容、鲜活的文风、独特的装帧，一经面世，好评不断。这既在预料之中，毕竟这套书是用了心思、花了心血的，又颇感惊喜，说明国人对学习和运用总体国家安全观的理论自觉和战略自觉空前高涨，对国家安全知识的渴望越来越迫切。

在此之后，总体国家安全观的思想理论体系又有了新的发展，"国家安全学"一级学科也全面落地，总体国家安全观研究中心的各项工作也全面启动。同时，中国面临的国家安全形势更加深刻复杂，国际局势更加动荡不宁。为此，我们决定延续编撰丛书第一辑的初心,延展对总体国家安全观的研究和宣介,由此有了手头丛书的第二辑。

装帧未变,只是变了封面的底色;风格未变,只是拓展了研究的领域。依然是六册,主题分别是《人口与国家安全》《气候变化与国家安全》《网络与国家安全》《金融与国家安全》《资源能源与国家安全》《新疆域与国家安全》。主题和内容是我们精心选定和谋划的,既是总体国家安全观研究中心成立以来的一次成果展示,也是中国现代国际关系研究院对国家安全研究的一种开拓。

与丛书第一辑全景式、大视野、"致广大"式解读国家安全相比,第二辑的选题颇有"尽精微"之意,我们有意将视角聚焦到了国家安全的不同领域,特别是一些最前沿的领域:

在《人口与国家安全》一书中,我们突出总体国家安全观中以人民安全为宗旨这根主线,强调"民惟邦本,本固邦宁"。尝试探求人口数量、结构、素质、分布和迁移等要素,以及它们如何与经济、社会、资源和环境相互协调，最终落到其对国家安全的影响。

在《气候变化与国家安全》一书中，我们研究气候变化如何影响人类的生产生活方式和社会组织形态，如何影响国家的生存与发展，以及由此带来的国家安全风险。从一个新的视角理解统筹发展和安全的深刻内涵。

在《网络与国家安全》一书中，读者可以看到，从数据安全到算法操纵，从信息茧房到深度造假，从根服务器到"元宇宙"，从黑客攻击到网络战，种种现象的背后，无不包含深刻的国家安全因素。数字经济时代，不理解网络，不进入网络，不掌握网络，就无法有效维护国家安全和理解国家安全的重要意义。

在《金融与国家安全》一书中，我们聚焦金融实力是强国标配、金融紊乱易触发系统性风险等问题，从对"美日广场协议""东南亚金融海啸""美国次贷危机"等教训的省思中，探讨如何规避金融领域的"灰犀牛"和"黑天鹅"，确保国家金融安全。

在《资源能源与国家安全》一书中，我们考察了从石器时代、金属时代到钢铁时代，从薪柴、煤炭到化石燃料、新能源的演进过程，重在思考资源能源既是人类生存的前提，更是国家发展的基础、国家安全的保障。

在《新疆域与国家安全》一书中，我们把目光投向星辰大海，放眼太空、极地、深海，探讨这些未知或并不熟知的领域如何影响国家安全。

上述六个主题，只是总体国家安全观关照的新时代国家安全的一小部分领域，这就意味着，今后我们还要编撰第三辑、第四辑。这正是我们成立总体国家安全观研究中心的初衷。希望这些研究能使更多的人理解和应用总体国家安全观，不断增强国家安全意识，共同支持和推动国家安全研究和国家安全学一级学科建设。

"今年花胜去年红。"我们期待，这套"总体国家安全观系列

丛书"的第二辑依然能够获得读者们的青睐，也欢迎提出意见和
建议，便于我们不断修正、完善、改进。

是为序。

总体国家安全观研究中心秘书长
中国现代国际关系研究院院长　　　袁鹏

前　言

气候变化关乎国家兴亡。董仲舒说，天不变道亦不变。如果予以抽象继承，天可谓之气候，道可谓之人类的生产生活方式和社会组织形态。如果气候相对稳定，那么人类的生产生活方式、社会组织形态可保持大致稳定。但如果气候突变，那么人类的生产生活方式、社会组织形态也要随之而变。国家作为人类社会的重要组织形态，其兴衰存亡与气候变化息息相关。就中国而言，中国国家形态的最初构建便是气候变化的产物。中国王朝历史始于夏，夏始于大禹，大禹功在治水。而当时洪水泛滥、浩浩滔天是气候阶段性变化所致。某些西方历史学家称中国为治水社会，如果剔除其文化和意识形态偏见，这种说法倒也从一个侧面解释了古代中国的集权国家为何出现那么早、延续时间那么长。后世兴衰治乱也多与气候因素隐隐相关。中国气象学家竺可桢通过研究五千年气候史得出结论，认为汉唐盛世时中国气候比较暖和，北方多有梅竹，山东遍植桑麻。中外史学家也多认为，南北朝与宋明之际，游牧民族南下中原与气候阶段性变冷、草原生活不足以自给有关。就国外而言，古巴比伦、古埃及文明均因大旱而衰亡，北欧海盗因气候阶段性变暖而兴起，相关例证不一而足。

但本书所讲气候变化与历史上所讲气候变化有所不同。在工业革命以前，人类主要处于自然气候之中，过去 60 万年曾经历 6 轮寒热变迁，但当时变迁是太阳周期、火山爆发、地球轨道摆动等自然变化所致。而工业革命以来，人类活动对气候的影响越来越大，以至于近 150 年来出现明显的气候变暖趋势，升温幅度之大、速度之快为两千年来所仅见。科学界主流观点认为气候变暖是大势所趋，人类活动是快速变暖的主要原因，其中温室气体排放又是导致气候变化的主要因素。如同历史上一样，气候变化继续影响着国家的生存和发展。而与历史上不同的是，现在经历的气候变化剧烈而迅猛，影响广泛而深远。即使对气候变化有所怀疑的人看到融化的北极冰川、上升的海平面、频发的极端天气，也越来越感到忧心和不安。由此引发的次生危机繁多，如粮食危机、气候难民、水冲突、气候政治等。天行无常，是人类面临的一大空前变局，也是国家治理和安全面临的一大空前变局。

正如恩格斯所说，"不要过分陶醉于我们对自然界的胜利。对于每一次这样的胜利，自然界都报复了我们"。工业革命以来，人类充满自信，一路高歌猛进，现在到了反思和改变的时候。我们应该以更宽广的视野、更系统的思维看待天与人的关系，认识到人作为万物之灵，肩负赞天地之化育的重大使命，在应对气候变化方面要有特殊的担当。

在气候变化问题上，我们不是悲观主义者或宿命论者。人之所以为人，正在于其强大的适应能力。华夏始祖曾经适应气候变化而创建了最早的国家。今天我们也能为减缓和适应气候变化做出自己的巨大贡献。一方面，中国作出了庄严承诺，到 2030 年前实现碳达峰，2060 年前实现碳中和，积极推动全球气候治理进程；另一方面，我们也要未雨绸缪，在国土安全、军事安全、社会安全等方面早做准备，应对气候变化带来的新挑战。

本书框架结构以总体国家安全观为指导，聚焦气候变化与国家安全的关系，共分十二章，首先概述当前气候变化走势及由此产生的极端气候灾害，然后分叙气候变化对粮食安全、政治安全、社会安全、国土安全、极地安全、军事安全、水安全、能源安全、金融安全等国家安全重要领域的影响，最后以国际气候政治博弈及中国生态文明之路作结。其中第一章、第九章、后语作者唐新华、第二章作者周宁南、第三章作者梁建武、第四章作者孙冉、第五章作者田京灵、第六章作者陈子楠、第七章作者孙榕泽、第八章作者张锐、第十章作者韩一元、第十一章作者姚琨。全书力求深入浅出，希望对读者初步了解气候变化与国家安全的关系有所帮助。这本书写作过程中，得到了张力、刘军红、李锴等各位老师指教，在此一并致谢。气候变化专业性强，与国家安全的关系千头万绪，因为著者专业所限，本书难免有不足之处，还望方家不吝赐教。

《气候变化与国家安全》课题组

目　录

目录

目录

目录

1

第一章

气候临界：
加速到来的世纪
"灰犀牛"

　　2021 年 4 月 16 日，在中国云南玉溪市元江县与普
洱市墨江县相邻的一座山头上突然出现了 17 头亚洲象。
这群"巨无霸"自 2020 年 3 月拖家带口离开"老家"
西双版纳，从墨江县北迁，一路经过玉溪市、元江县、
石屏县等地。亚洲象群如此大时空迁移很罕见，突破了
有研究记载以来中国亚洲象传统的栖息范围。

云南迁徙的亚洲象群 >

气候临界：加速到来的世纪"灰犀牛"

为什么长期生活在云南南部的野生象群要进行大时空迁移？追根溯源，其诱因之一为气候变化。气象观测发现，云南西双版纳地区近60年来呈现显著的干热化趋势，气温平均上升1.58℃，相对湿度和降水日数显著减小，这影响了西双版纳州的植被覆盖度。尤其是2010年以来，云南持续干旱、汛期降雨量少且时空分布极不均匀，使得大象离开传统栖息地去寻找水量更加丰富的"乐土"，云南野生象群栖息地气候条件的变化助推了象群大时空迁移。

一直以来，我们对气候变化影响的感受更多存在于高温、洪水等极端气候事件，但从云南象群大迁移可以看出，气候变化对中国生态系统的影响已深刻而复杂，且影响在不断加速。中国是受气候变化影响最为显著的地区之一，20世纪中叶以来的升温幅度高于全球平均水平。气候变化对中国的国土安全、粮食安全、水资源安全、生态安全、能源安全、关键基础设施安全、经济社会发展等诸多领域构成严峻挑战，且气候变化风险已向各领域传导、叠加、演变和升级，已成为重大的国家安全系统性风险。值得高度关注的是，气候变化在不断加速，全球温升加速逼近 1.5℃，即便新冠肺炎疫情大流行的"黑天鹅"使经济活动降温，也未能阻挡气候变化"灰犀牛"的步伐。

从1.2℃到1.5℃的步伐

2021 年诺贝尔物理学奖聚焦气候变化问题,两位气候学家真锅淑郎和克劳斯·哈塞尔曼获得诺贝尔奖,获奖的理由是两位科学家通过气候模型可靠地计算了二氧化碳浓度加倍后全球温度的变化。温室效应从 1827 年被提出到 2021 年诺贝尔物理学奖被首次授予气候学家,在这近 200 年气候变化科学的发展历程中,以真锅淑郎和哈塞尔曼为代表的气候学界经过百余年的努力和积累,为工业化以来的全球变暖成因问题提供了清晰的答案。

2011—2020 年是有气象记录以来最暖的十年,全球平均温度已比工业化前(1850—1900 年)水平高出约 1.2℃。进入 21 世纪的第三个十年之后,全球变暖迹象愈加明显。刚刚过去的 2021 年,全球平均温度(基于 2021 年 1—9 月数据)比 1850—1900 年的平均温度高出约 1.09℃,比 2011 年高出 0.18℃—0.26℃。温升与热浪相伴而生,美国西南部频现热浪,加利福尼亚死亡谷的温度达到 54.4℃,是美国大陆有记录以来最热的夏季。高温热浪导致重大野火的发生,加利福尼亚北部的迪克西山火历时 3 个月,过火面积达 39 万公顷,成为该州有记录以来最大的单次火灾；全球大部分海洋在 2021 年经历了至少一次"强"海洋热浪，北极的拉普特夫海和波弗特海在 2021 年 1—4 月经历了"严重"和"极端"海洋热浪，在一场异常、持久的西伯利亚热浪过程中，一个气象观测站测到了 38℃这一温度，这一温度记录被世界气象组织（WMO）确认为北极新的温度记录。由上述气候事件可以看出，当前全球变暖远远超出自然变迁的正常周期。

全球变暖最主要原因是温室气体的持续排放，诺贝尔物理学奖获得者真锅淑郎研究和开发出基于计算机的气象模型，得出结论认为地球温度随着大气中二氧化碳含量增加而升高，并以科学证据表明，人类活动正在导致平均气温升高。全球温升最主要原因是温室气体的持续排放，大气中吸热性温室气体〔包括二氧化碳（CO_2）、甲烷（CH_4）、氧化亚氮（N_2O）等〕水平再创新高。联合国环境规划署（UNEP）发现，过去十年全球温室气体排放量每年增长 1.5%，其中 CO_2 是大气中主要的长寿命温室气体，全球二氧化碳浓度在 2018 年达到了 407.8 ppm（百万分之一），是工业化前水平的 147%。尽管新冠肺炎疫情在全球肆虐，二氧化碳（CO_2）、甲烷（CH_4）和氧化亚氮（N_2O）等主要温室气体浓度仍然在继续增加，即便当前《巴黎协定》承诺完全兑现，世界仍将朝着 3.2℃升温方向迈进。

从 1992 年《联合国气候变化框架公约》（UNFCCC）通过，到 2015 年《巴黎协定》达成，全球为减缓气候变化一直在努力，但依然难以有效遏制全球气候变化加速的趋势。政府间气候变化专门委员会（IPCC）警告，全球温升一旦突破 1.5℃，气候灾害发生的频率和强度将大幅上升，如果全球温室气体排放量在 2020—2030 年无法按每年 7.6% 水平下降，世界将失去实现 1.5℃ 温控目标的最后机会，气候变化对人类的威胁正在不断加剧。

激活的临界点

政府间气候变化专门委员会（IPCC）在 20 年前提出气候"临界点"概念，也就是发生系统性气候风险的标志性事件。全球温升一旦突破临界点，气候灾害发生频率和强度将大幅上升，打破生态平衡危及动植物生存，破坏生物多样性并对地球上的水资源、能源、碳和其他元素循环产生复杂而深远的负面影响。

目前，全球 15 个"气候临界点"已有 9 个被激活，如北极海冰融化接近破纪录，格陵兰冰盖 1992—2018 年间损失了近 4 万亿吨冰，南极西部和北部冰原加速消融，远北冻土层开始融化，"地球之肺"亚马孙雨林在过去 20 年里一直在变干，高纬度森林的消失和变化正在以一种复杂的方式影响着北极的气候，海洋珊瑚礁大量白化，澳大利亚大堡礁开始消失，大西洋温盐环流减弱，越来越多的气候临界点被激活，气候临界点的激活正引发地球气候与生态系统的连锁反应。

格陵兰岛西部冰盖融化可能在未来全球气候系统变化中发挥关键作用。随着气温上升，整体冰盖高度降低，融化速率增加，大量淡水融入北大西洋，可能导致大西洋经向翻转环流（AMOC）的崩溃，这反过来又可能引发亚马孙雨林和热带季风系统等其他临界点的级联效应。

大西洋经向翻转环流就像一个巨大的海洋传送带，将温暖的赤道水在海洋上层向北输送，而较冷的水在更深的地方向南流动。洋流是由海洋温度和盐分浓度的差异驱动的，但随着来自格陵兰岛和北极冰层融化的淡水进入海洋，增加地表温度和降低盐度进而削弱了大西洋经向翻转环流。政府间气候变化专门委员会（IPCC）评估认为，来自格陵兰冰盖的意外融水流入可能引发大西洋经向翻转环流的崩塌，如果发生环流崩塌很可能会导致天气模式和水循环的突然变化，例如热带雨带向南移动，并可能导致非洲和亚洲季风减弱以及南方季风加强，如果大西洋经向翻转环流部分或完全坍塌将使整个北半球的温带地区降温，同时加剧南部的升温，导致欧洲冬天变得更冷、更多暴风雨，而夏天变得更干燥。

干旱使亚马孙雨林面临"大规模枯死"的风险。巴西中部目前正遭受 100 年来最严重的干旱，因为更持久的厄尔尼诺状态导致亚马孙盆地大部分地区干燥。由于亚马孙流域的大部分降水被回收利用，亚马孙森林损失通常会导致降水减少约 20%—30%，极端干旱、厄尔尼诺、火灾等造成的树木损失可能会将雨林推向所谓的"临界点",即无法再维持雨林水循环生态系统的阈值,这将导致更多的树木死亡,并引发整个拉丁美洲的剧烈气候波动。

海洋生态环境受气候变化影响也非常剧烈,由于海洋变暖,鱼类数量将向极地方向移动,2050年平均纬向范围将以每十年15.5千米到25.6千米的速度移动,导致热带地区生物灭绝率增高。气候变化正使得东太平洋厄尔尼诺现象变率增强,这将引起长江径流量的变化和海洋环境的改变,导致浙江近海鲐鲹类产卵场的时空错位并对鲐鲹类幼鱼的生长发育造成影响。全球暖化对水域生态系统的结构和功能长期影响是不可逆转,将成为世界渔

> 干旱使亚马孙雨林面临『大规模枯死』的风险

气候临界:加速到来的世纪"灰犀牛"　　　　　011

业下滑的主要因素之一。

珊瑚是所有海洋群落中最古老、最多产、生物多样性最强的生物，25%的海洋动植物只生活在珊瑚礁上，全球有5亿人依赖珊瑚礁作为他们蛋白质和收入的主要来源。维系海洋生物多样性稳定的珊瑚受气候变化影响显著，温室气体产生的热量有93%"储存"在海洋中，温度升高会导致珊瑚失去为其提供食物的共生藻类，当珊瑚失去共生藻类时会"饿死"，珊瑚死亡后的白色石灰石骨骼被称为"珊瑚白化"，过去30年在全球范围内有50%的珊瑚死亡。珊瑚礁的破坏不仅威胁到全球物种多样性，还威胁到生命产生新生命的基本能力，预计到2040—2050年大多数珊瑚礁将消失，构成其丰富生物多样性的绝大多数物种也将随之消失。

超过临界点会增加其他系统超越临界点的风险，物理气候与生态系统级联效应正急速增强并放大，气候临界贯穿大气圈、水圈、冰冻圈、陆地生物圈等多个圈层，对人类生存所依赖的地球系统带来系统性风险。

失稳的"极地涡旋"

2021年2月，一场历史性的寒潮席卷了美国南部得克萨斯州部分地区，该州遭遇了降雪、冰凌、冻雨等极端天气，造成路面结冰、道路被封，连续 12 天的温度低于 –32℃，气温骤降导致用电量暴增，电力供应中断，该州进入"电力紧急状态三级警报"。

科学界认为美国和北半球其他地区近年出现的异常寒冷的冬季天气恰恰是北极气候变暖的结果。通常，冬季的北极上空存在极地涡旋，将北极上空的冷空气与靠近赤道的较暖空气隔离。北极变暖导致北极海冰和积雪加速减少，极地涡旋速度减缓，并且伸展和波动，导致极地寒冷空气"泄漏"到中纬度地区。

极地涡旋是一种逆时针旋转的空气团，通常被约束在极地平流层下部，位于地球大气层和地面上方 10—50 千米之间，分布在中部（北纬 30 度到 60 度之间）或高纬度地区（北纬 60 度以上）环绕极地，也称为环极涡旋。平流层极地涡旋是由极地和中纬度地区之间的温差梯度驱动的。由于全球变暖使极地对流层高度膨胀，进而减少驱动极地急流的压差，使得极地涡旋"拉伸"和"失稳"，迫使北极极地冷空气向下移动到北美和西伯利亚地

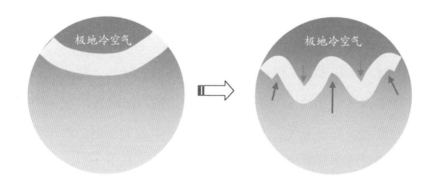

气候变化导致北极极地涡旋失稳

气候临界：加速到来的世纪"灰犀牛"

区。随着北极变暖和北极海冰的加速融化,极地和中纬度地区之间温度梯度降低削弱或减缓了急流,使极地涡旋进一步失稳。失稳的极地涡旋带来更加频繁的气候灾害,导致极端冬季风暴,包括 2021 年初席卷美国得克萨斯州的极寒灾害。

除了北美地区遭受极地涡旋带来的极端气候灾害外,近几十年来北极极地涡旋持续向欧亚大陆转移,在过去的 30 年中,极地涡旋在每年 2 月份持续向欧亚大陆转移并远离北美。1980—2015 年间,覆盖欧亚大陆的极地涡旋区域 2 月平均值显着增加。极地涡旋向欧亚大陆的迁移引起欧亚大陆平流层臭氧损失。由于极地涡旋向欧亚大陆移动,活性氯浓度高的气团被带到欧亚大陆,极地地区空气中的氯储库物种转化为活性氯,导致欧亚大陆持续的化学臭氧破坏。

中国地表 PM2.5 污染与亚洲极地涡旋(APV)强相关,北极大气环流主要影响中国北方 PM2.5 的污染水平,中国北方 PM2.5 和亚洲极地涡旋高度相关,北极冰冻圈增强了华北平原地区空气流动减弱的区域环流模式。由于中国地处季风带,当地冬季天气主要受 APV 活动影响。除了加剧空气污染外,当极涡面积增大时,长江东北、以南降水偏少,淮河、华西、西北大部分地区降水偏多。2021 年 7 月 17 日以来,我国河南省出现了历史罕见的极端强降雨天气,大部地区突降暴雨或大暴雨。由于受深厚的偏东风急流及低涡切变天气系统影响,再加上太行山区、伏牛山区特殊地形对偏东气流起到抬升复合效应，强降水区在河南省西部、西北部沿山地区稳定少动，地形迎风坡前降水增幅明显。随着极地涡旋向欧亚大陆转移，未来我国将面临极地涡旋引发的多重气候灾害威胁。

全球风险"倍增器"

极地涡旋只是气候变化的冰山一角。气候变化影响贯穿地球多个圈层，覆盖人类社会活动的大部分生存空间，是造成其系统性风险加速放大的根本原因，气候变化对国家安全和全球安全的风险，将演变为更加严重的系统性风险，成为威胁人类生存安全、发展安全、国家政权稳定、地缘政治冲突的风险"倍增器"。

生存安全——人与自然的矛盾。随着气候变化的影响加剧，极端气候事件对全球的影响更加频繁、剧烈、集中。新的研究发现，极端气候事件发生的概率取决于变暖速率，而不是全球变暖水平，过去人类社会低估了气候变化导致极端气候事件发生的概率，气候变化对人类生存安全的威胁正在加剧。伴随频率和强度不断增强的极端事件，如洪水、热浪或热带气旋，很多小岛国居民流离失所，出现大规模的"气候难民"，加利福尼亚、非洲和亚洲等地的干旱造成的土地退化影响了数百万人并引发了难民潮，难民潮又加剧国家边境的紧张关系。

气候变化会对农业和畜牧业产生负面影响，到 21 世纪末全球 1/3 的粮食将陷入零产量状态。《新英格兰医学杂志》报告指出，截至 2030 年气候变化将致使约 1 亿人陷入极端贫困，而贫困将使人们更容易受健康问题侵扰；到 2050 年，因气候变化导致的粮食短缺，将使全球成年人死亡人数净增加约 52.9 万。气候变化将影响粮食安全的四个维度：可用性、可及性、利用率和稳定性。

气候变化对"生命之源"——水资源也造成巨大影响，联合国发布《世界水发展报告》警示，气候变化将影响满足人类基本需求所需水的供给、质量和体量，从而损害数十亿人享有安全饮用水和卫生设施的基本权利。另外，全球平均气温的上升正在扩大传播疾病的媒介，改变传染源宿主与人体防御机制之间的关系。北冰洋是生物热点地区，正在成为病毒生物多样性的"摇篮"，这是由于北极气温的急速升高，导致大量前所未见的病毒、细菌和古细菌等微生物被释放，气候变化对生物圈的影响增加了新冠肺炎病毒流行的复合气候风险。因此，气候变化正在负向反馈，导致人与自然矛盾的加剧，对人类生存安全构成严重威胁。

发展安全——社会与自然的矛盾。气候危机对人类构成生存安全的同时，也对人类社会的发展构成严重冲击。人类社会的发展离不开能源、基础设施和城市的发展，而这三大重要资源正受到气候危机的威胁。

首先，全球应对气候变化最大的共识是尽早实现碳中和，而碳中和中最大的挑战在于能源绿色转型。当前大部分国家的能源结构仍以煤炭、石油等化石燃料为主，光伏、风电等新能源成本虽已下降，但大规模接入电网存在安全风险，且目前大规模储能技术尚未突破，这导致广大的发展中国家的能源绿色转型之路必然是漫长的。而当前美国、欧盟等正在对广大发展中国家施加压力以加速"去煤"以实现碳中和，这将对广大发展中国家保持经济强劲增长所依赖的能源持续需求带来巨大的国际约束，能源生产增长的限制将进一步制约广大发展中国家的发展。

其次，气候变化正对维持社会运转的基础设施构成威胁，洪水、干旱、荒漠化、野火和永久冻土融化等成为威胁基础设施的重要风险源，气候变化预测的不确定性对适应气候变化的基础设施规划带来了挑战，如洪水对水坝、道路、下水道和雨水排放系统等基础设施的破坏。2021年夏季发生在欧洲和中国华北地区的极端强降雨，对维持社会正常运行的道路、地铁、电力、通信等基础设施带来巨大破坏，气候安全直接影响关键基础设施的安全。据测算，气候变化对地球系统和人类系统带来的潜在经济损失，将超过全球GDP的5%—10%，重大自然灾害将导致经济损失超过GDP的一半以上。气候危机直接威胁到人类社会发展极度依赖的能源、基础设施、城市和经济发展，成为全球可持续发展的最大挑战。

国家政治稳定——国家与自然的矛盾。气候变化对国家内部冲突的影响将在未来20年对全球安全构成重大或更高的风险。气候变化的压力可能会加剧政治紧张局势、动乱和冲突,助长暴力极端主义。在2℃—4℃的中长期升温情景下,一些地区将经历温度升高,水资源竞争加剧,大规模人口流离失所,而社会动荡将导致持久的冲突和国家不稳定。不仅是脆弱和贫困的地区,全球所有地区都面临着重大或更高的安全风险。全球气温每升高0.5℃,发生冲突的风险就会增加10%—20%。气候变化正以多种方式破坏区域和全球安全,如气候变化在2007—2010年加剧干旱,使得叙利亚近200万农牧民流离失所,加剧该国内战爆发前的政治动荡。德国波茨坦气候影响研究所研究发现,气候变化显著增加了种族隔离国家发生冲突的可能性。因此,气候危机带来的生存安全、发展安全与政治安全相互交织,成为国家政治不稳定的重大系统性风险。

地缘政治冲突——国家与国家间的矛盾。气候变化对地球系统的区域影响会加剧原有的国家间地缘政治紧张,也带来新的地缘政治热点。当不平等、边缘化、排斥、治理不善、制度薄弱和宗派主义分歧等因素加上气候变化的影响,将导致地区政治、经济和社会动荡加剧。

当地球已经拉响"气候紧急状态"的警报,标志着气候变化对世界安全的大变局正在来临，生活在地球上的任何一个国家、地区、个人都将受到这一变局的影响。全球变暖的步伐在加速，激活的气候临界点正在发生级联效应，新的气候临界点也将被触发，北极变暖正在加剧极地涡旋的拉伸和失稳，并向欧亚大陆迁移，极端气候灾害也将更加频繁地威胁我国。极端天气加上新冠肺炎疫情造成的双重打击，与疫情有关的全球经济衰退未能抑制住气候变化驱动因素及其不断加速的影响，这进一步证明即使全球经济陷入完全停摆，都已无法阻碍气候危机"灰犀牛"的到来。这种不断加速的系统性风险将给国家安全、国际安全乃至人类文明生存带来更加紧迫的威胁。

参 考 文 献

1 《大象奇游记——云南亚洲象群北
   移南归纪实》，新华网，http://www.
   xinhuanet.com/politics/2021-08/11/
   c_1127749498.htm。

2 姚平、寇卫利、王秋华、韩永涛：
   《近60年来西双版纳气候变化及其
   与橡胶种植关系研究》，《林业调查规
   划》2020年3月。

3 中国气象局气候变化中心：《中国气
   候变化蓝皮书2020》，科学出版社
   2020年版。

4 张海滨：《气候变化与中国国家安
   全》，时事出版社2010年版。

5 Climate change indicators and impacts
   worsened in 2020, WMO, https://pub-
   lic.wmo.int/en/media/press-release/
   climate-change-indicators-and-im-
   pacts-worsened-2020.

6 State of Climate in 2021: Extreme
   events and major impacts,WMO,
   https://public.wmo.int/en/media/

press-release/state-of-climate-2021-
extreme-events-and-major-impacts.

7 WMO recognizes new Arctic tem-
   perature record of 38ºC,WMO,
   https://public.wmo.int/en/media/
   press-release/wmo-recogniz-
   es-new-arctic-temperature-re-
   cord-of-38%E2%81%B0c.

8 Emissions Gap Report 2019,UN Env-
   ironment Programme,https://www.
   unenvironment.org/resources/emis-
   sions-gap-report-2019.

9 Climate change and impacts accele-
   rate, WMO, https://public.wmo.
   int/en/media/press-release/cli-
   mate-change-and-impacts-accelerate.

10 Global Warming of 1.5ºC, IPCC,
   https://www.ipcc.ch/sr15/.

11 Lenton T. ,Early warning of climate
   tipping points. Nature Climate Chan-
   ge, https://doi.org/10.1038/ncli-

气候变化与国家安全

mate1143.

12　Timothy M. Lenton, et al., Climate tip-ping points—too risky to bet against，Nature, 2019.

13　Temperature rises threaten ocean flow catastrophe in the Atlantic,FT,https://www.ft.com/content/cc9e6267-13da-411a-a403-0b3960d27e05.

14　Timothy M. Lenton, et al., Tipping ele-ments in the Earth's climate system, PNAS, February 12, 2008.

15　Zemp D., Schleussner CF., Barbosa H. et al., Self-amplified Amazon forest loss due to vegetation-atmosphere feedbacks, Nature Communications, 2017.

16　洪华生、何发祥、杨圣云:《厄尔尼诺现象和浙江近海鲐鲹鱼渔获量变化关系——长江口 ENSO 渔场学问题之二》,《海洋湖沼通报》1997 年 4 月。

17　黄长江、董巧香、林俊达:《全球变化对海洋渔业的影响及对策》,《台湾海峡》1999 年第 4 期。

18　Robert Watson, An Overview of the IPBES Global Assessment on Biodi-versity and Ecosystem Services: Highlighted Findings, https://science.house.gov/imo/media/doc/Wat-son%20Testimony.pdf.

19　Quirin Schiermeier, Freak US winters linked to Arctic warming, Nature , Sep-tember 3, 2021.

20　Jennifer A. Francis, Evidence linking Arctic amplification to extreme weather in mid-latitudes, Geophysical Re-search Letters, Volume 39, Issue 6, March 28, 2012.

21　Zhang J., Tian W., Chipperfield M. et al., Persistent shift of the Arctic polar vortex towards the Eurasian continent in recent decades, Nature Climate Change, 2016.

22   Zhang J., Tian W., Xie F. et al., Stratospheric ozone loss over the Eurasian continent induced by the polar vortex shift, Nat Communications, 2018.

23   Zhou L., Zhang J., Zheng X. et al., Teleconnection between the Asian Polar Vortex and surface PM2.5 in China, Scientific reports, 2020, https://doi.org/10.1038/s41598-020-76414-6.

24   Yufei Zou, et al., Arctic sea ice, Eurasia snow, and extreme winter haze in China, Science Advances, March 15, 2017, Vol 3, Issue 3.

25   《河南为什么发生强降雨? 卫星视角解释清了》, 新华网, http://www.news.cn/multimediapro/20210721/05c152aa193744d98a329835a281d65a/c.html。

26   A Security Threat Assessment of Global Climate Change, THE CENTER FOR CLIMATE & SECURITY, https://climateandsecurity.org/a-security-threat-assessment-of-global-climate-change/.

27   Fischer E.M., Sippel S. &Knutti R., Increasing probability of record-shattering climate extremes, Nature Climate. Chang, 2021.

28   McLeman R, International migration and climate adaptation in an era of hardening borders, , Nature Climate. Chang, 2019.

29   Matti Kummu, Matias Heino, Maija Taka, Olli Varis, Daniel Viviroli, Climate change risks pushing one-third of global food production outside the safe climatic space, One Earth, April 2021.

30   Andy Haines, M.D., and Kristie Ebi, M.P.H., Ph.D, The Imperative for Climate Action to Protect Health, New England Journal of Medicine, January 17, 2019.

31 Christian Man, Brian Thiede, Beyond Yields: Mapping the Many Impacts of Climate on Food Security, March 30, 2021,https://www.csis.org/analysis/beyond-yields-mapping-many-impacts-climate-food-security.

32 UN World Water Development Report 2020: Water and Climate Change, UN, https://www.unwater.org/world-water-development-report-2020-water-and-climate-change/.

33 Sara Goudarzi, How a Warming Climate Could Affect the Spread of Diseases Similar to COVID-19, https://www.scientificamerican.com/article/how-a-warming-climate-could-affect-the-spread-of-diseases-similar-to-covid-19/.

34 Fondation Tara Océan, The Arctic Ocean, cradle of viral biodiversity, https://oceans.taraexpeditions.org/en/m/science/news/press-release-tara-oceans_cell/.

35 Phillips C.A., Caldas A., Cleetus R. et al., Compound climate risks in the COVID-19 pandemic, Nature Climate Chang, 2020.

36 Gregory Meyer, Biden faces backlash from US states to his clean energy agenda, https://www.ft.com/content/ee272395-2ea7-4175-bb19-996111f5a499.

37 IPCC, Climate Change 2013: The Physical Science Basis, Cambridge University Press, 2013.

38 UNDRR, The Human Cost of Natural Disasters: A Global Perspective, 2015.

39 International Military Council on Climate and Security, The World Climate and Security Report 2020, https://imccs.org/report2020/.

40 A Security Threat Assessment of

Global Climate Change, The Center for Climate and Security (CCS), https://climateandsecurity.org/a-security-threat-assessment-of-global-climate-change/.

41　Wie der Klimawandel Kon flikte anheizt, https://www.bosch-stiftung.de/de/news/wie-der-klimawandel-konflikte-anheizt.

42　Carl-Friedrich Schleussner, Armed-conflict risks enhanced by climate-related disasters in ethnically fractionalized countries, https://biotech.law.lsu.edu/blog/PN-AS-2016-Schleussner-9216-21.pdf.

43　Subcommittee on Intelligence and Emerging Threats and Capabilities Hearing:" Climate Change in the Era of Strategic Competition", https://armedservices.house.gov/2019/12/subcommittee-on-intelligence-and-emerging-threats-and-capabilities-hearing-climate-change-in-the-era-of-strategic-competition.

第二章

极端气候灾害
与治理

气候变化最直接的征兆之一就是极端气象事件发生频率剧增，各国纷纷遭遇百年不遇的气候灾害。欧洲本属典型的温带海洋性气候，但在 2021 年夏天遭受了史无前例的暴雨。德国、荷兰、比利时、卢森堡等国家的大量房屋和道路被冲毁，通信中断，上百人因暴雨引发的洪涝灾害死亡。美国西北部的夏天本是 20℃ 左右宜人的气候，突然遭遇历史性高温席卷，西雅图等地气温飙升超 40℃，道路因高温变形、出现裂缝，俄勒冈州波特兰电力电缆甚至因高温而熔化。

荀子曾说："天行有常，不为尧存，不为桀亡。应之以治则吉，应之以乱则凶。"当今时代与荀子的时代有了很大不同，天行有常变得天行无常，由于气候急剧变化，人类社会正进入一个"巨灾时代"。面临巨灾挑战，能否应之以治，主动识别风险，科学应对风险是对各国治理能力的巨大考验。

亚马孙的野火

2019 年是大规模森林火灾频发的"火年",其中引发国际社会高度关注的当属 2019 年 7—9 月亚马孙热带雨林发生的大规模火灾。亚马孙热带雨林在发生大火的 2 个月中,起火点数万个,过火面积近 1 万平方千米。大火产生的浓烟蔽日,巴西城市圣保罗白昼变黄昏,巴西、玻利维亚等亚马孙雨林所在的主要国家被迫出动军队灭火。法国总统马克龙、德国时任总理默克尔均表示,亚马孙大火是"国际危机"。这一年,世界其他地方还发生了比亚马孙更加严重的森林火灾。7—8 月,俄罗斯远东西伯利亚也发生了持续月余的森林大火,焚毁 2.6 万平方千米的原始森林。8 月,中非刚果原始森林平均每日起火点上万个,火情覆盖超过 260 万平方千米。9 月起,澳大利亚也发生了"有史以来"最严重的丛林大火,燃烧面积超过 17 万平方千米。

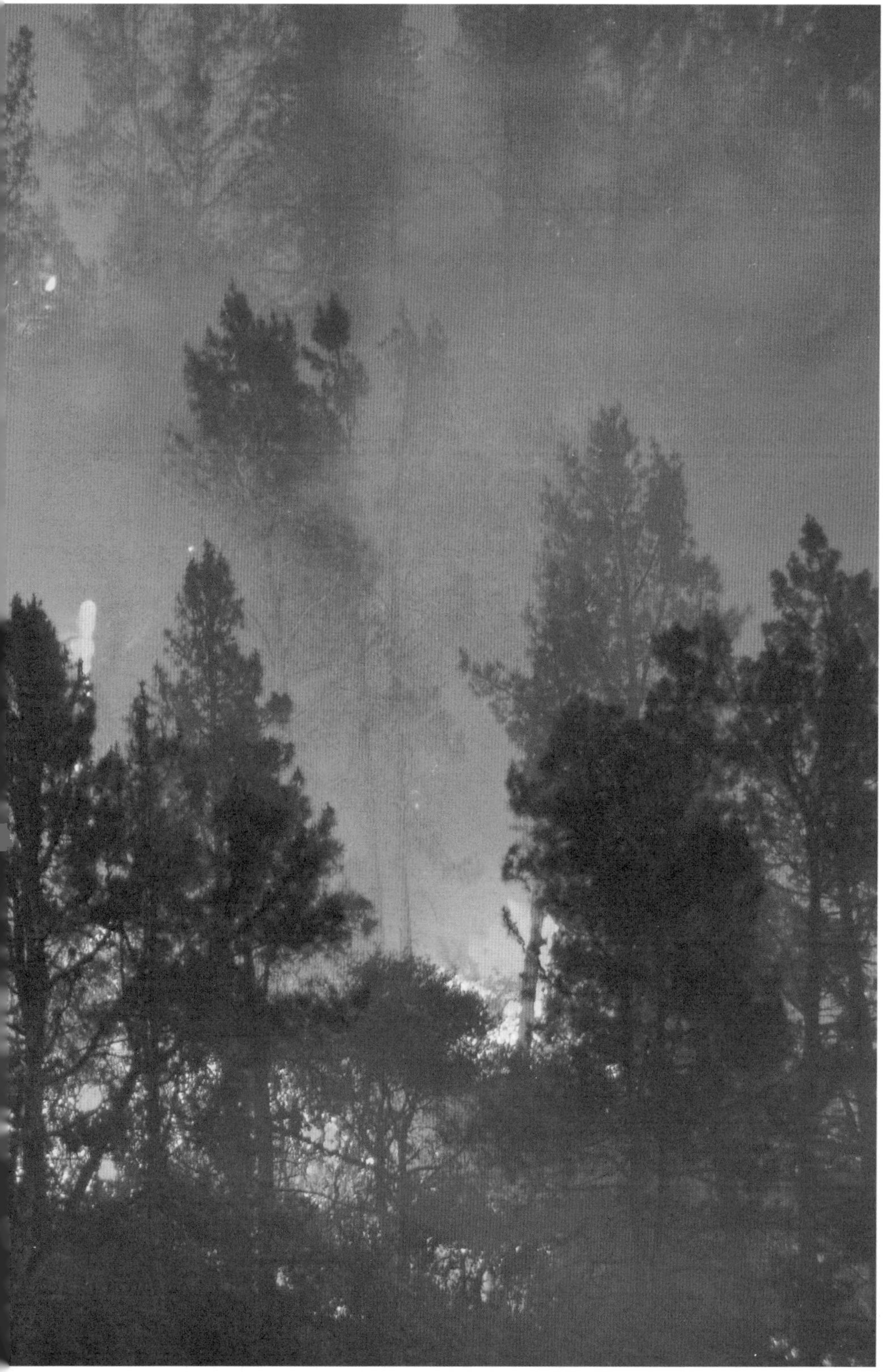

< 亚马孙热带雨林大火

森林大火并不罕见，亚马孙热带雨林等世界各地的丛林经常因为焚林造田、雷击等各种人为活动或自然原因起火。2014年，政府间气候变化专门委员会（IPCC）公布第五次评估报告时，还未确认森林大火等复合型事件与气候变化之间的联系。气候专家逐渐发现，气候变暖正在成为林火频发的主要驱动因素。

气候变暖主要从三个层面驱动森林大火：第一，延长了森林起火危险期。冬季、雨季温度很低，水分充沛，森林难以起火，抛去这些时期，每年的其他时期被称为"火险期"。气候变暖会让春季雪融事件提前，让夏季高温干旱期延长，从而延长森林火险期。第二，加快了地表可燃物堆积。发生高强度林火的临界条件是每公顷积累30吨地表可燃物。气候变暖会让更多的强降水、飓风、干旱和冰冻灾害等极端气候事件发生，导致大量林木折断和植被死亡，加速积累地表可燃物。2008年初发生在长江流域的低温雨雪冰冻灾害导致林木大批折断，平均地表可燃物增加到每公顷50吨，部分地区达到每公顷100吨。冰雪过后，2008年3月林火次数超过1999—2007年3月火灾次数总和，是3月平均火灾次数的11倍。第三，提高雷击起火概率。雷电击中树木时，树木较高的电阻将产生大量热量，导致树木起火。雷击起火是森林火灾的最主要原因，全球平均每年发生雷击森林火灾多达5万起，加拿大、美国超过70%的林区起火都属于雷击起火。气候变暖会使地表温度升高，增强地气之间对流，营造出有利于产生雷电的大气环境，提高雷击发生的概率。截至 2021 年，政府间气候变化专门委员会（IPCC）第六次报告确认，1950 年以来，气候变化导致欧洲南部、欧亚北部、美国、澳大利亚等地的天气利于林火发生。

森林大火对社会经济影响十分直接。一方面，每公顷树木的经济价值在 4000 美元左右，森林大火一次将带来数亿美元直接经济损失。另一方面，依托森林生态的农牧业会遭遇次生损失。在亚马孙大火中，过火面积最多的巴西丧失了全球最大的肉联企业 JBS 和汇丰银行等的农牧业投资。玻利维亚等周边国家的农牧业也遭受池鱼之殃。玻利维亚全国 30 万头牧牛失去赖以生存的牧场，玻利维亚商会估计，亚马孙大火令玻利维亚 2019 年 GDP 减半。

森林大火给全球带来的生态影响更加深远。首先，森林大火成为气候变暖的催化剂。森林通过光合作用从大气中吸收二氧化碳，每年吸收的二氧化碳占陆地吸收二氧化碳总量的 1/4，原本是巨大"碳汇"，能够缓解气候变暖。但是，气候变暖导致的森林大火正在威胁森林这一传统"碳汇"。2007 年一项研究表明，美国西部发生的大规模野火短短几周内就向大气释放了这些地区一整年汽车排放的二氧化碳。每年美国西部森林大火约释放 2.9 亿吨二氧化碳，相当于美国通过化石燃料燃烧释放的温室气体总量的 4%—6%。森林大火不但抵消了森林的固碳功能，还释放更多的温室气体，加剧气候变暖引发森林大火，森林大火又导致气候变暖的恶性循环。其次，日益频繁的森林大火令空气难以自然净化，威胁人类健康。森林大火会产生浓烟，一般情况下，烟雾含聚芳烃等致癌物质及 PM2.5 等大量细颗粒物，会在空气中大范围传播。气候变暖加剧森林大火之前，随着时间的推移，空气将自我净化。但是，根据美国各地 100 多个监测点对空气质量的观测结果，由于美国西北部每年都遭受野火重创，野火强度上升，1988 年至今，森林大火带来的空气污染比 30 年前要严重得多，而且有愈演愈烈之势，内华达州到蒙大拿州空气正逐渐丧失自我净化的能力。

大洪水

2021 年是气候变化导致全球洪水肆虐的标志性年份。11 月起，一场号称 "500 年不遇" 的特大洪水席卷了加拿大不列颠哥伦比亚省。大面积洪灾冲毁了多处铁路路基，承担货运主力重责的加拿大太平洋铁路公司和国家铁路公司在该省业务全部暂停，坐落于该省的加拿大最大港口温哥华港向外的油气管道被迫关闭，大量内销和出口货物堆积，导致整个加拿大供应链陷入混乱。该省与其他省份相连的公路干道被全部切断，成为一座巨大孤岛，加拿大一夜间仿佛回到 1871 年丧失太平洋出海口的境地。

除加拿大外，全球范围内也动辄出现上百年不遇的洪灾。2021 年 7 月，时任德国总理默克尔访美期间，德国遭遇巨大洪灾，近百人死亡，默克尔在白宫对遇难者表示慰问。9 月以来，美国东海岸各州降雨量奇大，9 月 1 日晚 21 时，纽约 1 小时内降水量达到 80 毫米，打破该地此前单小时 50 毫米降水量的历史纪录，纽约市长白思豪当晚宣布全市进入紧急状态，美国国家气象局历史上首次为纽约市发布紧急洪水预警；11 月，美国华盛顿州连日降雨导致洪水和泥石流，造成学校和公路关闭以及大规模断电。

早在 2007 年，政府间气候变化专门委员会（IPCC）发布的第四次评估报告中就已明确指出，1970 年以后与强降水相关的极端事件增加，气温每上升 1℃，强降水概率就会增加 5%—10%。气候变暖主要通过影响大气水循环来改变洪涝灾害发生的频度。大气中的水含量只占全球水循环系统总量的 1.5%，但却是全球水循环中最活跃部分，是全球降水的枢纽。一般来说，全球每升温 1℃，大气中可容纳的水含量约增加 7%，这一速率约为平均降水增加量的 2 倍。也就是说，随着全球变暖，大气中水含量增加的速度比降水量增加的速度快，因此大气中水含量增加。这些增加的水汽会在大气环流的作用下降落到局部地区形成强度更大的降水。在全球层面上，这表现为总降水量增加和降水极端性增强。

洪水对社会的破坏比野火大得多。洪水是受灾人口最多的灾害。2000—2015年，全球洪水受灾人口约为3亿，主要集中在南亚和东南亚地区，印度河、恒河和湄公河流域的受灾人口数量分别为1700万—1990万、1亿—1.3亿和2000万—3200万。洪水还对受灾人口具有持续影响。洪水会淹没受灾人口的土地和住房，受灾人口往往被迫离开赖以生存的土地，重建家园。2014年，南美洲因连日暴雨发生洪水，巴拉圭、巴西、阿根廷等国36万受灾人口被迫全部迁徙到新的地区。洪水的致命性也很强。洪水很容易由暴雨引发，一旦引发，瞬息之间就可致命。1989年，美国宾夕法尼亚州发生暴雨，冲垮了宾夕法尼亚约翰镇水坝的坝基，夺走了2200人的生命。在南美洲，过去50年中，洪水给该地区造成巨大的生命损失，因灾害身亡的人中的77%死于洪水。

洪水直接造成人员伤亡、财产损失、庄稼毁坏、牲畜损失、基础设施无法运营、经济业务无法开展等社会经济损失，有时洪水的直接损失甚至达上亿美元。2016年河北省"7·19特大暴雨洪涝灾害"中，河北省境内的漳卫南运河、子牙河水系等十几处支流河堤溃口，由此引发的山洪地质灾害使农作物受灾面积超过89万公顷，直接经济损失约80亿元。洪水所经地区，能源供应中断，经济活动停止。2005年，加拿大阿尔伯塔省遭遇洪灾，洪水所经的弓河（Bow）、埃尔博河（Elbow）、海伍德河（Highwood）和老人河（Oldman）及当地支流沿岸企业被迫关闭。阿尔伯塔省南部最大的卡尔加里市的市中心关闭近1周，服务业等许多行业难以维持。加拿大统计局估计，该省14%的就业人口停止工作，共损失750万小时的工作时间。2000—2019年，全球洪水损失估计为6510亿美元。

飓风"制造者"

2020年前，世界气象组织（WMO）曾使用希腊字母为世界上的飓风命名。2005年和2020年，全球形成的飓风数目超过了希腊字母数目，这样的趋势越发明显，以至于在2020年末，世界气象组织宣布将不再使用希腊字母命名飓风，并为2021年即将发生的飓风事件准备了备用命名清单。2021年，世界上的飓风事件丝毫没有减弱的迹象，截至10月，仅大西洋地区就已经出现了19个得到命名的飓风，此时，世界气象组织准备的飓风命名清单上只剩下2个名字可供未来发生的飓风使用。

除了延续2020年飓风事件高发外，2021年的飓风还唤起了美国对2005年"卡特里娜"飓风的恐惧回忆。2005年8月29日，飓风"卡特里娜"在美国南部路易斯安那州新奥尔良市登

陆，密西西比州、路易斯安那州、亚拉巴马州和佛罗里达州至少有 230 万居民受到停电的影响，有些城市甚至 90% 的建筑物遭到毁坏，新奥尔良市陷入无政府混乱状态。这次飓风共造成 1800 多人死亡，财产损失超过 1000 亿美元，成为美国历史上最严重的飓风灾害事件。

2021 年 8 月 29 日，飓风"艾达"登陆路易斯安那州，新奥尔良市和附近大部分地区电力中断、树木倒塌，桥梁道路损毁严重。路易斯安那州最大的电力供应商 Entergy 表示，至少有 10 个地区的电网完全被破坏，供电系统遭受了灾难性破坏。当地超过 110 万居民面临 39.4℃高温天气，已经持续 1 周断水断电，该州 23 个避难所中已接收了约 1500 人。路易斯安那州州长约翰·贝尔·爱德华兹表示，"艾达"是该州自 1850 年以来经历的最强风暴之一。美国总统拜登当日宣布路易斯安那州进入紧急状态。

自 1900 年以来，飓风发生的频率和破坏性就一直呈现增强的趋势。现在，飓风发生的频率已经是 100 年前的 3 倍以上。1979—1997 年，北大西洋共生成 777 个热带气旋，其中有 136 个为强飓风。1998—2017 年，北大西洋生成热带气旋 1572 个，其中达到强飓风标准的有 529 个。过去近 40 年，北大西洋生成强飓风的概率每十年增加 49%。同时，气候变暖也加剧了以飓风中心风速为代表的飓风强度。1960 年，北大西洋飓风在登陆一天内，飓风强度会衰减 75%，而当前飓风的衰减率为 50%。

气候变暖引起的海洋变暖是飓风发生频率、强度增加的重要原因。海洋吸收了温室气体产生热量的 90% 以上，正在加速变暖，这为孕育长时间飓风等天气"怪兽"提供了有利条件。美国国家大气研究中心的资深科学家凯文·坦伯特（Kevin Trenberth）说："温暖的海洋表面是风暴的主要燃料。"飓风的能量来自海洋中的热量，需要从海表吸收暖湿的水汽维持破坏力。过去 50 年中，北大西洋的海水温度升高了 0.6℃左右。在变暖海洋中生成的飓风可吸收和储存更多的水汽，衰减速度相应减慢。2017 年，飓风"哈维"就受益于墨西哥湾的温暖水域。这期间，北大西洋海水温度异常全线飘红，得克萨斯州附近水域温度突破 30℃，比历史基线值高出 1.5℃—4℃。这些水域是世界上最热的海洋表面之一。在这种不同寻常的温暖水域，热带风暴能够在大约 48 小时内从热带低压发展成为 4 级飓风。温暖的海洋还让飓风一直成长，增强其登陆后的威力。飓风通常会在近岸时搅动海洋，使深处温度较低的海水上移，令海洋表面温度下降，消耗飓风能量，并减弱飓风。但是，"哈维"飓风搅动了 100 米甚至 200 米深的水域，这些水由于气候变暖的原因，仍然很热，令"哈维"持续增长，一直加强。

飓风的英文是 hurricane，源自加勒比海传说中邪恶之神的名字。事实上飓风的危害与魔鬼的确堪有一比，它所经之处房屋被摧毁，道路被淹没，树木被连根拔起，船只被抛至岸边。飓风的破坏力主要由强风、暴雨和风暴潮三方面组成。飓风风速平均在 17 米/秒以上，甚至在 60 米/秒以上。大风及其引起的海浪可以把万吨巨轮抛向半空拦腰折断，也可把巨轮推入内陆，飓风级的风力足以损坏甚至摧毁陆地上的建筑、桥梁、车辆。飓风携带了大量水汽。2017 年的飓风"哈维"携带 340 亿吨水，相当于密西西比河日流量的 19 倍。飓风不但代表强风、暴雨，也代表着巨大能量。数百亿吨水从大海中蒸发进入飓风时，海洋温度下降，这些能量以水蒸气的形式在飓风中储存。对于飓风"哈维"来说，这些能量大约是 7.6×10^{19} 焦耳，相当于三峡水电站 200

多年的发电量。当水汽降落地面时，这些能量也随之释放，导致降水区域上方形成高温低压天气，进一步加剧飓风风力。强风会使海水向海岸方向强力堆积，潮位猛涨。飓风的风暴潮能使沿海水位上升5—6米，导致潮水漫溢，海堤溃决，冲毁房屋和各类建筑设施，淹没城镇和农田，造成大量人员伤亡和财产损失。风暴潮还会导致海水倒灌，造成土地盐渍化等灾害。

飓风带来的危害中，经济损失最为显著。飓风对基础设施的破坏有目共睹。1989年，飓风"雨果"路过弗吉尼亚州、维尔京群岛、佐治亚州等地，拆毁了近10万人的房屋。随着气候变暖加剧，飓风登陆后影响更加深入内陆。2017年，飓风"哈维"在美国得克萨斯州东部地区停留了近1周，造成1250亿美元的损失。当年，飓风"玛利亚""艾尔玛"也造成了694亿美元和582亿美元损失。这三场飓风造成的经济损失就占了1970—2019年全球前十大灾害总经济损失的35%，达到2003—2010年美伊战争美国军费的一半。飓风的影响面也极大。2020年11月，飓风"埃塔""艾欧塔"短时间内在同一地区登陆。它们沿着相同的路径穿越尼加拉瓜和洪都拉斯，影响了中美洲超过800万人。危地马拉、洪都拉斯和尼加拉瓜是受灾最严重的国家，上百万公顷的农作物受损，农业生计被迫中断。

变暖与极寒

人们正越来越明显地感受到气候的加速变暖。一方面，极端高温频发。2021年6月29日，加拿大西部不列颠哥伦比亚省利顿村最高气温达到49.6℃，27—29日连续3天打破加拿大全国纪录。即便汽车没有停在阳光下，车窗也会开裂、熔化。在往年，这些地方以温带海洋性气候为主，平时气候温和湿润，很少出现高温，根本不使用电风扇或者制冷空调。6月底的高温让许多商店的便携式空调、电扇、冰块和水售罄，一台又老又破的二手电风扇甚至被炒到600加元（约合人民币3100元）。6月26—28日的3天内，美国西北部的俄勒冈州波特兰的最高气温也连续创下该市纪录——分别达到了42.2℃、44.4℃和46.1℃的高温。该州总计107人死于高温引发的相关疾病，远高于2017—2019年的12人。其他世界各地也都经历了极端高温。在地中海地区，西西里的一个农业气象站在8月11日打破了欧洲气温纪录48.8℃，突尼斯则达到了创纪录的50.3℃。西班牙城市蒙托罗在8月14日创下了西班牙全国气温纪录47.4℃；同一天，西班牙城市马德里的气温也达到了42.7℃，是该市有记录以来最热的一天。7月20日，土耳其城市吉兹雷以49.1℃创造了土耳其国家气温纪录，格鲁吉亚城市第比利斯以40.6℃创下了该国有气象记录以来最热的一天。此外，全球各地都在普遍变暖。观察

1950—2019 年各地的气温数据可知，在 1950 年，全球只有不到 2% 的地区能够在个别月份达到全球气温前 1% 的高温，到 2000 年，这个数字已经上升到 5%，而且这一数字在加速上升，到 2019 年，全球已经有 17% 的地区能够在个别月份达到全球气温前 1% 的温度。

陆地变暖对人类健康的影响较大。气温影响的人口远超野火、洪灾、飓风等灾害。在 2016 年、2017 年和 2018 年，摩洛哥的热浪分别影响了 75 万人、165 万人和 7 万人。在 2018 年，热浪令日本近 5 万人受伤。目前为止，人们已经认定了 71 种与极端气温有关的疾病，造成了 9000 多例死亡和 9 万多例伤患，影响了 450 万人口。仅 2015 年一年的极端温度就造成法国、印度、巴基斯坦分别死亡 3275 人、2248 人和 1229 人。

海洋变暖则直接改变海水化学性质和洋流模式，威胁海洋生态。气候变暖过程中排放的二氧化碳约 25% 被海洋吸收，这些二氧化碳溶解在海水中形成碳酸。由于气候变暖排放的二氧化碳日益增多，海洋吸收二氧化碳的速率也逐年增长，并正在改变海洋系统千万年来已形成的对二氧化碳的调节能力，显著地改变了海水化学性质。工业时代以来，海水酸化程度提升了 30%。在海洋中处于食物链底层的微型浮游生物，人类饮食常见的甲壳类动物、软体动物等，它们的骨骼或壳都由碳酸钙构成，海洋酸化直接危及它们的生存。2005 年开始，美国太平洋西北地区养蚝区，由于牡蛎幼虫遭到海水酸化的侵蚀无法生存，导致该年蚝业损失 1 亿多美元。

海洋变暖也显著改变海洋生态系统，受到最显著影响的是珊瑚礁生态系统。珊瑚礁只占全球海底面积的 0.5%，由珊瑚的碳酸钙遗骸沉积数千年后积累形成，被称为"海中热带雨林"。实际上，珊瑚礁对海洋动植物多样性的重要性远超陆地热带雨林，珊瑚礁中存在无数洞穴和孔隙，是众多海洋生物的栖息地，为许多鱼类和海洋无脊椎动物提供产卵、繁殖和躲避敌害的场所，孕育了超过 25% 的海洋生物。珊瑚礁生态系统需要共生藻类供给能量才能生存，伴随着气候变暖，当海水温度升高时，珊瑚会因共生藻类死亡而大量死亡，出现白化现象。1998 年曾是当时人类有气象记录以来最热的一年，也是全球变暖的厄尔尼诺现象最强的一年。这一年，全球海水普遍升温，热带地区珊瑚礁出现了大规模白化死亡现象，斯里兰卡、坦桑尼亚等国家的珊瑚因这次高温丧失高达 90% 的面积，全球 8% 的珊瑚礁因此灭绝。此后，澳大利亚大堡礁也在 2002 年、2016 年、2017 年和 2020 年经历了大规模白化事件，相比 1998 年，澳大利亚大堡礁面积已萎缩超过 50%。

海洋变暖正在改变海洋环流模式。自 1993 年以来，全球海洋变暖的速度可能增加了 1 倍以上。在西南太平洋的部分地区，海洋热含量的增加速度更是全球平均速度的 3 倍多。大西洋鳕鱼等海洋生物在幼鱼时期难以在变暖的海洋中生存，不耐热的鱼类和浮游动物被迫向更高纬度的海洋迁徙。对比 1973 年和 2019 年春季美国北大西洋海岸 75 个物种的种群位置，84% 的物种都在向北极或深海移动。对于太平洋岛国来说，沿海捕鱼是他们生存、福利、就业的主要活动，海洋变暖正在威胁他们的传统渔业。从 1990 年到 2018 年，瓦努阿图的渔业总产量下降了 75%，汤加下降了 23%，新喀里多尼亚下降了 15%。

全球变暖的同时，全球极寒活动也在加剧。2021 年 2 月以来，北美大部地区遭遇极寒天气，美国大陆约 73% 的地区被冰雪覆盖，这是 2003 年以来最大范围的极寒天气。美国南方的得克萨斯州的一些地方甚至比北方的阿拉斯加还冷，各地均造成交通混乱、电力系统失灵，数百万人被断电，数十人因极寒天气死亡。美国国家气象局称，美国超过 1 亿人收到冬季风暴警报。2月 20 日，美国总统拜登批准得州进入"重大灾难状态"。同在 2月份，欧洲北部地区也遭遇了极寒天气，南欧和地中海地区遭遇大型暴风雪。希腊在 2 月 15—16 日期间遭遇罕见大雪天气，造成雅典市及北郊地区大约 7 万多户家庭和企业出现断电情况。罗马尼亚在 2 月 13 日被大雪覆盖，6000 余名居民因大雪封城与外界失去联系，10 多条公路被迫关闭，1000 多所学校被迫停课。

极寒天气对交通、电力、能源等与民生有关的行业产生巨大影响。欧洲部分地区出现供电中断、交通瘫痪、农副产品供应不足、居民取暖用气不够及救灾物资不能及时送达等现象。2021年2月，欧洲发生的极寒天气在一周内已造成650多人死亡，其中乌克兰和俄罗斯两国因严寒死亡的人数超过300人，波兰有107人死亡，罗马尼亚有80多人死亡，保加利亚、塞尔维亚及斯洛文尼亚等国家也有人员因极寒天气死亡。严寒和暴雪使欧洲本来就困难的经济雪上加霜。与此同时，日本因严寒和雪灾导致70多人死亡。在美国得州，由于40%的电力来自天然气，23%的电力来自风力发电，低温造成天然气供应管道封冻，风能发电机无法运转，得州电网又独立于全美各州电网，最终数百万人无法用电。

适者生存

随着经济活动和人口日益向城市集中，城市成为当前各国气候灾害抗救的重点。2007年5月，联合国国际减灾战略发言人布瑞吉特·里奥尼（Brigitte Leoni）指出，气候变化和城市化是使人类更易受灾害影响的两个主要因素。现在，54%的世界人口居住在城市地区。到2050年，居住在城市地区的世界人口预计将上升至66%。气候变化造成的极端事件在有限区域内释放巨大能量，对局部的破坏性强，人口密度高的城市首当其冲。特别是发展中国家还存在人口集中在少数特大城市、超大城市，这些城市数量有限，但 GDP 占各国经济总量 1/3 以上，既是重要的居住生活据点，更是国家财富资产的集聚重镇，亟待向适应气候变化转型，避免气候变化灾害。

长期以来，各国在感知气候变化对城市的威胁上取得了很大进展。1997 年，美国开发了"灾害分析与灾损评估系统"，用于量化地震、飓风和洪水等自然灾害在现有条件下对居民人身、财产、金融和社会的影响，向决策者提供及时的预警信息。2008 年荷兰公布的《鹿特丹气候防护计划》，对气候变化带来的多种风险进行持续性的监测评估，以增强城市主动应对气候变化带来的灾害和风险的适应能力。近年来，气候监测模拟和风险预警机制多融入信息通信技术和大数据应用，建立了信息通信技术驱动的气候变化风险预警管理框架，用于应对城市面临的气候灾害。这些努力已经形成国际共识。2015 年，巴黎举行的联合国气候变化大会上提出了"气候风险和预警系统"倡议。该倡议将"气候风险和预警系统"推广至非洲和太平洋地区的 19 个国家。世界气象组织在《2020 年气候服务状况》中表示，针对热带气旋和飓风、洪水、干旱、热浪、森林火灾、严冬等多种气候变化带来的极端气候灾害的预警系统可有效减少灾害风险和适应气候变化。

各国还总结出了以"韧性"城市为代表的城市防灾理念。早期，各国防灾措施以海堤、防波堤、涵洞、隔板等硬性基础设施为主。1956 年，荷兰为了应对海平面上升对荷兰全境城市的威胁，启动了著名的"三角洲工程"，修建了一系列的风暴潮大坝和屏障，具有直接的城市防灾效果。这些早期的减灾工程逐渐形成了特定的工程技术标准，鹿特丹、伦敦、纽约、东京、巴黎等特大城市沿海边界处都依照荷兰经验修建了砖石墙和沙丘应对风暴潮灾害。随着各地减灾基础设施的投入使用，人们逐渐发现，这些硬性基础设施除了造价昂贵易磨损外，还具有额外生态弊端。美国在密西西比河修建堤岸导致密西西比河支流干涸，依赖支流供水的湿地消失，在大西洋沿岸修建防范风暴潮的大坝影响了野生大西洋鲑等鱼类的回游、繁殖，导致大坝附近栖息动物密度显著降低等。

在"韧性"城市的概念指导下，各国统筹考虑防灾和生态效益，在硬性基础防御设施中融入软性基础防御设施，建设基于沙丘、红树林、城市公共绿地等自然生态系统的新型防灾基础设施。这些自然防御体系成本更低、对环境产生的负面影响更小。东南亚沿海地区恢复了海岸红树林湿地，美国路易斯安那在城市海岸建设湿地生态用于城市防洪，南非开普敦在海岸地区培育人工红树林防止风暴潮冲击城市海岸线。防范气候灾害的城市绿地的设计更加层出不穷。纽约曼哈顿 BIG U 防护性景观和波士顿风暴潮屏障是其中的典型代表。BIG U 防护性景观将防御措施的功能多样化，设计的海岸护道带有海草景观，防洪堤可以兼做滑板公园和圆形剧场。美国波士顿风暴潮屏障基于大数据门控屏障，检测潮汐和环流，在平时可以服务波士顿港的主要航运通道，在暴风雨和飓风期间关闭，成为风暴潮屏障，保护波士顿市。

目前，全球已经形成了以建设"韧性"城市为理念，应对气候变化灾害的共识。2021年10月31日的"世界城市日"以"应对气候变化，建设韧性城市"为主题，认识到"韧性"城市是现代产业集群的空间载体，可以提高产业链、供应链稳定，是保障居民生命财产的需要，更是应对重大灾害和冲击，决定城市参与未来全球竞争的战略能力。"韧性"城市提出从技术、经济、社会和政府4个维度对城市进行韧性建设，以有效应对极端气候变化。建设"韧性"城市已经成为各国推动城市可持续发展的重要命题。

气候变化带来的极端天气灾害造成的高温、严寒、洪水、干旱、飓风，已严重威胁我国人民生命财产安全。2016年以来，我国因气候变化相关灾害造成的直接经济损失就达到4977亿元，超过1990—2013年气候灾害直接经济损失总和，甚至威胁南水北调工程、西气东输工程、三峡工程等对我国经济社会可持续发展具有重要意义的重大基础设施，正成为新的非传统安全问题，为我国灾害治理体系建设提出新的要求。在我国全面推进生态文明建设的时代背景下，极端天气灾害领域的治理体系和治理能力现代化已经成为国家治理体系和治理能力现代化的重要组成部分，要求应急管理向监测预警智能化、应急处置专业化、管理环境法治化的方向发展。2022年1月25日，习近平总书记在中共中央政治局第三十六次集体学习中对以生态文明建设统领极端天气灾害治理指出了"推进山水林田湖草沙一体化保护和系统治理""更好发挥我国制度优势"等明确要求，为我国政府统一领导建设灾前风险预防，风险早期识别，灾害预警预报，应急指挥、救援、物资调度和灾后恢复重建等极端天气灾害现代化治理体系和治理能力指明了方向。

参 考 文 献

1　Justine Calma, Everthing you need to know about the fires in the Amazon, https://www.theverge.com/2019/8/28/20836891/amazon-fires-brazil-bolsonaro-rainforest-deforestation-analysis-effects.

2　BBC: Amazon fires: Merkel and Macron urge G7 to debate "emergency", https://www.bbc.com/news/world-latin-america-49443389.

3　BBC：《气候变暖，全球火灾成新常态？》，https://www.bbc.com/zhongwen/simp/world-51011248。

4　《比亚马孙大火更严重地球这个区域正遭受更大浩劫》，新浪网，https://news.sina.com.cn/w/2019-08-30/doc-iicezueu2250731.shtml。

5　Freya Noble, Government set to revise total number of hectares destroyed during bushfire season to 17 million, https://www.9news.com.au/national/australian-bushfires-17-million-hectares-burnt-more-than-previously-thought/b8249781-5c86-4167-b191-b9f628bdd164.

6　魏书精、罗斯生等：《气候变化背景下森林火灾发生规律研究》，《林业与环境科学》2020年第2期。

7　《关于雷击森林火灾，这份调研报告都说清楚了！》，《中国应急信息报》，https://www.emerinfo.cn/2019-12/11/c_1210391104.htm。

8　David Pearce, The Economic Value of Forest Ecosystems, Ecosystem Health, 2001,7(4).

9　Rhett Butler, Amazon Destruction, https://rainforests.mongabay.com/amazon/amazon_destruction.html.

10　郭天峰、周宇飞：《森林火灾与气候变化》，《森林防火》2015年第3期。

11　《野火与空气质量》，美国环保署，https://www.epa.gov/indoor-air-quality-iaq/wildfires-and-indoor-air-quality-iaq。

12　Ian Austen and Vjosa Isai, Vancouver Is Marooned by Flooding and Besieged Again by Climate Change, https://www.nytimes.com/2021/11/21/canada-flooding-climate-change.html.

13　Rebecca Shabad and Lauren Egan, Biden hosts German Chancellor Angela Merkel at White House, https://www.nbcnews.com/politics/white-house/biden-hosts-german-chancellor-angela-merkel-white-house-n1274019.

14　方建、杜鹃等:《气候变化对洪水灾害影响研究进展》,《地球科学进展》2014年第9期。

15　Jacqueline Torti, Floods in Southeast Asia: A health priority, Journal of Global Health, 2012, 2(2),https://www.ncbi.nlm.nih.gov/pmc/articles/

PMC3529313/.

16　Elizabeth Warn and Susana Adamo, The Impact of Climate Change: Migration and Cities in South America, https://public.wmo.int/en/resources/bulletin/impact-of-climate-change-migration-and-cities-south-america.

17　CBC News，Calgary floods to cost economy billions, https://www.cbc.ca/news/canada/calgary/calgary-floods-to-cost-economy-billions-1.1365207.

18　Joseph Treaster and Kate Zernike, Hurricane Katrina Slams Into Gulf Coast, https://www.nytimes.com/2005/08/30/us/hurricane-katrina-slams-into-gulf-coast-dozens-are-dead.html.

19　Gabriel Vecchi and Thomas Knutson, Historical Changes in Atlantic Hurricane and Tropical Storms, https://www.gfdl.noaa.gov/historical-atlantic-hurricane-and-tropical-storm-re-cords/.

20 《气候变暖将使飓风破坏性影响向内陆扩展》，新华网，http://www.xinhua net.com/science/2020-11/24/c_13953 9012.htm。

21 Dennis Silverman, Harvey Carried the Equivalent of 20 years of US Electrical Energy Output, https://sites.uci.edu/ energyobserver/2017/09/01/harvey-carried-the-equivalent-of-20-years-of-us-electrical-energy-output/.

22 South Texas Economic Development Center, The Economic Aftermath Of Harvey, http://stedc.tamucc.edu/files/ HARVEY_Update_STEDC_2018Q3.pdf.

23 Ben Nesbit, Fans and air conditioners at a premium amid B.C. heat wave, https://bc.ctvnews.ca/fans-and-air-conditioners-at-a-premium-amid-b-c-heat-wave-1.5487309.

24 National Oceanic and Atmospheric Administration, Ocean Acidification, https:// www.noaa.gov/education/resource-collections/ocean-coasts/ocean-acidification#:~:text=Carbon%20dioxide%20 and%20seawater&text=Water%20 and%20carbon%20dioxide%20combine,2%20dissolving%20into%20 the%20ocean.

25 World Meteorological Organization, Climate Change increases threats in South West Pacific, https://public.wmo. int/en/media/press-release/climate-change-increases-threats-south-west-pacific.

26 Chris Free, Ocean warming has fisheries on the move, helping some but hurting more, https://theconversation. com/ocean-warming-has-fisheries-on-the-move-helping-some-but-hurting-more-116248.

27 Matthew Cappucci, Behind the Arctic blast that's about to plunge into the U.S., https://www.washingtonpost.com/weather/2021/02/03/arctic-cold-outbreak-us/.

28 王维国、缪宇鹏、孙瑾:《欧亚极端寒冷事件分析及灾害应对措施》,《中国应急管理》2012 年第 3 期。

29 李慧:《北美极寒天气的幕后推手是谁》,《中国气象报社》, 2021 年 2 月 24 日。

30 联合国住房与城市可持续发展会议:《城市与气候变化和灾害风险管理》, https://uploads.habitat3.org/hb3/Cities-and-Climate-Change-and-Disaster-Risk-Management-%E5%9F%8E%E5%B8%82%E4%B8%8E%E6%B0%94%E5%80%99%E5%8F%98%E5%8C%96%E5%92%8C%E7%81%BE%E5%AE%B3%E9%A3%8E%E9%99%A9%E7

31 郭巍、侯晓蕾:《荷兰三角洲地区防洪的弹性策略分析》,《风景园林》2016 年第 1 期。

%AE%A1%E7%90%86.pdf。

32 Dante Furioso,Trashing the Community-Backed BIG U: East Side Coastal Resilience Moves Forward Despite Local Opposition. Will NYC Miss Another Opportunity to Lead on Climate and Environmental Justice?,https://archinect.com/features/article/150270301/trashing-the-community-backed-big-u-east-side-coastal-resilience-moves-forward-despite-local-opposition-will-nyc-miss-another-opportunity-to-lead-on-climate-and-environmental-justice.

33 刘长松、徐华清:《对气候变化与国家安全问题的几点认识与建议》,《气候战略研究简报》2017 年第 13 期。

第三章

岌岌可危的
世界粮仓

全球人口增长、城市化加速、土地荒漠化等趋势，正在威胁着全球粮食安全。时至今日，人类社会未能彻底改变粮食生产"靠天吃饭"的窘境。气候变化改变温度、降水、辐射等农业气候资源的长期变化趋势，影响干旱、洪涝、飓风等极端天气事件发生的频度、强度和持续时间。在全球范围内，异常温度数量增加、区域强降雨时间增多、热带气旋极移、融雪和冰川融化补给类河流的流量峰值提前出现等诸多现象频繁发生。这些变化引起农业资源在数量、时间和空间上的变化，冲击着全球的农业生态，各类作物和畜牧生产、农用土壤和水资源等都受到影响。全球现有粮食生产潜力遭到削弱，世界粮仓岌岌可危。

无粮不稳

"国以民为本，民以食为天""本固邦宁"是中国传统古训，百姓温饱是国家安全、社会稳定之本，粮食不仅是农民的命根子，更是国家的命根子。自古以来，中国就是一个传统农业国家，庄稼收成的好坏与气候有密切的关系，气候条件影响农业生产水平。而粮食丰歉是决定政权能否稳固的物质基础，影响着社会经济的发展变化，气候变化对王朝治乱兴衰的影响实质上是通过影响粮食资源供给与社会需求之间的矛盾变化实现的。

气候变得恶劣，农业生产就会受到冲击，若是遇到水灾旱情，粮食歉收，便有饥荒忧患，而历史上的饥荒又常常导致大大小小的农民起义。有学者选取中国过去 2000 年（西汉至清朝）气温距平、粮食丰歉等级、饥荒指数和农民起义频次等进行统计分析，论证了冷暖变化对农业生产、人口变化和社会稳定的影响。分析指出，饥荒的出现标志着粮食消费出现不安全状况，影响到人口增减和经济盛衰，并向社会层面传递，造成社会动荡。而农民起义是中国历史上社会动荡的重要表现形式。

中国历史长河中无数次农民起义，有些被镇压，有些则导致了王朝覆灭。秦朝末年（公元前209年），在安徽大泽乡爆发了陈胜、吴广起义，摧毁了秦朝统治后由刘邦建立西汉。西汉末年，中国北方进入寒冷期，水灾、旱灾、蝗灾频繁发生，饥民无数。《汉书·食货志》描述"缘边四夷所系虏，陷罪，饥疫，人相食"。湖北、山东爆发了绿林赤眉起义，新莽统治被推翻，刘秀建立东汉。东汉时的中国北方仍处于寒冷期，气温较低，气候恶劣，东汉195年间有119年处于灾荒之中。到东汉后期，江淮地区的农民起义、河南洛阳的黄巾起义，历时半个世纪左右。此后，相继爆发北魏末年河套地区的六镇起义，隋朝末年山东、河北、河南农民起义，唐朝末年黄巢起义，元朝末年红巾起义。明朝末年，中国进入小冰河期，气温较冷。黄河流域从1627年到1641年出现了前所未有的连续14年干旱。旱情由陕西、山西、河南、甘肃，一直蔓延到整个长江以北地区，成为400多年来中国历史上最严重的连续性干旱。在严寒和大旱的双重袭击下，全国饥荒蔓延，民不聊生，树皮吃完吃石粉，甚至以人骨为薪，以人肉为食，一片惨状，河南、陕西尤甚。此种背景下，陕西北部爆发了明末的农民起义。而清代太平天国起义则是当时人地矛盾的加剧，叠加了气候异常造成粮食大范围连年歉收共同激发的。这些农民起义的爆发地多集中在安徽、河南、山东、陕西等地，这些地区均处于黄河中下游流域，是中国粟和小麦种植历史最悠久的地区。1937年，邓云特在《中国救荒史》中指出，"我国历史上累计发生的农民起义，无论其范围的大小，或时间的久暂，实无一不以荒年为背景，这实已成为历史的公例"。

1972 年，竺可桢发表《中国近五千年来气候变迁的初步研究》，将中国几千年气候变迁与中国历史结合起来，发现气候变化成为改变一个王朝命运的重要因素。该论文举证，西周时期，中国遭遇了一个较短的降温期，生产遭到极大影响，当时的周王室权力衰落，对诸侯国缺乏强有力的控制，进而出现了春秋战国时代。东汉末年一直延续到三国两晋南北朝，中国大部分地区迎来了一个寒冷期，温度较当今低 1℃ 左右，寒冷的天气导致天灾不断，在地方豪强的掠夺下，民不聊生，各地起义不断，群雄割据，中国最终由统一走向分裂。

粮食"小缺不稳""大缺必乱"，中国如此，国外也一样。曾经的超级大国苏联的解体就与本国粮食短缺密切相关。苏联建国后，农业一直是国民经济的薄弱环节，拥有地球 1/6 土地的苏联始终没有解决好占世界人口 6% 的苏联人的吃饭问题。1973 年，苏联净进口粮食 1904 万吨，在历史上第一次成为粮食净进口国。20 世纪 80 年代，苏联的粮食进口量不断突破记录，1980 年进口粮食 2940 万吨、1983 年 3390 万吨、1984 年 4600 万吨、1985 年 4560 万吨，占到世界粮食进口总量 15% 以上，成为世界第一大粮食进口国。

与此同时，另一个超级大国美国从 20 世纪 60 年代起就一直保持了世界最大农产品出口国的地位。据美国统计，1972—1975年苏联从美国进口粮食3780万吨，占其粮食进口总数的60%以上，美国成为苏联主要粮食供应国。1979年苏联粮食歉收，计划从国外进口3000万吨粮食，其中从美国进口就达2500万吨。1983年，美苏签订为期5年的谷物协定，扩大美国对苏联粮食供应，固化了苏联对美国粮食依赖关系。苏联前国家安全委员会主席克留奇科夫称："美国没有我们暂且还能平安无事地过日子，可我们在粮食方面却要依赖他们，这种该死的状况搞得我们苏联成为人质。"美国一直把农产品出口作为外交的重要工具，美国政府通过粮食援助，表面上解决了世界一部分经济结构单一、生产落后国家的粮食短缺问题，实质上也使这些国家依附于美国，扩大了美国势力范围。同时，美国也把提供粮食作为外交筹码，敲打敌对国家。在粮食谈判桌上，美国对苏联具有压倒性优势，进而催生了戈尔巴乔夫的"新思维"形成和发展，后来在意识形态领域逐步瓦解了苏联。

苏联在国际市场上购买粮食和食品的外汇支出严重依赖石油出口外汇收入，外汇收入变化直接影响苏联粮食供应安全。在20世纪80年代，苏联一半以上的外汇收入来源于石油出口，而一半以上的外汇支出用于进口粮食和食品。20世纪70年代的两次石油危机连续驱动国际油价倍增，1981年2月国际油价上升至39美元/桶，高油价给苏联带来庞大的外汇收入。但是，

1985 年 9 月沙特宣布增加产量，1985—1986 年沙特石油开采量猛增 3 倍以上，彻底改变石油市场的供需形势。全球石油开采国竞相降价以保住市场份额，1986 年国际油价降至时价不足 10 美元 / 桶，为当时的历史最低水平，对苏联经济造成了沉重打击。据统计，国际市场每桶石油价格下跌 1 美元，苏联就损失 5 亿—10 亿美元的外汇收入，这波油价暴跌使得苏联损失了 2/3 的外汇收入。然而，20 世纪 80 年代后期，苏联国内粮食供应缺口越来越大。1989 年 1 月，苏联仅完成从各加盟共和国粮食定购任务的 70%，存在近 1/3 的粮食缺口，其中俄罗斯未完成 40%，哈萨克斯坦未完成 42%，爱沙尼亚未完成 52%。粮食收购量出现的巨大缺口，意味着苏联粮食供应出现大危机，而外汇的匮乏令苏联无法正常进口粮食和食品，导致国内商店货架空空，居民不满情绪高涨。外汇的匮乏又诱发偿债危机，继而引发国家财政信贷体系和分配体系濒临崩溃的连锁危机。俄罗斯联邦首任总理盖达尔说："粮食供应危机成为人们对社会制度失去信任并导致其瓦解的最重要的经济原因。"

21 世纪初，中东及北非地区的政治变局，其根源也是粮食短缺、粮价暴涨。2007—2008 年，全球主要产粮国澳大利亚灾情严重，小麦产量从 2005—2006 年的 2509 万吨大幅下降至 1360 万吨，大麦产量从 986.9 万吨下降至 425.7 万吨。国际投机资金借机炒作，导致 2007 年全球的小麦、玉米、大豆出现涨价狂潮。2008 年初，东南亚稻米价格也"翻跟头"上涨，同年 3—4 月内竟然上涨 3 倍，国际粮食市场供求及价格波动极为剧烈。此时的中东和北非国家粮食储备不足、粮食进口陷入困境，粮食安全形势持续紧张，数百万民众的生命和生计遭受威胁，12 个国家发生骚乱。世界其他几十个国家也受到波及，社会动荡，民众上街抗议。

当前，由于疫情破坏了各国的正常经济秩序，导致全球供应链混乱，许多国家通货膨胀严重，粮食和食品价格暴涨。据联合国粮农组织 2021 年 11 月报告，全球食品价格指数同比上涨27.3%，创十年最高纪录。预计 2022 年全球供应链混乱、极端天气频发和化肥价格上涨三大问题不会有明显缓解，未来国际粮价仍将在高位运行。全球粮食供求失衡、粮食价格暴涨的趋势仍威胁着各国政府治理水平和政权稳定。

靠"天"吃饭

古代的农业主要是"靠天吃饭"，收成的好坏很大程度上依赖于气候条件，气候及其变化——"天"，对人类而言是无法逾越的限制。中国自古就流传着诸如"风调雨顺"才能"五谷丰登"，"五谷丰登"才能"国泰民安"的逻辑。自夏商周以后，中国主要粮食生产区长期位于黄河中下游地区，其气候属中纬度季风气候，有限的热量条件和降水变率大严重制约着农业生产的稳定性。

稳定的气候条件为农业生产提供了光、热、水、空气等能量和物资资源保障。适宜耕种的土地常取决于降水、温度等气候变量。土壤温度和空气湿度是决定土地适宜耕种的主要因素之一，直接受到气候变化的影响。温度对于农作物生产的重要性极为明显，作物生长也都有一个适宜温度范围，不同作物生长的适温范围不同。如马铃薯、番茄最相宜的温度是20℃，豆科植物最相宜的温度是30℃。农作物生长除了要求一定界限的持续天数和累积温度外，还需要有一定的高温条件。二氧化碳是植物枝叶中纤维的来源，要植物生长茂盛，必须充分地吸收二氧化碳。而大多数植物吸收二氧化碳最相宜的温度是在15℃—30℃。当平均温度低于10℃，人类最需要的五谷就不能生长。以水稻为例，我们无法控制的光、热、水等气候因素变化，都会让水稻的产量产生很大的波动。如水稻开花授粉之前的温度剧烈波动，会影响水稻颖花的形成，导致花的畸形，造成受精失败，水稻结实率下降。水稻开花授粉后进入灌浆期，水稻地下根系吸收到的水分、无机物被运输到叶片进行光合作用，变身为乳白色的液浆运输到谷粒中。这时需要比较稳定的温度，一旦温度过高，就容易使水稻催熟，无法灌入更多液浆，谷穗上的一些谷子看上去饱满，但捏上去是空的。众所周知，水稻的种植需要大量的水，若稻田中的水过深，水稻烂根死亡，水稻便会大规模减产。

现代农业实现规模化生产，但"靠天吃饭"的本质未彻底改变。农业生产对气候变化的敏感性仍很强，相应的适应性也很低。半个世纪以来，气候变暖越来越明显，并在地球上形成新的气候条件，这意味着全球一些地方的粮食作物品种不再能很好地适应变化的环境条件。更令人担忧的是，气候变化导致世界上大部分地区的旱涝等灾难性极端天气事件越来越频繁，而强降雨时间和降水模式改变又引发土壤水分严重过剩，再加上农田排水不畅，由此产生的农田洪涝灾害严重影响农业生产能力，这会严重影响全球粮食供应。以小麦种植为例，在英国，2019年秋季湿度太高，冬小麦播种十分困难；2020年春季遇干旱，春小麦播种因缺水而陷入困境；秋季雨水过多影响小麦的收获，结果导致2020年英国小麦产量下降了近18%。有媒体在2021年11月报道，2021年全球极端气候导致的粮食歉收左右了粮价的走势，尤其是小麦价格。在北美，由于遭遇严重的干旱，美国及加拿大的小麦纷纷出现减产；在欧洲，年中的洪涝灾害致使法国、德国等小麦产量下降，最大小麦出口国的俄罗斯也由于干旱而产量下滑。联合国粮农组织报告表示，"由于主要出口国，特别是加拿大、俄罗斯和美国的收成减少，全球市场供应趋紧，继续给小麦价格带来上涨压力"。2021年11月12日，芝加哥期货交易所（CBOT）小麦的基准合约价一度上涨到 826.75 美分 / 蒲式耳，为 9 年来的高位，而自年初以来小麦的期货价格已累计上涨 27.31%。

人类农业生产受到气候变化影响，同时还受到社会生产力和科技水平的制约。那些高度依赖于农业的发展中国家人均收入较低，并且缺乏相应的技术，农业生产条件薄弱，更容易受到气候变化的影响。根据联合国粮农组织 2015 年报告，在气候灾害所造成的财政损失中，农业损失约占 20%，而旱灾对农业的影响最为严重，造成的农业损失达 84%。东非国家的农业生产一向依靠旱季和雨季的平衡，粮食供应本来就不稳定，近年来受到气候变化影响，部分地区出现大旱，部分地区在雨季则出现洪涝，农作物连年歉收。

总体判断，未来的全球粮食安全形势不容乐观。2021 年 8 月 9 日政府间气候变化专门委员会（IPCC）发表《气候变化 2021: 自然科学基础》报告预估，在未来几十年里，全球所有地区的气候变化都将加剧。在全球升温 1.5℃时，热浪将增加，暖季将延长，而冷季将缩短；在全球升温 2℃时，极端高温将更频繁地达到农业和人体健康的临界耐受阀值。气候变化正在给不同地区带来多种不同的组合性变化，而这些变化都将随着进一步升温而增加，包括干湿的变化、风雪冰的变化、沿海地区的变化和海洋的变化。例如，气候变化正在加剧水循环，这会带来更强的降雨和相关的洪水，而在许多地区则意味着更严重的干旱。在高纬度地区降水可能会增加，而在亚热带的大部分地区降水则可能会减少。预计季风降水将发生变化，而变化会因地区而异。所有这些变化都可能会引发区域性农业气象灾害，威胁粮食安全，使农业生产面临困境。

脆弱的食物链

气候变化对农业生产产生直接和间接的影响。直接影响主要是前文描述的物理特性，如温度水平、降水在一年中的分布及特定农业生产的可用水量的改变而导致的影响。而间接影响是那些通过其他物种的变化对农业产生的影响，如传播花粉的昆虫、害虫、携带疾病的物种和入侵物种等。一方面，冬季的寒冷能有效杀死害虫，但气候变暖有助于害虫过冬并导致大面积暴发病虫害。另一方面，气候变暖使害虫虫卵的越冬边界北移，害虫成活率提高，延长了一些农作物害虫的生长季节和危害时间，增加了害虫的繁殖代数。总之，气候变暖导致害虫数目剧增，虫害暴发期、迁入期提前，危害期延长。近年来，非洲蝗灾频发与气候变暖密切相关。

东非地区少有适宜沙漠蝗虫繁衍的干旱荒漠，但因为毗邻沙漠蝗虫滋生的阿拉伯半岛和北非，因此经常受到迁徙而来的蝗群侵袭。蝗群在吞噬完出生地生长的植物后，就会随风而起，向周边蔓延。大型沙漠蝗群可日行 150 千米，每只雌性沙漠蝗虫一次可产约 300 颗卵，蔓延速度极快。气候异常使得非洲降雨分布不均，旱涝灾害频繁发生，蝗虫赖以生存、繁殖和扩散的生态条件不断孕育。而风力模式的潜在变化又导致蝗灾暴发范围扩大、灾情不断升级。从 20 年前起，非洲蝗灾开始增加，至今已发生 20 多起。据联合国粮农组织统计，非洲因为蝗灾已有 3500 多万人陷入粮食困难。

回顾来看，2020 年的非洲蝗灾比以往更为严重，其起始时间可以追溯到 2018 年 5 月。那时热带气旋袭击了阿曼、也门和沙特阿拉伯三国间的沙漠地带，引发该区域的升温和强降水，促使植被疯长，给蝗虫的生长提供了条件，蝗虫数量翻了几百倍。同年 10 月，热带气旋再一次袭击阿拉伯半岛。到 2019 年 3 月，蝗群数量已翻了几千倍。蝗虫飞往伊朗南部，造成了伊朗 50 年一遇的蝗灾，又往东飞向印度和巴基斯坦。2019 年夏季，蝗虫向南飞向了也门，该国由于战乱，无力应对此类自然灾害，于是蝗群毫无阻碍地飞向东非的埃塞俄比亚、索马里和肯尼亚等国。受厄尔尼诺现象影响，自 2019 年底以来，本应处于旱季的东非国家持续强降雨，一些原本半干旱的地区被淹。干旱和暴雨的轮替为迁徙到东非的蝗虫提供了繁衍滋生的理想条件，最终发展成超级蝗群。2019 年 12 月，索马里海域暴发强烈旋风，大批蝗虫被暴风吹走，导致蝗灾面积扩大。沙漠蝗虫被认为是世界上最具破坏力的迁飞性害虫，据称 1 平方千米规模的小型蝗群一天能吞噬 3.5 万人的口粮。2020 年 2 月 2 日，索马里因蝗灾宣布进入"全国紧急状态"。此次蝗灾对农作物的破坏力是东非地区近 25 年以来之最，是肯尼亚 70 年来遇到的最严重的虫灾。索马里和埃塞俄比亚被迫宣布本国农业生产完全停滞，乌干达、南苏丹、厄立特里亚和吉布提等在内的其他东非国家也处于危险之中。蝗灾侵袭粮食作物，持续影响着农民的生计，这给国家的经济造成巨大的打击，影响受灾国的粮食安全。联合国粮农组织称，蝗虫已在埃塞俄比亚 160 多个地区大量繁殖，破坏了近 20 万公顷耕地，100 多万人因此陷入粮食不安全境地，非洲受灾地区 400 万人面临粮食危机。

在全球的共同努力下，非洲蝗灾暂时得到了控制，但 2020 年 11 月的气旋又导致索马里北部出现洪灾，令形势火上浇油，蝗群在随后的几个月又进一步蔓延，再次入侵肯尼亚北部。红海两岸的蝗虫也在繁殖，对厄立特里亚、沙特阿拉伯、苏丹和也门构成新的威胁。12 月 16 日，联合国粮农组织预警，有利的天气条件和季节性普遍降雨致使蝗虫在埃塞俄比亚东部和索马里大量繁殖。2021 年 5 月的降水又促使埃塞俄比亚东部和索马里北部的蝗群长为成虫并开始产卵，在肯尼亚北部进一步繁殖。

气候变化除了增加虫灾,还从其他方面影响生态系统动态结构。

第一,影响传粉生物(花粉传播媒介昆虫)对温度变化的耐受性。传粉生物对高温敏感,虫媒作物对高温和干旱敏感,一旦温度异常,就会干扰植物与传粉生物关系的同步性。在热带地区,大多数传粉生物已经接近其可以忍受的最佳温度的上限。联合国政府间气候变化专门委员会引用的一项研究指出,全球升温2℃会让脊椎动物的地域分布范围缩小 8%,植物的地域分布范围缩小 16%,昆虫的地域分布范围缩小 18%。

2016 年初,联合国政府间生物多样性和生态系统服务科学政策平台指出,对农作物等植物授粉至关重要的众多蜜蜂、蝴蝶和其他类型小昆虫面临绝迹威胁。在欧洲西北部和北美,众多野生蜜蜂和蝴蝶正大规模减少,多样性也不断缩减。2016 年欧洲气候异常,春天和入夏多雨,温度过低,花开过晚,这让蜜蜂无法正常授粉,导致成群的蜜蜂死亡或者消失。2016 年 11 月法国环境部发布的报告显示,世界上 5%—8% 的食用植物需要蜜蜂授粉。近几年全球多个地区出现的大量蜜蜂消失、死亡现象正在加剧,仅法国农业就损失 29 亿欧元。这些昆虫的消失直接威胁全球主要农作物和世界生物多样性。具体地说,100 种粮食中有71 种依靠蜜蜂进行传粉,这涵盖了全球 90% 的食物供应。授粉下滑或导致农作物产量降低、食品涨价和农业利润降低。

第二,影响农作物和有害生物的平衡。气候变化可能有利于有害生物繁衍，使它们可以在之前不能存活的地方存活，代际更新加快。例如在芬兰，70多年以来，人们已经观测到马铃薯晚疫病出现的时间变早，出现的频率变高；在美国，马铃薯叶蝉现在出现的时间比20世纪50年代平均提前10天，在炎热的天气里它的影响会更为严重。据记载，有200多种植物是马铃薯叶蝉的潜在寄主，它的提前到来造成了每年数百万美元的损失。

第三，影响农作物与杂草的平衡。气候和二氧化碳浓度的变化扩大了杂草的分布，提高对农业有严重不良影响的杂草和侵入性杂草的繁殖力。

天下粮仓

气候变化正在对全球的粮食生产布局产生深远影响。

一是气候变化改变生物气候定律。竺可桢在《中国科普佳作精选：物候学》中称："物候古代与今日不同。近年来气候变化显著，气候变化通过改变耕地的水热条件进而对耕地种植界限、物候期、生产潜力和种植结构布局影响深远。"20世纪六七十年代以来，气候变暖趋势日益明显，对农作物生长发育的影响因时因地而异。美国国家科学院院刊2018年2月发表的《全球变暖导致不同海拔梯度上的春季物候更加统一》研究文章称，全球变暖正在改变众所周知的生物气候定律，强调高海拔地区而不是低海拔地区的物候进步更大，海拔越高变暖趋势可能更强，未来的气候变暖可能会进一步降低物候转变，这将对山地森林生态系统的结构和功能产生深远的影响。更多的研究显示，随着气温的升高，植物生长季延长，春季物候期提前、秋季物候期推迟成为一种全球趋势。

二是气候变化对低纬度、中纬度、高纬度地区农作物生长产生不同影响。2019年联合国粮农组织发表的《气候变化和粮食安全——风险与应对》的报告显示：在低纬度地区和热带地区，在当前农业区域、管理水平和科技以及其他因素均保持不变的情况下，即使是低水平的变暖，气候变化也将对小麦、稻谷和玉米等作物的生产能力造成负面影响。气候变化对中纬度和高纬度地区的影响更为复杂，尤其是在较低水平的气候变暖情况下。一些高纬度地区预计会从温度升高和生长季节延长中受益，有时是大幅受益，但是其他环境条件，如远北地区的土壤质量问题，可能会限制这种受益的程度。总体上，气候变化将增加许多地区作物产量的不确定性。温带地区的主要农业生产者，如欧盟的小麦生产者和美国的玉米生产者可能会受到气候变化的巨大负面影响，主要是因为农作物在生长期可获得的水资源减少，还有更频繁和强烈的酷热，尤其是当酷热发生在开花期时破坏性最大，以及物候加速可能会导致农作物产量的减少。俄罗斯、乌克兰和哈萨克斯坦所处的欧亚大陆中部粮食生产区的农业生态潜力可能会得到提升，因为气候更加温暖、更长的生长期、森林减少、大气中二氧化碳浓度升高对作物生长具有正面影响。由此可见，气候变化可能更有利于高纬度地区农作物生长，促使俄罗斯、加拿大粮食生产强势崛起，全球粮仓发生变化。

俄罗斯的粮食生产或许已成为气候变暖的最大受益者。俄罗斯是当今世界领土最大的国家，横跨欧亚大陆，幅员辽阔，耕地面积大。据俄罗斯国家土地政策委员会统计，2002年俄罗斯拥有土地面积16亿公顷，农业用地1.95亿公顷，其中粮食耕地1.2亿公顷，饲料用地6970万公顷，人均耕地面积0.84公顷远远高于世界平均水平（中国人均耕地面积0.09公顷）。但由于俄罗斯所处纬度高、夏季短促，只有欧洲部分的平原地区较为适宜农业种植，加之农业政策长期不尽科学合理，农业生产不稳定，产量波动较大，粮食安全问题较为突出。1991—1998年，俄罗斯农业生产总量下降了41.4%，食品产量下降了近50%，俄罗斯粮食安全形势严重恶化。1999年，俄罗斯政府痛定思痛，开始实行"农业复兴计划"，粮食生产逐渐走出低谷，粮食产量持续增长。1999年粮食产量达5470万吨，2000年达6450万吨。2001年的俄罗斯粮食生产再获大丰收，产量增至8490万吨，较前一年增产2000多万吨。连续3年粮食增产使俄罗斯摆脱了粮食依赖进口的被动局面，粮食安全形势逐步好转且趋于稳定。2000—

2001 年度，俄罗斯出口谷物 130 万吨，2001 年 7 月到 2002 年 4 月，俄罗斯出口小麦与粗粮约 430 万吨、进口 175 万吨，这是俄罗斯在近十年内第一次粮食出口大于粮食进口，成为了粮食净出口国，粮食供应走上了自给有余的新阶段。

同样处于北方严寒地带的加拿大也将从气候变化中受益。加拿大南部以前一直种植春小麦，即春种秋收，其他品质的粮食作物因低温很难栽培。然而，随着气候变暖，这里不仅有可能种植单位面积产量比春小麦高的冬小麦，而且原本种植界限在美国北部的玉米，也开始可以在加拿大很多地区种植。2007 年以后，加拿大的曼尼托巴等三省的玉米播种面积已突破 40 万英亩。原先范围至美国伊利诺伊州和爱荷华州的"世界玉米生产带"已经延伸至加拿大并继续北上。据估算，加拿大的农民因为可以种植冬小麦和玉米，单位面积所得收入至少可以增加 50% 以上。加拿大作为世界主要粮食出口国的地位将不断巩固。

但位于中纬度的国家可能因为气候变化而受损。例如，南半球的澳大利亚处于中纬度地带，地广人稀，人均耕地面积 2.15 公顷，是世界农业大国。20 世纪 70 年代，澳大利亚农业结构开始发生转变，到 1993 年，种植业在 200 多年的历史上首次超过畜牧业。小麦种植面积从 1972 年的 760 万公顷增加到 2013 年的 1280 万公顷。澳大利亚处于热带和温带的地理位置上有一条横贯东西的大田作物种植带，年降雨量有 400—600 毫米，盛产小麦、大麦、燕麦、高粱、玉米和水稻等，以小麦、大麦产量最大。但是近年来，气候变化的负面影响不断显现。20世纪90年代政府间气候变化专门委员会（IPCC）预测"澳大利亚是最早、最直接受到地球气候变化影响的地方"。这一预测如今正在变成现实。气候变化给澳大利亚带来干旱、降雨方式改变、极端天气事件频发，引发热浪和森林火灾，导致澳大利亚粮食生产面临更多风险和不可预测因素。《世界知识年鉴》数据显示：20世纪90年代以来，受旱灾影响澳大利亚主要粮食作物小麦和大麦产量极不稳定，起伏波动巨大。

澳大利亚的墨累达令盆地是粮食主产地，土壤比较肥沃，占澳大利亚灌溉农业产量的一半左右。澳大利亚最重要的河流墨累河与其支流穿流而过，对于墨累达令盆地几个州的农业灌溉有非常重要的作用，这种自然条件也使墨累达令盆地成为适合水稻生产的地方。20世纪初，水稻播种面积大概有15万—17万公顷，产量大约是120万—140万吨，出口到40多个国家与地区。澳大利亚整个区域的水稻产量仅仅占到世界比例的0.2%，可是却占到全球稻米市场的3%，澳大利亚80%的水稻是出口的。在过去20年，极端干旱和水危机等气候威胁造成每年流入墨累达令盆地的水量几乎减少一半，干旱成为常态。由于缺水，20世纪90年代初大量种植的水稻现在已经不再适合在墨累河岸地区种植。随着移民的增加，澳大利亚2014年开始进口大米。

　　总之，气候变化会改变适合耕种多种作物的土地面积的分布。研究表明，未来的总体趋势是，撒哈拉以南非洲、加勒比海地区、印度和澳大利亚北部作物种植区面积会减少，而北美洲和欧洲大部分地区的作物种植区面积会增加。这可能加剧发达国家和发展中国家之间现有的粮食不平衡态势。2021年9月约翰·弗兰克等十几名学者联合发表学术文章《鉴于气候变化下的适应性农民行为：农业粮仓向两极转移》，他们使用了7个基于过程的模型来模拟玉米、水稻、大豆、春小麦和冬小麦5种主要作物，采用各种应对气候变化的适应策略，研究气候变暖下的作物反应。研究发现，作物生长季节随着气候变暖而强烈收缩，当种植日期和品质固定不变，高产地区的种植面积保持稳定，作物减产损失可能很严重；当允许农民调整物种和耕种时间以适应气候变化时，选择生长季节更长的品种，全球粮食生产峰值区域向两极转移，因气候导致的减产损失在很大程度上得到弥补。文章的结论为：虽然大多数作物生长区的转变最终受到地理的限制，但到21世纪末，世界粮仓平均向极地移动600多千米。

　　受气候变化等因素的影响，中国的粮仓已经并将继续发生着重大的变化。竺可桢在《天道与人文》中描述道，物候昔无而今有。譬如以小麦而论，唐代刘恂在其《岭表录异》里曾说："广州地热，种麦则苗而不实。"但700年以后，清代屈大均撰写《广东新语》的时候，小麦在雷州半岛已大量繁殖了。5000年来，中国人口的大规模南迁，带动了农业和经济的重心南迁，同时粮食品种的空间布局也发生了变化。

战国后期到秦汉年间，关中、巴蜀、河西等地区先后成为中国的粮仓，推动咸阳、长安和成都成为著名古都。东汉末年以后，中原地区频繁战乱，中原人口多次大规模向南方迁移。不受北方欢迎的稻米在水田遍布的南方发展得红红火火，成为了南方最重要的主食。靖康之役，北宋灭亡，宋室的南迁让中国经济重心彻底转移到南方。明清时期，湖广地区围湖造田发展到了巅峰，大大充实了该地区粮食生产能力和人口承载力，长江流域成为中国的粮仓，被喻为"苏湖熟，天下足""湖广熟，天下足"。

20世纪90年代以来，随着工业化、城镇化的推进，粮食生产和消费的空间格局也在不断发生变化。中国经济重心南移，粮食重心北移，北粮南运取代了长期以来的南粮北运。南方多个鱼米之乡从农业转向工业生产，粮食无法自给。北方农业大省渐次崛起，主要粮食产区在空间上向泛东北地区和泛黄淮地区进一步集中。以2003年为例，泛东北地区四省（黑龙江、内蒙古、吉林、辽宁）、泛黄淮地区四省（河南、山东、安徽、江苏）和长江中游三省（湖北、湖南和江西）的粮食产量分别占全国粮食总产量的17.7%、27.1%和13.5%。2003—2011年，全国粮食增产14051.4万吨，泛东北地区四省共增产粮食5336万吨，占全国粮食增产总量的39.4%；泛黄淮地区四省共增产粮食4720.5万吨，占全国粮食增产总量的 33.6%；长江中游三省共增产粮食 1566.7 万吨，占全国粮食增产总量的 11.1%。

2007 年，中国农业科学院农业环境与可持续发展研究所的刘颖杰和林而达发表《气候变暖对中国不同地区农业的影响》一文，该文利用国家统计局《中国统计年鉴》1984—2003 年农业生产资料投入、播种面积以及同期年平均温度的观测数据综合分析，结果表明，以温度升高为主要特征的气候变化对东北地区粮食总产量增加有明显的促进作用；对华北、西北和西南地区的粮食总产量增加有一定的抑制作用。在东北，因为温度升高，农作物的生长期延长，采用晚熟高产玉米、大豆品种和选种冬小麦、水稻等高产作物成为可能，农作物栽培和耕作制度也发生相应转变，粮食总产量增多。另外，影响作物的冷害明显减轻甚至消失。预计东北地区粮食生产对增温还有适应的潜力，在未来几十年内，农业生产还可通过改换品种和调整播期抵消增温造成的不利影响，甚至获益。

事实确实如此，随着气候变暖和农业科技的发展，20 世纪 90 年代以来东北三省耕地潜力逐渐被发掘，并发展成为中华大粮仓。根据东北三省统计年鉴种植面积数据，2000—2015 年东北三省的耕地面积逐年增加，2000 年水稻、玉米、大豆三种主要粮食作物总种植面积为 3261.42 万公顷，2005 年为 3719.77 万公顷，2010 年为 4189.01 万公顷，2015 年为 4396.08 万公顷。

根据国家统计局发布的粮食产量数据，2021年全国粮食总产量13657亿斤，其中东北三省、河南、山东、河北、内蒙古7个粮食主产区粮食总产量达到6831.18亿斤，占全国50%左右，而这7个省的总人口为3.98亿，占比为28%。可以说北方7省养活半个中国。

总之，全球气候变化正在改变各国的粮食生产分布和世界粮仓空间布局，各国粮食安全态势正在急剧变化，可能加剧发达国家和发展中国家之间现有的不平衡。各国越来越重视由此带来的国家安全影响，例如，2021年8月底，澳大利亚安全领导人气候小组（ASLCG）发布报告称，"气候变化对澳大利亚农业和贸易的影响是国家安全问题"。

中国高度重视粮食安全问题，习近平总书记多次强调，十几亿人口要吃饭，这是我国最大的国情，手中有粮、心中不慌在任何时候都是真理，确保国家粮食安全，把中国人的饭碗牢牢端在自己手中。我们必须高度重视气候变化给世界粮仓带来的影响，给中国粮食安全造成的威胁，在确保本国的粮食稳产增产过程中，必须根据气候变化带来的各种新变量，把预案做好做足，妥当应对。

"仓廪实，天下安！"

参 考 文 献

1　方修琦、苏筠、郑景云、萧凌波、魏柱灯、尹君等：《历史气候变化对中国社会经济的影响》，科学出版社 2019 年版。

2　方修琦、苏筠、尹君、滕静超：《冷暖—丰歉—饥荒—农民起义：基于粮食安全的历史气候变化影响在中国社会系统中的传递》，《中国科学》2015 年第 45 卷第 6 期。

3　唐启宇：《中国农史稿》，农业出版社 1985 年版。

4　竺可桢著，施爱东编：《天道与人文》，北京出版社 2005 年版。

5　[美] 比尔·盖茨著，陈召强译：《气候经济与人类未来》，中信出版集团 2021 年版。

6　联合国粮食及农业组织编著，李婷、刘武兵、郑君译：《气候变化和粮食安全：风险与应对》，中国农业出版社 2019 年版。

7　竺可桢、宛敏渭：《物候学》，湖南教育出版社 1999 年版。

8　Global Warming Leads to More Uniform Spring Phenology Across Elevations, https://www.pnas.org/content/115/5/1004.

9　张修翔：《澳大利亚农业地理区域研究》，《世界农业》2012 年第 6 期。

10　James A.F, Christoph M., Sara M. et al., Agriculture breadbaskets shift poleward given adaptive farmer behavior under climate change, December 3, 2021, https://www.researchgate.net/publication/354343309_agricultural_breadbaskets_shift_poleward_given_adaptive_under_climate_change.

11　姜长云：《中国粮食安全的现状与前景》，《经济研究参考》2012 年第 40 期。

12　刘颖杰、林而达：《气候变暖对中国不同地区农业的影响》，《气候变化研究进展》2007 年第 3 卷第 4 期。

第四章

热浪下的
政权安危

　　2010 年末，突尼斯的一场"茉莉花革命"引发了席卷中东的政治运动。这一历史性的政治剧变爆发十多年后，西亚北非的局势比之前更动荡、更复杂、更不安全。人们在追溯这场剧变爆发的起因时，会想到各种各样的因素，比如这个地区连年的战火、经济的衰退、政府的脆弱以及美西方的干预等，但忽略了一个重要的根源。它可能不像上述原因那么直接和明显，但它却隐隐牵动着整个地区的"命运"走势。它的出现点燃了突尼斯街头小贩暴动的导火索，点燃了叙利亚难民揭竿而起的怒火，点燃了开罗解放广场的汽车。这些火苗继而聚成熊熊大火，"燃烧"了整个西亚非洲，使这片世界最大的沙漠地区更加燥热、更加焦灼。这一被忽视的因素就是气候变化。美欧气候学家研究发现，这场政治运动的爆发与 2006—2010 年西亚北非地区的持续大旱有着难以割裂的联系。

其实，这场政变并非孤例。在很多政权颠覆、社会动荡的背后，不难发现气候变化的多米诺骨牌效应。气候变化所引发的连锁反应可能从粮食、资源短缺演变为气候难民的流离失所、民众示威抗议、暴力冲突甚至是恐怖主义。这些危机交织叠加，对一国政治安全和政权安全构成难以预料的威胁。

"醉里云水怒，醒来风雷惊。"随着全球变暖趋势加强，干旱、洪水、雷暴等极端气候灾害可能更为常见，对其中潜藏的政治安全和社会安全风险绝不能掉以轻心。

政治运动与气候变化

2010年12月的一天,突尼斯街头爆发了名为"茉莉花革命"的民众抗议活动,导致突尼斯前总统本·阿里辞职。随后抗议浪潮席卷阿拉伯多国,演变为规模空前的社会政治运动,执掌政权数十年之久的政治强人和独裁者如多米诺骨牌般纷纷倒台。如今,这场剧变虽然平息,但整个中东地区都遭受了难以修复的重创。很多国家仍深陷西亚北非局势动荡的泥沼,政权频繁更迭,国内冲突不断,经济一蹶不振,民生穷困凋敝。

大多数分析认为,西亚北非局势动荡始于国内矛盾、民间暴动,但其实它与气候变化也有着千丝万缕的联系。牛津大学研究员特洛伊·斯滕伯格认为,亚洲旱灾是导致西亚北非局势动荡的重要诱因。2006—2010年,亚洲大片地区经历了百年一遇的旱灾,造成约2500万英亩小麦农田受损,约400万人水源短缺。尽管抗议活动在突尼斯引爆,但大范围的动荡却始于埃及,原因是埃及受干旱影响最严重。由于埃及粮食严重依赖进口,旱灾致使全球小麦价格飙升,埃及的小麦价格在2010年上涨了1倍多。随后埃及政府削减了对居民的粮食补贴,引发了民众抗议,埃及的民选总统穆罕默德·穆尔西则在军事政变中下台。同样，在利比亚、也门、叙利亚、伊拉克等国也发生了民众抗议下的政权危机。直到现在，这些国家仍然经历着无休止的内战。由此可见，除了国家体制和社会矛盾的因素外，西亚北非政治动荡的背后隐约可见气候变化的影响。

气候变化还可能以其他形式影响政权稳定。例如，2015 年的高温一度造成伊拉克局势动荡。当时，中东大部分地区遭遇极端热浪，气温超过 52℃，伊拉克最高气温甚至达到 70℃。为了应对高温，伊拉克政府出台了 4 天"救命假期"。但仍有 30 万伊拉克人难耐高温，成为"气候难民"。伊拉克多地因无法满足空调供电而陷入瘫痪，成千上万的市民走上街头抗议停电和政府腐败，并引发流血冲突。伊拉克前总理阿巴迪感受到了恐慌，他向政府官员发出"立即解决供电问题"的命令，并警告"如果这种情况持续下去，伊拉克将爆发革命"。

气候变化关乎政治安全。政治安全的核心是国家得以稳固的政权安全和制度安全。目前，很多受气候变化影响的国家，只是忙于应对眼前粮食减产、供水供电不足、经济水平下降，以及民众抗议等一系列棘手的难题，并未认识到气候变化与国家政治安全之间的微妙联系。西亚北非局势动荡的"前车之鉴"为各国政府重新审视气候变化问题敲响了警钟：如果不正视气候变化的联动效应，不及时应对气候变化造成的负面影响，未来可能付出的将是积重难返之下政权更迭、制度崩溃的沉重代价。因此，世界上的每个国家都应常怀远虑，居安思危，不忽视任何一个气候事件的传导力，不低估任何一次气候变化的后果。

气候难民

气候变化是政局变动的催化剂，但撼动政权的却是饱受干旱之苦的百姓。他们靠天吃饭，囿于旱灾被迫四处迁徙，成为"气候难民"。目前，国际上对"气候难民"并没有明确的定义。1951 年联合国发布的《难民公约》中只定义了"因遭受人为政治迫害"的"政治难民"。1985 年联合国难民署在《难民公约》中加入"环境难民"一词，阐述了因战争和自然灾害导致民众流离失所的情况。2009 年 12 月，丹麦哥本哈根联合国气候变化大会上，几名来自世界各地的气候难民参加"国际气候听证会"，呼吁世界正视气候变化问题，气候难民的处境开始受到关注。2018 年联合国通过《移民问题全球契约》，将气候难民问题放在更加突出的位置，并明确承认突发和缓慢发生的自然灾害和环境退化都是造成难民流离失所的原因。此后，一些记录气候变化的电影陆续上映，"气候难民"一词逐渐受到公众关注。

事实上，气候难民自古有之。以楼兰古国为例，它建立于公元前 176 年前，《史记·匈奴列传》首次提到该国，曾是古丝绸之路上的咽喉门户，坐落在新疆巴州的罗布泊之滨。汉朝时期，罗布泊水域宽广，面积达 5350 平方千米，充裕的水源和丰富的物产造就了楼兰王国的繁盛。古丝绸之路由河西走廊出敦煌，过白龙堆，至楼兰后分为南北两道，楼兰人"负水担粮，送迎汉使"，来自大月氏、安息、大宛等地的使者和商队经过长途跋涉，穿越戈壁到此补充给养，不难想象楼兰当时繁华热闹的景象。公元前 126 年，张骞出使西域归来，向汉武帝上书称"楼兰，师邑有城郭，临盐泽"。《史记》《汉书》里也有很多关于楼兰的史料，显示楼兰在古丝绸之路中的极高地位。

然而，如此重要、繁华的一个古国，却在公元 630 年左右（唐朝时期）神秘消亡。《二十四史》中将楼兰的消失归因于部落战争，并记载唐初玄奘取经归来，路过罗布泊，目睹"城廓岿然，人烟断绝"的荒凉景象，从此历史上再无楼兰古国的记载，直到 100 多年前瑞典探险家斯文·赫定才发现其遗址。近年来，科学家通过对楼兰古迹的深入探究，越来越相信它的消失与气候变化有着必然联系。公元 4 世纪，全球气候旱化加剧，导致我国北方广大地区黄土堆积，湖沼消亡，海退发生。在此期间，罗布泊面积逐渐缩小，楼兰失去了水源补给。由于供水不足，战乱不断，很多楼兰百姓被迫迁入伊吾（今新疆哈密）、若羌、尉犁和鄯善等地，成为中国历史上早期的气候难民。

　　纵观世界历史,气候变化下的政权覆灭不止楼兰一国。2021
年8月,美国近东语言与文明学教授娜丁·莫勒和历史与古典学
教授约瑟夫·曼宁在耶鲁大学网站发表论文,指出公元前2200
年全球极端干旱灾难爆发之时,古埃及王国正值崩溃。通过对这
一时期墓葬考古中关于记录粮食短缺和饥荒的铭文分析,干旱气
候使尼罗河水位下降,农耕减少,出现了很多气候难民,加剧了
古埃及社会和政治动荡,最终导致王国覆灭。

　　类似的故事如今在地球上仍在重复上演。例如,在拉丁美
洲,气候异常驱使大量巴西农村人口进入城市,造成了新的社会
问题。2014年厄尔尼诺现象导致拉丁美洲发生严重旱灾。巴西

农村地区的干旱使大量农田减产，很多气候难民涌入规模快速扩大的沿海城市，加速了巴西的城市化现象。但巴西农村移民的生活水平并不理想，由于干旱天气和供水需求增加，巴西圣保罗市采取严格的用水限制，这里的居民每天只有几个小时能获得饮用水，数千人经历过长达几天的停水。长期的水荒导致巴西多个城市爆发民众抗议和冲突。2015 年 3 月，数百名市民在圣保罗街头抗议，喊着"水资源必须得到保证"的口号。由于无法应对干旱和水资源短缺，很多人已经离开圣保罗，他们又把家迁到了农村地区，并称自己是"水难民"。这种威胁不仅限于巴西圣保罗，位于圣保罗 100 千米外的伊图市因断水而导致排队领水的人发生争斗、抢劫和严重的社会暴乱。这些街头抗议的形式像极了突尼斯"茉莉花革命"的序幕，引起巴西社会各界的担忧和恐慌。人们担忧的不仅仅是水资源短缺，而是担忧由此引发的社会混乱，会演变为另一场类似西亚北非政治动荡的开端。

再如，干旱在印度也造成了大量的气候难民。2019 年印度遭遇大干旱，泰米尔纳德邦首府金奈的四座水库存水"蒸发 99%"，使这个原本极度缺水的国家承受了巨大资源短缺的压力。2020 年，印度又遭受了数十年来最严重的蝗虫袭击、三场飓风、全国性的热浪和洪水，大量气候难民被迫迁移。2021 年夏季，在农业用水极度紧张的情况下，印度德里等多个城市未能确保供水正常，数千民众举行抗议示威，并试图切断德里水利部长家的供水，以抗议城市供水不足。但讽刺的是，德里政府竟然使用高压水枪镇压和驱逐抗议群众，令因缺水而不满的群众更加愤怒。部分民众由抗议供水问题，上升为谴责政府腐败和不作为的政治游行。近年来，印度西孟加拉等地已经爆发了多场民众街头抗议，印度政府对政治危机的恐惧并不亚于中东、非洲等政权摇摇欲坠的国家。如果气候干旱的情况持续，印度发生政治动荡的概率也将大大增加。

如今，伴随全球气候变暖趋势不断增强，气候灾害困扰着世界各国，特别是中东、非洲、南亚、拉美等政局动荡不安的地区。气候难民大量增加，已成为全球普遍存在的群体。2021年4月，联合国难民署统计，过去十年中，世界平均每年有大约2150万人因气候变化而被迫迁移，是冲突和暴力引发难民人数的2倍之多。联合国难民署预计2050年世界气候难民总数将达到2.5亿。

气候难民本质上是国民安全问题。气候难民不断加重国家的经济负担，特别是增加人们对苦难情绪的负面传导，导致国家的动乱和不安，是维护发展和稳定的最不确定因素。当前，气候难民的数量虽然急剧上升，但因无法精确统计和划分难民的类型，他们的权益仍未受到国际法的保护。未来，气候干旱的情况可能并不会好转。中国科学院新疆生态与地理研究所借助全球气候模式数据预测未来40年全球干旱问题将更加突出，澳大利亚、中东、非洲、中亚等原本干旱的地区旱灾发生率更高。这意味着气候干旱化将带来更多的社会难题、更多的国家乱局、更多的难民迁徙，如果不采取进一步的措施，全球很多地方都将变成"气候灾区"，国家安全也将面临巨大挑战。

从"非洲之光"到"动荡之角"

除了政局变动和社会混乱，气候变化还会带来内战和相互残杀，埃塞俄比亚内战就是一个绝好的例证。2020 年之前，位于非洲之角的埃塞俄比亚曾被称为"非洲之光"，其经济和政治改革被外界广泛看好。但 2020 年 11 月，埃塞俄比亚爆发严重内乱，暴力和冲突持续 1 年之久，至今仍未停歇，从而变成了脆弱不堪的"动荡之角"。

埃塞俄比亚爆发内战与其领导人更迭、改革不力、部族矛盾复杂脱不开干系，但还有一个常常被世人忽略的气候变化"前奏"。2014 年，太平洋发生厄尔尼诺现象，导致全球气候异常升温，持续波及美洲、非洲甚至亚洲多个地区，非洲之角发生严重旱灾。埃塞俄比亚农作物连续歉收，牲畜大量死亡。联合国粮农组织统计，2015 年以来埃塞俄比亚人道主义需求增加了 2 倍，该国 1/4 的地区面临粮食安全和营养危机，约 1020 万人失去粮食保障，近 10 万难民变成气候难民。当时埃塞俄比亚正值海尔·马里亚姆执政时期，由于他缺少前任总理梅莱斯的治国智慧和执政根基，无力应对 2015 年以来因干旱导致的民众抗议，最终于 2018 年 2 月宣布辞职。随后继任的阿比·艾哈迈德总理继续在国内干旱气候持续导致的粮食危机、经济衰弱中执政。然而无论怎样推行新政改革，最终还是以失败收场。各方面矛盾不断激化，终于走到了兵戎相见的地步。2017 年，联合国粮农组织发表《世界粮食安全和营养状况》的报告，分析了 2015 年前后非洲之角的干旱气候与埃塞俄比亚国内暴动之间的关联性。此后，埃塞俄比亚气候变化问题得到了国际社会广泛关注。

事实上，在埃塞俄比亚历史上，因气候异常而导致兵变早有先例。20 世纪七八十年代，埃塞俄比亚曾经历严重的干旱和粮食短缺，导致数百万难民处于饥饿边缘，并引发了对当时"广受尊崇"的皇帝塞拉西的反抗活动。反对派士兵用一部名为《未知饥荒》的电影，专门揭露埃塞俄比亚毁灭性饥荒的场面，并在影片中插入叛军逮捕皇帝的画面，煽动民众发动暴力抗议。最终，电影的场面变成现实，上万埃塞俄比亚青年掀起了抗击政权的反抗运动，推翻了塞拉西皇权。

叙利亚政权危机则是气候变化导致政权危机的另外一个例证。2008—2010 年，叙利亚遭遇毁灭性干旱，该国近 60% 的土地变成荒漠，气温升高和土地沙化使农民无法放牧耕种，大面积农作物颗粒无收，约 200 万—300 万叙利亚农民成了"极度贫困者"。数年间，叙利亚主要城市的外围地区充斥着"非法移民、过度拥挤、落后的基础设施和失业犯罪者……"在政治运动的冲击下，叙利亚社会危机愈演愈烈，最终爆发了全国抗议。

针对这一现象，2015 年 3 月《美国国家科学院院刊》载文认为，干旱本身就有社会动荡"催化效应"。该文将全球变暖、干旱和叙利亚动荡之间的联系进行了分析，并明确得出"全球变暖使地区和国家变得不稳定"的结论。哥伦比亚大学教授理查德·西格也指出，气候变化正持续地使整个东地中海和中东地区变得更加干旱，这是中东频繁发生政权更迭和内战冲突的一大诱因。

气候变化的反射弧很长，影响时间和范围往往难以预测。从埃塞俄比亚的乱局不难看出，气候变化与内战冲突之间存在着连锁的多米诺骨牌效应。从非洲到拉美，从中东到南亚，热浪侵袭之后，是粮食和资源的紧缺，是民众的抗议热潮，是武装冲突的风险潜滋暗长。

"气候海盗"与"气候恐怖组织"

除了政治安全、社会稳定、国内和平外，气候变化还会造成海盗、恐怖主义活动等非传统安全问题。例如，在研究索马里海盗成因时，就有专家提出气候变化是根本原因。美国国家大气研究中心的亚历山德拉·吉亚尼尼博士和她领导的研究小组运用计算机模型研究，发现印度洋海水温度上升导致的气候干旱，才是索马里海盗产生的罪魁祸首。这篇论文发表在 2003 年 10 月的《科学》杂志上，当时并未引起广泛关注，因为这个结论似乎违背常识：通常情况下，气温的上升会导致大气水蒸气含量增加，带来丰沛降水。但政府间气候变化专门委员会（IPCC）于 2013 年提供的数据显示，全球变暖虽然会导致北半球高纬度地区冬季降水量增加，但降水不均现象同样明显。特别是横贯非洲中部的萨赫勒地区，地势平缓，全年的绝大部分降水都来自季风带来的短暂雨季。印度洋水温上升改变了季风的强度，使整个萨赫勒地区变得干旱少雨。因缺乏水源，粮食和生活资源供应不足，当地人只能被迫迁徙。索马里就是萨赫勒地区深受气候变化影响的国家。由于该国濒临印度洋，70% 的索马里人依赖于对气候敏感的农业和畜牧业，而气温逐年上升，农耕迅速减少，意味着大部分索马里人沦为流离失所的"气候难民"。他们中一部分迁徙到周边国家，另一部分转向海上"谋生"，成为劫掠商船、货物和杀害人质的"气候海盗"。

截至 2020 年底，全球海盗袭击事件已由 2019 年的 162 起上升为 195 起。不仅在索马里沿海地区，在亚丁湾、几内亚湾、红海等海运密集的地方，海盗滋扰已成为常态。这些地区海盗猖獗

的原因与索马里海盗的产生路径有很多相似之处，其中之一就是气候变化的传导作用。"波罗的海国际航运工会"数据表明，在尼日尔三角洲的干旱季节，即 3—10 月之间，几内亚湾海盗袭击的几率都会大大增加。

气候变化催生的不仅有海盗，还有恐怖主义行为。比如索马里"青年党"就是一个受气候变化影响极为严重的恐怖势力。2021 年 1 月，世界经济论坛的《全球风险报告》指出，"有理由相信索马里的恐怖主义问题与气候变化相关。因为自 2011 年东非干旱以来，数百万索马里人一直处于持续的'半干旱状态'，并面临着不安全和食物匮乏的问题"。由于东非地区气候干旱加剧，索马里陷入了严重的粮食和水资源短缺，导致政治动荡，难民流离失所。部分遭受气候灾害的青年与"圣战"分子勾结在一起，最初只是迫于生计，抢劫掳掠，但随着该团伙队伍不断壮大，逐渐发展成东非地区最危险的恐怖组织——"青年党"（初始名"圣战者青年运动"）。目前，该团伙已经成为威胁索马里政权稳定的最大障碍，他们四处勾结恐怖组织，招募极端分子，发动致命恐袭，目的是推翻非洲联盟和索马里政府。

仔细考察世界上很多对国家和地区安全造成极端危害的恐怖组织，有不少也是气候变化影响下的产物。在西亚非洲，近年的干旱天气使数百万人失去生计，叙利亚甚至开始进口水资源和农作物。在恶劣的气候条件下，"伊斯兰国"等极端组织就地生根，打着宗教旗号，招募大量气候难民作为"圣战"人员，发动一系列反政府的武装叛乱。2014年后"伊斯兰国"占领了叙利亚和伊拉克的大片领土，插上了"伊斯兰酋长国"的旗帜，使本就千疮百孔的叙利亚和伊拉克政权雪上加霜。因为干旱导致水资源贫乏，"伊斯兰国"垄断了幼发拉底河附近的多处堤坝，作为反政府的战争武器，继而引发了更多暴力冲突。如今，"伊斯兰国"在叙利亚和伊拉克的大本营虽然被摧毁，但它的残余势力仍虎视眈眈，伺机重整旗鼓，卷土重来。

气候变化与社会安全息息相关。在全球气候变暖的大背景下，"气候海盗"和"气候恐怖组织"变得异常活跃。而这些非

热浪下的政权安危

传统安全威胁已经成为影响社会安全的突出变量。美国亚利桑那大学、得克萨斯大学的研究机构预测西非和东非的干旱加重将导致非洲极端势力回潮，而这个预言正在成真。在西非和东非，严重的干旱及政府应对旱灾的不力造成经济和政治动荡，"基地"组织、"伊斯兰国"、"博科圣地"等极端组织利用新冠肺炎疫情等社会危机制造恐怖，威胁国家和地区安全。随着全球气候变暖，干旱持续蔓延，越来越多的气候难民徘徊在加入暴力恐怖组织的边缘。还有一些参与暴力抢劫、暗杀、走私、贩毒和绑架的犯罪分子，也日益成为"气候恐怖组织"的招募对象，如果不尽早采取措施治理气候问题，将为国家安全埋藏更多隐患。

沙漠的尽头是绿洲吗？

2021年11月，英国格拉斯哥联合国气候峰会上，一份由利兹大学皮尔斯·福斯特等多名气候科学家联合发布的报告成为会议焦点。这份以1.4万多项研究为基础、得到195个国家政府批准的报告，是迄今为止对气候变化最全面、最权威的总结。报告提出，未来30年全球变暖的趋势已成定局。自19世纪以来地球温度升高约1.1℃，很可能在未来20年内升高到1.5℃左右，一个更炎热的未来已无法避免。而且气候变暖的危险后果将持续显现，极端天气将大幅增加。预计未来全球各地将有近 10 亿人痛苦忍受更频繁的热浪威胁，还有数亿人会因严重干旱而缺水。然而，这仅仅是一个开端。

全球气候恶化的趋势令人悲观，这不禁让人联想到一部中国电影《东邪西毒》中的情景。洪七公问欧阳锋："过了沙漠另一边是什么？"欧阳锋答："另一片沙漠。"但是有人乐观地提出，"沙漠的尽头也许是一片绿洲。"国际社会针对气候持续恶化的治理或许会让全球变暖的趋势得到抑制。政府间气候变化专门委员会（IPCC）指出，如果全球各国共同努力，使大气中的二氧化碳含量在 2050 年前后不再增长，人类仍然可以阻止地球变得更热。对各国而言，气候治理将是未来全球事务的重中之重。特别是对于那些受气候影响较大、气候难民众多、政局动荡的国家，把气候治理好，就是为政权的稳固争取一份筹码。

据美国能源部"二氧化碳信息分析中心"统计，中东北非国家温室气体排放量占世界总量的份额虽小，但全球人均二氧化碳排放量最多的十个国家中有四个位于海湾地区。其中，沙特是世界上最大的产油国，因石油开采和加工而排放的温室气体加速了该国的气候变化。再加上沙特国土大部分都是沙漠，降雨稀少，先天的气候劣势促使沙特从未停止气候治理。自 20 世纪 80 年代以来，沙特成立了独立的海水淡化公司，每年投入数百亿美元，引进海水淡化设备和技术，同时发展现代化绿洲农业，解决水资源匮乏和可耕地不足的问题。近年来，沙特又以氢能源为突破口，加速研发新型清洁能源技术，代替传统油气开发造成的气候危害。阿联酋大力发展清洁能源和可再生能源，已建成世界最大的单体太阳能发电站和世界最大的太阳能园区。2021 年 10 月，阿联酋宣布"2050 年零排放战略倡议"，成为中东产油国中首个提出"净零排放"战略的国家。2021 年 12 月，格拉斯哥《联合国气候变化框架公约》缔约方大会第二十六次会议上，以沙特为首的海湾阿拉伯国家积极推动《巴黎协定》中规定的气候目标，沙特、巴林宣布 2060 年将实现"净零排放"的目标，卡塔尔则计划到 2030 年实现碳减排 25%的目标。

西亚北非局势动荡爆发后的十年间，中东成为世界最动荡不安的地区。但相比于其他国家，沙特、阿联酋等海湾国家却成功渡过了中东剧变的冲击，抵挡住了多国政治动荡的余震，在浩浩荡荡的民众暴动中，平息了民愤，保住了王室政权。这背后，除了王权体制下特有的统治政策外，离不开气候治理带来的裨益。由于沙特等海湾国家长期致力于改善气候干旱的危害，兴修水利工程，增加农田灌溉用水以及农村饮用水，早已实现了粮食自给。也正是得益于长久的气候治理，这些国家才抵御住西亚北非局势动荡前的亚洲大旱，使大量农民没有沦为气候难民，大大缓解了民众与王权统治之间的矛盾。

认识到气候变化与政治动荡之间的关联性，约旦、埃及等国也相继采取了多种气候治理的举措。2013年约旦政府发布《应对气候变化国家计划（2013—2020）》，专门针对气候变化制定相应措施，在中东国家中极具开创意义。该计划目标之一是将约旦建成能够有效应对气候风险的国家，二是形成健康发展的生态系统，并能够抵御气候变化对社会的影响。在此基础上，其他相关部门也提出对原有政策进行修改，以适应应对气候变化的目标与任务。埃及地处地中海沿岸，气候变暖导致的海平面上升对该国农田威胁较大。为改善气候，维护尼罗河三角洲的农业生产，埃及积极制定防止海水侵入陆地的方案，同时发展风能、太阳能等可再生能源，减少因使用传统能源而释放的二氧化碳排放量。在埃及政府的推动和治理下，埃及国内的供电短缺问题得到有效改善，农业可耕地数量逐年增加。更重要的是，截至2021年，埃及再也没有发生大规模的反政府暴动，社会秩序井然，群众游行和恐怖活动减少，虽然短期之内经济水平无法恢复，但政权稳固程度更高了。

　　反观一些气候治理不力的国家，仍然经受着政治动荡的侵扰。2021年10月，印度在英国格拉斯哥气候峰会前夕拒绝承诺碳中和的目标，但在气候峰会上迫于多国表态的压力，宣布将碳排放净零的目标延期至2070年。联合国多名官员对此表示质疑，因为正处于工业化阶段、严重依赖煤炭和石油等传统能源的印度，一直未认真履行气候治理的承诺。如2015年时印度承诺到

2022 年将其风能、太阳能和其他可再生能源的发电量增加 5 倍，达到 175 吉瓦，但 2021 年 9 月还不足 100 吉瓦。印度曾多次表示到 2030 年，将种植更多树木，以从大气中吸收 25 亿—30 亿吨二氧化碳。但据"全球森林观察"统计，2001—2020 年，印度已损失近 5% 的森林覆盖。这些不重视气候治理的行为，直接导致印度难以承受气候变化带来的损害，农业生态系统脆弱性日益显现。2020 年底以来，印度农民反政府暴动持续升级，他们抗议政府实施的农业法案，与警察发生严重流血冲突，成为莫迪政府执政 6 年来最大的内政挑战之一。

气候变化关乎人民安全和人类福祉，同样关乎国家政权稳定和社会长治久安。对中国而言，应对气候变化也将成为未来不容忽视的问题。中国地域辽阔，纬度跨度大，温度带分布广泛，气候类型复杂，生态环境脆弱。在全球变暖的大趋势下，中国的平均气温也在逐年升高，极端天气事件发生频率越来越高，对农业生产和经济发展造成严重损害。如果不采取应对气候变化的治理举措，自然危机可能会演变为社会危机，甚至政治危机。为此，中国将生态文明理念和生态文明建设写入宪法，提出绿色发展理念，以可持续发展应对气候变化，设定了 2030 年前实现碳排放达峰、2060 年前实现碳中和的目标。在应对气候变化中，中国坚持多边主义的国际合作，维护以联合国为核心的国际体系，遵循《联合国气候变化框架公约》及其《巴黎协定》的目标和原

则，推动各国共同构建公平合理、合作共赢的全球气候治理体系。未来，在世界各国的共同努力下，气候变化沙漠的尽头一定会出现一片绿洲，各国也将因此而获得长治久安的有利环境。

参 考 文 献

1　How Could A Drought Spark A Civil War? NPR, http://www.npr.org/2013/09/08/220438728/how-could-a-drought-spark-a-civil-war.

2　Fatima Bishtawi,What Ignited the Arab Spring? Yale News, http://archive.epi.yale.edu/the-metric/what-ignited-arab-spring.

3　Iraqis Protest over Baghdad Heatwave Power Cuts,BBC News.

4　《联合国呼吁关注"环境难民"》,联合国网站,https://news.un.org/zh/story/2007/05/75292。

5　中国科普网,https://www.kepuchina.cn/wiki/ct/201903/t20190323_1029612.shtml?f_ww=1。

6　《昔日楼兰 今日鄯善》,中国新疆网,http://www.chinaxinjiang.cn/lvyou/slgy/201409/t20140910_443149.htm。

7　Lynn Nguyen, Forever Changes: Climate Lessons From Ancient Egypt, August 2, 2021,https://News.Yale.edu/2021/08/02/Forever-Changes-Climate-Lessons-Ancient-Egypt.

8　A.F. Barbieri,E. Domingues,B.L.Querioz et al.,Climate Change and Population Migration in Brazil's Northeast:Scenarios for 2025-2050, Population and Environment, 2010.

9　GDO Analytical Report: Drought in India, Jun 24, 2019, https://reliefweb.int/report/india/gdo-analytical-report-drought-india-june-2019.

10　《联合国难民署:气候变化与最弱势群体流离失所的联系显而易见》,联合国网站,https://news.un.org/zh/story/2021/04/1082752。

11　王予、李惠心、王会军、孙博、陈活泼:《CMIP6全球气候模式对中国极端降水模拟能力的评估及其与CMIP5的比较》,《气象学报》2021年第3期。

12　LyAnn Dahlman,Climate Change:Global Temperature,National Climatic Data Center,January1,2015, http://www.climate.gov/news-features/understanding-climate/climate-change-global-temperature.

13　Jake Hussona, How is climate change driving conflict in Africa? Reliefweb, March 11, 2021, https://reliefweb.int/report/world/how-climate-change-driving-conflict-africa.

14　《增强抵御能力促进和平与粮食安全》, FAO, https://www.fao.org/neareast/perspectives/build-resilience/en/。

15　Jonathan Dimbleby, Feeding on Ethiopia's Famine,Independent, December 8, 2008.

16　Colin P. Kelley et al.,Climate Change in the Fertile Crescent and Implications of the Recent Syrian Drought, Proceedings of the National Academy of Sciences, 2015, http://www.pnas.org/content/112/11/3241.full.pdf.

17　Somali Piracy Shows How an Environmental Issue Can Evolve Into a Security Crisis, New Security Beat, March 14, 2011, https://www.newsecuritybeat.org/2011/03/somali-piracy-shows-how-an-environmental-issue-can-evolve-into-a-security-crisis/.

18　萨赫勒地区：北临撒哈拉沙漠，南接中非热带雨林，包括塞内加尔、马里、尼日尔、乍得、苏丹、埃塞俄比亚和索马里等。

19　Jeremy Hance, 20 Million People Face Hunger in Africa's Sahel Region, Monga Bay, February 20, 2014.

20　Zlatica Hoke,Prolonged Droughts Threaten Renewed Famine in Somalia,VOA News,September 24, 2014.

21　Maritime Piracy Hotspots Persist

During 2020,https://www.gard.no/
Content/32446082/Maritime%20
piracy%20hotspots%20persist%20
during%202020_SimpChinese.pdf.

22　波罗的海国际航运工会（The Baltic
and International Maritime Council）简
称BIMCO，具有100多年历史且是
目前世界最大的、运营最多样化的国
际航运组织。

23　J.P.Larsen, Best opportunity in years
to combat Gulf of Guinea piracy,
Bimco, October 25, 2021, https://
www.bimco.org/Insights-and-in-
formation/Safety-Security-Environ-
ment/20211025-Best-opportuni-
ty-to-combat-Gulf-of-Guinea-piracy.

24　The Global Risks Report 2021,https://
www.weforum.org/reports/the-global-
risks-report-2021.

25　Climate change 'aggravating factor for
terrorism': UN chief, UN News, De-

cember 9, 2021, https://news.un.org/
en/story/2021/12/1107592.

26　P. Schwartz stein, Climate Change
and Water Woes Drove ISIS Recruiting
in Iraq, National Geographic, November
14,2017, https://www.nationalgeo-
graphic.com/science/article/climate-
change-drought-drove-isis-terrorist-
recruiting-iraq.

27　People, Countries Impacted by Cli-
mate Change Also Vulnerable to Ter-
rorist Recruitment, Violence, Speakers
Tell Security Council in Open Debate,
UN, December 9, 2021, https://www.
un.org/press/en/2021/sc14728.doc.
htm.

28　《格拉斯哥气候大会是一次严峻考验》，
联合国网站，https://news.un.org/zh/
story/2021/10/1093662。

29　《联合国科学报告：全球升温成定局，
极端天气将大幅增加》，《纽约时报》

2021 年 8 月 10 日，https://cn.ny-
times.com/science/20210810/cli-
mate-change-report-ipcc-un/。

30   CO2 emissions, https://data.world-
      bank.org.cn/indicator/EN.ATM.CO2E.
      PC.

31   Saudi Arabia Government，Royal De-
      cree establishing King Abdullah City
      for Atomic and Renewable Energy,
      April 17, 2010.

32   《阿联酋引领地区能源转型》，中国石
      油新闻中心网站，http://news.cnpc.
      com.cn/system/2021/12/30/030054
      740.shtml。

33   《各国在联合国气候大会第二十六次
      缔约方会议上承诺发展气候智慧型卫
      生保健》，世界卫生组织网站，https://
      www.who.int/zh/news/item/09-11-
      2021-countries-commit-to-develop-
      climate-smart-health-care-at-cop26-

un-climate-conference。

34   Government of Jordan, National Climate
      Change Policy for 2013-2020, May
      2013.

35   "全球森林观察"（Global Forest Wat-
      ch）简称 GFW，一款动态的在线森林
      检测警报系统，由世界资源研究所、
      谷歌等超过 40 家合作机构联合发布。

36   《2070 年"碳中和"目标之外：解析印
      度最新气候承诺》，中外对话，https://
      chinadialogue.net/zh/3/74107/。

37   S. Biswas, Farm laws: Why India PM
      Narendra Modi rolled back vexed re-
      forms, November 19, 2021, https://
      www.bbc.com/news/world-asia-
      india-59306356.

38   黄润秋：《把碳达峰碳中和纳入生态文
      明建设整体布局》，中国政府网，http://
      www.gov.cn/xinwen/2021-11/18/
      content_5651789.htm。

热浪下的政权安危   109

第五章

消失的海岸线

随着气候变化加剧，全球平均温度不断升高，海平面上升，海洋正在吞噬着人类赖以生存的环境。太平洋、印度洋上的岛国及各大陆沿岸低海拔地区正面临"灭顶之灾"，人或为鱼鳖，无论是"最接近天堂"的岛国，还是舳舻相接的国际大都市、全球经济中心，都难以幸免。从国家安全角度来看，这是对沿海国家国土安全空前严峻的挑战。

消失的海岸线

即将到来的"灭顶之灾"

18 世纪中叶，人类社会迎来了第一次工业革命，开启了此后数百年社会生产力的发展和生产关系的变革。从那时起，人类越来越多地使用化石燃料，将温室气体排入自然界，打破了数百万年来地球碳循环的平衡。研究表明，全球平均温度自此加速上升。全球气候变暖造成的直接后果，也是最严重的后果，就是海平面上升。

随着全球变暖，冷冻圈面积不断缩小，北极的海冰、南极大陆覆盖的冰盖加速融化，汇入占据地球表面 71% 的海洋。研究显示，过去 20 年平均每年有 2670 亿吨冰融化为水，冰川融化对海平面上升的"贡献率"约占 21%。在 2019 年《气候变化中的海洋与冷冻圈特别报告》中政府间气候变化专门委员会（IPCC）评估认为，1902—2015 年，全球平均海平面（GMSL）上升约 0.16 米，大约相当于一支铅笔的长度。除了冰川、冰盖融化外，海水受热膨胀、地下水过度开采也将使海平面持续上升。IPCC 曾测算，在 1961—2003 年这段时间里，热膨胀和陆冰融化在海平面上升中的作用大约各占一半；2006—2015 年全球平均海平面的上升速度约为 3.6 毫米 / 年，是 1901—1990 年平均速率的约 2.5 倍（1.4 毫米 / 年）。2006—2015 年期间，冰盖和冰川是海平面上升的主要来源（约 1.8 毫米 / 年），超过了海水热膨胀效应（1.4 毫米 / 年），"这在上个世纪是前所未有的"，"自 1970 年以来全球平均海平面上升的主要原因是人为因素"。

另据"世界气候研究计划"数据显示，1900—2018 年，全球平均海平面上升了 0.2 米，2006—2018 年以 3.7 ± 0.5 毫米 / 年的速度加快上升，"即使减少排放将升温限制至远低于 2℃，到 2100 年全球平均海平面仍可能上升 0.3—0.6 米，到 2300 年可能上升 0.3—3.1 米"。中国国家海洋局 2007 年的统计结果表明，改革开放以来，中国沿海海平面总体上升了 0.09 米，大约相当于一个成人拳头的宽度；到 2050 年，中国沿海海平面将比 2000 年上升 0.13—0.22 米，也就是说还要增加半个到一个拳头的宽度，其中天津沿岸上升最快。海水温度上升加剧热膨胀是主要原因，研究预测，"在未来的 20 年间，每年的平均海温将上升 0.2℃。假设温室气体浓度不再上升，海温依然会持续升高几个世纪。到 2300 年，因海温上升导致的海洋热膨胀，将引起海平面再上升 0.3—0.8 米"。

沧海桑田，这是地质变迁的必然规律。但气候变化导致大片沿海地区面临被淹没风险在人类历史上却是第一次。海平面上升将放大、加强风暴潮、洪涝、海岸带侵蚀以及海水倒灌等现象的强度，对沿海地区经济社会发展、生态安全和城市发展建设产生负面影响。目前，全世界居住在地势低洼的沿海地区的约6.8亿人口将直接受到海平面上升威胁，而到2100年，全球将有90%沿海地区受到海平面上升的影响。散落在广阔的太平洋、印度洋和加勒比海地区的小岛国家受到的威胁最为严峻。以太平洋岛国为例，其仅有55万平方千米的陆地，却分布在3000多万平方千米的海洋上。这些岛国人口较少，且大多发展滞后，工业化程度较低，其碳排放量及对气候变化的影响几乎可以忽略不计，却成了气候变化最直接的"受害者"。随着温室效应愈显、极端天气频发，太平洋岛国对气候变化的担忧与日俱增。

众多岛国中，平均海拔1—2米，陆地最高点不足5米的国家比比皆是。例如，位于南太平洋的图瓦卢国土面积约26平方千米，人口1万余，建筑主要建在环礁上，平均海拔不足2米，而周边海域海平面上升的速度却远高于全球平均水平。因其国土狭长、地势平坦，首都富纳富提机场跑道常淹没在海水中。图瓦卢政府多次要求其国民尽快搬迁至地势较高地区，也提出过人工造岛或将国土整体填高等想法。再如，马绍尔群岛由29个环礁和1200多个岛屿组成，有的环礁面积不足0.5平方千米，人口大多集中在首都马朱罗。马绍尔群岛平均海拔2—3米，但其海区潮汐为"半日潮"，平均潮差0.8—1米。近年受气候变化影响，拉尼娜现象、海平面上升等导致气象灾害频发，潮水高度曾

狭长的图瓦卢国土

一度高达 1.67 米，足以淹没首都马朱罗的大部分地区。2021 年 12 月，受海潮侵袭、暴雨袭击影响，密克罗尼西亚联邦、马绍尔群岛和所罗门群岛暴发洪灾，瓦努阿图部分偏远地区也遭遇洪水，马朱罗被淹，通往机场道路受阻。

东南亚国家主要分布在中南半岛和马来群岛，中南半岛沿海地区地势低洼，菲律宾、新加坡、印度尼西亚等均是海岛国家，易受海平面上升直接威胁。越南位于中南半岛，其南部受海平面上升影响最大。科学家对 2050 年越南南部的海水活动进行了模拟，结果显示在海平面整体上升、非涨潮时，已经有很大一部分区域被海水淹没；涨潮后，情况将会更加严重，越南大部分地区在海水涨潮时会被淹没在海里。

印度洋地区低海拔国家也难逃海平面上升的侵害，尤其是马尔代夫、孟加拉等国。印度约有 7500 千米的海岸线，众多城市处于沿海、低海拔地区，其中不乏重要的经济中心和港口城市。如印度第一大港口、第二大城市孟买即位于印度西海岸，暴雨洪水多发、海平面上升等给其经济安全带来较大风险。

中国东南沿海地区也面临海岸线被侵蚀风险。由于沿海地区是我国经济最发达、人口最密集的区域，气候变化影响不仅直接威胁我国沿海地区人民安全、社会稳定，甚至可能威胁整体国民经济的平稳发展。长三角地区是超大城市密集区，上海、苏州、杭州、南通、舟山等城市人口密集、经济发达，却多为冲击平原、群岛，平均海拔较低、地势平坦，多沿海、沿江而建，易受海平面上升影响。

"固定"海上边界

海平面上升对国家安全最大挑战是侵蚀国家存在的领土基础，直接威胁国土安全。威斯特伐利亚机制建立在地理基础之上，领土是现代民族国家——国际关系最主要主体赖以产生和存在的物质前提。地理稳定性也是构成国际法诸多制度的重要基础。海平面上升致使低洼沿海地区和岛屿被淹没，将对国家构成要素（领土、人口、政府/国家地位）造成影响，也会对国际法带来根本性挑战。世界气象组织指出，海平面上升是小岛国家生存的最大威胁，涉及他们的国家、主权、人民和身份认同。事实上，岛国的历史、现在和未来经济发展战略以及国家建设愿景都依赖于在海平面上升的情形下，海洋区域的安全和持续。对岛国而言，这事关生死存亡。

在极端情况下，岛国领土可能被完全淹没，国家地位无法存续或完全丧失，对岛国本身和国际社会都是史无前例的挑战。例如，岛国为了保护其国家地位不受领土被淹没的威胁，可能采取建设人工岛屿，如马尔代夫的胡鲁马累（Hulhumale）岛，或采取填高等方式，从而避免其主权领土减少或领海基线的内移。或者，有的岛国可能购买第三国的一部分领土，作为其领土被淹没（或者部分淹没）后的"移民地"，那么两国的主权、政府及国际法地位都需要通过两国和国际社会重新思考。例如，基里巴斯2012年推行"体面移民"政策，并于2014年在斐济购买土地，以便在国土淹没时"举国搬迁"。甚至，在"举国搬迁""气候移民/难民"之后，还可能出现国家合并、建立联邦等情形。

"尽管国际社会对海平面上升的幅度有着不同的研究与推测，海平面在上升并对许多国家，特别是低洼的小岛国家产生较大影响已是不争的事实。"气候变化、海平面上升所导致的岛屿与岩礁的消失（或退化）、基点和基线的变更等，都是事关小岛屿与低海拔国家"生死存亡"的严峻挑战。"海平面上升与国家的生存能力、领土完整、气候难民人权保护、低洼小岛国家的国际法主体资格、海洋边界的稳定性、海洋争端解决等诸多国际法问题密切相关。"然而，《联合国海洋法公约》并没有提出处理这些新问题的思路。《联合国海洋法公约》以三次联合国海洋法会议为基础，形成于1982年，彼时各方尚未考虑到海平面上升会带来如此巨大的影响。

在气候变化、海平面上升的情形下，国家海洋边界不确定性增强，而依赖基点、基线确定的领海、毗连区、专属经济区（EEZ）、公海和大陆架范围，以及对相关海域的主权、主权权利和管辖权也变得不确定。海平面上升已对一些小岛国家经济与社会安全产生了深远影响。地势低洼的小岛国家生态环境不断恶化、宜居性降低；更严峻的是他们可能被永久淹没，被迫举国搬迁、成为气候难民。倘若国家构成要素中"定居的居民""确定的领土"都不存在了，这些国家还能否成为国际法的主体，能否维护其政府的合法性、有效性都是不确定的，换言之"国已不国"了。

海平面上升即使不会将低海拔的小岛国家完全淹没，也至少会导致其损失些许领土。如此一来，这些国家原管辖海域可能遭受巨大损失。例如，"卡平阿马朗伊环礁（Kapingamarangi）是划定巴布亚新几内亚和密克罗尼西亚联邦之间专属经济区边界的唯一计算点，也是密克罗尼西亚联邦在巴新方圆 400 海里内拥有的唯一领土。这一环礁的沉没不仅将使多达 500 人永久流离失所，而且还将使密克罗尼西亚联邦损失 3 万多平方海里的专属经济区"。

因此，在近年的多边及国际场合，岛国多次提出"固定海上边界"的诉求，得到多国支持。2021 年太平洋岛国论坛视频峰会上，岛国领导人一致认为，该地区的海洋边界需要得到全球"永久承认"，并通过了《关于气候变化相关的海平面上升情况下保护海域的宣言》，希望以国际法的形式，确保他们的海洋管辖权免受海平面上升的影响。该宣言的主张以 1982 年《联合国海洋法公约》为基础，核心诉求是，受海平面上升影响的太平洋岛国除开展多种形式宣传之外，还有权参与国际法修订，以应对海平面上升对其生计造成的威胁。巴布亚新几内亚总理詹姆斯·马拉佩表示，"我们必须尊重我们的海洋区域权利和主权权利"，"绝不能在海域议题上屈从于大国利益"。与会岛国一致同意将该宣言提交给联合国大会及 2021 年 11 月于英国格拉斯哥召开的《联合国气候变化框架公约》第二十六次缔约方大会（COP26）。

天灾亦是人祸

在现代社会，"天灾"大多时候也是"人祸"。这一方面是人类活动，尤其是工业化以来环境破坏、加速排放温室气体打破自然界碳循环所带来的后果；另一方面，也是人类社会在意识到气候变化危机来临时，行动迟缓、减排乏力，尤其是率先完成工业化的发达国家逃避责任的结果。

最大受害者也并非完全无咎。"发展"与"安全"之间的矛盾体现在小岛国的方方面面。小岛国家受地理条件、政治环境、经济发展等方面因素制约，在应对和减缓气候变化上并未做出更多贡献，应对气候变化的诉求和努力之间矛盾突出。

首先，体制机制缺失。岛国政府部门、非政府组织、民间机构等并不健全，相关工作尚不成熟，缺乏协调统筹，各个项目的计划、执行等不仅各自为战，而且长期效率偏低。其次，针对气候变化科研及应对方案等缺乏资金、必要政策配套和人力支持，难以发挥作用。目前，大多数岛国有专门的气候变化部门或组织机构，但囿于整体经济发展水平和资金应用效率低、腐败高发等多重问题，可支配资金愈加缺乏，直接影响到国家气候变化战略政策和行动计划的落实。再次，缺乏统一标准框架。在搜集分析数据、信息时，国家部门之间、各岛国之间运用算法和标准不统一，甚至互相矛盾，在监测、研究资源匮乏，设备、人才分布不均的岛国地区，标准和算法问题是阻碍岛国气候变化科研发展的一大难题。这些国家往往缺乏全国性的气候变化信息存储和可靠的研究数据，仅斐济等较大岛国有能力开展相关工作。最后，国家预警机制不健全，难以在极端情形下引导民众疏散，只能"听天由命"，等灾难过去后，再予以补救。此外，传统的土地使用方式和土地所有制也极大制约了气候变化政策的制定和实施。

法制不健全导致应对措施缺乏强制力，土地规划和基础设施建设等缺乏通盘考虑和长效机制。尽管气候变化导致的威胁严峻，但现存政策法律中仍难以充分考虑到气候变化因素，与适应和缓解气候变化措施之间存在脱节问题。国家计划方面也考虑不足，岛国经济和民生压力与气候变化带来的威胁一样严峻，因此国家在土地规划、城乡建设、海岸带规划及基础设施建设中大多只考虑眼前，缺少对气候变化趋势和应对的预测。设施老旧、落后，既无法应对气候变化带来的极端天气、海平面上升等灾难，也因为灾害频发进一步加快了设施老化、损毁的速度。人力方面，岛国缺乏具备气候变化研究、参与气候谈判能力的专业人才，也没有自主培养能力。小岛国家发展较为落后，教育科研方面体现尤为突出，人才培养受困，人才流失严重，而具备技术能力和经验的人才更倾向于去澳大利亚、新西兰等国谋求更好职位。

经济发展阶段和产业结构的制约。由于历史原因，岛国的经济产业结构在一定程度上制约了其应对气候变化的努力。其一，岛国大多数经济来源为外援、侨汇、发放捕鱼许可等，旅游业虽也为支柱产业，但发展较为粗放，并不能充分发挥岛国自然环境优势，还可能因治理能力问题带来进一步的海洋和生态环境破坏。其二，资源开采无序。岛国因其广阔的海域而拥有丰富的海洋和海底资源，"卖矿"成为巴布亚新几内亚（简称"巴新"）、新喀里多尼亚等国的主要收入来源，在此过程中，岛国政府为寻求更大经济收益，常常忽略对自然生态环境的长远影响。其三，对地区外大国开展远洋捕捞、海底矿床开发等行为没有管控能力，少数岛国政府出于经济利益诱惑还会增加相关许可的出售，造成海洋开发失序等问题。

部分岛国主要收入来自木材、棕榈油和制糖，因此需要不断砍伐森林以出口木材，或改种棕榈树、甘蔗等作物。林地减少则进一步打破碳平衡，使海岸带侵蚀、海水倒灌等问题带来的危害愈加显现。以太平洋最大岛国巴新为例，林业是巴新国民经济的重要组成部分，解决了大量就业问题。根据联合国粮农组织《世界森林状况报告》，2000 年巴新森林覆盖率约为 67.6%，原始森林面积 3060.1 万公顷，是世界上仅次于南美洲亚马孙河流域、非洲刚果河流域的热带雨林。巴新林木总蓄积量约 12 亿立方米，目前可供开采的木材约有 3750 万—4500 万立方米，2015 年巴布亚新几内亚的林业原木产量约为 410 万立方米，其中 89% 作为原木出口。巴新成了仅次于马来西亚的世界第二大热带原木出口国。2001—2006 年度，巴新林业产业外汇年均收入约 1.56 亿美元，占国民生产总值的 7%—9%。2016 年，巴新木材出口额达 9.73 亿基纳（约合 2.92 亿美元）。此外，外国公司的进入进一步加剧了巴新森林开发失序。截至 2009 年，巴新全国共有 25 家木材公司，主要投资国为马来西亚、日本、澳大利亚，共占林业市场份额的 80% 以上。

沉没前的呐喊

作为"受害者"，小岛国家长期以来"奔走"于各个国际场合，也不乏打"悲情牌"。基里巴斯驻联合国代表泪洒联大现场一度成为国际新闻热点。2009年哥本哈根世界气候大会前夕，时任马尔代夫总统穆罕默德·纳希德潜至水下参加内阁会议。为提醒各国采取行动应对气候升温问题，呼吁各国减少温室气体排放，穆罕默德·纳希德提出在水下举行这次内阁会议，和其他内阁成员一道身穿潜水服，在该国首都马累东北约35千米处的吉利岛海域水底举行了为时30分钟的会议，会议期间内阁成员签署了一项要求各国减少温室气体排放的决议。

2021年11月，格拉斯哥气候峰会期间，图瓦卢外长在发表视频演讲时，卷起裤脚、站在及膝的海水中，直观展示了气候变化与海平面上升对低洼国家的冲击。

但因长期处于国际政治舞台边缘，岛国的呼声常被忽视。直到近年，气候变化变成国际社会愈加关注的议题后，岛国的声音才逐渐浮现。政府间气候变化专门委员会（IPCC）第六份评估报告发布后，岛国领导人最常说的一句话就是："我们的时间已经不多了。"密克罗尼西亚领导人在联合国大会发表讲话时呼吁全球合作，不仅要确保从新冠肺炎疫情中恢复合作力度，而且确保采取紧急行动减缓气候变化。帕劳领导人强调了气候变化的影响，指出"现在必须采取行动，确保我们的孩子继承一个健康和可靠的未来"。

岛国在应对气候变化上理念和诉求明确、超前，甚至追求"领导力"和引领作用。岛国在近年气候谈判中最早锁定"1.5℃"

目标，呼吁各国履行《巴黎协定》，并制定更具雄心的减排目标；寻求更多资金支持和保证；力推国际海洋法修订，增加因气变导致原领海基线消失等情形应对，呼吁固定海上边界。制定长期低排放发展战略，如 2050 年碳中和承诺和战略等。在争取更多国际关注与支持的同时，小岛国家近年对气候变化与国家安全有了更深入、更务实的研究，也在国家战略、经济政策的制定以及地区、国际合作方面积累了更多经验。

库克群岛政府早在 1999 年就向《联合国气候变化框架公约》缔约方大会提交了关于气候变化的《国家通信报告》，并不断更新。通过详细评估温室气体水平，分析减缓气候变化的相应措施，逐渐将整合后气候变化信息、问题和相关考量转化为社会、经济、环境领域的政策与行动。2003 年，库克群岛政府将"气候变化适应计划"纳入《国家可持续发展战略》之中。此后，库克群岛政府还制定了五年期的《关于灾害风险管理与气候适应性的联合行动计划》（Joint National Action Plan for Disaster Risk Management and Climate Change Adaption, JNAP），作为建立健全自身应对气候变化能力的"路线图"，并与《库克群岛国际灾害应对法》（International Disaster Response Law in Cook Islands）互为补充，不断完善其气候变化相关立法。

斐济政府近年提交给《联合国气候变化框架公约》缔约方大会的《国家通信报告》在不断强调脆弱性的同时，也在提高自身应对气候变化的认识和能力。如，加强对海岸系统的检测和海岸保护，制定相应政策鼓励民众远离低洼海岸地带居住；重视红树林保护，严格管理居民、游客不文明行为，减少商业、工业垃圾排放等，通过涵养水土减缓海岸带侵蚀和下沉。在应对淡水资源保护方面，斐济一是通过分流、引导、建拦洪水库等应对洪水灾害，同时不断拓宽河道、修建堤坝、清理河床等改善河道，建立长效抗洪设施；二是通过完善水资源立法，以及收集地表水、雨水等建立备用水库，调整水费等，建立应对洪水、缓解干旱的水资源系统；三是开展小流域综合治理，通过植树造林、限制土地使用方式、保护湿地土壤，减少潜在洪水灾害。此外，斐济还在研究能适应气候不确定性的新型农作制度，在现有结构框架下，推动农业多样性发展，同时加强土地合理利用规划，例如禁止在沿海坡地种植甘蔗等。

太平洋岛国也在积极应对因气候变化带来的健康威胁。太平洋岛国地区，常见以糖尿病为典型的基础性疾病，在热带海岛的地理和气候条件下，登革热、疟疾等流行性传染疾病也较为多发。在当地免疫接种率不高、清洁饮用水较为缺乏等现实因素制约下，气候变化带来海洋环境恶化、自然灾害频发等问题将进一步加大岛国医疗卫生系统负担。2020 年初以来，岛国遭遇的飓风、疫病并未因新冠肺炎疫情而减少，医疗系统早已不堪重负。当前，各国在积极探索，大力推广预防性免疫接种，建立流行病快速响应机制，并采取改善饮用水质量，改进制冷技术，建立畅通的保健机制、急救系统等措施。

在气候变化议题博弈日趋激烈的当下，小岛国家吸取过往教训，不断加强政府间协调联系，整合资源，在国际和多边场合的"统一发声"。由于小岛国数量众多，而且大多是联合国会员国且拥有投票权，所以日渐成为一股不可小觑的力量。近年来，由43个小岛和低海拔国家组成的小岛国联盟（AOSIS）以及包括大洋洲所有国家的太平洋岛国论坛（PIF）日益成为小岛国家统一发声、影响国际气候谈判的重要平台。2009年哥本哈根峰会前夕，第40届太平洋岛国论坛在澳大利亚凯恩斯市举办，论坛希望形成共同机制应对气候变化，并在此后的哥本哈根大会上加强协作，会后通过了关于加强太平洋地区发展协调的《凯恩斯契约》，旨在促进援助国协调合作，为岛国应对气候变化所需的技术和资金提供更有效支持。哥本哈根大会及此后的气候谈判中，要求发达国家提供技术、资金支持成为制定更大减排承诺之外的最大呼声。此后，小岛国家对外更加抱团发声，运用各种多边场合和国际平台，强调"蓝色太平洋"身份、推行"蓝色太平洋"理念，积极参与全球气候治理。随着与国际社会及主要大国交往合作不断加深，小岛国家愈加重视气候外交，在同域外国家的外交活动及合作中，将气候变化作为重要议题，借外力提升影响。目前，美国、日本、印度等大国与太平洋岛国的交往日趋频密，中国与太平洋岛国的多领域合作也在"一带一路"倡议框架下逐步展开，而无论是日本的太平洋岛国峰会（PALM），还是印度—太平洋岛国合作论坛，推动应对气候变化的集体努力、支持太平洋岛国应对气候变化都是绕不开的重要议题。

参 考 文 献

1 《每年近2700亿吨冰消失！冰川加速融化促海平面持续上升》，新华社，http://www.Xinhuanet.com/world/2021-04/29/c_1211135275.htm。

2 IPCC，《气候变化中的海洋与冷冻圈特别报告》，2019年。

3 IPCC Fourth Assessment Report: Climate Change 2007.

4 《气候变化及影响加速：除大力采取气候行动外人类别无选择》，联合国网站，https://news.un.org/zh/story/2021/09/1091112。

5 《海平面上升会有什么样的后果？》，中国政府网，http://www.gov.cn/govweb/fwxx/kp/2007-12/14/content_833771.htm。

6 《马绍尔群岛暴发洪水》，新华社，2021年12月9日。

7 Benjamin H. Strauss et al., Unprecedented threat to cities from mult—century sea level rise, Environmental Research Letters, IOP Publishing Ltd, October 21, 2021.

8 冯寿波：《海平面上升与国际海洋法：挑战及应对》，《边界与海洋研究》2020年1月。

9 Stuart Kaye, The Law of the Sea Convention and Sea level Rise after the South China Sea Arbitration,International Law Studies,Vol.93, 2017, 转引自冯寿波：《海平面上升与国际海洋法：挑战及应对》，《边界与海洋研究》，2020年1月。

10 RNZ, Maritime boundaries and Covid in the Pacific Forum spotlight, August 9, 2021,https://www.rnz.co.nz/international/pacific-news/448798/maritime-boundaries-and-covid-in-the-pacific-forum-spotlight.

11 Fiji,National Climate Change Policy, 2012.

12 《马尔代夫或举国搬迁 内阁水下商

讨气候变暖》，中国新闻网，https://
www.chinanews.com.cn/gj/gj-yt/
news/2009/10-18/ 1916315.shtml。

13　《图瓦卢外长站海水中演讲 呼吁应对
气候变化》，环球网，https://world.
huanqiu.com/article/45VaV4HSzV5。

6

第六章

寒极变热土

第六章

　　2021 年美国总统拜登在国家情报总监办公室发表讲话时，提及其作为副总统时首次参加的美军机密会议上，国防部官员提出美国面临的最大威胁是气候变化。这一场景给他留下了深刻的印象。拜登坦言："这很重要，既是一个环境问题，也是一个战略问题"，"这就是我讲世界正在改变的意思，未来 2 年、5 年、10 年、12 年，当无需破冰船就可以绕北极航行时，将对美国战略方针造成深刻影响"。这是近年世界主要大国愈发关注气候变化的大趋势下，北极地缘政治经济竞争的一个注脚。

伴随气候变暖和海冰消融加快，北极能源和航道开发逐步由憧憬变为可能，引发国际社会广泛关注。自 2017 年起，北极域内外国家纷纷调整策略，加大对北极航道和油气资源的探索和利用，积极投身开发这片"热土"，北极地区进入了军事"安全困境"、治理"话筒争夺"的地缘竞争新阶段。

自然环境的变化是各国开发和利用北极的先决条件。根据《2018 年美国国家海洋和大气管理局科学报告》，北极气候变暖已成为长期趋势，表现出三大特征：第一是气温上升加快。2018年北极地表气温继续保持上升趋势，而且速度是全球其他地区的近两倍。2018 年 2 月，格陵兰岛最北端的莫里斯·杰塞普角气象站测得北极冬季有超过 60 小时温度处于冰点以上，极为罕见。丹麦气象研究所 2018 年初也监测到创纪录的高温，数值接近往年 5 月水平。第二是冰覆区萎缩。2017 年，北极冬季海冰数量创历史新低，出现大量开放水域。2018 年，北极海冰持续变少、变薄，覆盖区域明显减少。2018 年 3 月测得的北极冬季最大海冰面积是 39 年来第二低位，略多于 2017 年。此前人们主要关注北极夏季海冰消融问题，但这一趋势在冬季也愈发明显，巴伦支海、白令海等纬度较低区域或许将首先出现全年无冰的情况。第三是变暖趋势不可逆。2014—2018 年，北极气温超过 1900 年迄今的所有记录。2020 年联合国政府间气候变化专门委员会（IPCC）的报告也认为，至少从 1978 年起北半球每年均出现春季积雪面积减少的情况。按照全球温度变化总体趋势，预计在 2050 年前，北极海冰将在盛夏时消失。大气和海洋变暖的结果是，北极再也无法回到过去那种"冰封"状态。

新航道开辟与破冰能力竞赛

国际上一般认为北极共有 3 条航道，即东北航道、西北航道和穿过北极中心的中央航道。中央航道横穿北冰洋中心，目前仅有科考船和工作船的通航记录，短期来看对商业航行意义较小。西北航道东起加拿大巴芬岛，向西直抵美国阿拉斯加以北的波弗特海。其间，船舶需在加拿大北极群岛、丹麦格陵兰岛之间多个海峡和冰山中穿行，航行条件差，通行难度大。东北航道西起冰岛，经巴伦支海，沿欧亚大陆北方海域向东至白令海峡，夏季已具备商船阶段性通航条件，可使远东至欧洲航程缩短近 3000 海里。东北航道在俄罗斯专属经济区内的部分航段也被称为北方海航线。

随着北极气候变暖趋势愈发明显，北极航道商业化开发和应

用逐步受到地区大国重视。2018 年 7 月，俄罗斯诺瓦泰克公司液化天然气运输船首次经北极航线到达中国。2018 年 8 月，世界最大海运公司丹麦马士基航运集团在俄方协助下开展北方海航线商业试航，以获取操作经验和测试船舶系统。从 2020 年 4 月北极理事会网站发布的首份《北极运输情况报告》来看，2013—2019 年北极海域船舶数量增长 25%，总运输量增长 75%，其中干货船运输量增长 160%。北极航道开发总体呈现方兴未艾态势。

俄罗斯作为北极传统大国，不仅占据东北航道的"地利"和航道开发热潮的"天时"，更在作为一国极地开发能力"硬指标"的破冰能力建设上先拔头筹。2017 年俄罗斯已拥有世界首屈一指的破冰船队，包括30艘柴油和4艘核动力破冰船。即便如此，俄罗斯仍在资金短缺的情况下，坚持推进本国核动力破冰船队扩建计划。其22220型核动力破冰船项目共斥资19亿美元，拟建造4艘破冰能力可达3米的全球最大核动力破冰船。该项目首艘"北极"号已于2021年底投入商业运行，后续"西伯利亚"号和"乌拉尔"号均已下水。2020年初，俄罗斯前总理梅德韦杰夫卸任当天批准向俄罗斯国家原子能公司拨款1270亿卢布建造"领袖"级核动力破冰船。该船排水量约5.5万吨，破冰厚度4.1米，可实现北方海航线或极地航线的全年航行。俄计划建造3艘该级核动力破冰船并于2027—2035年交付。

俄罗斯强化极地破冰能力的坚定决心和坚实举措，极大增加了美国迎头赶上的紧迫感。2017年，美国仅有2艘极地破冰船可供使用，唯一的重型破冰船还几近退役。前北约盟军最高指挥官斯塔夫里迪斯"疾呼"，美国在北冰洋地区建造和运用破冰船的竞争中严重落后，美国国会须尽快采取行动，拨款造船。美国智库报告也披露，受能力和经费所限，美国新一艘重型破冰船采购程序历经十多年仍然"难产"。美国海岸警卫队仅能在夏季维持北极地区存在，无法有效保护北极领海和专属经济区利益，亦难应对白令海峡海运快速增长的压力。美军仅能依靠核潜艇维持在北冰洋中部常态化存在，水面舰艇极地行动能力不足。2018年秋北约"三叉戟接点"演习中，美军舰艇在北极地区行动"状况频出"，更为美国海军在极地严酷自然环境下的作战能力敲响警钟。2019年，美国海军在阿拉斯加再度举行极地演习，不得不将时间点定在北极夏季，客观上"降低难度"。

就在这种局面之下，美国破冰船项目拨款仍旧一波三折。2018年时任美国海岸警卫队司令楚孔夫特就"放风"，下一财年将拨款115亿美元建造重型和中型破冰船各3艘，在北极承担维护资源主权、确保航线开发、保卫边境安全等职能。但数月后，美国参众两院就重型破冰船预算发生分歧。参议院2019财年《国土安全部拨款法案》中7.5亿美元重型破冰船项目预算被众议院否决，相关资金转用于美墨边境隔离墙建设。直到2020年6月，时任美国总统特朗普给国务院、国防部、国土安全部等发送备忘录后，美国破冰船项目才出现转机。特朗普明确要求"研究和执行极地破冰船采购计划"，确定破冰船建造数量，"确保美国在北极和南极持续存在"，确定2029年前美国极地破冰船队有至少3艘重型极地破冰船和基于"全领域国家经济安全任务"的中型破冰船，配备至少2个本土和2个海外基地的建设目标。随后，美国2021年预算法案拨款5.55亿美元建造海岸警卫队破冰船，拨款1500万美元维修现有"极地星"号破冰船。美国海岸警卫队司令舒尔茨表示，美国政府将制定第3艘重型破冰船的资金安排，理清中型破冰船作战需求。当年8月，美国海岸警卫队提出新型核动力破冰船计划，为2026年后3艘未定型舰船设定蓝图。

徘徊在保护与开发之间

拜登总统就任后不久，美国内政部就宣布废除特朗普政府有关修改奥巴马政府北极钻探禁令，开放北极近海石油和天然气钻探活动的提议，明确奥巴马政府相关禁令仍然有效，并称该规定"对确保这个敏感生态系统和阿拉斯加原住民的生存活动获得充分的安全和环境保护至关重要"。这标志着美国政府在北极资源开发问题上的政策立场又一次发生180度回转，在"保护"与"开发"之间再一次选择了前者。

事情还要从2016年说起。当年年底奥巴马总统离任前，美国与加拿大围绕联手禁止北极近海油气开采活动和强化北极航道和渔业资源管理等事项达成一致。但特朗普政府上任后随即签署《执行美国优先离岸能源战略》的行政命令，要求重新评估奥巴马政府时期北冰洋水域油气钻探禁令，加大海洋油气开采力度。当时美国内政部在内部备忘录中提出，取消对在北极圈野生动物保护基地进行地震研究的限制。特朗普政府朝着最终开放北极油气开采迈出第一步。

北极资源储量可观，开发潜力巨大。根据美国地质勘探局2008年报告估计，北极圈内未探明的常规石油储量或达440亿—1570亿桶，常规天然气储量为22万亿—85万亿立方米，约占世界总数的30%。此外，北极还蕴藏大量的页岩气、页岩油、重油、煤层气、可燃冰等非传统油气资源，丰富的稀土、金、银、镍、钻石等高价值矿产资源。北极地区的红鱼、鳕鱼、三文鱼和磷虾等渔业资源也十分富集。作为北冰洋沿岸国家，美国在北极有重要资源利益。美国在北极的领海和专属经济区面积达259万平方千米，占据了丰富的渔业、油气、矿产资源，仅阿拉斯加州北极海产品的经济规模就已达到30亿美元。

实际上美国在北极地区油气开发活动早已有之。阿拉斯加北部波弗特海是美国北极近海石油勘探程度最高区域，但此处尚无油田；楚科奇海稍远，可能蕴藏丰富油气资源；库克湾盆地是老产油区，但开采活动仅限阿拉斯加州政府管辖区，联邦水域尚未开发。从2018年美国内政部公布的"国家外大陆架油气租赁计划"来看，特朗普政府北极油气勘探开发项目瞄准的正是阿拉斯加近海联邦水域和"北极野生动物保护区"沿海区域。与奥巴马针锋相对的是，特朗普政府在任期最后几天也批准一项北极规划，允许在阿拉斯加国家石油储备区中80%以上的地区进行石油租赁和开发。

在特朗普政府"松绑"大背景下，美国企业在北极乘势而上开展油气合作。2017年3月，美国和西班牙石油公司在阿拉斯加北坡诺依克索特村附近发现储量约12亿桶的大型油田，是近30年美国大陆发现的最大油田，可极大缓解阿拉斯加州财政困难，重振当地石油工业。当年7月，美国政府批准意大利公司在阿拉斯加近海钻井计划，美国和韩国公司同月签署"阿拉斯加液化天然气"项目，开发阿拉斯加北坡地区天然气资源。特朗普11月访华期间，三家中资公司与阿拉斯加能源企业签署价值430亿美元协议，参与开发阿拉斯加液化天然气。在美国"大干快上"促动下，加拿大和挪威也不甘落后，纷纷提出本国北极油气资源勘探和开发计划。

可是好景不长。气候变化影响引发普遍关注、新冠肺炎疫情席卷全球、世界经济增长放缓等多重因素持续发酵，给美国刚刚掀起的北极油气开发热潮"泼了一盆凉水"。

在气候变化和环保压力下，特朗普政府相关项目在阿拉斯加州引发较大争议。阿拉斯加州乐见当地油气资源开发，该州数位共和党参议员发声支持特朗普相关举措。但美国国内环保组织强烈反对新项目，认为联邦政府有意加速完成波弗特海区块租赁程序，未按规定开展环境评价程序，并就此提起诉讼。阿拉斯加州长沃克不得不采取折中态度，既表态支持海洋石油开发，又强调重点应放在波弗特海、楚科奇海及库克湾等成熟区域，提出取消白令海和阿拉斯加湾等地的11个新项目。

受新冠肺炎疫情影响，2020年全球经济陷入低迷。3月30日，布伦特原油价格自2002年3月以来首次跌破每桶22美元。4月底北坡原油价格跌破每桶10美元，远低于每桶40美元的收支平衡点。德勤会计师事务所（独联体）审计总监认为，油价回升至每桶 50—60 美元时，北极油气开发才可保本，当前油价下多数北极大陆架石油项目短期内无利可图。在此背景下，北极油气开发整体遭遇寒冬。为应对新冠肺炎疫情和全球石油供需矛盾，阿拉斯加州最大石油生产商康菲石油公司甚至宣布，2020 年 5 月下旬起北坡地区石油日产量将削减 10 万桶，大幅减少勘探井钻探数量。阿拉斯加管道服务公司也要求所有生产商减少库存。

"屋漏偏逢连夜雨，船迟又遇打头风。"2020 年，巴克莱银行、花旗银行、高盛、摩根大通、摩根士丹利、瑞银、富国银行这美英七家主要金融机构开始调整环境与社会政策，响应气候变化，倡导绿色低碳，相继公开表示不再为北极油气项目提供融资服务。但也有美国智库报告乐观认为，此举只能减缓却无法阻止阿拉斯加石油业发展。金融机构主要针对北极项目开发的直接融资，相关政策仍有回旋余地，只有阿拉斯加州当地小企业可能面临融资困难。

2022 年 1 月 10 日，拜登政府最终正式宣布废除特朗普政府授权在阿拉斯加国家石油储备区扩大租赁和开发的决定，为美国政府在北极"开发"与"保护"之间的纠结再次画上"休止符"。但可以想见，美国决策者在两个选项之间徘徊的故事仍将"未完待续"。

沉寂净土的"安全困境"

伴随北极地区经济开发大潮而来的是俄罗斯与北约在该地区军事竞争不断加码。2014年克里米亚事件在一定程度上对俄罗斯与北约在北极地区原有的良性互动产生了较大的负面影响，促使双方逐步陷入"安全困境"。

2018年元旦，美国《华尔街日报》网站刊登题为《北极圈冷战》的评论称，北极对全球贸易和国家安全具有重要战略意义，美国必须强硬回应俄罗斯北极军事建设。英国路透社1月31日发表《美国存在输掉"北极冷战"风险》一文称，俄罗斯强化北极军事部署，中国加紧成为北极事务主要参与者，两国还提出共建"冰上丝绸之路"，对美国构成特殊挑战，美国正重新评估北极战略，以免在北极落败。

在舆论一片鼓噪声后，美国军方官员也开始公开喊话。2018年5月美国海军作战部长约翰·理查森就北极局势表示，"美国国防战略表明，我们已重回大国竞争时代"。6月美国防长马蒂斯表示，美国应将北极博弈提升至新高度，积极应对北极交通和能源开发问题，强化海岸警卫队在北极部署。10月荷兰海军陆战队高官指责俄罗斯试图挑衅北约在北极圈内的行动，认为俄罗斯与北约部队在挪威的遭遇属于"冷战3.0"一部分。一时间，"北极冷战"论调甚嚣尘上，一张"冰幕"好似正缓缓落下。

这种"安全困境"首先表现在挪威等北极国家认为俄罗斯对乌克兰军事行动证明其仍是潜在威胁，故要求北约扩大在北极地区存在成为相关国家的主要政策选项。同样，北约举动加剧俄罗斯对美国等西方国家强化北极军事存在的担忧，促使其进一步提升北极地区防御性军事活动。北约与俄罗斯关系对双方均非常重要，双方目前都将对方视为北极地区潜在威胁，一方强化防御的举措就可能会被另一方视为攻击性举动，从而推动事态螺旋上升，导致各方聚焦安全矛盾，忽视其他领域合作。

当双方均认为对方威胁加深时，一些新事件或无关事件就会被视为对方系列敌对行动的一部分。北约起初认为俄罗斯在北极的部署不是直接威胁，俄罗斯未增加北极军事活动。但俄罗斯强化波罗的海军事活动、扩大破冰船队活动等被与推动北极军事化联系起来后，美国等西方国家就不再将俄罗斯北极活动视为正常举动。俄方同样认为西方对俄罗斯制裁、北约在北极军演和美国在挪威军事部署之间均存在联系。这些事件均被视为是美国对俄罗斯的敌对行动。

俄罗斯与北约近年在北极地区的军备竞赛既是这种困境的逻辑必然，又是刺激困境加深的动力来源。即使是在全球深陷新冠肺炎疫情困扰的 2020 年，美国与俄罗斯仍在北极较劲不断，互相指责对方加剧北极军事紧张，强调本国军事建设合理性。

一厢是俄罗斯国防部长绍伊古明确，北极地区已经成为多国领土、资源和军事战略利益争夺对象，冲突风险上升。保护俄罗斯在北极国家利益和促进地区发展是俄军首要任务。俄罗斯北方舰队司令莫伊谢耶夫指责北约持续提高北极训练强度和规模，2019 年演习次数提升 17%，侦察活动次数提升 15%。在这一思想指导之下，俄罗斯采取多项措施提升北极地区军力部署。首先是提升北方舰队级别，俄罗斯总统普京将北方舰队提升至军区级别，与西部、南部、中部和东部四个军区司令部平级，加紧完善北极地区防空体系，强化北极早期预警网络，以加强北极防御能力。其次是完善北极军事设施，俄罗斯国防部长绍伊古透露，俄军方用 6 年时间在科捷利内岛、亚历山大地岛、弗兰格尔岛和施密特角兴建 475 处军事设施，俄海军航空兵在法兰士·约瑟夫地群岛至弗兰格尔岛一线的北极机场建设和升级工程基本完成。最后是强化军队常态化部署，俄罗斯北方舰队和太平洋舰队战机冷战后首度恢复北极空域常态化巡逻，并派遣反潜机在北方海航线执行战斗值班任务，监控航道周边舰船和潜艇活动。2019 年北方舰队多艘潜艇由科拉半岛基地秘密进入巴伦支海和挪威海，系冷战后俄罗斯海军最大规模潜艇行动。挪威情报部门直指"该行动不是演习"。

另一厢是美国海军第二舰队司令刘易斯宣称，俄罗斯在大西洋部署更多更强的潜艇，正恢复苏联时期的北极基地，新建军事设施，建造可装备导弹的破冰船。美国东海岸不再是美国军舰避风港，美国海军在大西洋不再"无人匹敌"。美国国务院负责欧洲和欧亚事务的副助理国务卿墨菲称，俄罗斯提升北极地区军事存在"超出防御范畴"，美国及盟国应采取回应措施。美国海军驻欧洲和非洲司令福戈点明，美军在北极目标主要有三个方面：增加北极水域行动，强化区域安全机制建设，提升北约在北极的威慑和防御能力。西方国家第一步是强化北极军事合作机制，2017 年北约防长会议同意由美国、葡萄牙、西班牙、法国等国牵头成立大西洋司令部，强化对俄罗斯威慑并确保美国对欧洲增援海上通道安全。次年美国海军重建第二舰队，负责美国东海岸、北大西洋的海空军和海军陆战队行动和管理，以遏制俄罗斯在北大西洋扩张。第二步是抢先布子战略要地。美国紧紧抓住冰岛、格陵兰岛、扬马延岛等北极战略要地布子设点，欲后来居上。时任美国总统特朗普甚至"脑洞大开"，扬言要向丹麦收购格陵兰岛，引发国际社会哗然。第三步是强化北极军演规模。美国在 2018 年和 2019 年连续两年举行逾万人规模的北极多国联合演习。2018 年北约 29 个成员国及芬兰、瑞典在挪威周边举行数十年来规模最大的"三叉戟接点 2018"演习，范围覆盖波罗的海至冰岛一线，约 5 万士兵、250 架战机和 1 万辆坦克及其他车辆参演。演习总指挥美国海军上将福戈称："我们将展示在北方进行大规模军力调动，以应对涉及第五条（即北约共同防御承诺）问题之能力。"美国海军"杜鲁门"号航母打击群亦参演，系冷战后美国航母首度踏入北极水域。

北极理事会里的"权力游戏"

2021 年 5 月中旬，美国国务卿布林肯先后访问丹麦和冰岛，并参加第 12 届北极理事会部长级会议，推动北极国家通过《雷克雅未克共同宣言》和《2021—2030 年北极理事会战略计划》。同时，俄罗斯顺利接棒北极理事会轮值主席国，提出在任内将可持续发展作为地区优先事项，平衡经济发展与资源开发，计划主办多场地区气候议题会议，同北极国家商讨制定和执行地区政策，欢迎更多观察员国积极参与地区活动。北极八国外长就北极环境保护、经济社会可持续发展、强化北极理事会机制等议题达成一系列共识，可谓诚意满满、成果丰硕，一改特朗普政府时期北极治理的失序景象。

但面子上的"一团和气"盖不住骨子里的"勾心斗角"。布林肯在访问和参会期间，或公开或私下不断渲染俄罗斯威胁北极地区和平稳定，要求俄方遵守国际法和区域规则。俄罗斯外长拉夫罗夫则"针锋相对"，将美俄两国在北极理事会里的"权力游戏"展现得淋漓尽致。

一边渲染俄罗斯军事威胁，一边强化盟友军事部署，玩转"美式双标"。布林肯此次在冰岛和丹麦访问期间，不断指责俄罗斯搞北极"军事化"，抬升地区安全风险，可能引发意外事件和误判，一再重复"北极是没有冲突的地区"的愿景。与此同时，其又特意造访美军在冰岛凯夫拉维克和格陵兰岛图勒的两处重要军事基地，展现推动美国军事力量重返北极的坚定决心，并当面称赞丹麦拨款强化北大西洋和北极防御的决定。

在北极航道规则问题上再提"美国立场"。布林肯在理事会多个场合批评俄罗斯在北极提出"非法的海上主张"，点名俄罗斯有关北方海航线的管理规定"不符合国际法"，直言美国将敦促俄罗斯在内的所有国家"基于规则、规定和现有承诺"行事。阻碍"航行自由"俨然要成为俄罗斯继推动地区"军事化"后的第二大"罪状"。

拒绝俄罗斯改革北极理事会提议，对区域治理机制走向坚持"美国方案"。在将北极理事会发展成为区域关键治理机制方面，美国和俄罗斯具有较大共识。但是，两国在北极理事会治理机制具体发展方向上存在较大分歧。俄罗斯外长拉夫罗夫在理事会发言中明确提出，将北极理事会合作关系向军事安全领域延伸，以缓和地区局势，俄罗斯担任轮值主席国期间将把恢复北极国家武装力量总参谋长定期会晤机制列为优先事项，并提议首先举办军事专家级别会议。但布林肯当面否定俄方提议，称《渥太华宣言》规定北极理事会不处理军事安全问题，理事会应继续将重点放在环境保护、海上安全和原住民福祉等方面的和平合作，坚持应对气候变化是优先议题。

美俄两国龃龉不断的背后，是美国利用各方关切和矛盾，强化自身主导地位的惯用伎俩在作祟。布林肯相关言论也从一个侧面折射出拜登政府在处理北极问题上的核心观点：

以气候变化问题引领区域合作。将安全议题还是气变议题作为北极理事会的优先事项，实则反映的是美俄对北极治理的路线之争和主导权之争。拜登政府有意利用气候变化议题争取北极国家在区域治理问题上的最大公约数，进而拔高北极理事会在区域治理体系中的地位，以厘定理事会制度架构和议事机制为抓手，实现北极国家"主体责任"和北极地区"闭门治理"的战略意图。正如布林肯所言，"拜登政府重新关注环境，重新承诺和努力就解决相关问题采取实际行动"，进而从环境保护和气候变化角度出发提出"北冰洋开放要符合一定标准"。整个政策逻辑的落脚点就是美国要主导制定和监督执行这个"标准"，达到"一石二鸟"之效。即，一方面施压中国等域外国家参与北极活动就必须"遵守规则和做出的承诺"，另一方面有意利用气候变化议题限制俄罗斯等域内国家经济开发步伐。相关苗头已经引起俄罗斯方面的高度警觉。2021年7月，俄罗斯总统普京签署新版《国家安全战略》，文件中4次提及北极、9次提及气候变化，同时警告别国勿以气候变化为借口，"限制俄罗斯企业进入出口市场，遏制俄罗斯工业发展，制定北极航线控制机制，阻碍俄罗斯北极发展"。

以北极军事化问题划分美俄阵营。美国试图将俄罗斯军事威胁作为美国加快海空军事力量重返北极，深化与挪威、丹麦、冰岛等北欧北极国家同盟关系的正当性与合理性基础。布林肯在丹麦访问期间明确称"拜登打心眼里是大西洋主义者"，意在影射二战后北美和西欧国家强化军事、政治和经济领域的团结与合作，共同对抗苏联威胁的陈年往事。进而阐释拜登政府以北约机制为基础，对北极地区盟友和伙伴的政治支持和安全承诺，以共同抵御俄罗斯在北极的"军事扩张"。同时，美国也有意利用当前北极"安全困境"引发的域内小国对美国的安全依赖和俄罗斯对美国的对话需求，巩固自身在区域治理问题上的领导力和话语权。

以海上行动确立区域规则。拜登政府一直将"基于规则的国际秩序"作为"口头禅"，此次布林肯更是将北极地区"立规矩"的矛头直接指向俄罗斯有关北方海航线的管理规定，有意以此打压俄罗斯近年在北极的快速发展势头。美国海岸警卫队司令卡尔·舒尔茨也威胁称，美国对俄罗斯在北极地区行动、基于规则的国际秩序和当代海洋治理机制表示担忧；如果俄罗斯不是负责任的参与方，北极未来或成为"航行自由行动"潜在的地区。对此，俄罗斯联邦安全委员会副主席梅德韦杰夫在主持召开关于确保俄联邦在北极国家利益的跨部门会议时回应称，不少国家继续试图大幅限制俄北极活动以争夺对北冰洋自然资源的使用权和对北极战略下海空交通的控制权，无端指责俄无法确保运输、油气和工业综合体安全运行，威胁实施制裁，目的是使俄落实北极国家计划和基础设施项目面临复杂环境，减少俄北极地区产品出口。此类政策直接威胁俄罗斯国家安全并可能导致北极局势恶化，俄绝不接受。

应当看到，当前北极正处于重要的历史性转折期，北极治理面临诸多新问题、新挑战，关乎人类社会和海洋的可持续发展。这一观点已经成为域内外国家的普遍共识。然而，某些大国的区域战略转型方向与北极地区和平与合作的大趋势背道而驰，已经引发国际社会广泛质疑，应者寥寥。北极治理首先是区域性问题，但也是全球海洋治理不可分割的一部分，例如北极变暖引发世界多地出现极端天气，北极航道开发也将对国际贸易和全球能源供应格局产生深刻影响。在处理北极全球性问题方面，国际社会具有共同责任，拥有共同利益，享有共同命运。和平、稳定、合作和发展仍然是多数国家北极政策的关键词。中国是近北极国家，一直以开放、合作、共赢的立场参与北极事务。中国提出的"冰上丝绸之路"已经得到多方积极响应并且取得不少亮眼成果。北极域内外国家都需要顺应时代发展潮流，秉持"平等与尊重"，摒弃"傲慢与偏见"，以开放的姿态，完善北极治理机制，促进海上互联互通和各领域务实合作，合力维护北极和平安宁，增进各国福祉，为建设海洋命运共同体注入强劲动力。

参 考 文 献

1　Russia's Novatek ships first LNG cargo to China via Arctic, Rruters, July 19, 2018, https://www.reuters.com/article/us-novatek-cnpc-lng/russias-novatek-ships-first-lng-cargo-to-china-via-arctic-idUSKBN1K90YN.

2　William Booth, Amie Ferris-Rotman, Russia's Suez Canal? Ships start plying a less-icy Arctic, thanks to climate change, The Washington Post, September 8, 2018, https://www.washingtonpost.com/world/europe/russias-suez-canal-ships-start-plying-an-ice-free-arctic-thanks-to-climate-change/2018/09/08/59d50986-ac5a-11e8-9a7d-cd30504ff902_story.html?utm_term=.1eeccb5f5c75.

3　《世界最大核动力破冰船船体下水》，国际海洋在线，http://www.oceanol.com/jidi/201710/17/c69033.html。

4　Russia to Build New Nuclear-Powered Icebreaker – Putin，Sputnik，May 15, 2017，https://sputniknews.com/russia/201705151053636539-russia-new-nuclear-incebreaker/.

5　US Stays Last in Global Race to Operate Icebreakers in Arctic, Sputnik,January 14, 2017,https://sputniknews.com/world/201701141049581891-usa-last-icebreaker-arctic/.

6　Zukunft, Coast Guard Heavy Icebreaker RFP to be Released Friday, USNI News, https://news.usni.org/2018/03/01/coast-guard-commandant-announces-heavy-icebreaker-rfp-to-release-on-Friday.

7　《美加联手禁止北极近海油气活动》，人民网，http://world.people.com.cn/n1/2016/1221/c1002-28967006.html。

8　《美国政府欲取消北极保护区考察限制或为开采油气开路》，《中国海洋报》，2017 年 9 月 26 日。

9   Alaska becomes latest state to request limits on U.S. offshore drilling, Reuters, https://www.reuters.com/article/us-usa-drilling-offshore/alaska-becomes-latest-state-to-request-limits-on-u-s-offshore-drilling-idUSKBN1FJ2QY.

10 《美国阿拉斯加发现 30 年来最大陆地油田》，人民网，http://world.people.com.cn/n1/2017/0312/c1002-29140018.htm。

11 Alaskan, South Korean Energy Companies Sign MOU to Cooperate on LNG,Sputnik, https://sputniknews.com/business/201706301055103955-alaska-south-jorea-cooperate-gas/.

12 《背景资料：特朗普访华期间中美签署的商业合作协议》，路透社，https://cn.reuters.com/article/trump-factbox-deal-usa-china-1109-thursd-idCNKBS1D911R。

13 Trump just took the first step of an aggressive effort to drill in the Arctic, The Washington Post, https://www.washingtonpost.com/news/energy-environment/wp/2018/04/19/trump-just-took-the-first-step-of-an-aggressive-effort-to-drill-in-the-arctic/?utm_term=.8a2f2535db1e.

14 Beaufort Sea lease sale solicitation draws objections, Associated Press, https://www.apnews.com/98668fe7a d1b415d9482e83eb38f09cb.

15 State attorneys general are spoiling for a fight over Trump' s offshore drilling plan, The Washington Post, https://www.washingtonpost.com/news/energy-environment/wp/2018/02/02/state-attorneys-general-are-spoiling-for-a-fight-over-trumps-offshore-drilling-plan/?utm_term=.de115f99bc02.

16 A Cold War in the Arctic Circle, Wall Street Journal, https://www.wsj.

com/articles/a-cold-war-in-the-arctic-circle-1514823379.

17 Peter Apps, Commentary: The U.S. risks losing an Arctic Cold War, Reuters, https://www.reuters.com/article/us-apps-arctic-commentary/commentary-the-u-s-risks-losing-an-arctic-cold-war-idUSKBN1FJ2DM.

18 《美国海军以"大国竞争"为由重建第二舰队》，俄罗斯卫星通讯社，http://sputniknews.cn/military/20180505102 5316688/。

19 America's got to up its game in the Arctic: Mattis, Reuters, https://www.reuters.com/article/us-usa-military-arctic/americas-got-to-up-its-game-in-the-arctic-mattis-idUSKBN-1JL2W4.

20 Dutch General Accuses Russia of Trying to'Provoke' NATO Marines in Arctic, Sputniknews, https://sputniknews.com/europe/201810141068882224-russia-provoking-nato-in-norway-general-says/.

21 《俄防长：北极存在爆发冲突的威胁》，俄罗斯卫星通讯社，http://sputnik news.cn/politics/201808311026255 739/。

22 Russia built over 710,000 square meters of Arctic military facilities in six years, https://arctic.ru/news/20190311/828 547.html.

23 《俄议员：俄罗斯将采取适当措施回应美国重建第二舰队》，俄罗斯卫星通讯社，http://sputniknews.cn/military/ 201808251026210465/。

24 As winter comes, NATO kicks off largest maneuvers since Cold War, Reuters, https://www.reuters.com/article/us-norway-nato/as-winter-comes-nato-kicks-off-largest-maneuvers-since-cold-war-idUSKCN1MZ0SR.

25 US Sends Carrier Strike Group Above Arctic Circle for First Time in 30 Years, Sputniknews, 2018,https://sputniknews.com/world/201810191069035653-us-carrier-strike-group-arctic/.

26 Russian Arctic Council Chairmanship: Will Welcome More Active Engagement of the Observer States, High North News, https://www.highnorthnews.com/en/russian-arctic-council-chairmanship-will-welcome-more-active-engagement-observer-states.

27 《北极理事会发布首份十年战略发展计划》，新华社，http://www.xinhuanet.com/2021-05/20/c_1127471762.htm。

28 Climate change finds a place in Russia's new National Security Strategy, Barents Observer, https://thebarentsobserver.com/en/security/2021/07/climate-change-finds-place-russias-new-national-security-strategy.

29 US Coast Guard Considering Arctic "FONOPS" to Counter Russian Presence at North Pole, Sputnik News, https://sputniknews.com/20210629/us-coast-guard-considering-arctic-fonops-to-counter-russian-presence-at-north-pole-1083269415.html.

7

第七章

为将者不可
不知"天"

气候与战争素来有着不解之缘。中国自古以来打仗就讲究"天时、地利、人和",并将"天时"居于首位,强调"顺天时则胜,逆天时则亡"。《孙子兵法》写道:"故经之以五事,校之以计,而索其情:一曰道,二曰天,三曰地,四曰将、五曰法……天者,阴阳,寒暑、时制也。"诸葛亮有云,"为将而不通天文,不识地利,不知奇门,不晓阴阳,不看阵图,不明兵势,是庸才也"。气候影响战事胜负之例,古今中外,不胜枚举。元代忽必烈两次出征日本,声势浩大,精兵强将,战舰棋布,但天公不作美,两次战争均因元军遇台风而告负。16世纪西班牙无敌舰队多次出征英国,均因暴风雨天气而夭折,西班牙海上霸业也由此终止。鉴于此,竺可桢曾感叹道,"元师之败绩,西军之覆没,关系于一国之隆替,一代之兴亡者至大"。足见气候对战事、国家乃至国际格局影响之巨大。

"为将者不可不知天"，气候与军事是一个看似古老的话题，却蕴含着深奥而崭新的学问。今天，气候变化给军事安全带来了全新的课题与挑战。从被气候变化侵蚀的军事基地，到被气候变化削弱的军事武器效能；从层出不穷又威力巨大的气象武器，到世界各国为应对气候变化进行的"绿色军控"……当今的气候变化与军事、国家、人类的未来和命运息息相关。

被侵蚀的军事基地

自古以来战争经验均表明，气候对作战行动至关重要。正如 20 世纪 50 年代美国前总统艾森豪威尔所说，"掌握气象比掌握原子弹更重要"。狂风呼啸会影响武器的精度与舰船的航行，暴雨滂沱会阻碍军队行动能力与军事物资补给……而随着当今世界气候变化的逐渐加剧，高温、海平面上升及极端天气更是对各国国防及军队建设产生越来越难以忽视的不利影响，世界各地的军事基地正在被气候变化所"侵蚀"。

当今气候变暖带来一大直接表现就是高温天气的增多，而这会直接导致高温地区军事基础设施遭到损坏。2020 年 7 月，因为高温和储存不当，伊拉克联邦警察部队萨克尔军事基地内的一座军火库发生爆炸。事发当时伊拉克正值酷暑，巴格达连日来气温高达 50℃左右。高温天气还会使机场的混凝土面板变形、沥青融化，对空军基础设施造成损坏。

气候变化的另一大风险是海平面上升，这使得各国沿海地区的军事基地面临被淹没的危险。据美国一项研究统计，美国在全球范围内距离海岸线 20 千米以内、海拔 30 米以下、易受海平面上升影响的空军基地达 83 个。洪水可能对沿海军事基地的军队通信、雷达等军事基础设施产生"致命打击"。2018 年，美国国防部调查发现，美国有大量军事基地，包括许多关键军事设施和关键任务通信以及雷达站点建在距离海岸线 2 千米以内和海拔 2 米以下的沿海区域，其中 1/3 已遭受过洪水侵袭。2019 年，内布拉斯加州奥法特空军基地因洪水袭击而造成 10 亿美元损失。随着海平面进一步上升，这些基地未来将面临越来越大的风险。

越来越频繁和严重的台风、山洪等极端天气事件也将对军队、军事设施和军事资产造成恶劣影响。美国 2003 年"伊莎贝尔"飓风导致洪水爆发，造成美国兰利空军基地受损。"伊莎贝尔"到来后，弗吉尼亚州政府宣布全州进入紧急状态，隶属美军空中作战司令部的美国空军第 1 战斗机联队（1FW）和第 480 情报联队（480 IW）主基地兰利空军基地约 6000 名军人及其家属当即接到撤离通知，美国海军开始纷纷转移位于大西洋沿岸各基地的舰艇和飞机，空军也在忙于调兵遣将，紧急部署，军事基地一时间陷入混乱，无法履行作战任务，影响美军军事效能。另外，飓风对军事设施的毁坏也意味着军队的巨大经济损失。例如，2018 年，飓风给美国北卡罗来纳州勒琼海军陆战队基地造成 36 亿美元的损失。

类似事件在我国也有发生。1996 年中国花巨资购买数架苏-27 先进战机，并进驻广东遂溪空军基地。在机库尚未完工之际，强度高达 15 级的台风突然来袭，给露天停放的战机造成不同程度的损坏。2005 年 10 月 2 日，受台风影响，福州地区突降特大暴雨，导致山洪暴发，给武警福州指挥学校造成严重人力物力损失。两幢部队驻用的民房被冲毁，85 人遇难。

由此可见，气候变化正在逐渐侵蚀军事基地，给军事安全乃至国家安全带来不容忽视的挑战。军事安全是国家安全的重要保障，在气候变化愈发严峻的今天，应对气候变化对军事安全带来的挑战也越来越成为各国共识，各国军方都纷纷开始对气候变化对国防和军事建设的影响作出评估，并提出采取行动和措施应对气候变化，保障军事安全。美国将气候变化问题置于国家安全和内政外交政策的中心，针对气候变化对军事安全带来的日益上涨的风险，呼吁将气候因素纳入情报评估、作战指挥官战区参与计划和采购中；美国国防部将气候挑战列为美国军方首要挑战之一。

中国也曾对气候变化对国防建设的影响作出过评估，认为近年来极端天气事件的增多威胁到我军人员、装备和设施安全，影响武器装备效能的发挥及部队作战行动。在这一背景之下，我们应当树立牢固的气候变化事关军事安全的理念，从维护国家安全的高度看待气候变化。同时也要进一步加强军事设施建设，强化对气候变化的风险防范能力，探索中国应对气候变化的体制机制建设，形成军民一体、协同融合的气候变化应对格局。

雾霾能挡激光吗?

"雾霾挡激光"一度是公众热议话题。那么这究竟是一个笑谈,还是的确有一定科学道理呢?这与气候变化又有什么关系呢?其实,从科学角度来看,激光武器的效能的确容易受到雾霾等恶劣天气的影响。由于对可见光的衰减作用,雾霾能够使大气变得浑浊,导致视野模糊、能见度降低。而同样的道理,雾霾中的微小液滴和气溶胶等微粒也可以对激光产生吸收和散射作用,造成激光能量的衰减,进而大幅度削弱激光武器的作战效能,由此也就不难理解为什么说雾霾可以成为激光武器的"天然屏障"了。除了雾霾之外,激光武器的效能还受到环境和其他天气条件的制约,因此如何评估气候变化对激光等定向能武器效能的影响是一个严肃的科学问题。2011年,美国空军技术学院定向能中心曾专门研究气候变化对海上高能激光武器系统的影响,通过模拟低空激光交战,得出结论认为,海气温差将会对激光武器效能略有影响,预计到2050年南大西洋地区激光武器效能下降幅度最大,而北太平洋地区激光武器效能增长幅度最大。

除激光武器外,其他先进的海空军装备效能也可能受到气候变化的影响。首先,高温天气增多将直接影响空军设备效能。飞机性能随着海拔高度、空气温度和湿度的增加而降低。随着温度升高,空气密度会逐渐降低,而飞机依靠空气产生升力和推力进行飞行，因此空气密度越低，固定翼和旋转翼飞机的可用动力就越少。就像在高海拔地区的徒步行走越来越困难一样，飞机在密度较低的空气中也越来越难运行。另外，高温天气也将降低飞机升力并限制有效载荷，随着环境中温度和湿度的上升，军用飞机的同等飞行距离耗油量也将增加。高温还会影响军用飞机的电子系统。例如，受夏季高温天气影响，部署在科威特塞勒姆空军基地的一些美军飞机电子系统被迫关闭，飞机停飞，对空军行动造成显著影响。再如，2016年，一架"黑鹰"直升机在一次硬着陆中严重受损，在针对该坠机事件的声明中时任美国总统奥巴马指出，高温对此次事故的发生产生了一定作用。在可以预见的未来，随着高温天气的增多，这种影响会越来越大，特别是在中东和南亚地区有驻军的国家需要投入更多维护成本。

其次，水下作战的环境将因气候变化而变化。因为冰川融化以及汇入海洋的淡水增多，北大西洋高纬度地区等海域上层的盐度可能降低。这可能影响水下声学传播条件，对于声学传感器、鱼雷性能会有一定影响。

最后，气候变化所引发的北极冰融还将对高纬度地区的天基基础设施建设提出新的要求。天基指挥、控制、通信、计算机、情报、监视和侦察系统是陆海空作战力量的黏合剂和倍增器。但是各国在极地的物联网星座覆盖普遍不足，这将影响其武器效能的充分发挥。

气象武器

当前的气候变化主要为工业革命以来人类生产生活方式改变所致，可以说是无心插柳的结果。但除此之外，人类还可以有意识地改变局部气候以实现战略意图，这就是气象武器。所谓的气象武器就是指利用现代的科技方法，人为地对大气层进行干预，对风、云、雨、雪、雷等进行改变，进而影响局部区域的气候环境、制造特殊甚至极端天气，达到干扰、破坏敌方军事力量及作战计划的目的，谋求于己有利的作战优势。目前气象武器主要有这几类：人造暴洪，即通过向云体播撒化学药剂，改变云滴的大小及性质，对敌目标区域或主要交通干线实施人工降雨，产生异常水量降雨、暴雨甚至洪涝灾害，破坏、摧毁敌方作战条件、军队设施及武器装备；人造干旱，即通过人工手段干预敌区河流上游地区的天气，以减少下游地区的降水量，从而破坏目标地区农作物生产，削弱其国民经济及社会稳定；人工造雾和消雾，即通过播撒催化剂，改变敌方及目标区域机场、港口等重要军事地点的能见度，为敌方军事行动制造困难，或消除目标区域浓雾，保证己方航行等的能见度，为己方保障有利作战条件；人工控制雷电，通过人工方法中和、转移或提前释放云中电荷，以人工触发雷电，导致敌方森林火灾，对敌方目标进行精准破坏摧毁；人工台风干预，即通过向大气播撒碘化银等化学催化剂，使水滴发生凝结作用以释放热量，减小台风眼与其外缘的气压差，改变台风行动路径，将其引到敌方战略区域，破坏敌方沿海军队、设施、城市及交通。

与传统的常规武器相比，气象武器具有威力巨大、经济成本低、隐蔽性强的特点。首先，气象武器威力巨大。众所周知，大气变化大都蕴含巨大能量，据研究，一个强雷暴系统的能量约等于一枚 250 万吨当量的核爆炸，一个弱小气旋能量约等于一颗 100 万吨级氢弹爆炸，一个台风从海洋中吸收的能量约等于 10 亿吨 TNT 当量。其次，气象武器相比传统武器而言还具有成本低的特点，气象作战不需要像传统战争武器一样投入高研发、高使用、高维护成本，而是只需向天空播撒化学试剂等即可打击敌人，因而可以更加容易地实现传统性武器能够实现的同等效力。最后，由于人类目前对天气变化认知及测量技术仍存在局限性，因此还无法准确分辨自然发生的天气变化与人工干预引起的气象变化，因此气象武器往往可以出其不意、攻其不备，可谓是来无影、去无踪，受害一方也常常遭受"暗算"而不自知。

气象武器技术发源于两次世界大战期间。二战时，英军曾运用加热消雾装备在机场消雾，保障战机的起飞和降落；美军曾在意大利沃尔图诺河上空人工造雾，掩护部队完成渡河行动。20世纪六七十年代越南战争时期，美军曾利用越南西南季风盛行的气候条件制造人工降雨，导致越南局部地区发生洪涝，致使桥梁、堤坝被毁，道路泥泞，使得"胡志明小道"每周通行量锐减至原来的 1/10，极大地加重了越军后勤补给障碍，同时直接造成了越南数十亿美元经济损失。1970 年，美国中情局和国防部对古巴实施了代号为"蓝色尼罗河"的气象战，即通过人工干预降雨技术，在古巴河流上游地区播撒碘化银等化学试剂，导致下游地区干旱少雨，致使古巴农作物减产，对古巴国民经济造成重创。1974 年，美国采用人工技术将当时的"法夫"飓风引向洪都拉斯，在由此引发的社会混乱中扶植了亲美政权上台，该场人为飓风导致 1 万余人丧生。

进入 21 世纪以来，一些军事强国更是加大了对气象武器的研制。据报道，2002 年美军研制出了"温压炸弹"并应用于阿富汗战场，即通过其爆炸时产生的持续高温高压消耗氧气，以打击洞穴、坑道等狭窄空间目标。

俄罗斯则在研制"太阳武器"，即通过在卫星轨道上放置巨型反射镜以反射太阳光，据计算热源中心温度高达数千摄氏度，能凭借高温"消杀"敌人。英军正在研制的"热压气雾武器"是一种利用热浪、压力和气雾打击敌方的武器，会在撞击后点燃产生大量浓雾爆炸云团，不仅能在短时间内摧毁物理设施，还能够使敌人很快被压力和气雾憋死。

由此可见，气象武器是通过释放较少能量、激发自然界气象变化所蕴藏的巨大能量，形成"蝴蝶效应"，通过催化倍增轻而易举地改变天气甚至破坏大气。气象武器等高新技术武器的问世，不仅给在复杂气象条件下作战带来更多威胁，更是违背国际人道主义精神，对气候造成危害并导致短时间的气候变化。为此，越南战争后，联合国于 1977 年颁布了《禁止将影响气候手段用于军事目的公约》，禁止将人工影响天气技术应用于军事领域。1992 年《联合国气候变化框架公约》中，再次重申了禁用气象武器的规定。2010 年通过国际公约，进一步明确禁止作战双方使用气象武器。但是世界对人工影响天气技术的研究一直在发展，应当警惕当下战争信息化智能化发展中未来依托运用高新技术武器及先进科技手段来控制天气的行为。"制气象权"的竞争从未停止，与核、太空、网络、生物技术一样，气象武器也给国家安全带来不容忽视的影响。

"核冬天"与"核秋天"

如果说气象武器只是改变局部气候环境的话，那么核武器的使用就可能彻底改变全球气候条件，让人类面临"核冬天"或者"核秋天"的恐怖场景。1983 年，一位德国气象学家与四位美国航天局科学家组成研究小组，通过模拟数据测算，全面系统研究了大规模核战争对气候产生的灾难性后果，提出了"核冬天"假

说。"核冬天"理论认为使用大量的核武器，特别是对像城市这样的易燃目标使用核武器，核火球会点燃大面积易燃易爆材料，使地球发生大面积火灾，同时核爆炸会让大量的烟尘进入地球上空的大气层乃至平流层，可能会大大削弱地面太阳辐射量致使植物无法进行光合作用。同时也将产生霜冻、降水中断等气候影响，严重威胁农作物的生长及恢复，并且会使得地表温度发生骤降。简而言之，"核冬天"描述了这样一幅场景——在核战爆发后的世界上，到处浓烟弥漫，遮天蔽日，地球缺少阳光照射，世界进入天寒地冻的状态。另有研究指出，核战争引发的全球降温将危害海洋生物。化石燃料燃烧产生的过量二氧化碳进入海洋并与水反应形成碳酸，从而降低海洋 pH 值和碳酸根离子的浓度，珊瑚、蛤蜊、牡蛎和其他海洋生物需要使用碳酸根离子来制造贝

壳和骨骼，这就意味着酸性更强的海洋更难形成和维持贝壳和骨骼，进而对海洋贝类和鱼类种群产生灭顶之灾。

如果大规模核战争可以造成"核冬天"，那么规模较小的地区核战争则可能造成"核秋天"。2006 年 12 月 11 日，科研人员向美国地球物理学学会秋季年会提交两篇关于地区核冲突如何影响世界气候和社会的论文。假设两个各自拥有 50 枚核弹头的国家互相攻击，将造成 2000 万人丧生。它还将把 500 万吨粉尘抛向大气层，然后粉尘升至同温层后可在上面停留至少 10 年，从而导致全球气温下降。北美、欧洲与亚洲的农作物生长季因降温可能缩短 1 个月，非洲、东南亚的夏季与雨季也会被打乱，甚至导致大规模农业歉收。

总之，气候变化会加剧武装冲突乃至核冲突爆发的概率，而核战争的爆发又会给地球气候带来巨大恶果，人类应该对此给予足够警惕。

绿色军控

军事力量建设需要大量能源，能源消耗的过程中也产生大量温室气体。据研究表明，全球 23 个主要军事强国是全球 67.1% 的二氧化碳排放量的制造者。其中美国的军事碳排放始终高居世界榜首，美国国防部已经成为全球最大的单一能源消费机构。据美国能源情报署（EIA）统计，1975年以来美军事能源消费量约占联邦政府能源总消费量的80%。据统计，美军2017年每天都要购买近27万桶石油，供舰艇、坦克、飞机等使用，并因此排放2500万吨二氧化碳。美军不仅是世界上最大的"石油消费者"，也是世界上最大的温室气体生产者，有研究指出，若将美军看作一个国家，那么这个"国家"的温室气体排放超过了100个国家温室气体排放量的总和，位居全球第47名。仅一架美军B-52喷气式飞机1小时的燃料消耗量相当于普通汽车7年的燃料消耗量。英军的碳排放量也非常惊人。英国"世界科学家"组织在报告中援引英国防部解密文件称，2020年，英军1个月的二氧化碳排放量就达1100万吨，相当于600万辆汽车的碳排放量。

能源使用带来的环境污染和气候变化给传统的军事能源消费和保障方式提出了一系列严峻挑战。军事能源变革是20世纪以来世界各军事大国高度关注和精心谋划的战略性问题。种种现实因素都指向"绿色军队"建设的迫切性。一方面，军队对传统能源的高度依赖带来军事安全挑战。首先，传统液体军事燃料运输补给线漫长又容易暴露在敌人的眼皮之下，使得在运输过程中容易遭到攻击，造成人员伤亡和财产损失。其次，过度依赖传统能源使得军事安全与国际石油高度绑定，使国家财政易受国际石油价格牵制，并且中东地区主要能源生产国的地缘政治矛盾激化也将引起能源供应风险，给国家安全战略带来冲击。另一方面，军队高能耗高碳排的情况也造成了"气候安全困境"。各国在应对气候变化带来的自然灾害时要投入大量军事救援成本。另外，气候变化使得脆弱国家内部冲突风险加大，可能引发社会矛盾、大规模移民、国家间冲突等问题，增加了对军队执行维和任务及国际人道主义救援的需求。而军事行动增多本身又会加剧气候安全问题，从而产生一些列国家安全问题，又为增加国防开支提供了理由，由此进入到一个恶性循环。

因此，国际社会呼吁军事减排。近年来《联合国气候变化框架公约》谈判越来越关注军事减排问题。各国也认识到需要对气候变化做出有效应对，进行绿色军队建设，寻求绿色化、清洁化的能源转型，进行减碳降碳。而从另一方面来看，绿色军事转型也会约束军事装备能源的使用，进而形成新的国际军控机制。美军率先启动了新一轮能源变革，以抢占世界军事能源战略转型的制高点，谋取与其潜在对手的相对技术优势。美国海陆空三军均寻求替代清洁能源并考虑调整军事作战态势，海军设立能源协调办公室，进行基地设施"净零能耗"，实施"大绿舰队"计划，即打造由核动力舰只、生物燃料混合动力舰只与生物燃料动力战机组成的航母战斗群，陆军在军事设施中部署混合动力车辆与低速电力车辆，耗能最大的空军通过测试普通飞机燃料与生物燃料的各类组合，制造清洁高效的航空发动机。同时美国也计划减少在世界各地的军事行动和设施，关闭美国部分军事基地以减少温室气体排放。北大西洋公约组织于 2021 年 12 月在联合国的声明中表示将制定新的方法用以测量军事方面的温室气体排放，帮助盟友制定自愿的国家军事减排目标，并邀请联合国秘书长为北约政治和军事结构和设施减少温室气体排放制定具体目标，评估到 2050 年实现净零排放的可行性。英国国防部在相关文件中明确军队减排目标和措施，称英军"必须最大限度摆脱对化石燃料的依赖"。英军短期目标（2021—2025 年）是对燃料消耗用户进行分类并确定减排对象；中期目标（2026—2035 年）是利用现有技术或通过研发新技术，大幅减少碳排放量；长期目标（2036—2050 年）是大量应用新技术，进一步减少碳排放量。英国媒体报道称英国空军已于 2021 年夏季提出相关目标，希望成为全球第一支使用绿色能源的空军。预计其首架此类航空平台将于 2027 年装备部队。英国陆军也表示争取告别化石燃料车辆进入"纯电"时代。

作为一个崛起中的负责任大国，我国面临同样严峻而复杂的军事能源安全挑战，同时也高度重视军队新军事变革中的绿色低碳，加速推进机械化向信息化转变，大大节能降耗，实现"低碳国防"，如近年来火箭军某工程旅就在探索应用可穿戴式机械手臂、机械节能减排装置。我国在应对气候变化问题上做出的艰苦卓绝的努力，充分体现了大国担当。

参 考 文 献

1　竺可桢著，施爱东编：《天道与人文》，北京出版社 2011 年版。

2　Shira Efron, Kurt Klein, Raphael S. Cohen, Environment, Geography, and the Future of Warfare, https://www.rand.org/pubs/research_reports/RR2849z5.html.

3　张海滨：《气候变化对中国国家安全的影响——从总体国家安全观的视角》，《国际政治研究》2015 年第 4 期。

4　Climate Change Implications for U.S. Military Aircraft, August 2019, https://climateandsecurity.org/wp-content/uploads/2019/08/climate-change-implications-for-us-military-aircraft_briefer-44.pdf.

5　李江成：《气象武器对国家安全的影响及对策》，《中国科技信息》2020 年第 23 期。

6　孙拴恩等：《人工影响天气与气象战争》，《第 27 届中国气象学会年会人工影响天气与云雾物理新技术理论及进展分会场论文集》。

7　吴树森、王利：《气象武器与气象战》，http://www.qxkp.net/qxbk/qt/202103/t20210301_2786394.html。

8　R.P. Turco, O.B. Toon, T.P.Ackerman, J.B. Pollack, Carl Sagan, Consequences of Multiple Nuclear Explosions, SCIENCE, 23 December 1983,Volume 222.

9　曹嘉涵：《打造绿色军队：美国军事能源战略调整评析》，《中国石油大学学报（社会科学版）》2013 年第 4 期。

10　《英军减排目标被指空喊口号》，人民网，http://military.people.com.cn/n1/2021/1018/c1011-32256633.html。

11　冯建中等：《美军能源战略研究》，时事出版社 2018 年版。

12　《军队代表委员：加强练兵备战 提高打赢能力》，新华网，http://www.xinhuanet.com/politics/2021-03/10/c_1127195173.htm。

8

第八章

能源安全困境与碳中和

2021 年 2 月 9 日，美国得克萨斯州居民从媒体得知，一股自北向南的冬季寒潮即将袭来。那时，还没有人意识到这将演变为全球瞩目的能源电力危机，号称美国"能源心脏"的得州将陷入前所未有的持续黑暗。

一场灾难的蔓延总是猝不及防、祸不单行。同年 2 月 10 日起，寒潮开始席卷得州，打破 30 年以来的最低气温纪录。得州是美国天然气产量最大的省份，气电占该州发电量的一半以上。严寒天气导致天然气井口冻结和输气管道冰堵，天然气产量一度下降了 50%，电厂无气发电；发电不足又致使天然气开采停摆，形成恶性循环，进一步加剧电力短缺。得州还是全美乃至世界清洁能源的先驱和模范，但在这场暴风雪之中，承担该州两成发电量的风电机组出现普遍的叶片覆冰、被迫停机情况，大量光伏板因积雪覆盖而"罢工"，一座核电站的机组因供水泵冻住而中断运转。得州能源专家迈克尔这样形容当时的困境："几乎每一种燃料、能量来源都在以各种方式挣扎，而且由于这些系统都紧密地联系在一起，故障进而波及到每个角落。"

供电危机从 2 月 12 日起扩散，从零星的短时间停电恶化为大面积的整日停电。2 月 14 日，美国总统拜登宣布该州进入紧急状态。2 月 16 日，得州已有 45 吉瓦的电力装机无法运行，超过该州现有发电装机规模的一半。450 万家庭和企业用户遭遇长时间停电，接近总用户数的 20%，约有 50 万用户连续断电超过 4 天。寒潮引发的大停电导致社会全面停摆，1000 多万民众的生活陷入混乱与无助：大批物流企业、超市因停电关门，民众采购不到食物；医院动用备用电源维持基本运作，不少人无法获得及时救治，一些急重症病人甚至被转移到别的州；暖气供应中断，人们在寒潮中瑟瑟发抖。事后统计，得州至少有 151 人因烧柴取暖导致的一氧化碳中毒而丧生；多个全球知名的半导体公司停产，加剧全球芯片短缺。低温天气还加剧人们的用能需求，但在供需极端不平衡的状况下，得州批发电价一度突破了 10 美元 / 千瓦时，与平日电价相比增长近 200 倍，一些居民收到了供电公司的天价账单。

得州的这场电力危机凸显了碳中和时代的能源安全困境。面对日益显著的气候变化危害，截至 2021 年底，全球 150 余个国家宣布在 21 世纪中叶左右实现碳中和目标。碳中和指人类活动排放的温室气体（主要是二氧化碳）与大自然吸收的温室气体相平衡，其目的是维持大气层中温室气体的浓度保持平衡，控制全球温升趋势。由于全球 70% 左右的碳排放来自于化石能源利用，碳中和行动的核心是能源转型，减少化石能源的生产消费，建立以可再生能源为主体的清洁能源体系。

但是，低碳转型的能源系统面临诸多新挑战。以水电、风电、光伏为代表的可再生能源开发高度依赖气候系统的稳定，而全球极端天气的频发无疑会加剧能源生产的波动性、基础设施的脆弱性，制造大量无法预知、难以应对的安全风险。换言之，人类社会的资源安全与环境安全正从此前的弱联系变为紧密耦合的强联系，这种联系程度是在柴薪时代、煤炭时代和油气时代所没有的，能源困境的实质正从人们熟悉的油气资源困境转变为更多的、"听天由命"的环境恶化困境，一场寒潮、暴雨、飓风、干旱都可能使"得州悲剧"再次上演。而且，能源安全的意涵还在一些新的供给环节上延伸，如电网设施面临极端天气与网络攻击的双重威胁，可再生能源的装备制造正在激发新的国际矿产竞逐，与碳中和相关的资源、技术、基础设施、跨国供应链日益成为地缘政治扩张与大国竞争博弈的驱动因素。

水电"枯水"

奥罗维尔湖是美国加利福尼亚州第二大水库，位于该水库的爱德华海厄特水电站为该州第四大水电站，满负荷运行时可为80万户家庭供电。2021年6月，持续的干旱导致水库水位不断突破历史新低，库塘大面积干涸见底，加州水资源部发言人表示，创纪录的高温令奥罗维尔湖的水资源消耗到"令人震惊的水平"，海厄特水电站自1967年启用以来首次因缺水而停运，倚赖该电站的多地随之面临电力短缺的风险。海厄特水电站的遭遇绝非个案，它反映了全球日益频繁、广泛出现的水电"枯水"困局。

水电是全球规模最大的可再生能源。据国际能源署（IEA）统计，2020年，水电提供了全球16%的电力，发电量接近4500太瓦时，仅次于煤炭和天然气，超过其他任何可再生能源的单一发电量。水电是许多国家电力系统的支柱。根据中国水电水利规划设计总院的数据，截至2020年，全球有65个国家依靠水电为其提供50%以上的电力，32个国家依靠水电为其提供80%以上的电力，13个国家依靠水电为其提供几乎全部电力。目前，全球水电经济可开发程度已达42%，欧洲、北美洲开发率超过

65%，亚洲、大洋洲超过 40%，南美洲接近 40%。中国是当之无愧的水电第一大国，自 2014 年以来，水电装机容量和发电量稳居世界第一，水电资源成为我国第二大能源主体。2020 年我国水电发电量为 1350 太瓦时，水电装机容量 3.7 亿千瓦，2021 年首批机组投产发电的白鹤滩水电站是当今世界在建规模最大、技术难度最高的水电工程。

水电是碳中和时代不可或缺的供电主力。首先，水电在供电能力、清洁属性、技术成熟度、开发成本上具有突出优势，尤其能满足发展中国家快速增长的用电需求。释放未开发的水电潜力是不少亚非拉美国家构建低碳能源体系的优先选择，IEA 预测 2021—2030 年全球水电发电总量预计新增 850 太瓦时，其中，我国将贡献增长值的 42% 以上，印度、印度尼西亚、巴基斯坦、越南和巴西将共同贡献另外的 21%。其次，随着煤电等传统基荷电源的削减，水电是平抑风能和太阳能波动性、维护电力系统稳定性的重要调控电源。不少国家通过梯级水电功能再造，提高水电资源再利用；在有条件的常规水电站处加建抽水蓄能电站，利用弃光、弃风，实现风光资源转化，使水电由单纯的"电源供应者"逐步转向"电源供应者 + 蓄能调节者"的双重角色。

事与愿违的是，全球水电成为了气候变暖、干旱灾害的冲击对象，水电可靠性明显下降，陷入一种"出师未捷身先死"的窘境，给世界能源转型增添变数。

  2021 年春夏，全球多地发生严重干旱，致使河流和水库干涸，大量水电站处于无水可用、频繁停运的窘迫境地。巴西降雨量降至 20 年以来最低，该国中部、南部的水库水位不及过去 20 年平均水平的一半，全国水电站的可用水量"降到 91 年来有记录的最低水平"。由于该国 3/4 的电力来自水电，多省随即陷入长时间的电力短缺。美国西部遭遇罕见干旱，截至 2021 年 6 月 10 日，美国西部 88.5% 的地区处于中度至特大干旱，而这一数据在 2020 年同期为 42%。加利福尼亚州因水位过低关停了多个水电站，该州水电发电占比从近几年的 15% 下降为 2021 年上半年的 7%，该州全年的发电量比上一年减少 19%。土耳其多个水

电站的蓄水量创下近 15 年以来的新低，水电在该国发电总量中的占比降至近 7 年的最低点。在干旱期间，水电的缺失往往只能由燃煤或天然气发电厂生产的电力弥补，而这导致更高的碳排放和电力批发市场的更高电价，自然环境与全体公众都成为水电"枯水"的受害者。

我国水电行业对这一困境也不陌生。2009—2012 年，云南省连续四年春季遭遇严重旱情，其中 2010 年最为严重。当年，由于主要流域来水量同比锐减四成，云南主力水电厂的出力还不到总装机容量的 30%，全省缺电达 40 亿千瓦时。受限电停电影响，云南规模以上工业停产半停产企业达 593 户，占全省规模以上工业企业的 18%。由于旱灾范围较广，毗邻云南的省份也自身难保、无法支援，贵州水库蓄水量较同期减少 30%，水电日均发电量减少 8000 万千瓦时，广西曾出现九成水电无法出力的情况。2020 年，云南再次遭遇旱灾，全省有 100 条河流断流，180 座水库干涸，147 万人出现饮水困难。前五个月的水力发电量同比减少近三成，大量工业用能需求无法得到满足，农村地区的一些生产生活用能遭受影响。由于广东 1/3 的电力来自云南，当云南自身捉襟见肘时，广东随之电力供需紧张，启动各种限电措施。

对于高度倚赖水电的欠发达国家，水电枯水更容易导致全局性的能源危机、社会危机。在撒哈拉以南非洲，11 个国家的水电发电量占到总发电量一半以上，其中刚果（金）、纳米比亚、赞比亚、埃塞俄比亚的比例更是高达 90% 以上。2019 年底，由于持续干旱，赞比亚、津巴布韦两国共同拥有的卡里巴水库出现 23 年以来的最低水位，水电站停运导致两国采取了每天 18 小时限电的措施，社会生产生活陷入大面积停摆，并引发两国严重的通货膨胀。再如，委内瑞拉主要依靠水力发电，2016 年 4 月，受厄尔尼诺现象影响，雨季迟迟未到，严重干旱致全国多个水库的水位告急，占该国发电量 40% 的古里水电站无电可发。委内瑞拉陷入全国电荒，政府为了省电，宣布公共部门每周工作 2 天、休息 5 天，采取全境民宅每天轮流断电 4 小时的措施，蜡烛一时成为炙手可热的抢购商品。委内瑞拉反对派也以电力短缺引发的社会危机为由，启动了罢免总统马杜罗的政治斗争。水电危机加剧政局动荡，威胁国家政治安全。

"风光"的瓶颈

风电、光伏被视为碳中和时代的新增主力能源。由于技术革新、成本下降，2010—2020 年，全球"风能 + 光伏"发电装机年均增长率保持在 20% 的高位。2020 年，全球风能和太阳能的新增装机规模接近 230 吉瓦，占到全球新增发电装机容量的七成；两者在电力装机结构的占比达到 9.4%，为 2015 年水平

（4.6%）的 2 倍。"风光"的强劲发展使世界能源行业建立了快速转型的信心，国际可再生能源署（IRENA）这样描述人们心态上的转变："几年前，人们还普遍认为以可再生能源为中心的方法过于激进、理想化，甚至不切实际，但当前，即使最保守的能源决策者也意识到能源转型是全球气候安全的唯一现实选择。"根据 IRENA 评估，如要将全球温升控制在 1.5℃ 以内，"风光"必须引领全球电力行业转型，2050 年风电和光伏的发电量应满足全球电力需求的 63%，风电的发电装机容量应超过 8100 吉瓦，光伏应超过 14000 吉瓦。

风电、光伏作为电力来源，具有建设周期短、开发门槛低、布局方便等优点，但也存在先天的软肋。两者对异常气温比较敏感。风电方面，低温状态下的水气（雨、雪、霜及海雾等）容易冻结在风力涡轮机叶片等部件上，影响风轮旋转；高温天气容易形成大范围的静风环境，造成风电机组无风驱动，无法达到项目预期的发电规模。光伏方面，极端低温容易导致设备地基出现冻胀，损坏基础；太阳能电池板的理想工作温度为 25℃ 左右，其功率随着温度的升高而降低，极端高温会压缩电池板的发电效率和使用寿命，甚至造成系统故障。

欧洲在 2021 年经历了有记录以来最炎热的夏季，7、8 月的平均气温比 1991—2020 年的平均气温高出约 1℃。英国、丹麦、德国多地的风电项目持续面临"风速过低"或"无风可用"的困

境。近年来，英国全力投入风电，作为能源转型的重中之重，风电 2020 年提供了英国 25% 的电力。首相约翰逊还提出了"2030年全民风电"的目标，将海上风电的发电量从目前的 10 吉瓦增加到 40 吉瓦。可是，全球变暖之下，大西洋越发"风平浪静"，疲软的风电在 2021 年 1—8 月仅提供了该国 7% 的电力。由于整体电力供应不足，英国一些燃气和燃煤电厂重新启用，2021 年 9 月的电价已经是 2020 年同期价格的 7 倍，达到每兆瓦时 424.61英镑（约合 588 美元），创下自 1999 年以来的最高纪录，民众面对飙升的电费苦不堪言，多家钢铁、化工、食品加工企业因成本压力宣布限产或停产。

风力发电诞生于英国，1887 年 7 月，在苏格兰名为"Marykirk"的乡村，电气工程师詹姆斯·布里斯（James Blyth）在自己的度假小屋院子中建造了世界上第一台风力发电设备，通过向蓄电池充电，为度假小屋提供照明电力。随后的一个多世纪的时间，全球技术人员都在为提升风电技术水平和性价比而努力。21 世纪以来，风电一直保持全球增长规模最快的能源地位，风电好不容易站到了能源供应的最前线、扛起能源系统碳中和的重责大任，美国科罗拉多大学的研究却发现全球变暖的影响之一是北半球可供利用的风能资源正在大量减少，尤其是包括中国西北、西伯利亚、东北亚、美国、加拿大、英国、地中海沿岸等在内的中纬度地区，即沿北半球西风带一线。世界各地"风电无风可用"的新闻屡见报端，人们开始苦恼"风从哪里来"的问题，担心这个应对气候变化的工具能否先适应气候变化的挑战。

光伏设备除了"畏惧"极端气温外，也较难抵御各种气象灾害的风险。在法国、奥地利阿尔卑斯山区，近年来出现冰雹灾害增多的趋势，大量光伏设备被从天而降的冰雹损坏。山东德州于 2021 年 5 月建成全球单体最大的水面漂浮式光伏电站，但投运不到一个月，由于当地出现暴风雨，瞬间风力达到 12 级，水上的光伏设备被大风吹到了岸边，造成了严重损失。另外，光伏组件需要定期用水清洗，具有一定的耗水需求，但由于光照条件较好的地带往往是干旱、半干旱地区，水资源匮乏，光伏用水成为一大难题。例如，印度的光伏装机容量从 2012 年的 1 吉瓦迅速上升到 2020 年的 41.6 吉瓦，展现打造光伏大国的决心；但据非政府组织 2018 年的评估，该国 94% 光伏电站都部署在严重缺水的地区，例如，在干旱的拉贾斯坦邦和古吉拉特邦，由于光伏规模迅速扩大，光伏组件的用水费用在短短三四年内几乎翻了一番，而且未来水资源紧张的风险只会有增无减，可能会加剧光伏发电与经济社会的冲突。

电网安全与稳定

碳中和时代的能源系统是高度电气化的系统，依赖电网的连接与传输。而且，随着清洁电力开发比例的提高，跨国电力互联的必要性日益显著，各国需要通过跨国电网，增加一国电力供给渠道，实现清洁能源大范围的余缺互补与优化配置，共同减少能源开发和转型的成本。电网正在成为碳中和时代的战略性资产，20 世纪的能源政治是油气管道政治，而 21 世纪将逐渐转变为电网政治。在这样的背景下，电网安全与稳定成为了一个更加重要的显性议题。

气候变化增加极端天气的发生频率，而电网基础设施具有覆盖范围广、环境依附性强、暴露程度高等特点，相比其他类型设施更易成为极端天气下的优先"受害者"。特大暴雨及其次生灾害容易导致电网系统出现倒杆断线、变压器短路、变电站被淹等事故，并进而造成大范围停电、系统性停摆。2020 年元旦，印尼雅加达与周边地区出现连续强降雨引发的洪涝灾害，大量电网线路被淹，超过 2500 个变电站被迫关闭或停运，全市超过 700 个片区停电。2021 年 7 月上旬，德国多地出现暴雨引发的山体滑坡、泥石流，莱茵河、摩泽尔河的水位持续上升，多地电网中断。据电力部门统计，超过 16 万居民陷入长时间断电，很多地区通信中断。同月中旬，我国河南多地遭遇持续性强降雨，郑州从 17 日到 20 日三天的降雨量接近过去一年的总量，该市的小时降雨量曾达 201.9 毫米，超过我国陆地小时降雨量极值。截至 2021 年 7 月 23 日，河南全省 13 个地市因灾停电，累计受损电网线路 1836 条，停运变电站 40 座，涉及用户 374.33 万户，郑州市在灾情最严重时曾出现 1000 多个小区、上百万户家庭断电。沿海地区的电网也经常面临台风或飓风的侵扰。2019 年 3 月，飓风"伊代"袭击东南部非洲，莫桑比克第二大城市贝拉八成电网被毁、全城停电达数周。同年 9 月，台风"法茜"袭击日本，造成东京电力公司 2 座输电塔、近 2000 根电杆倒塌，导致关东地区 93 万户停电长达两周。

山火频发是气候变化的新常态和"附赠品"。根据《自然》杂志的研究，1979—2013 年，全球平均的山火易发季节长度增加了 18.7%，山火威胁影响的森林面积增加了 108.1%。这一灾害直接威胁穿越或毗邻林区的电网，尤其是木质电线杆。2019年 9 月起，澳大利亚新南威尔士州和维多利亚州的森林大火连烧4 个月，导致大面积电网线路跳闸停电事故，珀斯、悉尼、墨尔本等地多次出现大规模停电。2020 年 10 月，美国加利福尼亚出现山火，逾 10 万居民紧急疏散，为防范强风刮断电线引燃山林、扩大火情，加州主要的电力企业实行预防性断电措施，大约 100万户家庭遭遇停电。

脱碳目标和对抗气候变化让电网数字化变得比以往更加重要，无论是实现新能源大规模并网和消纳要求，还是支撑分布式能源的广泛接入，都需要数字技术为电网赋能，促进源网荷储协调互动。但是，数字技术对电网系统的渗透也为网络攻击提供了机会。目前的攻击形式十分多元，包括向电力控制系统植入恶意软件或勒索病毒、远程访问配电站控制系统、干扰系统引起停电、阻碍事故后维修工作等，甚至还出现了定向直击电网的网络攻击武器（如"Lndustroyer""EKANS"和"BlackEnergy"等恶意软件）。从全球范围看，实施网络攻击的主体包括国家组织的网络部队、企业雇用的网络黑客、无政府主义者和恐怖分子。从一种最严峻的角度预判，未来战争可以不用通过军事手段进攻，而是借助网络手段在虚拟空间瘫痪一国能源和工业系统。近年来，乌克兰和委内瑞拉在政局动荡时期都曾面临大规模的网络攻击。在克里米亚公投入俄之后，2015 年 12 月 23 日圣诞节前夕，乌克兰三个区域的电网遭到网络攻击，伊万诺—弗兰科夫斯克地区部分变电站的控制系统遭到破坏，造成大面积停电，约 140 万人受到影响。2019—2020 年，委内瑞拉国家主干电网遭到多次网络攻击，造成全国大面积停电，委政府指责这是美国精心策划的"电磁和网络攻击"，通过瘫痪电力公共服务来扰乱民心、激起民怨。有国外电力专家表示：委内瑞拉可能面临的是"网络先发制人"的干涉，"借助网络攻击电力基础设施，激化民众对政府的反感，进而颠覆一国政权，而且整个攻击可以无影无踪、不留痕迹，让人找不到外国介入的证据"。

网络攻击业已成为大国能源系统的主要威胁，与国际竞争、博弈紧密联系。2020 年，中国某省电网遭受网络攻击 42 万余次，其中高危攻击占比高达 65.4%，境外攻击占比 18.27%，主要来自美国、印度等国家。高危攻击、专业化攻击呈现出大幅增长的迹象。一名业内人士透露："在中美贸易摩擦、中印冲突期间，来自美国、印度的攻击数量环比增长数倍，而且大量常见攻击中还包含一些特定境外组织的攻击特征，它们的目标涉及能源电力行业的联网工业控制设备和系统。"美国一再强调它是这一威胁的"受害者"。2018 年，美国联邦调查局和国土安全部发布联合报告，公开指责"俄罗斯频繁入侵美国电网"；2021 年，电网监管部门（NERC）将网络攻击列为电网面临的最大风险之一，而且电网中的配电系统由于更多采取监控或远程访问技术，越发容易遭受攻击。能源部长詹妮弗·格兰霍姆（Jennifer Granholm）在一次讲话中指出，美国的电网系统并未做好充足的准备，"美国的敌人有能力关停国家的电网"。

随着跨国电网的规模不断扩大，全球不少国家通过双边互联电网开展电力贸易，一些区域已经建成区域电网，网络攻击很可能制造大范围的电力事故。在一个区域电网中，一国的网络漏洞很可能被攻击者利用，从而使攻击的效果迅速跨越国界。另外，熟练的网络攻击者还可能利用跨国电网的互联特性，选择性地在电力互联国家之间制造不信任或挑起冲突，如当一国遭遇未预警的电力进口中断，在缺乏证据的情况下，自然指责出口国的"不负责任"或"故意为难"，而出口国很可能难以辩解或重塑信任。

油气的飓风恐惧

碳中和并非是一个一蹴而就的过程，人类社会对油气资源的利用也将长期存在。据一些能源类国际组织预测，全球石油需求预计要到 2035 年前后才会达峰，天然气作为一种相对低碳的过渡能源，其需求至少在 2040 年前都将保持增长。气候变化对能源开发活动的影响是一种"无差别打击"，近年来，全球大量近

> 海上石油钻井平台

海区域的油气开发活动日益受到热带气旋的严重干扰。

　　热带气旋指通常发生在热带、亚热带海面上的气旋性环流，强度达到一定程度后，在西太平洋一带被称作台风，在大西洋上被称作飓风。热带气旋的灾害破坏性往往较大，根据世界气象组织的统计，在1970—2019年期间，全球死亡人数前十的自然灾害中，有三起为热带气旋，这三起事件记录的死亡人数高达58万人，占前十大灾难死亡人数总和的43%；全球经济损失前十的自然灾害中，有七个是由热带气旋造成，占到十大灾害总经济损失的82%，其中有六个都发生在美国。不少科学研究已经论证了全球变暖与飓风数量增多之间的正相关关系，认为更加温暖的海水为热带气旋提供了更多生成契机和能量。2020年是全球有气象记录以来最热的3个年份之一，这一年北大西洋飓风季共生成30个命名风暴，是有记录以来生成命名风暴数量最多的一年，登陆美国的风暴数量达到创纪录的12个。

热带气旋产生的剧烈风暴对海上和沿海油气开采、油气运输造成巨大风险，各类设施往往需要提前中断活动，进而造成供应风险。2021年8月29日，四级飓风"艾达"登陆美国路易斯安那州的墨西哥湾沿岸，区域内约有95%石油、94%天然气生产关闭，造成16年以来美国油气产量的最大损失，导致严重的燃料短缺。至少有9家炼油厂在两周内关闭或减产，受影响的炼油能力大约为230万桶/日，相当于美国1/5的炼油产能。墨西哥湾沿岸的几个港口，包括最重要的路易斯安那近海石油港也被迫关闭。全球油价因此受到牵连，布伦特原油在事发当周累计涨幅超11%，WTI原油累涨超10%，二者均创下自2020年6月以来的最大单周涨幅。9月2日，在美国路易斯安那州最大的两座城市（巴吞鲁日市和新奥尔良市），近七成加油站没有汽油供应，美国环境保护局向路易斯安那州和密西西比州发布了紧急燃料豁免令。直到9月7日，受影响区域仍有八成的海上石油生产关闭，79个生产平台处于撤离状态。9月14日，一场新的飓风"尼古拉斯"再度袭来，虽然强度不及"艾达"，但仍导致美国墨西哥湾四成石油、五成天然气生产保持关闭状态，加剧全球油气供应紧张。

绿色技术资源争夺战

美国在特朗普执政期间开启了疯狂的"退群"模式，前后宣布退出了 12 个国际组织和条约，同时消极对待、多次缺席各种多边机制。但是，特朗普政府也有仰赖机制乃至主动创设的时候，2019 年 6 月宣布设立"美国战略矿产倡议"，并在很短时间内促成了刚果（金）、赞比亚、纳米比亚、博茨瓦纳、秘鲁、阿根廷、巴西、菲律宾和澳大利亚九国加入。同年 9 月的联合国大会期间，时任国务卿蓬佩奥会见了参与国的外长们，表示美国将引领新兴技术所需的矿产资源的全球治理。特朗普政府的"创群"举动其实是全球绿色技术资源争夺战的一个缩影，标志各国在碳中和时代仍需为一些有限的、稀缺的资源继续争取、博弈。

绿色能源技术在减轻全球气候危机方面发挥着重要作用，但其设备制造产生了对关键矿产资源的庞大需求。钕、镝和镨等稀土元素是用于风力涡轮机永磁体的关键成分；硼酸盐、镓、锗和铟是光伏组件制造的重要成分；电动汽车所用的锂离子电池需要钴和锂。

目前，各国对资源的担忧表现在以下三方面：

一是锂矿、钴矿和中重稀土资源具有地理上的高度依附性。例如，刚果（金）拥有全球钴矿储量的 49%，2018 年产量占到全球产量的 66.3%，集中度非常高；智利、阿根廷和澳大利亚三国的锂资源接近全球总量的八成；中国的中重稀土资源探明储量占全球总量的 90% 以上。

二是稀土产品的全球供给集中于中国。尽管多国拥有种类和储量均丰富的稀土资源，但西方国家出于严苛的环保理由限制本土开发，多数拥有资源的发展中国家缺乏冶炼分离能力，中国成为了全球稀土资源及冶炼产品的主要供应国，常年提供欧盟、美国等经济体八成以上的进口份额。而且，随着需求的增长，中国也在形成对他国的稀土依赖，2018 年成为全球最大的稀土进口国，当年从缅甸进口 2.58 万吨重稀土矿石，基本与中国自身产量相当。

三是矿产需求有望呈现井喷式增长，资源的稀缺程度持续攀升。根据世界银行研究，在全球温升控制在 2℃ 的场景中，仅蓄电池一项就会导致钴、锂、锰和相关稀土矿物（如铟、钼和钕等）的需求的增长幅度超过 10 倍；按照欧盟的低碳经济目标，欧盟在 2030 年需要 2019 年用量 18 倍以上的锂和 5 倍的钴。欧盟明确指出关键矿产资源是"事关欧盟战略安全和自主权的议题"，"对原材料的依赖正在取代对化石燃料的依赖，全球对原材料的竞争正在变得更加激烈"。

鉴于"僧多粥少"的紧缺状况，各主要经济体纷纷启动了对关键矿产资源的开发与海外获取。欧盟从 2011 年起建立了每 3 年更新 1 次的关键原材料清单，2020 年 9 月发布的清单文件列出了 30 种"兼具经济重要性和供应风险"的矿产资源，比 2011 年首份清单增加了 16 个品种。欧盟目前的行动重点包括：2020 年 9 月组建了欧洲原材料联盟，加强成员国间的政策与产业沟通，促进本土关键矿产开发，推广循环利用技术，削弱进口需求的增长；与重要的或潜在的资源国建立"关键材料伙伴关系"，尤其是将邻近的挪威、乌克兰、西巴尔干国家（如塞尔维亚和阿尔巴尼亚）纳入到欧盟供应链；加强原材料开放贸易的国际规则建设，抵制扭曲国际贸易的行为；运行一年一度的"欧盟—美国—日本"关键原材料三边会议机制，并纳入澳大利亚、加拿大和韩国的观察员代表，就矿产的供应风险、贸易壁垒和国际标准开展跨国治理。这一系列举动显示了欧盟对国际机制、欧洲睦邻政策（ENP）等工具的娴熟运用，也反映其防范与压制世界其他主要资源供给国的目的。

日本政府于 2020 年 3 月提出了"新国际资源战略"，发布了关于如何确保关键矿产和材料供应链安全的最新观点。该战略确定了 34 种关键矿产，并将其中部分矿产的储备水平从 60 天的国内消费量提高到 180 天，提出将向资源丰富的发展中国家提供定向的能力建设资金。6 月，日本国会根据这一战略，修改和

扩大日本石油天然气金属矿产资源机构（JOGMEC）在帮助日本企业参与海外关键矿产上游项目方面的财务职能范围。以前，JOGMEC 的股权活动主要限于资源的勘探和收购，而现在该机构可以为资源开发、生产阶段的项目提供资金。与此同时，日本还持续加强与越南、蒙古国和哈萨克斯坦等亚洲国家的稀土合作，如时任首相菅义伟在 2020 年对越南的访问中，将稀土合作列为优先沟通事项。

美国也不缺席这场控制权的竞赛，特朗普政府尽管抵制能源转型、压制光伏风电的发展，但也深知碳中和潮流引发的矿产风险，采取了一系列重振产业链的行动。2019 年以来，美国国务院曾派团前往加拿大、蒙古国及非洲多国，寻求共建稀土开采加工项目。2019 年 7 月，特朗普允许美国军方资助私营部门建设国内稀土精炼，拨款近 1300 万美元支持三家企业筹建本土稀土设施，这是二战后美国军方首次对商业规模稀土生产进行金融投资。2019 年 9 月，美国提出了"战略矿产倡议"，表示将为参与国提供矿业知识和资金支持，推广"负责任采矿"的国际标准。特朗普曾异想天开地提出"购买格陵兰岛"，英国《金融时报》指出其一大动机便是占据当地的稀土矿藏。拜登政府对这一议题的重视有增无减，2021 年 2 月 24 日，拜登要求美国政府针对涉及稀土资源、大容量电池的产业链进行审查，指出目前供应链被"已经或可能不友好、不稳定的国家把持"，"应与理念相近的盟友与伙伴一同在具有韧性的供应链上紧密合作"。3 月，美日澳印四国首脑在线上磋商，四国提出将共享稀土生产技术和开发资金，还将联手制定国际规则，以政治阵营搭建产业阵营的意图不言而喻。从目前的政策文件看，美国希望重点加强与加拿大、澳大利亚、丹麦、芬兰等西方盟友的合作，不仅因为这些国家具有资源优势或邻近区位优势，还由于它们具备或能迅速形成加工矿产的产业能力，能够规避一些发展中国家缺乏工业基础而导致的投资风险。

追求碳中和是人类社会应对气候危机的集体行动，尽管其具有化解传统矛盾、缓解国家对能源枯竭的担忧、加速区域经济一体化等积极效应，但也会引发新形势下的资源竞逐和规则对冲，从新的方面对国家安全构成挑战。我国应着力提高能源安全保障能力和风险管控能力，促进气候治理与能源治理深度对接，将气候监控预测与能源规划运行相结合，提升不同能源设施在极端条件下的耐受能力、复原能力，重视新能源设施的数字安全和矿产资源需求，确保能源系统安全稳定运行和可靠供应。

参 考 文 献

1　安学民、孙华东等:《美国得州 "2.15" 停电事件分析及启示》,《中国电机工程学报》2021 年第 10 期。

2　李俊峰、李广:《碳中和——中国发展转变的机遇与挑战》,《环境与可持续发展》2021 年第 1 期。

3　IEA, Hydropower Special Market Report 2021, June 30, 2021, https://www.iea.org/reports/hydropower-special-market-report.

4　《全球水电开发进入深水区,抽水蓄能成新增长点》,腾讯新闻,2021 年 11 月 2 日,https://new.qq.com/omn/20211104/ 20211104A07W0200.html。

5　程春田:《碳中和下的水电角色重塑及其关键问题》,《电力系统自动化》2021 年第 16 期。

6　《干旱导致水力发电减少全球清洁能源面临风险》,路透新闻网,2021 年 8 月 13 日,https://cn.reuters.com/article/global-drought-clean-energy-risk-0813-idCNKBS2FE0V6。

7　《"电荒" 引发有色企业大范围停产》,一财网,2010 年 4 月 7 日,https://www.yicai.com/news/333692.html。

8　IRENA, World Adds Record New Renewable Energy Capacity in 2020, April 5, 2021, https://www.irena.org/newsroom/pressreleases/2021/Apr/World-Adds-Record-New-Renewable-Energy-Capacity-in-2020.

9　IRENA, World Energy Transitions Outlook: 1.5°C Pathway, June 2021, https://www.irena.org/publications/2021/Jun/World-Energy-Transitions-Outlook.

10　The U.K. went all in on wind power. Here's what happens when it stops blowing, Fortune Daily, September 16, 2021, https://fortune.com/2021/09/16/the-u-k-went-all-in-on-wind-power-never-imaging-it-wouldone-day-stop-blowing/.

11 《全球变暖，北半球风力会减弱？》，新华网，2018 年 1 月 10 日，http://www.xinhuanet.com/science/2018-01/10/c_136884386.htm。

12 《印度太阳能装置面临供水不足》，北极星太阳能光伏网，2018 年 10 月 15 日，https://guangfu.bjx.com.cn/news/20181015/ 933774.shtml。

13 张锐、寇静娜：《全球清洁能源治理的兴起：主体与议题》，《经济社会体制比较》2020 年第 2 期。

14 《河南举行全省防汛救灾新闻发布会》，国务院新闻办公室网站，2021 年 7 月 24 日，http://www.scio.gov.cn/xwfbh/gssxwfbh/ xwfbh/henan/Document/1709900/1709900.htm。

15 W. Matt Jolly, Mark A. Cochrane, Patrick H. Freeborn, et al., Climate-induced variations in global wildfire danger from 1979 to 2013, Nature Communications 6, Volume 7537, 2014.

16 天地和兴研究院：《2020 年电力行业典型网络攻击事件》，国际电力网，2020 年 12 月 31 日，https://mpower.in-en.com/html/power-2381794.shtml。

17 Kalev Leetaru, Could Venezuela's Power Outage Really Be A Cyber Attack?, March 9, 2019, https://www.forbes.com/sites/kalevleetaru/ 2019/03/09/could-venezuelas-power-outage-really-be-a-cyber-attack/?sh=5c10b319607c.

18 《全年境外恶意网络攻击超 200 万次：防御高危攻击亟需撒手锏》，《半月谈（内部版）》2021 年第 10 期。

19 世界气象组织：《重要的热带气旋》，2021 年 1 月，https://public.wmo.int/zh-hans/%E9%87%8D%E8%A6%81%E7% 9A%84%E7%83%AD%E5%B8% A6%E6%B0%94%E6%97%8B。

20 王林：《飓风来袭重创美国油气行业》，《中国能源报》2021 年 9 月 6

日 08 版。

21　前瞻产业研究院:《全球钴矿资源储量、供给及应用》,2019 年 11 月 8 日,https://www.qianzhan.com/analyst/detail/220/191107-17bf520c.html。

22　吴永芳:《稀土板块震荡走高缅甸局势动荡或影响稀土供给》,2020 年 3 月30 日, https://wap.stcn.com/zqsbapp/tj/202103/t2021330_2972948.html。

23　World Bank, The Growing Role of Minerals and Metals for a Low Carbon Future, June 30, 2017, https://documents.worldbank.org/n/publication/documents-reports/documentdetail/207371500386458722/the-growing-role-of-minerals-and-metals-for-a-low-carbon-future.

24　Alves Patricia, Blagoeva Darina, Pavel Claudiu, et al., Cobalt: Demand-supply Balances in the Transition to Electric Mobility, EU Commission Website, July 26, 2019, https://ec.europa.eu/jrc/en/publication/eur-scientific-and-technical-research-reports/cobalt-demand-supply-balances-transition-electric-mobility.

25　European Commission, Critical Raw Materials Resilience: Charting a Path towards greater Security and Sustainability, September 3, 2020, https://ec.europa.eu/docsroom/documents/42849.

26　张锐、相均泳:《“碳中和”与世界地缘政治重构》,《国际展望》2021 年第 4 期。

第九章

流动的权力冲突

2021 年美国情报委员会（NIC）发布《气候变化与美国国家安全 2040》报告认为，随着气温上升和极端降雨的影响，将加剧地表和地下水资源的分布失衡，进而导致全球范围内针对水资源的冲突风险持续上升。由于印度河高度依赖冰川融水，巴基斯坦利用印度河水资源支撑其农业灌溉，为满足防洪等需要，巴基斯坦未来对印度水文数据诉求进一步增大，将加剧两国地缘政治矛盾；湄公河流域的大坝争议正在发酵，下游国家对上游国家在农业、渔业、水利工程等领域的争议在上升。更为严重的是，受海平面上升影响，很多地下含水层正在被盐碱化侵蚀，潜藏巨大水资源冲突风险；"尼罗河流域倡议"等流域水资源管理机构将越来越被边缘化，随着气候变化导致流域水资源量的减少，流域水资源管理机构在预防水冲突风险方面将更加乏力和僵化。美国情报委员会预测，中国南北水资源不平衡将进一步加剧，直接威胁中国东北地区的农业灌溉，并加剧中国与周边国家围绕跨境水资源的纷争。

美国战略家界和情报界之所以高度关注气候变化中的水安全问题，是因为在地球系统的四大关键构成要素（水、能源、食物和气候）中，水发挥着核心纽带作用。气候变化成为水危机的"强催化剂"，水危机将触发粮食危机、能源危机、社会危机和地缘政治冲突。联合国《世界水发展报告》警示，气候变化将影响满足人类基本需求的水的供给、质量和体量，从而损害数十亿人享有安全饮用水和卫生设施的基本权利，气候变化对水循环的改变还将给能源生产、粮食安全、人类健康、经济发展和减贫带来风险，从而严重危及联合国可持续发展目标的实现。

《水、和平与战争》的作者布拉马·切拉尼（Brahma Chellaney）曾说："淡水日益短缺，全球近三分之二

的人口生活在缺水条件下。"淡水供应日益短缺和海平
面上升的风险导致大规模移民的发生，水资源冲突威胁
越来越大。除气候变化的影响外，水资源本身属性决定
了水冲突与地缘政治的强相关性。从全球视角来看，水
资源总量无法随着人口增长的需求而"增产"，水资源

不具有跨洲际大规模转运特性，无法同石油、天然气、煤炭、粮食等资源一样参与全球贸易运输，且水资源流域特性兼具国家主权和跨境权益共享等属性。更为特别的是，每个国家的水资源循环都是全球水循环系统的组成部分，这就决定了水资源在时空分布上的不确定性，再加上气候变化的影响，水资源风险的不确定性特征将更加凸显。

气候与水圈循环

水资源安全风险的最大不确定性来源于地球水循环系统（水圈循环），水圈系统与气候系统又构成系统耦合效应。因此，要在不确定性中认识水安全风险的规律，首先要认识气候变化如何影响水圈系统的循环。

水圈是由液态的地表水和地下水构成，包括海洋、湖泊、河流及岩层中的水等，海洋和陆地水通过蒸发和蒸散，以水汽的形式进入大气圈，海洋中的水汽经大气环流输送到大陆上空、凝结后以降水形式降落到地面，部分被生物吸收，部分下渗为地下水，部分成为地表径流。水在循环过程中不断释放或吸收能量，是气候系统各大圈层间能量和物质交换的主要载体，并为地球的其他系统运行提供必需的水源。

要让地球水圈系统进行有序循环就必须提供驱动"引擎"，事实上驱动水文循环的能量来源于太阳能对地球的辐射。太阳能辐射到地球能量的 25%—50% 用于蒸发，将水从液体变成气体，其余太阳能驱动海洋环流和大气环流。当大气中的温室气体含量增高后，地球表面多余热量就会增强水文循环过程，水文循环的加剧又导致极端气候事件的发生。世界气象组织（WMO）监测认为，在过去50年发生的灾害中，与水相关的危害占主导地位。因此，温室效应改变了驱动地球水循环系统的动力基础，水循环的变化直接影响降水的时空分布。

1961—2019年，中国平均年降水日数呈显著减少趋势，但年累计暴雨日数（日降水量大于50mm）呈增加趋势；中国八大区域年降水量变化趋势差异显著，青藏高原地区年降水量呈显著增多趋势，平均每10年增加10.4mm，西南地区年降水量总体呈减少趋势。21世纪初以来，西北、东北和华北地区年降水量波动上升，东北和华东地区降水量年际波动幅度增大。全国年降水整体呈现西北和东南增加，华北向西南一带减少的格局。

降水量的时空差异直接影响地表水和地下水资源量。根据国家气象局监测，1961—2019年中国地表水资源量年际变化明显，20世纪90年代中国地表水资源量以偏多为主，但2003—2013年水资源量总体偏少。全国七大流域年径流量呈下降趋势，其中松花江中游、辽河、海河、黄河中游等北方河流年径流下降趋势显著，特别是在枯水季节，海河流域以及黄河中游径流下降显著。根据《2020年中国水资源公报》，2020年海河区和东南诸河区地表水资源量比多年平均水平显著偏少，其中河北、北京2个省（直辖市）分别偏少50%以上。

湖泊水位是反映区域生态气候和水循环的重要监测指标，

1961—2004年青海湖水位呈显著下降趋势，平均每10年下降76mm，从2004年开始，受流域气候变化影响，青海湖入湖径流量增加，青海湖水位止跌回升。地下水水资源量也受气候变化影响显著，2005—2019年，河西走廊敦煌与武威中部绿洲区地下水位先下降后上升，武威东部荒漠区地下水水位呈现明显下降趋势，江汉平原地下水埋深呈缓慢下降态势。综合来看，受气候变化等因素影响，中国降水和水资源量都受到影响，特别是生态脆弱区、主要产粮区和重点城市群地区的水资源风险正在上升。

气候变化对水圈循环的影响将加剧全球水资源安全问题，水资源压力在整个社会和经济中产生涟漪效应。世界资源研究所发现，占全世界1/4人口的17个国家面临"极高"风险的缺水压力，其中有12个国家位于中东和北非，占世界1/3的44个国家面临"高"风险。世界银行研究发现，南亚地区因气候相关的水资源短缺可能遭受最大的预期经济损失，到2050年预计损失将占GDP的6%—14%。除河流、湖泊和溪流外，印度的地下水资源严重透支，1990—2014年，印度北部含水层的地下水位以每年超过80mm的速度下降。

具有水资源禀赋的国家在气候变化的影响下也面临相同遭遇。巴西拥有世界上最多的淡水，仅在亚马孙河中流动的水量的2/3就可以满足世界的需求，然而巴西大部分地区仍面临干旱问题。原因是被称为"飞河"的热带雨林树木蒸腾引起的大气通量为巴西中南部地区输送了大量水分，但由于亚马孙雨林的火灾和砍伐导致雨林加速消亡，并改变了巴西中南部地区的水文气候条件，导致从热带雨林向巴西中南部输送的水分减少。巴西在2014年和2015年陷入严重的水资源短缺，未来巴西最干旱和最贫困的地区将会从东北部向东南部迁移，随着持续时间更长、更频繁和更严重的干旱发生，巴西将出现大规模的气候移民，大规模的气候迁移可能会导致巴西主要城市的水资源风险上升，以及失业和贫困加剧导致新的社会安全问题。

印度和巴西遭遇的水危机表明，气候变化引起水圈循环系统的变化对全球各国均带来不同程度的影响，水危机的爆发并不因水资源禀赋多寡而有所侧重，水危机也会引发粮食危机、能源危机和社会危机的多重反馈和风险联动。

"亚洲水塔"的命运

2008年7月24日，英国《自然》刊登了一篇题为《中国：第三极》（China：The Third Pole）的新闻报道，详细报道了气候变化对青藏高原的影响和相关研究，吸引了全世界更多的目光。

从地理教科书中，我们已熟知被誉为"世界屋脊"的青藏高原拥有众多高耸纵横的山脉，南有喜马拉雅山，北有祁连山，东有横断山、巴颜喀拉山、阿尼玛卿山，西有昆仑山、喀喇昆仑山及阿尔金山。从地球上冰川蕴藏量和海拔等角度看，以青藏高原和喜马拉雅山脉为中心的高山地区拥有地球上除南北极之外最大的冰储量和超过 46000 条冰川及广袤的冻土，因此也被称为"第三极"。同时，这一地区也是亚洲十大主要河流的发源地，滋养着长江、黄河、印度河、塔里木河、阿姆河、锡尔河、雅鲁藏布江—布拉马普特拉河、怒江—萨尔温江、澜沧江—湄公河等河流系统，因此亦有"亚洲水塔"之称。

"第三极"地区和南极、北极一样是地球系统中受气候变化最为敏感和脆弱的区域之一。"第三极"地区升温速率是全球平均升温水平的 2—3 倍，如果全球气温的升幅超过 $2℃$，"亚洲水塔"的气温可能会剧增 $4℃$。

除常规温室气体作用外，化石燃料和生物质燃烧产生了大量的黑炭，黑炭随降雪沉降，降低了冰川对太阳辐射的反射能力，导致雪冰消融速率增加，如同给冰川穿了一件吸热的"黑衣"。一旦黑炭降落在喜马拉雅冰川，它们就会使冰雪的颜色变暗，从而增强其吸收热量的能力，使其温度升高。由于南亚地区工业排放黑炭污染物和全球温室效应，"第三极"周边大气每 10 年被加热 $0.25℃$。未来，南亚国家工业排放的黑炭和农业残留物（DDT）将加速冰雪融化和地区大气升温。

青藏高原气候受西风环流和印度季风的共同影响。印度季风控制着青藏高原南部地区，高原北部则受西风带控制，其物质输送来源于欧洲及中亚等内陆地区。虽然青藏高原自身的污染排放非常有限，但其周边是人口聚集、污染物使用量大及使用时间长的国家。周边国家和地区排放的污染物随着大气环流而被输送到青藏高原。

常规温室气体和周边地区污染物进一步加剧了冰雪融化，"第三极"冰雪融化将增加，2000 年以来喜马拉雅地区冰川融化速度达到 1975—2000 年期间的 2 倍。过去 100 多年中青藏高原冰川面积已缩小 30%，过去 50 年，青藏高原及其相邻地区的冰川面积由 5.3 万平方千米缩减至 4.5 万平方千米，退缩了 15%。过去 30 年，青藏高原冰川年均减少 131 平方千米，预计在 21 世纪末前约 1/3 的喜马拉雅冰川将消融。高原多年冻土面积也由 150 万平方千米缩减为 126 万平方千米，减少了 16%。

喜马拉雅冰川融水径流量占我国冰川融水径流总量的 12.7%，冰川消融使青藏高原主要江河径流量出现不稳定变化，短期内增加了几大河流的水量。随着冰川的持续消融，冰川融水将锐减，以冰川融水补给为主河流特别是中小支流，将会面临逐渐干涸的风险。随着区域气温不断升高，依靠冰川补给的湖泊将出现淡化，依靠降水径流补给的湖泊也会出现退缩、咸化乃至消亡。

"亚洲水塔"的水量多寡除受冰川融雪影响外，还受到季风影响。青藏高原隆升改变了大气环流，使横扫欧亚大陆的西风环流分为南北两支：北支环流与来自极地的寒冷气流加强了北方西部地区干旱化；而南支环流在印度洋暖湿气流的作用下逐渐减弱，避免了出现干旱和荒漠景象。青藏高原夏季温度升幅要高于印度洋温度升幅，形成压力梯度产生印度季风。但由于"第三极"地区冰雪量减少，这种压力梯度也正随之改变，导致暴风雪增加，南部地区干旱事件增加。因此，可以看出"第三极"的变化牵动着整个北半球甚至全球的大气环流。尼泊尔国际山地研究中心主任安德烈·希尔德将青藏高原形象地比作"地球的触角"，气候变暖会加剧青藏高原水汽蒸发，从而进一步加速全球变暖，可谓"牵一发而动全身"。

青藏高原是影响中国极端天气和气候事件的关键区之一，它像一个伸入对流层中层的加热器，当它的温度升高，向大气输送的热量就变大，从而对大气环流产生更大影响。在高原热源影响下东亚冬季风减弱，低层偏南气流加强，大气稳定性也随之增强，导致我国中、东部冬季霾的频繁发生。当春季热感偏强时，夏季长江流域降水增加，华南、华北及东北部降水减少。

"亚洲水塔"是全球最重要、最脆弱、风险最大的"水塔"，预计2060—2070年，气候变暖将会导致"亚洲水塔"地区更大规模的冰川退却。冰川消减后，以季节性冰川融水补给为主的河流能够提供的淡水量也会随之减少。

印度河约有 80％的水来自"第三极"融雪和冰川融化，冰川消退、融雪及永久冻土融化将给其带来更加严峻的影响。因为水资源时空分布发生了变化，特别是枯水期的基本流量减少，导致地区地缘政治的紧张。印巴两国围绕巴格利哈大坝争端激烈，巴基斯坦称印度严重违反了《印度河条约》(IWT) 规定，在杰纳布河（Kishanganga 项目）和切纳布河（巴格利哈尔项目）上建设水电工程项目，给下游巴基斯坦农田灌溉造成严重影响；而巴基斯坦在巴属克什米尔地区兴建邦吉水坝的活动也遭到印度抗议。尽管印度和巴基斯坦之间签署过《印度河条约》，但印度指责世界银行遵循了与《印度河条约》不一致的程序，并威胁要破坏该条约。而巴基斯坦还要求美国政府进行干预，并在中巴经济走廊（CPEC）协议中增加了水安全部分。印巴两国围绕水资源的争夺导致冲突风险在不断上升。

同样处境的河流条约还有印度和孟加拉国，两国于 1996 年签署了《印孟恒河水分享条约》，随着气候变化影响在干旱季节水资源变得更加稀缺，孟加拉国 90％的水资源来自跨界河流，《印孟恒河水分享条约》将于 2026 年到期。南亚地区因为气候变化和水资源等问题引发的矛盾将进一步增加，政治局势日趋动荡。

印巴、印孟的水资源矛盾只是"冰山一角"，气候变化下的"第三极"将影响亚太地区数百万人的生存、安全和发展，"第三极"不仅具有生态上的特殊战略地位，是中国乃至东半球气候的

"启动器"和"调节器",其生态状况直接关系到青藏高原地区乃至国家的生态安全,而且还具有地理、国土安全、社会稳定方面的特殊战略地位。

湄公河上的星条旗

澜沧江—湄公河是连接中国和中南半岛的跨国水系,河流全长 4880 千米,从中国云南出境后称为"湄公河",湄公河水流量的 35% 在老挝境内,19% 在柬埔寨境内,17% 在泰国境内,8%

< 湄公河上的居民

在越南境内，是中南半岛最重要的黄金水道。

澜沧江—湄公河地区（以下简称"澜湄地区"）是受气候变化影响的脆弱地带，气候变化直接影响了澜湄地区的干旱、洪涝、河口海水入侵和海水倒灌，并引发了自然生态灾害的级联风险，导致地区内一些国家粮食短缺、渔业受损并面临生态安全威胁。2010年，澜湄地区遭遇严重旱灾，地区国家的农业灌溉、工业生产、渔业养殖、水力发电和航运受到严重影响，当年中国云南省也遭遇了60年不遇的特大旱灾。澜沧江—湄公河流域主要受季风环流控制，气候变化对流域季风的影响是最主要原因。根据云南省气象局监测，自2009年6月以来赤道中东太平洋地区出现了明显的暖海温异常形成"厄尔尼诺"事件，抑制了中南半岛到西印度洋的对流活动，不利于孟加拉湾和中南半岛暖湿气团活动，从而造成输送至云南的水汽偏弱，大气环流的异常造成云南2009—2010年秋冬春连旱。2010年1—3月，澜沧江干流来水量比历史同期偏少27%，其中2月平均来水量为历史同期最小值。

从科学的气象监测可以看出，澜湄流域的干旱主要驱动因素是气候变化导致的自然灾害，但这一自然灾害被西方国家所利用，成为舆论攻击和抹黑他国的新热点，美国、日本等国的媒体、智库和NGO制造和渲染"中国大坝威胁论"等论调，并借机持续炒作。2019年，由于气候变化、"厄尔尼诺"现象导致洞里萨河流量的时空错位，洞里萨湖渔业受到了影响，域外势力策动国际环保组织再次炒作中国上游水电工程和"一带一路"基建项目。湄公河水问题正在成为影响中国周边安全环境的政治与安全议题。

2020年9月15日，美国国务院发布名为"湄公河—美国伙伴关系（MUSP）"声明指出，湄公河地区是美国"印太战略"以及美国与东盟国家战略伙伴关系不可分割的部分。"湄公河—美国伙伴关系"是"湄公河下游倡议"的升级和扩展版，目标是加强水安全和湄公河委员会的工作，并通过亚洲EDGE（通过能源促进发展和增长）、日美湄公河电力伙伴关系（JUMMP）和日美战略能源伙伴关系（JUSEP）增加对地区能源安全和电力部门发展的战略介入，还与日本、澳大利亚、韩国、印度炮制"中国水威胁论"，并要求中国共享水资源数据。

"湄公河—美国伙伴关系"是美国对湄公河流域以东盟为中心的架构和美国"印太战略"的组成部分，"湄公河—美国伙伴关系"包括美国、柬埔寨、老挝、缅甸、泰国和越南，除美国和湄公河国家外，还包括澳大利亚、欧盟、日本、韩国、新西兰、亚洲开发银行、世界银行和湄公河委员会秘书处。"湄公河—美国伙伴关系"目标是笼络湄公河国家政府、非政府组织、民间社会组织、学术界、商界等多领域，是美国在东南亚推进地缘政治和"印太战略"的重要切入点。

为了夯实在东南亚的"印太战略"部署，美国拜登政府上台后加大了"湄公河—美国伙伴关系"的经营力度。2021 年 6 月 30 日，美国东亚和太平洋事务局高级官员莫伊（Kin W. Moy）与柬埔寨共同举办了首届"湄公河—美国伙伴关系"高级官员年度会议，莫伊强调，美国致力于建设一个安全、繁荣和开放的湄公河次区域。2021 年 8 月 5 日，美国国务卿布林肯强调湄公河流域对东盟繁荣的重要性以及东盟印太展望中的原则。2021 年 9 月 15 日，第一次"湄公河—美国伙伴关系"框架内 1.5 轨政策对话召开，会议重点关注跨界水治理和流域规划技术解决方案，提出"平等"数据访问是跨界水管理有效协调与合作的必要组成部分，呼吁湄公河流域拥有大坝的所有国家都必须参与信息共享进程，并提议要建立一个包括非政府利益相关者参与的多利益攸关方参与的流域组织（RBO），以提升参与湄公河流域水—能源—粮食关系等事项的话语权。

在"湄公河—美国伙伴关系"、美国国务院、美国奇诺谢内加基金会的支持下，由史汀生中心的东南亚项目和地球之眼公司组成的合作伙伴关系，于 2020 年发起了"湄公河大坝监测项目"，该项目借助高分辨率卫星图像每周更新澜沧江—湄公河干流上所有已建成大坝和水库运行情况，监控流域水库水位和水库运行曲线，对澜沧江—湄公河干流和主要支流大坝运行和下游水文影响（水文流量改变）进行持续、循证监测，特别是对澜沧江中国梯级大坝运行情况进行每周可视化报告与分析，并展示澜沧江—湄公河流域水电开发前后的卫星遥感影像的历史对比，不断炮制"湄公河筑坝触发生态临界点"等伪科学舆论热点。

美国等国不断炒作湄公河问题有着清晰的战略目的。澜湄水资源问题的安全化本质上是大国在澜湄地区复杂的地缘政治环境下竞争地区主导权、域外国家寻求地缘政治力量平衡的过程，是美国将水资源安全问题作为制衡中国的重要战略手段。从美国国会通过的《美国政府全球水战略》可以看出，跨境水安全合作成为其四大战略目标之一，亚太地区跨境河流众多，在亚太地区推进水安全援助可有效提升美国的地区影响力，而湄公河水安全问题可以发挥"牵一发而动全身"的战略目标。因此，美国在《自由和开放的印度—太平洋共同愿景》中高度关注湄公河问题，反复强调澜湄地区是美国制衡中国的重要区域。

美国拜登政府上台后，国务卿布林肯称美国将继续支持在"湄公河—美国伙伴关系"下建立一个自由开放的湄公河地区；2021年美国国务院召开了"加强跨界河流治理的印度—太平洋会议"，继续在湄公河水数据倡议下推动水数据共享和湄公河大坝监测项目，并在一周内连续召开了"湄公河—美国伙伴关系"部长级会议和湄公河之友部长级会议。事实上，自2016年3月澜沧江—湄公河合作（LMC）框架启动，中国通过澜沧江—湄公河水资源合作信息共享平台，定期更新水文数据确保中国河段河流水文信息高透明度。但随着美国"印太战略"的不断优化升级，美国将持续加大对湄公河流域国家的战略投入，以湄公河水安全强化对中国的战略遏制。

美国积极构建遏制中国的"水安全联盟"。2009年美国发起了"湄公河下游倡议"，包括了柬埔寨、老挝、泰国和越南，缅甸于2012年加入。2011年，美国在"湄公河下游倡议"框架下成立了"湄公河之友"，拉拢了澳大利亚、日本、韩国、新西兰、欧盟、亚洲开发银行和世界银行等，"湄公河之友"主要作用是对流域国家开展援助、开展高级别对话。作为美国的盟友，日美联合建立了"日本—美国—湄公河电力伙伴关系"，韩国与美国建立了"湄公河区域水数据运用平台和能力建设项目"。为了削弱2016年由中国倡议建立的"澜湄合作机制"，美国于2020年9月对"湄公河下游倡议"进行升级，重点将中国排除在流域合作机制之外，只与5个湄公河流域国家进行政策协调，构建遏制中国的"水安全联盟"，并夯实"印太战略"在中南半岛的战略支撑平台。

在国际战略竞争加剧的形势下，气候变化等自然因素触发的澜湄流域水问题的安全化，域外势力的战略介入或将改变区域合作机制与区域安全秩序的稳定，触发新的地缘政治动荡和战略平衡。

水安全问题触发国际争端的主要原因是跨境河流的水权争端与博弈，随着人类社会的发展，传统意义上基于河流水量、水能利用、河流航运等河流资源的基本权益正在不断延展，如河流泥沙、河流生物资源、河流氮磷等营养资源以及河流沿岸陆地与地下水生态等，都成为河流沿岸人类生活的重要依赖。因此，以传统概念下界定的"水权"来划分跨境河流利用权益将导致更加复杂的水安全矛盾和冲突。再加上气候变化的影响，全球淡水资源分布正在发生复杂变化，预防和管理跨境流域的水安全风险需要寻找新的理念指引，以突破现有基于地缘政治和权力博弈的固有思维定势，寻求流域治理的共同安全和合作共赢。

习近平总书记从生态文明建设的整体视野提出了"山水林田湖草是生命共同体"的理念，河流上下游的人与自然共同构成河流生态系统的整体。山水相连、命运与共。要避免水冲突，就需要流域内国家秉持协商一致、平等相待、相互协商和协调、自愿参与、共建、共享的原则，共同构建人与自然生命共同体。

中国以负责任大国的实际行动践行人与自然生命共同体理念。从 2020 年开始，中国积极与湄公河等流域沿线国家分享水文信息，共建水资源合作信息共享平台，定期举办水资源合作部长级会议和水资源合作论坛，实施大坝安全、洪水预警等合作项目，提升流域综合治理和水资源管理能力，携手合作应对气候变化和水安全问题。应对气候变化下水安全等系统性风险，需秉持共同、综合、合作、可持续的全球安全观，加强和流域内国家的区域安全合作，以系统思维完善流域水安全治理机制，在区域内共同构建普遍安全的人类命运共同体。

参 考 文 献

1   NIC, National Intelligence Estimate on Climate Change, October 21, 2021, https://www.dni.gov/index. php/newsroom/reports-publications/reports-publications-2021/ item/2253-national-intelligence-estimate-on-climate-change.

2   [巴] 布拉加等：《水与人类的未来：重新审视水安全》，长江出版社 2015 年版。

3   UN: United Nations World Water Development Report 2020, https://www. unwater.org/publications/world-water-development-report-2020/.

4   FT: The threat of conflict over water is growing, https://www.ft.com/content/b29578f1-c05f-4374-bbb4-68485ef6dbf7.

5   中国气象局气候变化中心：《中国气候变化蓝皮书 2020》，科学出版社 2020 年版。

6   IPCC：2007 气候变化报告。

7   WMO: Water-related hazards dominate disasters in the past 50 years, https:// public.wmo.int/en/media/press-release/ water-related-hazards-dominate-disasters-past-50-years.

8   中国气象局气候变化中心：《中国气候变化蓝皮书 2020》，科学出版社 2020 年版。

9   舒章康、张建云、金君良等：《1961—2018 年中国主要江河枯季径流演变特征与成因》，《气候变化研究进展》2021 年第 3 期。

10   水利部：《2020 年中国水资源公报》，http://www.mwr.gov.cn/sj/tjgb/szygb/ 202107/P020210712355794160191. pdf。

11   朱立平等：《"亚洲水塔"的近期湖泊变化及气候响应：进展、问题与展望》，《科学通报》2019 年第 27 期。

12   李林等：《1960—2009 年青海湖水位

波动的气候成因探讨及其未来趋势预测》，《自然资源学报》2011 年第 9 期。

13　WRI, 17 Countries, Home to One-Quarter of the World's Population, Face Extremely High Water Stress, https://www.wri.org/insights/17-countries-home-one-quarter-worlds-population-face-extremely-high-water-stress.

14　Augusto Getirana, Brazil is in water crisis-it needs a drought plan, Nature, December 8, 2021, https://www.nature.com/articles/d41586-021-03625-w.

15　Jane Qiu, China: The third pole, July 1, 2008, Nature, https://www.nature.com/news/2008/080723/full/454393a.html.

16　《三极地区升温速率为全球平均水平 2—3 倍》，《科技日报》2019 年 12 月 17 日，http://www.ccchina.org.cn/Detail.aspx?newsId=72830&Tld=62。

17　TPE, Asian water towers are world's most important and most threatened, December 10, 2019, http://www.tpe.ac.cn/highlights/201912/t20191210_227482.html.

18　Zhaofu Hu, Shichang Kang, Xiaofei Li, Chaoliu Li, Mika Sillanpää, Relative contribution of mineral dust versus black carbon to Third Pole glacier melting, Atmospheric Environment, February 2020.

19　Wang, X., Ren, J., Gong, P., Wang, C., Xue, Y., Yao, T., and Lohmann, R., Spatial distribution of the persistent organic pollutants across the Tibetan Plateau and its linkage with the climate systems: A 5-year air monitoring study, Atmosphere Chemistry and Physics, June 6,2016, https://doi.org/10.5194/acp-16-6901-2016.

20　J. M. Maurer, J. M. Schaefer, S. Rupper and A. Corley, Acceleration of ice loss across the Himalayas over the past 40 years, Science Advances, June 19, 2019, https://www.science.org/doi/10.1126/sciadv.aav7266.

21　Tandong Yaoa,et al, Third Pole Environment (TPE), Environmental Development, July 2012, https://doi.org/10.1016/j.envdev.2012.04.002.

22　Fan Zhang, Water availability on the Third Pole: A review, Water Security, August 2019.

23　Qinglong You, et.al., Review of snow cover variation over the Tibetan Plateau and its influence on the broad climate system, Earth-Science Reviews, February 2020, https://doi.org/10.1016/j.earscirev.2019.103043.

24　《"亚洲水塔"失衡世界屋脊青藏高原正变暖变湿》,《科技日报》2018 年 9 月 7 日,http://www.ccchina.org.cn/Detail.aspx?newsId=70718&Tid=57。

25　Immerzeel, W.W., Lutz, A.F., Andrade, M. et al., Importance and vulnerability of the world's water towers, Nature, December 9,2019, https://doi.org/10.1038/s41586-019-1822-y.

26　在世界银行的推动下,《印度河条约》(IWT)于 1960 年签署,被认为是世界上最成功的水资源共享协议之一。

27　Claudia Ringler, Joachim von Braun, Mark W. Rosegran, Water Policy Analysis for the Mekong River Basin, Water International, 2004.

28　Jonathan Robert Thompson,et al., Climate Change Uncertainty in Environmental Flows for the Mekong River, Hydrological Sciences, 2014.

29　李斌等:《澜沧江流域干旱变化的时空特征》,《农业工程学报》2011 年第 5 期。

30　Miranda Leitsinger, Drought Grips Parts of China, Southeast Asia Amid Dam Concerns, http://edition.cnn.com/2010/WORLD/asiapcf/04/06/china.mekong.river.thailand.laos/index.html.

31　Tyler Roney, Mekong dams destroy Tonle Sap Lake, https://www.thethirdpole.net/en/regional-cooperation/mekong-dams-destroy-tonle-sap-lake/.

32　Michael R.P., The Mekong-U.S. Partnership: The Mekong Region Deserves Good Partners, September 14, 2020, https://kh.usembassy.gov/the-mekong-u-s-partnership-the-mekong-region-deserves-good-partners/.

33　Mekong-U.S. Partnership Senior Officials' Meeting, June 30, 2021, https://www.state.gov/mekong-u-s-partner-ship-senior-officials-meeting/.

34　The Stimson Center, 1st Mekong-US Partnership Track 1.5 Policy Dialogue, September 15, 2021, https://www.stimson.org/2021/1st-mekong-us-partnership-track-1-5-policy-dialogue/.

35　The Stimson Center, Mekong Dam Monitor, https://www.stimson.org/project/mekong-dam-monitor/#.

36　李志斐:《中美博弈背景下的澜湄水资源安全问题研究》,《世界经济与政治》2021 年第 10 期。

37　李志斐:《美国对亚太地区水援助分析及启示》,《太平洋学报》2019 年第 4 期。

38　US Bureau of East Asian and Pacific Affairs, A Free and Open Indo-Pacific: Advancing a Shared Vision, November 3, 2019, https://www.state.gov/a-free-and-open-indo-pacific-advancing-a-shared-vision/.

39　US Department of States, Secretary Blinken's Meeting with ASEAN Foreign

流动的权力冲突

Ministers and the ASEAN Secretary General, July 13, 2021, https://www. state.gov/secretary-blinkens-meeting-with-asean-foreign-ministers-and-the-asean-secretary-general/.

40 US Department of States, Opening Remarks at the Indo-Pacific Conference on Strengthening Trans-boundary River Governance,February 25, 2021, https://www.state.gov/opening-remarks-at-the-indo-pacific-conference-on-strengthening-transboundary-river-governance/.

41 Telephonic News Conference with Kin W. Moy, Senior Bureau Official for the Bureau of East Asian and Pacific Affairs, and Melissa A. Brown, Chargé d' Affaires at the U.S. Mission to ASEAN, August 9, 2021, https://www.state. gov/telephonic-news-conference-with-kin-w-moy-senior-bureau-official-for-the-bureau-of-east-asian-and-pacific-affairs-and-melissa-a-brown-charge-daffaires-at-the-u-s-mission-to-asean/.

42 Rodell, M., Famiglietti, J.S., Wiese, D.N. et al., Emerging trends in global freshwater availability. Nature.

43 习近平:《推动我国生态文明建设迈上新台阶》, http://jhsjk.people.cn/article/30603656。

44 《李克强在澜沧江一湄公河合作第三次领导人会议上的讲话》, 新华网, http://www.xinhuanet.com/2020-08/24/c_1126407739.htm。

45 《习近平在中央政治局第二十六次集体学习时强调, 坚持系统思维构建大安全格局, 为建设社会主义现代化国家提供坚强保障》, 求是网, http://www.qstheory.cn/yaowen/2020-12/12/c_1126852764.htm。

10

第十章

从金本位到
碳本位

气候问题不仅是温室气体减排、控制升温、应对极端天气和灾害的技术问题，还是资源配置的经济问题。各国通过建立完善有效的市场机制，引导资源向绿色低碳领域倾斜，这已成为应对气候变化的有力举措之一。更重要的是，越来越多的人开始展开碳货币本位的系统设想，二氧化碳等温室气体排放权可能继黄金、白银、美元之后，成为一种全新的国际货币基础。气候变化就是真金白银的时代开始了。

这一切始于1997年的《京都议定书》。当时，为遏制气候变暖趋势，《联合国气候变化框架公约》第三次缔约方大会达成协议，同意"将大气中的温室气体含量稳定在一个适当的水平，进而防止剧烈的气候改变对人类造成伤害"。欧盟给众多企业限定了逐年度的二氧化碳减排指标，但有些企业能超额完成任务，而有的企业则不能完成目标。于是，就需要采用市场化手段，让不能满足减排要求的企业从有富余减排指标的企业购买排放权。二氧化碳排放权从此变成一种可供市场上企业买卖交易的商品。碳排放权交易也可以在国家之间进行。《京都议定书》规定，发达国家可通过三种灵活市场机制来完成其承诺的减排量：一是发达国家之间的排放贸易（Emission Trading, ET）；二是发展中国家与发达国家之间的清洁发展机制（Clean Development Mechanism, CDM）；三是转型国家与发达国家之间的联合履约（Joint Implementation, JI）。《京都议定书》及其确立的三种交易机制将以往免费的大气容量资源物权化，使碳排放权成为一种无形商品，碳本位货币体系开始登上世界经济版图。这意味着在气候变化的大背景下，我们必须对国家财富的内容和表现形式有新的认识。

碳市场："百家争鸣"

自《京都议定书》2005 年生效以来，越来越多的国家和地区开始建立二氧化碳排放权交易机制，也就是碳市场。据国际碳行动伙伴组织报告，截至 2021 年 1 月 31 日，全球共有 24 个运行中的碳市场，另有 8 个碳市场正在计划实施，预计将在未来几年内启动运行。目前，碳市场覆盖了全球 16% 的温室气体排放，全球近 1/3 人口生活在有碳市场的地区。

全球最早建立、目前最成熟的碳市场来自欧盟。欧盟碳排放交易体系（EU-ETS）是欧盟以经济、高效方式减排的关键工具，被誉为其气候变化政策的基石和"旗舰"，涵盖约 45% 的欧盟温室气体排放。但是，欧盟碳市场的探索也并非一帆风顺，曾因机制设计缺陷导致碳价持续不振，此后欧盟对其不断完善升级，2019 年引入市场稳定储备机制（MSR）后碳价稳健上涨，2021 年进入第四交易阶段。2021 年 7 月，欧盟公布 "Fit for 55" 一揽子改革计划，提出将海运业纳入碳交易体系，修订航空排放规则，并为道路运输和建筑供热建立单独的交易体系，进一步完善碳交易体系。英国"脱欧"后，也于 2021 年启动了自己的碳市场，其设计架构与欧盟碳市场基本一致。

尽管美国在气候变化问题上态度反复，也未形成统一的全国碳市场，但部分区域性碳交易市场亦走在前列。最受关注的是加州总量控制与交易计划（California's Cap-and-Trade Program，CCTP）。作为美国环保政策的先行者，加州最早加入了美国《西部气候倡议》（Western Climate Initiative，WCI），并使用WCI框架建立了自己的碳交易体系，2013年实施以来成效显著。2020年世界资源研究所发布的报告显示，2005—2017年加州与能源相关的二氧化碳排放减少了6%，而GDP增长了31%。自2013年推出总量控制与交易体系以来，加州年均GDP增长率达到6.5%，高于美国全国4.5%的年均增长率。尽管加州强劲的经济增长并不能归因于实施总量控制与交易计划，但这些数字至少表明碳市场与经济强劲增长是相容的。除了加州总量控制与交易计划，美国多州都在探索地方层面的碳市场建设，2021年2月，马萨诸塞州、康涅狄格州、罗德岛州和华盛顿特区签署了谅解备忘录，将于2023年建立区域性的交通行业碳市场，即"交通和气候倡议计划"（TCI-P）。

中国碳市场建设虽然起步较晚，但规模大、发展快。2011年以来，中国在多地开展了碳排放权交易试点工作。2021年7月16日，全国统一的碳排放权交易市场正式启动，纳入发电行业重点排放单位2162家，覆盖约45亿吨二氧化碳排放量，是全球规模最大的碳市场。未来碳市场还将覆盖更多行业，机制也将不断完善，帮助企业尽快实现绿色转型，为整个社会的低碳转型奠定坚实基础。

除了欧美、中国已经建立的碳市场，行业性的新兴碳市场也在蓬勃兴起。航空二氧化碳排放全球占比虽然不足 2%，但增长较快，一直备受关注。2016 年 10 月，国际民航组织第 39 届大会通过了国际航空碳抵消和减排计划（CORSIA），建立了第一个全球性行业减排市场机制。该机制拟分三阶段实施，包括试验期（2021—2023 年）、第一阶段（2024—2026 年）及第二阶段（2027—2035 年）。自 2019 年 1 月 1 日起，根据相关规定，全球范围内的航空公司已陆续开始实施自身碳排放监测、报告与核查（MRV）工作，标志着国际民航组织框架下国际航空碳抵消和减排机制正式进入了实施阶段。

覆盖多地、多行业的碳市场实践充分表明，碳排放交易体系是高效减排的最有力工具之一，也是引导资源从高碳行业配置到低碳行业的重要举措。格拉斯哥气候大会（COP26）最终完成了《巴黎协定》有关第六条市场机制细则的遗留问题谈判，各缔约方批准了建立全球碳市场框架的总体规则，当前及未来一段时间将集中力量研究各方碳市场减排量互认互通的具体细则。若这一难题得到解决，全球性碳市场的建立将对世界经济发展产生巨大影响。美国环保协会公布的研究结果显示，在达成《巴黎协定》承诺的前提下，全球范围内的碳排放交易可使其总减排成本降低59%—79%，这意味着在2020—2035年间将节约3000亿—4000亿美元。若将这些通过国际碳排放交易节省的成本重新投资到更多减排项目上，将使2020—2035年间的累计减排量从770亿吨二氧化碳当量（"无交易"的基准情景）上升至1470亿吨二氧化碳当量（充分的全球碳排放交易情景），增幅达91%。未来，全球碳市场发展的前景会更加广阔，碳市场作为温室气体重要减排工具的作用也会日益增强。

但是，当前全球各种碳市场鳞次栉比，也引发一些争议，其中较受关注的是碳价问题。国际货币基金组织指出，目前全球碳排放的平均价格仅为每吨3美元。为了实现将全球升温控制在2℃内目标，就必须将碳价提升至每吨75美元或更高水平。世行也指出，为实现《巴黎协定》的目标，每吨二氧化碳当量的建议价格范围应在40—80美元，但当前达到这一价格的碳市场覆盖面不到全球排放量的5%。如要实现1.5℃温控目标，碳价水平还需要更高。为此，一些学者和机构提出国际社会应通过集体行动，妥善设计碳价下限，并根据历史排放量和发展水平等因素，有区别地让各国承担不同的责任。但也有一些碳价较高或正在不断上涨的国家和地区正在考虑单方面推行碳关税，对来自没有碳交易机制或碳价较低的国家和地区的进口商品收费，这种方式存在巨大争议，可能导致未来全球贸易陷入混乱。

绿色金融：重塑全球产业

气候变化不仅让碳排放权成为商品，还让资金流向低碳减排的绿色产业，这就是绿色金融。1974 年，联邦德国成立世界第一家专注于社会和生态业务的"道德银行"（GLS Bank），被认为是绿色金融的早期探索。1992 年，联合国环境规划署（UNEP）在里约地球峰会上宣布成立"金融倡议"（UNEP FI），督促金融机构可持续发展，并发布《银行界关于环境可持续的声明》。此后，联合国环境规划署、国际金融公司等国际机构大力推动绿色金融发展，致力于在降低环境问题风险的同时，为可持续发展提供融资便利。许多国家和地区采取了一系列措施，如制定绿色经济战略、促进绿色投资、完善相关法律法规等，推动资源从污染和高碳产业流向绿色、低碳领域。

当前，全球绿色金融市场蓬勃发展。以欧盟为例，作为欧洲绿色新政的重要组成部分，欧盟将绿色金融视为实现绿色复苏和转型的重要经络。2020 年 1 月，欧委会提出《欧洲可持续投资计划》，提出未来 10 年动用至少 1 万亿欧元资金，以支持《欧洲绿色协议》的融资计划，其中多项内容涉及引导资金流向绿色领域。一是实施"气候主流化"，要求欧盟所有项目预算的 25% 必须用于应对气候变化。欧委会已提出将塑料包装税和碳排放交易拍卖收入的 20% 划拨给气候计划。二是将至少 30% 的"投资欧洲"基金用于应对气候变化，鼓励成员国开发银行及相关机构全面开展绿色投资。三是将欧洲投资银行（EIB）转型为"欧盟气候银行"，到2025年将其气候融资比重提高到50%，充分发挥"创新和现代化基金"等作用。2020年7月，欧盟通过7500亿欧元的"下一代欧盟"经济复苏计划，其中30%的资金用于气候相关项目，并计划到2026年底发行共计2500亿欧元的主权绿色债券。2021年10月，欧盟成功发行首批120亿欧元的主权绿色债券，超额认购高达10倍以上，获市场热捧。

中国也是推进全球绿色金融发展的主要力量之一。2016年是我国绿色金融发展的一个"大年"。中国人民银行等七部委联合发布《关于构建绿色金融体系的指导意见》，明确了绿色金融的定义："绿色金融是指为支持环境改善、应对气候变化和资源节约高效利用的经济活动，即对环保、节能、清洁能源、绿色交通、绿色建筑等领域的项目投融资、项目运营、风险管理等所提供的金融服务。绿色金融体系是指通过绿色信贷、绿色债券、绿色股票指数和相关产品、绿色发展基金、绿色保险、碳金融等金融工具和相关政策支持经济向绿色化转型的制度安排。"此后，我国绿色金融发展步入快车道。作为国内绿色金融中起步最早、规模最大、发展最成熟的产品，绿色贷款在推动中国社会绿色发展、经济高质量发展进程中发挥重要作用。央行数据显示，2021年上半年，全国本外币绿色贷款余额达13.92万亿元，存量规模世界第一。绿色债券发展亦迅猛，存量规模超 1 万亿元，与美国、法国等共同成为全球主要的绿债市场。在"双碳"目标指导下，中国从政府到金融机构各个层面不断探索创新，碳中和绿色债券、碳中和小微金融债券等创新品种不断面世。未来，绿色金融将逐渐发展成行业主流，成为推动经济增长的新引擎。

国际层面，在可持续发展和应对气候变化的大背景下，绿色金融也成为了各方关注的重点。在中国推动下，2016 年二十国集团峰会首次将绿色金融纳入核心议题。在 2021 年格拉斯哥气候大会上，250 多家金融机构组成格拉斯哥"净零排放"金融联盟（GFANZ），其管理的资产规模达到 80 万亿美元。该联盟深植于联合国气候变化大会提出的"奔向零碳"运动，已经成为金融业可持续发展承诺的黄金标准。相关研究显示，未来 30 年，全球类似的投资需求规模可能会超过 100 万亿美元。该联盟的成立正是为了满足巨大的投资需求，所有大型金融企业都必须决定是否要参与到气候变化的应对方案之中。

发展绿色金融的主要目的是动员和激励更多社会资本从污染、高碳产业转向绿色、低碳领域，同时促进环保、新能源、节能等领域的技术进步，加快培育新的经济增长点，提升经济增长潜力。但在这个"含绿"就是"含金"的时代，绿色金融作为一个新兴领域过急过快发展，也会为国家安全带来风险与挑战。

第一，资源过多过快流入绿色领域对产业结构产生巨大冲击，可能引发金融风险。金融机构和投资者对传统能源领域和高碳产业失去兴趣，导致这些领域的投资"断崖式"下跌，不仅可能使其面临巨大的经营和转型压力，导致产业停滞，还可能将风险传递到金融领域。未来，面对融资成本、排放成本上升等难以解决的问题，传统高碳产业可能出现很高的违约率，导致金融系统承受巨大压力。而资源迅速投入绿色领域，这些新增资产的金融风险也不容忽视。根据国内外主流机构的测算，中国碳达峰、碳中和需要的资金投入规模大概在 150 万亿—300 万亿元人民币之间，相当于年均投资 3.75 万亿—7.5 万亿元人民币，巨量的资金需求背后蕴藏着巨大的投资机会，各类投资风口不断涌现，但也带来潜在的金融风险。特别是绿色产业的发展离不开科技支撑和产业变革，如何促进有效投资、建立良性竞争产业模式，仍需要政府和市场大力探索。

第二，谁来决定什么是真正的绿色，如何避免"洗绿""刷绿"，即以支持应对气候变化为名，拿"绿色"的钱却不干"绿色"的事，这是一个值得深入探究、又充满争议的问题。目前，全球对绿色投资的认定并没有统一标准，主流观点通常将绿色投资视为可持续投资（针对企业的环境、社会责任、治理三方面表现进行评价，即 ESG 投资）的一部分，且对 ESG 的评分方式也存在不一致的情况。随着碳中和概念的兴起，资金正以惊人速度流入那些宣称"绿色"的行业和企业。截至 2021 年 11 月 30

日，当年全球 ESG 基金流入额达到创纪录的 6490 亿美元，高于 2020 年的 5420 亿美元和 2019 年的 2850 亿美元，目前达到全球基金资产的 10%。这其中固然有不少绿色、优质的项目，但也有研究显示，一些标榜为 ESG 基金的持股和风险敞口与传统基金并没有真正区别。为了圈到更多资金，一些企业和机构将项目打造、包装成环境、气候友好型项目，严重降低了绿色资金的效率。美国证券交易委员会曾发出风险警报，要求那些宣称正在进行 ESG 投资的公司需向投资者做出明确解释并言如其行。

为了规范对"绿色项目"的界定，2020 年 6 月，欧盟委员会发布了一套针对可持续经济活动的完整分类方法，并于当年 7 月起正式施行。欧盟分类法定义了 67 项有助于可持续发展的绿色经济活动，涵盖目前全球 93.2% 的温室气体排放，还包括一部分尚未有助于可持续发展，但在未来有绿色发展潜力的支柱性经济活动。中国也发布了 2021 年新版《绿色债券支持项目目录》，首次实现了国内不同监管部门对绿色项目界定标准的统一。只有符合标准的项目才能被称为"绿色项目"，针对这些项目的融资才能被称为绿色融资，极大地规范了绿色金融市场。中欧还积极开展合作，争取共同开发统一的绿色分类标准。2021 年 11 月，由中欧等经济体共同发起的可持续金融国际平台（IPSF）在联合国气候变化大会（COP26）期间召开年会，发布了《可持续金融共同分类目录报告——减缓气候变化》，其中囊括中欧绿色与可持续金融目录所共同认可的、对减缓气候变化有显著贡献的经济活动清单，未来还将进一步扩展完善。

回望近年全球发展进程，新兴产业非理性繁荣引发经济金融风险的例子不胜枚举。绿色金融作为各国可持续发展和绿色转型的重要工具，未来前景广阔、潜力无穷，但正是在这种时候，各方更需要保持冷静判断、理性决策，避免"大干快上"，认真做好风险研究与管控，促进行业有序健康发展，让资源流向那些真正对可持续发展有贡献的产业。

碳关税：冲击贸易格局

碳关税概念的雏形出现在围绕《京都议定书》的博弈中。针对美国退出《京都议定书》的举动，2007 年，时任法国总统希拉克提出对那些不签署《京都议定书》的国家的产品征收碳关税。萨科齐担任法国总统期间也多次重申碳关税的提议，因为当时欧盟碳排放交易机制已经投入运行，欧盟企业面临沉重的执行成本，法国认为碳关税能够避免欧盟企业遭受不公平竞争。2008 年，诺贝尔经济学奖得主克鲁格曼也为碳关税辩护，他声称由于各国气候变化政策力度不同，没有缴纳碳关税的进口产品具有"不公平"的竞争优势，因此气候标准较高的发达国家有权在边境采取贸易措施。他认为碳关税本质就是一种增值税，是政府为矫正市场扭曲、维护公平贸易的一种合理举措，而非保护主义。

经过多年的讨论，随着碳中和概念的兴起和围绕全球减排的博弈加剧，碳关税的正式实施也在部分国家和地区提上了日程。欧盟气候和环境标准较高，自身已建立起较成熟的内部市场，即欧盟碳排放交易系统，这是欧盟推行碳关税的基础，也是碳关税在欧盟合法化的条件。2019年12月，欧盟委员会主席冯德莱恩上任伊始推出《欧洲绿色新政》，为实现减排目标制订了详细的路线图，其中便涉及碳关税，此后碳关税进入欧盟立法快车道。欧盟认为，贸易伙伴宽松的气候政策促使欧洲企业将生产转移出欧盟，从而使欧盟面临所谓"竞争扭曲"和"碳泄漏"风险，通过碳关税可以使进口产品承担与欧盟产品相同的碳成本，从而维护所谓的贸易公平。2021年7月，欧委会提出一揽子环保提案，其中包括从2023年起开始实施的碳边境调节机制（CBAM），经3年过渡期后于2026年起正式征收碳关税，并逐步提高费率。

美国由于尚未建立起全国范围的碳定价体系，在推行碳税问题上不仅面临巨大的两党分歧，在民主党内部也存在异议，还面临利益集团阻挠等问题，对欧盟单方面推进碳边境调节机制的做法也并不认可，但美国仍将碳关税视为重要的政策选项之一。美国财政部长耶伦等经济学家公开支持美国建立碳边境调节机制、征收碳关税以保护竞争力。美国贸易代表办公室2021年3月1

日发布的《2021年贸易政策议程和2020年年度报告》指出，拜登政府将与致力于应对气候变化的盟国和伙伴合作，包括探索和开发减少全球温室气体排放的市场和监管方法，适时考虑碳边境调节机制。2021年7月，继欧盟之后，美国参议院民主党人推出碳关税立法草案，计划征收"污染方进口费"。但与欧盟的制度安排相比，美国的草案仅是一个模糊框架，且缺乏全国范围内的碳定价作为支撑。目前美欧双方正密切沟通设计方案，避免相互征税。英国、日本、加拿大等美国盟友均积极推动相关政策讨论和合作。

碳关税正在成为影响国际贸易环境和发展格局不可忽视的因素，毫无疑问将对全球自由贸易体系产生冲击，争议也在不断发酵。

其一，效果存疑。发达国家声称推行碳关税是为了倒逼其他国家提高气候变化政策力度，从而推进全球气候治理，但这种说法尚未得到有力支撑。国际货币基金组织认为，从全球气候的角度来看，这种碳边境调节机制并不能充分发挥作用，因为贸易中包含的碳一般不到各国总排放量的10%。联合国贸发会议报告指出，尽管欧盟碳边境调节机制在减少碳泄漏方面非常有效，但其在缓解气候变化方面的价值则十分有限，因为该机制只能减少全球0.1%的二氧化碳排放。与其利用该手段倒逼发展中国家脱碳，不如下大力气加快清洁生产技术在发展中国家的推广和吸收，促进更具包容性的贸易体系。

其二，可能与 WTO 原则不相容。WTO 非歧视原则规定，进口商品必须得到不低于同类国内商品的待遇，并且在同类商品之间应不存在基于原产国的歧视，因此原则上不能由于原产国与国内政策的差异而对原产国的同类产品施加关税。但例外条款中又允许在基于气候变化以及自然资源保护情况下采取歧视性措施，发达国家很可能以碳泄漏为出发点，引用此豁免政策。此外，WTO 最惠国待遇要求 WTO 成员给予其他成员同等待遇，而碳关税是针对不同国家实施有差别的关税税率，显然违反这一原则。如果对贸易伙伴和本国或本区域内的企业产生差别性待遇，则与国民待遇原则不相符。未来，若发达国家单方面推行碳关税，不仅将导致新的贸易不平等，扰乱全球贸易秩序，还可能引发各国相互恶意报复，推动新一轮全球性贸易战。

其三，违背"共同但有区别"的气候治理原则，对发展中国家不利。到目前为止，碳关税的主要推手是发达国家，发展中国家普遍在该问题上缺少反制措施和话语权。碳关税表面以保护环境、应对气候变化为目的，但发达国家一旦单方面实施，将导致高碳产品出口国贸易成本的上升，影响各国相关产品出口规模和全球贸易份额，造成不同碳排放强度贸易国的竞争优势变化，加强技术先进国家的优势地位。从长期来看，虽然此举也可能倒逼高碳产品出口国加快贸易低碳转型，加快构建全球绿色贸易体系，但这是以牺牲发展中国家的发展权为代价的。发达国家已经进入后工业化社会，其消费的高碳商品大量来源于发展中国家。迄今，国际碳排放统计数据通常基于生产者原则而非消费者原则。举例而言，中国制造的商品出口到他国，在生产过程中排放的温室气体只算在中国头上，而不需由进口国承担。在全球化的过程中，发达国家将大量生产过程外包出去，中国则逐渐发展成为"世界工厂"。据"德国之声"报道，在 21 世纪头十年，出口商品约占中国排放量的 1/5。现在有越来越多的学者提出，二氧化碳排放的责任不应只由生产者承担，应依据经济使用，由消费者和生产者共同分担。而发达国家却片面地以生产地为原则推出碳关税，从国际分工角度而言对发展中国家也是不公平的。

面对即将到来的变局，无论是主动调整还是被动转变，都意味着各国经济发展格局的迅速变化。发达国家可能推行的碳关税对中国的影响也是众说纷纭。凡事预则立，不预则废。无论如何，我国都应未雨绸缪，加快完善国内碳市场建设，鼓励企业低碳转型，为可能出现的碳关税做好准备。

碳货币："超主权货币"的未来

2006 年，时任英国环境、食品与农村事务大臣大卫·米利班德提出了个人碳交易计划："想象在一个碳成为货币的国家，我们的银行卡里既存有英镑还有碳点。当我们买电、天然气和燃料时，我们既可以使用碳点，也可以使用英镑。"随着全球碳市场的迅猛发展，当时的这种设想日益成为现实，二氧化碳排放权作为一种新兴货币的前景已然显现。

在经济学中，货币是指从商品中分离出来、固定地充当一般等价物的一种特殊商品。因此，碳排放权能否成为货币，首先要看它是否符合这个定义：第一，碳排放权是否是一种商品？答案无疑是肯定的。无论是《京都议定书》《巴黎协定》这类国际协定，还是各国应对气候变化的一系列战略和法律，都使碳排放权成为一种稀缺资源。在各种碳市场的实践中，二氧化碳等温室气体的排放权已成为各个参与方买卖、转让的对象，成为名副其实的商品。第二，碳排放权是否能固定地充当一般等价物？金银之所以能够固定地充当一般等价物，是因为其具有体积小价值大、质地均匀、便于携带和分割、不易变质等自然属性。正如我们熟悉的一句话："金银天然不是货币，但货币天然是金银。"碳排放权虽然是无形的，但其具备一些特殊属性，使其有别于普通商品。一是同质性，即每单位的碳货币都代表一吨二氧化碳当量温室气体的排放权，保证了交易的平等性和广泛适用性。二是普遍接受性，碳排放权、碳市场等概念现在都已获得国际公认。三是可测量、可报告和可核实性，现有的科学技术手段能够较为精准地监控、计算碳排放数值，保证了碳排放权作为一般等价物的数量特性。

碳排放权的特殊属性使其很可能成为继黄金、白银、美元之后的另一种国际货币基础，碳货币有望发展为一种完全流通的新的超主权货币。更重要的是，作为一种全新的货币体系，碳货币与现存的主权货币和虚拟货币都不同，具有以下两个特点和优势。

其一，碳货币作为稀缺资源的同时，还具有可增长性、可创造性，不像金银等金属那样是不可再生资源，随着产量枯竭，可能限制经济发展，甚至导致货币体系崩溃。随着技术进步，特别是碳捕获、利用和封存等相关技术的发展，碳减排空间将发生延展。此外，随着各国更加重视对森林的保护，森林产生的"碳汇"也有望提高，碳汇储备将成为未来的黄金或外汇储备，成为央行调节货币政策的重要工具。

其二，碳货币作为国际货币具有更大的灵活性。碳货币的发行量取决于人类减少碳排放的能力，不能随意滥发，具有鲜明的纪律性和约束力，因此能够有效避免通货膨胀和紧缩。各国、各行业都能自主创造碳信用，碳货币的发行也可通过世界各地的官方或非官方专业机构来核查、验证，这意味着碳货币既不像信用货币那样由各国央行完全主导，也不像比特币那样由民间主体通过竞争性的算法发行（即通俗所说的"挖矿"），而是由官方和民间主体共同完成，各主体具有主动权。

随着碳交易的发展和碳中和进程的演进，未来国际货币体系很可能会在"碳本位"上重建，一旦付诸具体实践，发行、流通、汇率等种种问题都必须得到合理精密的安排，否则将带来一系列风险，甚至造成新一轮大国博弈升温。中国作为发展中国家和排放大国，必须尽快适应新形势，做好应对碳本位货币体系、维护自身话语权的准备。既要防范发达国家利用自身优势主导建立国际碳货币体系，将发展中国家置于更加不利的境地，更要把握机遇，不断完善本国碳市场和金融体系，借助碳货币推动人民币国际化，在碳交易过程中使人民币成为计价、结算的国际货币。"谁控制了货币，谁就控制了全世界。"国际货币体系向碳本位的过渡，既孕育着无限崭新的前景，也酝酿着空前激烈的博弈。

参 考 文 献

1　世界银行:《碳金融十年》,石油工业
　　出版社 2011 年版。

2　《全球碳市场进展:2021 年度报告
　　执行摘要》,国际碳行动伙伴组织,
　　2021 年 3 月。

3　America's New Climate Economy: A
　　Comprehensive Guide to the Econo-
　　mic Benefits of Climate Policy in the
　　United States, World Resources Insti-
　　tute, July 2020.

4　《全国碳排放权交易市场上线交易正
　　式启动》,《人民日报》2021 年 7 月
　　17 日。

5　《国际民航组织第 39 届大会就国际航空
　　减排市场措施通过决议》,中央人民政府
　　网, http://www.gov.cn/xinwen/2016-
　　10/07/content_5115589.htm。

6　《碳市场:失望中的希望》,美国环保
　　协会, http://www.cet.net.cn/m/article.
　　php?id=452。

7　《有关扩大全球碳定价机制的提议》,

国际货币基金组织, https://www.imf.
org/zh/News/Articles/2021/06/21/
blog-a-proposal-to-scale-up-global-
carbon-pricing。

8　《碳定价机制覆盖全球温室气体排放
　　量逾五分之一》,世界银行, https://
　　www.shihang.org/zh/news/press-
　　release/2021/05/25/carbon-prices-
　　now-apply-to-over-a-fifth-of-global-
　　greenhouse-gases。

9　陈继明等:《绿色金融综述:发展
　　历程、政策实践及未来方向》,特
　　许金融分析师协会, https://www.
　　arx.cfa/-/media/regional/arx/post-
　　pdf/2019/09/18/180752.pdf?sc_
　　lang=en。

10　《七部委印发〈关于构建绿色金融体系
　　的指导意见〉》,国务院新闻办公室网站,
　　http://www.scio.gov.cn/32344/32345/
　　35889/36819/xgzc36825/Document/
　　1555348/1555348.htm。

11　《将绿色金融作为核心竞争力——来自2021金融街论坛年会的观察》，新华网，http://www.news.cn/2021-10/22/7984861.htm。

12　马克·卡尼：《清洁和绿色金融：构建新的可持续金融体系，为人类未来实现全球零排放保驾护航》，《金融与发展》2021年9月。

13　《中国未来碳减排压力较大要及早设置清晰的碳排放总量目标》，路透社，https://www.reuters.com/article/pboc-official-china-emission-0610-thur-idCNKCS2DM0KB。

14　《分析：2021如何成了ESG投资年？》，路透社，https://cn.reuters.com/article/global-2021-esg-fund-capital-regs-1224-idCNKBS2J302D。

15　杨欣淳：《绿色金融新时代：欧盟分类法与中国新版绿债目录》，《中国能源》2021年夏季刊。

16　张昕宇：《"碳关税"的性质界定研究》，《求索》2010年第9期。

17　2021 Trade Policy Agendaand 2020 Annual Report, United States Trade Representative, March 2021.

18　《有关扩大全球碳定价机制的提议》，国际货币基金组织，https://www.imf.org/zh/News/Articles/2021/06/21/blog-a-proposal-to-scale-up-global-carbon-pricing。

19　《联合国贸易发展组织：欧盟碳减排新机制或将对发展中国家出口产生不利影响》，联合国新闻，https://news.un.org/zh/story/2021/07/1087992。

20　《碳边境调节机制：进展与前瞻》，绿色创新发展中心，2021年7月。

21　《事实核查：中国对气候变化究竟负有多大责任？》，德国之声，https://www.dw.com/zh/%E4%BA%8B%E5%AE%9E%E6%A0%B8%E6%9F%A5%E4%B8%AD%E5%9B%BD%E5%AF%B9%E6%B0%94%E5%80%99%E5%8F%98

%E5%8C%96%E7%A9%B6%E7%AB
%9F%E8%B4%9F%E6%9C%89%E5
%A4%9A%E5%A4%A7%E8%B4%A3%
E4%BB%BB/a-58147109。

22   王颖:《"碳货币"是国际货币体
      系未来选项？》,《经济参考报》,
      http://www.jjckb.cn/gd/2009-11/23/
      content_192961.htm。

23   肖奎喜、蓝芳、徐世长:《碳本位货

币体系：国际货币体系演变的新趋
势——兼论中国的应对策略》,《科技
进步与对策》2010 年 11 月。

24   王颖、管清友:《碳货币本位设想:
      基于全新的体系建构》,《世界经济与
      政治》2009 年第 12 期。

25   孙明:《碳中和催生碳信用需求，何不
      搞个碳币?》, 第一财经, https://www.
      yicai.com/news/100989532.html。

11

第十一章

气候公地的博弈

2021 年 11 月 6 日，约 10 万人冒着风雨走上第 26 届联合国气候变化大会（COP26）主办地英国格拉斯哥的街头，高举"气候正义就是还我土地""气候资本主义是犯罪"等标语，要求政治人物、跨国企业和富裕国家加快应对气候变化问题。这是当天"全球气候正义行动日"活动的一部分。除格拉斯哥外，世界各地数万人也举行了游行。"全球气候正义行动日"的主办者、非政府组织"联合国气候变化大会联盟"发言人阿萨德·雷赫曼告诉游行者："在污染者们参与的联合国气候变化大会中，气候犯罪分子正躲在铁丝网、围栏和警察的防线后面。我们不会接受他们的自杀协议。"部分激进的环保活动人士和组织甚至认为联合国气候变化大会已经"失败"，于是自立门户，在 11 月 7 日至 10 日举行"气候正义人民峰会"，邀请原住民、工会、种族与移民权益组织、年轻罢工者、农民、非政府组织、女权与宗教团体以及关心环保问题的议员代表参会，与他们认为"虚伪、不正义的"官方气候大会唱对台戏。

当前，全球气候政治大潮波谲云诡，上述一幕只是其中一个插曲。那么气候变化如何从边缘性议题变成了举世瞩目的国际政治焦点？各方所争所保的核心利益是什么？如何看待气候正义的是与非？人类能否超越国家、民族、宗教、性别和意识形态的差异，为了共同的"双碳"目标而携手奋斗？这是在气候变化的时代大背景下思考国家安全和国际关系必须要回答的一些重大问题。

"气候正义"的正义

正义是全人类所共同珍视和追求的一种价值。在希腊神话中，女神狄刻被认为是正义的化身，掌管着人间是非善恶的评判。康德认为，正义是按照普遍的自由法则，一个人的意志能够与他人的意志相协调的条件的集合。美国哲学家和伦理学家约翰·罗尔斯在《正义论》中指出，"正义是社会制度的首要价值，正像真理是思想体系的首要价值一样。"在中国儒家学说中，义与仁并为核心价值，孔子说"君子喻于义，小人喻于利"，孟子说"舍生取义"。气候正义的产生基于这样一种理念，即气候变化的历史责任主要在于富人和有权势者，但却不成比例地影响了最贫困和脆弱的群体。它主张社会各主体应当公平地享有气候资源并承担气候治理责任，这反映了出社会中的弱势群体在应对全球气候变化危机时对正义的诉求。

很长一段时间以来，环境和生态危机普遍被认为是人类无限制掠夺自然、超出自然的承载能力导致的。这话乍听很有道理，但背后掩盖了生态危机的深层原因。奥地利维也纳大学政治系的乌尔里希·布兰德和马尔库斯·威森教授在揭露和阐释生态危机时，引入了"帝国主义生活方式"这一概念。他们认为，发达国家通过无限占用资源和大量排放污染物，把全球环境带入危机之中。北方发达国家无节制掠夺南方国家的资源和劳动力，并过度利用"污水池"（指吸纳人类所排放废物的生态系统，比如森林和海洋），不仅造成了生态危机，还利用不合理的国际秩序和强大的话语权逃避责任，以便继续维持其不可持续的生活方式，阻碍全球可持续发展进程和生态危机共治的实现。据非政府组织"乐施会"的研究，从 1990 年到 2015 年，全世界最贫困的 50% 的人口，也是最容易遭受气候变化伤害的人，仅制造了全球温室气体排放量的 7%，而世界上最富有的 10% 的人口却制造了一半以上的排放量。

布兰德等人提出的"帝国主义生活方式"，深刻揭示出气候变化背后隐藏的气候正义问题。气候变化的最大受害者并不是温室气体排放大国，而是处于最不利地位的国家和地区，由此出现了"肇事者"和"受害者"的严重错位。首先，气候变化引发的后果会不公平地落在应对气候变化能力较弱的主体身上。当面临气候变化灾害时，受其影响最大、最严重的，往往是经济欠发达的国家、地区以及弱势群体。一方面，他们受自身经济发展水平的限制，在适应气候变化的能力上较为脆弱；另一方面，气候变化加剧脆弱地区环境恶化程度，致使这些落后地区和弱势群体陷入更加贫困的境地，因而他们所遭受到的气候变化危害往往更为严重。其次，从代际的角度分析，气候变化不仅给当代人带来巨大灾难，还威胁着未来世代的生存和发展。当前不断累积的碳排放量，加剧着未来气候变化的破坏程度，这意味着未来世代会面临比当前更为严峻的气候变化灾害，其生存空间将被严重压缩。一旦人类的延续无法得到保障，那么人类所期许的可持续发展愿景，将会因为缺少"人"这一最根本的基础而落空。

气候正义所涉及的群体和领域还不仅于此。自 20 世纪 90 年代以来，该术语已涵盖多个族群，包括土著群体、有色人种、女性和残障人士。美国女性主义哲学家、科技与环境伦理问题专家南希·图阿纳教授认为，从性别视角讨论气候正义问题十分迫切而且必要。在气候变化中，男女两性所受到的影响是不同的，参与政策的程度也不同，因而对气候变化治理和应对的贡献也不同。她举了一系列例子来说明在经济生产几乎完全依赖于农业、没有任何替代性就业空间、基础服务设施极其薄弱的地区，气候变化性别差异的影响也更为明显。例如在印度，女性尤其是种姓地位低的女性需要以不断地劳作来弥补气候变化导致的农作物损失；在菲律宾，借高利贷的女性农民会因为作物歉收还不起高利贷而被关进监狱；在乌干达，干旱削减了女性的非土地资产；在加纳，丈夫会阻止妻子种植她们自己的土地，以便应对逐渐变化的降雨季节。同时，女性是灾难和环境压力时期的主要照护者，由气候变化导致的照护负担加重也可能会降低她们的社会流动性，使她们无法在更大的空间中寻求发展和自我提升。

20 世纪 90 年代以来，气候正义迅速从概念演变成运动，并涌现出一批风云人物和非政府组织。1999 年，非政府组织"企业观察"（CorpWatch）发布了一份题为《温室黑帮 VS 气候正义》的报告。这份报告聚焦于化石燃料行业，指出气候变化"很可能是有史以来最大的环境正义问题"。很快，"企业观察"于 2000 年组织召开了首届世界气候正义峰会。该会议与在海牙举行的《联合国气候变化框架公约》第六次缔约方会议（UNFCCC COP6）同时进行，"气候正义"由此登上了气候政治的国际舞台。应该承认，气候正义普及了环保理念，提升了公众对气候变化问题的关注度。近年来，许多国家的政坛受其影响掀起了"绿色浪潮"，主张积极应对气候变化的绿党在法国、德国、英国等欧洲主要国家的支持率不断攀升。

但"气候正义"也引发了一些争议，围绕瑞典"环保公主"格蕾塔·通贝里的是是非非便是其中一例。2018 年起，原本名不见经传的瑞典少女格蕾塔突然声名鹊起，成为全球炙手可热的人物。她号召全世界青少年每周五不上学，以此迫使成年人关注气候问题。在联合国气候行动峰会上，小小年纪的她怒斥许多国家的领导人"不成熟"，对气候变化不作为，"用空话偷走了未成年人的梦想"。格蕾塔到联合国演讲，以低碳环保为理由拒绝乘坐飞机，选择坐太阳能帆船一路漂流到美国，足足花了 15 天。

但这笔账细算起来，其实并不环保，因为还要有人专门坐飞机飞到美国，再把这艘帆船从美国开回去。

其他一些激进的气候抗议活动也备受争议。例如，"反抗灭绝"（Extinction Rebellion）是在伦敦成立的民间环保组织，最初由15名学者和活动家组成，短短几年时间，就发展成为全球知名度最高、最激进的气候抗议团体，频频登上气候变化领域的头条。秉持着"非暴力不合作，鼓励成员被捕"的行动策略，"反抗灭绝"接连发起对抗气候变化的示威，在许多国家掀起一波波示威抗议的浪潮，也把气候正义的负面效应带入公众的视野。

在美国纽约，示威者向被视为资本主义象征的华尔街铜牛泼洒假血，并倒在地上诈死，象征地球被贪婪的人类、石油业及金融业"谋杀"，最终近100人因涉嫌堵塞道路被捕。不少纽约居民对这种激进示威行为不太认同，直斥其浪费时间、令人讨厌，甚至有人向示威者高呼"快去找工作"，揶揄示威者都是无业游民。

在德国柏林，"反抗灭绝"示威者用锁链把自己拴在总理府前方的栏杆上，高喊口号："我们想要什么？气候正义！我们什么时候要？马上！"要求政府宣布德国进入"气候紧急状态"，同时还把锁链钥匙连同写有他们诉求的信函，寄给德国所有13个政府部门。

在英国伦敦的地铁站，环保示威者爬上地铁列车的顶部，高举"一切如常等于死亡"的环保标语，阻挠列车的正常通行，引发站台上上班族的愤怒。最终，示威者被群众一把拽下，并遭到痛殴。事发地在伦敦东部的坎宁镇，原住民经济相对拮据，承担不起迟到、旷工的风险。正如一名乘客所说："我们必须要去工作，我们要养活孩子！"对于这么啼笑皆非的结果，"反抗灭绝"高层也只好承认"总体方针没错，错在了具体战术"，但还坚持表示"没什么好道歉的"。

对以上种种怪象，英国《卫报》不无讽刺地写道，现在搞环保几乎成了"白人和富人的特权"，就在普通民众为生计奔波时，社会名流乘坐头等舱专程赶到抗议现场，亮个相，拍个照，再潇洒离去。西方生活方式有其荒谬之处，但生活在其中的人却习焉不察。例如，美国人对电、纸、汽油等物品的使用和消耗毫无节制，全美每年要消耗掉1000亿个塑料袋，近40%的食物都是被直接扔掉的，堪称"有钱任性"。哈佛图书馆凌晨4点灯火通明的报道，曾引起热议。但很多人不知道的是，美国大量的公共场所都是彻夜开灯的，这跟学生勤奋不勤奋并没有什么关系。美国大学的电脑和打印机也几乎从来不关，购物中心和写字楼终年开着中央空调。曼哈顿摩天大楼的霓虹灯，如同华尔街的金钱一样，永远不眠。但这并不耽误美国中产阶级和精英们去参加环保游行，这似乎成了一种格调，用以彰显自己"优越的道德感"和"高尚的情怀"。

气候治理的变奏曲

工业革命以来，各国追求的就是发展、发展、发展，增长、增长、增长。正如马克思和恩格斯在《共产党宣言》中所说的那样，生产在不断变革，充分证明了"人的活动能够取得什么样的成就"。但人类欲望无穷，所寄居的地球资源和空间却有限，难道增长是没有极限的吗？20 世纪 70 年代，国际民间学术团体"罗马俱乐部"发布研究报告《增长的极限》，对此提出了质疑。该报告论及世界人口增长、粮食生产、工业发展、资源消耗和环境污染五个问题，阐释了人类发展过程中，尤其是工业革命以来的经济增长模式给地球和人类自身带来的毁灭性灾难，对当时西方盛行的以资源高消耗、污染物高排放和生态严重破坏为代价的高增长理论进行了深刻反思。

国际社会由此开始关注全球气候变化问题，开启了全球气候治理的进程。这其中不能不提到一个重要的组织——政府间气候变化专门委员会（IPCC）。它是对全球气候变化进行科学研究评估最为权威的机构，由世界气象组织和联合国环境规划署于 1988 年牵头组建，旨在为决策者定期提供针对气候变化的科学基础、影响和未来风险的评估，以及适应与减缓气候变化的可选方案。

到目前为止，政府间气候变化专门委员会分别于 1990 年、

1995 年、2001 年、2007 年、2012 年和 2021 年提交了六次气候变化的评估报告，每一次报告都在不断丰富和深化国际社会对气候变化的科学认知，对全球气候治理进程起到了重要而深远的影响作用。政府间气候变化专门委员会第一次评估报告发布于 1990 年。1992 年联合国通过《联合国气候变化框架公约》（UNFCCC），并于同年在巴西里约热内卢召开的地球峰会上共同签署，以"共同但有区别的责任"为原则开始应对全球气候变化问题。政府间气候变化专门委员会第二次评估报告于 1995 年发布，1997 年 12 月《京都议定书》出台，全球决定"将大气中的温室气体含量稳定在一个适当的水平，进而防止剧烈的气候改变对人类造成伤害"。2014 年，政府间气候变化专门委员会第五次评估报告发布，2015 年 12 月《巴黎协定》出台，国际社会宣誓要到 21 世纪末把全球变暖控制在 2℃以内，并努力将温升幅度限制在 1.5℃以内。这些科学报告，成为气候正义基本原则的基础和依据，也直接推动了数份气候公约的签署。

但全球气候治理机制和规则的建构之路并不顺畅。首先，在《联合国气候变化框架公约》中，"共同但有区别责任"原则（以下简称"共区原则"）的文义表述较为模糊，发达国家和发展中国家各自做出对自己有利的解释，发达国家强调"共同责任"，发展中国家则强调"区别责任"。其次，《京都议定书》和《巴黎协定》的弱约束机制无法保障缔约方履行承诺。经济学家奥尔森曾揭示出"集体行动的困境",集团需要强力制约机制或者激励机制才能促使个体主动增进集体利益,而这两项机制正是气候公约尚未涉及的部分。主权国家体系下,国际气候博弈存在高度的不确定性,各国政府往往为了自身国家利益而牺牲共同利益。各方各怀心思,明争暗斗,围绕"共区原则"这个主题不断衍生变化,节奏时快时慢,声调或高或低,一时慷慨激昂,一时幽暗迂回,一时又柳暗花明,牵引出一首全球气候治理的"变奏曲"。

面对气候变化的严峻挑战,1992 年联合国达成了《联合国气候变化框架公约》(以下简称《公约》),拉开了全球气候治理的序幕,也确立了气候治理的基础框架。迄今为止,该《公约》已有 197 个缔约国。《公约》首次提出各国应对气候变化需遵循"共同但有区别责任"这一气候正义基本原则,并强调通过"各自的能力及其社会和经济条件"这一约束条件来落实,由此开启了全球气候治理的模式。但是《公约》并没有规定具体的法律规则和国际义务,不具有强制力和约束力。在此之后,气候正义基本原则得到哲学、政治科学、公共政策、经济学等领域学者的广泛关注,几乎所有关于气候正义问题的讨论都围绕其中的"责任分配"和"责任落实"而展开。

从《京都议定书》到《哥本哈根协议》,全球气候治理进程迂回受挫。1997 年通过的《京都议定书》在框架目标下首次以法规的形式要求发达国家和发展中国家根据商定的具体目标限制和减少温室气体的排放，确立了框架公约下议定书加附件的气候立法模式，并旨在建立三个合作减排机制：国际排放贸易机制、联合履行机制和清洁发展机制。同时，《京都议定书》继承了《公约》所确立的"共同但有区别责任"原则，采用"自上而下"的治理模式，严格区分发达国家和发展中国家的责任，对发达国家做出强制性的减排要求。从形式上看，《京都议定书》首次以法规的形式限制温室气体的排放，气候治理在法律上取得了实质性进展。然而，《京都议定书》下的气候行动却差强人意。美国以该议定书"免除了发展中国家应对气候变化的义务""发展中国家将获得经济优势"等为借口退出了《京都议定书》。面对《京都议定书》的严重分歧，2009 年由 109 个国家首脑参与的哥本哈根会议只通过了不具有法律约束力的《哥本哈根协议》。2012 年作为《京都议定书》第二个承诺期的《京都议定书多哈修正案》也遭遇了挫折，只有数十个国家接受了该修正案，远低于其正式生效所要求的 144 个国家的数量，各缔约国围绕责任分配和责任落实陷入了漫长的争论。

布兰德在《全球环境政治与帝国式生活方式》中深刻地指出，《京都议定书》可以被看作"对帝国式生活方式的限制"，因为它要求北方发达国家减少温室气体排放，但帝国式生活方式已经深深根植于各种力量之间的社会关系、资本的价格战略、北方发达地区人们的日常认知和习惯以及他们对于经济增长和竞争的取向。"它深嵌在国家机构之中，并成为政治家的认知和行为特征。"而对于缔约方退出协议和不履行义务的行为，《京都议定书》几乎是束手无策，因为该议定书既没有明确的争端解决机制，也没有相关的违约惩罚条款。在这一时期，美国的强硬、欧盟的乏力和发展中国家以经济发展为主要任务的现实等因素，加剧了各个国家行为体间尖锐的利益冲突和博弈，削弱了各方达成气候正义基本共识的基础。

2015 年 12 月通过的《巴黎协定》，重新燃起国际社会对气候治理的新希望。《巴黎协定》是《京都议定书》的继承和发展，承诺将气温升高的幅度控制在 2℃ 的范围内，将 1.5℃ 的升温作为努力目标，并对 2020 年后全球行动做出安排。《巴黎协定》采取各国自主贡献的方式参与减排行动，遵循"共同但有区别责任"原则，根据具体国情，结合自身的能力，制定合适的减排目标和方案。其中最引人瞩目的当属第四条第二款，提出了各个国家自主决定、规划和定期报告的国家自主贡献（NDCs）模式，形成了自下而上、自主调整、极具灵活性和弹性的机制，弱化了对国家的约束力。这一模式的重要意义主要体现在两点：第一，标志着气候变化治理模式的转变，即从国家行为体为主导的自上而下治理模式过渡到国家行为体和非国家行为体多边混合的"自下而上"的治理模式。这一转变的背后是对气候正义基本原则的重新解读，"有区别"的责任不再通过"自上而下"地区分发达国家和发展中国家各自的减排义务来体现，城市、非政府组织、企业、地方政府等非国家行为体也可以通过国家内部协调NDCs机制参与到治理进程中。第二，在欧盟、中国和美国三方达成某种默契，中美两国超越《京都议定书》的利益冲突和博弈，形成了新的领导模式，即中美G2领导模式。这种模式传递出一个积极的信号，可以进一步辐射到资金技术和能力相对薄弱的最不发达国家与小岛屿发展中国家，并与非国家行为体的积极参与形成良性互动。

然而好景不长，美国总统特朗普上台后不久，就宣布退出《巴黎协定》，削弱了之前应对全球气候变化的共同努力，使气候正义基本共识的达成再度受挫。

气候公地的博弈

全球气候治理事关国际核心权力塑造和规则博弈。当前全球气候治理呈现出"共区原则"被模糊、减排责任和资金义务被推诿等不良趋势，气候公地的博弈加剧。

首先，主要大国纷纷聚焦"脱碳"和绿色发展，以抢占未来竞争先机。美国拜登政府抢抓全球气候治理主导权。拜登在竞选期间就强调美国必须"再次领导"全球气候治理进程，并将气候议题作为其竞选的"王牌"。他上任第一天就签署系列行政令，宣布美国要重返《巴黎协定》。随后又发布《2021贸易议程》，宣称在钢铁、铝材、光纤、太阳能等产业与盟友加强联合，在"美日印澳"框架下推进"脱碳技术合作"，欲主导未来绿色技术发展及产业规则。美国总统气候问题特使约翰·克里宣称，"要确保美国真正弥补过去4年的时间损失及在联合国气候大会的作用"。欧盟力推高标准气候立法，意图将《欧洲气候公约》和《欧洲气候法》向全球推广，替代《联合国气候变化框架公约》，以占据规则制高点。法、德等国也纷纷推出"绿色复苏"举措，如法国计划拨款300亿欧元用于推动生态转型和经济去碳化。日本将绿色投资视为疫后重塑经济的重点，以"绿色增长战略"积极开发清洁能源产品及零排技术，鼓励14个行业的技术创新和潜在增长，包括海上风电、氢燃料、核能、汽车、碳循环等。

其次，减排责任和资金安排依然是发达国家和发展中国家的博弈焦点。"共同但有区别责任"原则是《联合国气候变化框架公约》最重要的原则，按此原则，发达国家有率先减排和提供资金的义务，但在发展中国家与发达国家同台减排之下，"共区"概念开始被弱化：其一，从减排责任来看，发展中国家虽然仍享有一定灵活性，但美国等发达国家已经开始重释"共区原则"内涵。波兰卡托维兹会议通过的《巴黎协定》实施细则，提高了对目标、行动和支持的透明度要求，确立了国家自主贡献减缓部分的信息和核算导则、共同的透明度框架等机制，信息报告的范围、频率和质量标准都显著加强，对发展中国家气候变化统计报告工作提出了更高的要求。例如在"全球盘点"标准上，提出在"公平原则"之外增加其他标准，在国家自主贡献范围上只主张涉及减缓责任，逃避资金、技术、能力建设、透明度等责任。所有这些都是在模糊发展中国家和发达国家的责任区别，推诿发达国家在减排上的历史责任。其二，从资金流来看，《巴黎协定》第二条中列出了目标，"推动气候韧性和温室气体低排放发展"及"与之一致的资金流"。随后，"资金流"作为泛化的概念被经合组织国家（OECD）引入后，逐渐主流化并替代传统的《公约》下"发达国家向发展中国家提供资金支持"的倾向。发达国家曾承诺 2020 年前每年向发展中国家提供至少 1000 亿美元资金，该数字在 2019 年仅为 796 亿美元，1000 亿美元的承诺预计迟至 2023 年才能实现。在英国格拉斯哥大会上，来自孟加拉国、安提瓜和巴布达等临海国和小岛国的领导人强烈要求发达国家尽快兑现资金援助承诺，联合国也敦促捐助国和多边开发银行将专门用于帮助各国适应气候变化的资金份额从目前的 21% 提高到 50%，但部分发达国家对此态度依然消极。

最后，发达国家呈现联合态势，发展中国家阵营分化加剧。一方面，美、欧、日均有加强合作的需求。美国将气候领域合作视作恢复与盟友关系的重要突破口。美国和欧洲国家在数字税等问题上存在严重冲突，贸易摩擦在短时间内难以彻底调和。但在气候领域，双方都有合作的意愿，在碳定价等具体问题上也有诸多利益契合点，双方更有可能制定清晰的合作路线图，开展深入合作。从欧洲的立场出发，欧洲国家一直走在应对全球气候变化的前列，是环境议题最为积极的倡导者和实践者，也强烈呼唤美国的回归。日本也愿意与美国加强合作，向拜登政府主动提议在气候变化和清洁能源方面开展合作，包括共同开发回收再利用二氧化碳的"碳循环"技术以及小型核电站等。另一方面，发展中国家阵营内部出现分化。发展中大国应对气候变化的态度较为一致，但部分发展中国家在考虑自身问题后，以获取更多资金、提高各国减排力度为目标，开始向发达国家靠拢。尤其一些小岛国家对排放大国不满增多，立场逐渐与发达国家趋同。此外，新冠肺炎疫情暴发后，很多发展中国家获得的资金支持锐减，本国可持续发展进程也发生逆转，对发达国家的资金需求更为迫切，立场也逐渐开始动摇。联合国环境规划署发布的《2021 年适应差距报告：风暴前夕》指出，为应对疫情，全球部署了 16.7 万亿美元的财政刺激措施，但只有一小部分资金用于适应气候变化，多数国家都错失了利用疫情后的复苏窗口来加强气候适应融资的机会。截至 2021 年 6 月，在被调研的 66 个国家中，只有不到 1/3 的国家在推出应对新冠肺炎疫情的财政刺激计划中加入对气候风险的考量。随着偿债成本上升、政府收入减少，未来各国特别是发展中国家适应气候变化的支出可能捉襟见肘。

可以说，后疫情时代，全球气候治理已经部分变质变味，从应对气变问题转向大国权力争夺和规则博弈的新工具和新战场。如果美国等西方国家继续延续霸权主义和单边主义思维，以维护所谓"气候正义"为舆论标签，以维护霸权体系为战略目标，只会继续动摇全球气候合作的基石，加剧气候危机的系统性风险。

《巴黎协定》的未来

目前，《巴黎协定》面临被空心化和泡沫化的风险，部分西方国家从治理框架、规则和价值观入手，不断消解"共区原则"，推卸历史排放责任。

从治理模式上，美欧欲联手打造小规模"气候俱乐部"，颠覆现有气候治理框架。美国总统拜登上台后一直计划重启"主要经济体能源与气候论坛"（MEF），该论坛是 2009 年 4 月由时任美国总统奥巴马发起的，参与国由占世界温室气体排放量 80% 的 17 个国家组成。MEF 原来的主要作用是协调主要国家共同推进《巴黎协定》谈判，而拜登政府此次重启 MEF 的侧重点是在全球推动"碳中和"目标，从而逐渐摆脱《巴黎协定》和《联合国气候变化框架公约》中的"共区原则"，对发展中排放大国施加新的约束。美国还加强与欧洲同盟伙伴的协调，意图建立"跨大西洋绿色伙伴关系"，故意"垒小院、筑高墙"，倒逼他国减排。在格拉斯哥气候大会上，美、欧联合启动《格拉斯哥突破议程》，承诺10年内加快开发部署实现《巴黎协定》目标所需的清洁技术和可持续解决方案，以实现更快、更低成本、更轻松地向清洁经济过渡。

从规则上，部分发达国家力推"碳关税"，企图消解"共区原则"，甩掉其历史排放责任。欧委会拟在WTO规则框架下启动"碳边境调节机制"，迫使外企参与欧洲排放限额交易体系。美国拜登政府公布的《2021贸易议程》也明确提出，将设立"边界碳调整税"。当前，发达国家内部普遍存在制造业萎缩的问题，以保护环境的名义抬高进口产品的准入门槛以保护国内产业，成为部分发达国家正在考虑的选项。美国和欧洲很有可能形成环境领域的"议题联盟"，对来自高碳国家的进口产品征收碳关税，进而通过议题的外溢效应重塑国际经贸规则，设立绿色贸易壁垒，逼中国和其他发展中国家"二次入世"。目前气候变化和绿色发展议题已经渗透进几乎所有多边议程，成为二十国集团、世贸组织等国际组织或机制的重要议题。通过碳关税和贸易政策捆绑，以金融和贸易手段摆脱历史排放责任，是部分发达国家消解"共区原则"的不义之举，也势必妨碍发展中国家的正常发展。

从价值观上，西方国家将"高排放"与"不正义"等同起来，进一步挤压发展中国家的发展空间。美国拜登政府上台以来，以"气候正义"为由头，对高排放国家发起道义攻势，想借机给中、印等碳排放大国树立"硬约束"，削弱甚至剥夺发展中国家的"碳排放权"。众所周知，发展中国家尚处在城市化和重工业发展阶段，这从根本上决定了对能源的高需求和高排放。如果只抓住高排放这一点，强制发展中国家承担过高的减排义务，不谈发达国家的资金援助，也不谈技术转让，其实质是将"气候正义"意识形态化，不但有违公平、正义的人类共同价值，而且将严重压缩发展中国家的发展空间，加剧发达国家与发展中国家之间业已存在的"发展鸿沟"。

　　气候变化问题是如此重要而急迫，而应对气候变化的进程却又如此曲折反复，不能不让人心生感慨。拉美魔幻现实主义作家马尔克斯在小说《一桩事先张扬的凶杀案》里描述了一桩本可以避免的谋杀案，如何在各种巧合以及旁观者的不作为下最终得以实施。英国社会学、政治学家安东尼·吉登斯在《气候变化的政治》一书中也揭示了类似现象：全球变暖的威胁虽然很严重，但在日常生活中并非有形的、可见的，影响也不是直接的，因此大部分人选择袖手旁观而不是采取行动，而当它变得严重的时候再去采取行动就已经太迟了。这就是著名的"吉登斯悖论"。应对全球变暖，人类可能面对同样的道德困境。由于时间尺度过长，道德责任被"集体无意识"的群体分散，每个人都在看着这场"谋杀"一步步迫近，却无所行动。

人类自进入工业文明以来，在创造巨大物质财富的同时，也加速了对自然资源的攫取，打破了地球生态系统平衡。人与自然的深层次矛盾日益显现，生物多样性丧失，极端气候事件频发，气候危机的系统性风险凸显，人与自然的矛盾进入负反馈循环。碳排放所造成的全球变化影响"不可逆转"，"气候临界"正在加速迫近，地球的未来究竟如何，考验全人类的智慧和勇气。

参 考 文 献

1 ［美］约翰·罗尔斯著，何怀宏、何包钢、廖申白译：《正义论》，中国社会科学出版社 2018 年版。

2 张肖阳：《后〈巴黎协定〉时代气候正义基本共识的达成》，《中国人民大学学报》2018 年第 6 期。

3 ［奥］乌尔里希·布兰德、马尔库斯·威森著，李庆、郇庆治译：《全球环境政治与帝国式生活方式》，《鄱阳湖月刊》2014 年第 1 期。

4 张肖阳：《把性别正义纳入气候正义思考之中》，中国社会科学网，https://www.cssn.cn/shx/201808/t20180829_4550538.shtml。

5 ［美］德内拉·梅多斯等著，李涛、王智勇译：《增长的极限》，机械工业出版社 2013 年版。

6 ［美］曼瑟·奥尔森著，陈郁、郭宇峰、李崇新译：《集体行动的逻辑——公共物品与集团理论》，格致出版社 2018 年版。

7 《能源白皮书强调支援去碳化技术迈向实用》，共同网，https://china.kyodo-news.net/news/2012/05/7d5ee3f8eb34.html。

8 傅莎：《〈巴黎协定〉实施细则评估与全球气候治理展望》，《气候变化研究进展》2020 年第 2 期。

9 联合国环境规划署：《2021 年适应差距报告：风暴前夕》，https://www.unep.org/zh-hans/resources/2021nianshiyingchajubaogao。

10 ［哥伦比亚］加西亚·马尔克斯著，魏然译：《一桩事先张扬的凶杀案》，南海出版公司 2018 年版。

11 ［英］安东尼·吉登斯著，曹荣湘译：《气候变化的政治》，社会科学文献出版社 2009 年版。

12

后语

从气候安全迈向
生态文明时代

后语

人类和地球正在加速迈向"气候紧急状态",人、社会、国家、国际社会与自然系统的多层次矛盾正在加剧,实现气候安全成为 21 世纪人类面临的最重大的时代性课题。如何解决这一世纪性命题,需要从解决人与自然关系的矛盾入手,以新的治理理念引导国际社会构建新格局;需要从全球生态系统和人类可持续发展的整体性出发处理好人与自然的关系;需要改变工业文明的发展道路,走以人与自然和谐共生现代化的生态文明之路。

生态文明可以扭转"碳循环足迹"。从碳循环视角看待工业文明的发展,从蒸汽机使用为代表的第一次工业革命开始,深埋于地下的碳基能源(煤炭和石油)等被广泛开采用于人类社会的基本能源,工业化驱动经济的快速增长,反过来又加速更大规模的碳基能源被开采、燃烧、排放到大气中,碳足迹从地下不断转移到大气中;到电力使用为代表的第二次工业革命至今,人类将一部分碳基能源二次转化为电能,来驱动经济社会发展,碳足迹仍然是从地下转移到大气中。工业化的发展和人类社会形成的能源利用、需求形式,使得排放到大气中的碳容量远大于地球生态碳汇能力,导致温室效应并带来气候变化。

只有扭转工业文明以来的碳循环足迹和路径,让生态系统恢复到自然的修复能力和容量之内，才能遏制气候危机带来的生态灾难。因此，及早实现碳达峰、加速碳中和的进程是国际社会的普遍共识，碳中和要实现的就是人类社会碳排放和地球生态系统碳汇的平衡。中国作为全球生态文明建设的参与者、贡献者、引领者，在大力推动碳达峰、碳中和。2020年9月22日，习近平主席在第七十五届联合国大会一般性辩论上宣布，中国将提高国家自主贡献力度，采取更加有力的政策和举措，二氧化碳排放力争于2030年前达到峰值，努力争取2060年前实现碳中和。中国将碳达峰、碳中和纳入生态文明建设整体布局，正在实施碳达峰行动计划，广泛深入开展碳达峰行动，支持有条件的地方和重点行业、重点企业率先达峰。中国将严控煤电项目，"十四五"时期严控煤炭消费增长、"十五五"时期逐步减少。目前已成立了碳达峰、碳中和工作领导小组，正在制定碳达峰、碳中和时间表、路线图，发布了2030年前碳达峰行动方案和分领域分行业实施方案，加快推进碳达峰、碳中和"1+N"政策。中国承诺实现从碳达峰到碳中和的时间远远短于发达国家所用时间，为此中国正在付出艰苦努力为全球碳中和目标作出中国贡献。

生态文明可以实现从人类社会发展优先到人与自然和谐共生的跨越。工业文明的发展以人类社会的发展为优先级，人类社会以创造巨大物质财富为重心而不重视生态环境保护，这一发展模式加速了对自然资源的攫取，打破了地球生态系统平衡，人与自然深层次矛盾日益显现。气候变化、生物多样性丧失、荒漠化加剧、极端气候事件频发给人类生存和发展带来严峻挑战，对全人类提出了如何应对气候危机和处理人与自然的关系的重大时代命题。西方理念和思路更多强调对客观自然世界的保护，强调对人类社会的惩罚，这种惩罚是通过霸权和政治手段来间接压制广大发展中国家的发展空间为代价，这种治理模式未能平衡人与自然的关系，未能平衡发达国家和发展中国家的发展利益，也未能突破原有的发展路径，在自然规律和人类社会发展规律面前注定要失败。

大自然孕育抚养了人类，人类应该以自然为根，尊重自然、顺应自然、保护自然。不尊重自然，违背自然规律，只会遭到自然的报复。基于中华文明崇尚天人合一、道法自然，追求人与自然和谐共生的哲学思想，习近平主席从系统论、中国哲学思想高度提出了中国理念——"构建人与自然生命共同体"。从系统维度、生命平等的高度，把握人与自然的平衡关系；按照生态系统的内在规律，统筹考虑自然生态各要素，从而达到增强生态系统循环能力、维护生态平衡的目标。

从人与自然的矛盾转换为人与自然和谐共生，既能维护自然生态的平衡，人类社会又能从生态平衡中得到发展福祉，实现两大目标的辩证统一。

生态文明可以弥合"发展鸿沟"，推动全人类合作共赢的绿色繁荣。在工业文明时代，人与自然矛盾的加剧，只能加剧国家间对地球有限资源的竞争，国家发展必然更加分化，发展鸿沟成为必然趋势。因此，人类社会从工业文明时代加速跨越到生态文明时代，从工业文明迈向生态文明是人类社会发展的科学选择。

人与自然和谐共生现代化模式可弥合"发展鸿沟"。自工业革命以来，以碳基为"能量引擎"发展起来的全球经济体系，实现了工业国家的国力快速增长，拉大了工业国与传统农业国经济发展差距，导致全球发展的不平衡。国家间围绕能源、资源、市场、地缘政治等的冲突成为常态，威胁国际安全，其原因之一是驱动经济增长的能源等地球资源有限，围绕发展权和发展空间的国际权力竞争成为一种零和博弈，这种博弈又进一步加剧人类社会对地球资源的开发使用，更激化了人与自然的矛盾，形成系统性的恶性循环。要阻止这一恶性循环机制的加速演变，就需处理好人类社会与自然系统之间的物质、能量等要素的交互模式，实现合作共赢、共同发展的绿色发展模式。在人与自然和谐共生现代化发展模式中，每个国家都可依据自身的自然资源绿色发展优势，实现发展比较优势，各国绿色资源要素在新一轮绿色全球化大市场中带来新的发展红利，实现合作共赢的共同繁荣。

人与自然和谐共生新格局可推动生态文明可持续繁荣。文明得以保存和延续的根基在于文明存在的主体与客体两大系统实现物质与能量平衡，以气候危机为标志的人与自然的矛盾已接近系统临界点，危及文明生存和发展，因此需推动构建文明主体与客体两大系统互动的新格局（新平衡），这一新格局的根本是要实现人与自然和谐共生。

保护生态环境就是保护生产力，改善生态环境就是发展生产力。在人与自然和谐共生新格局中将孕育新的社会生产力，推动人类社会绿色创新驱动经济增长，带动能源、产业结构转型升级，将社会生产、消费向更加适应人与自然共生机制的方向转变，进而实现人类从工业文明的历史辉煌向生态文明可持续繁荣迈进。

人与自然生命共同体推动生态文明时代的文明互动新模式。工业文明时代的国家互动以权力与利益竞争为上，导致地缘政治冲突、内乱、侵略、战争等。一些西方国家甚至将国家发展建立在资源垄断的霸权逻辑基础上，通常以构建联盟形式来争夺更多资源、维护国际权力优势。这带来的发展不平衡、权力不对等、资源分配不公平等全球性治理问题层出不穷，多个全球治理机制陷入停滞状态，无力应对全球性挑战。

气候危机、新冠肺炎疫情再一次启迪人们，人类是命运共同体，人与自然也是生命共同体，因此，从人、国家、自然等多个维度系统看待文明互动模式是解决文明冲突的新思路。"自然遭到系统性破坏，人类生存发展就成了无源之水、无本之木"，站在人与自然的生命共同体的视角看待文明发展，放下地缘政治的纠葛，维护人与自然生命共同体的更大的关切和利益出发，携手寻找解决危机之道，促进各国文明互学互鉴，才是未来文明互动的主要内容，也是实现和平、发展、公平、正义、民主、自由的全人类共同价值的根本追求。

中国是全球生态文明建设的参与者、贡献者、引领者。中国已将生态文明理念和生态文明建设写入《宪法》，并纳入中国特色社会主义总体布局。"十四五"时期经济社会发展指导思想提出，统筹推进经济建设、政治建设、文化建设、社会建设、生态文明建设的总体布局，坚定不移贯彻创新、协调、绿色、开放、共享的新发展理念。2035 年远景目标提出，广泛形成绿色生产生活方式，碳排放达峰后稳中有降，生态环境根本好转，美丽中国建设目标基本实现。根据习近平生态文明思想，以生态环境高水平保护推动经济社会发展全面绿色转型，努力建设人与自然和谐共生的美丽中国。中国已为建设全球生态文明做出巨大贡献，推动南南务实合作，尽己所能帮助发展中国家提高应对气候变化的能力，发起系列绿色行动倡议，将生态文明领域合作列为共建"一带一路"重点内容。

生态兴，则文明兴。从工业文明迈向生态文明是人类社会发展的科学选择。基于人与自然和谐共生现代化的生态文明，是人类在 21 世纪有效应对气候危机实现气候安全的生存之道，也是解决能源利用、绿色经济、生态安全、全球气候治理等矛盾的根本出路，更是推动全球绿色发展秩序、绿色经济秩序、绿色金融秩序和国际安全秩序的深刻演变，实现全球安全、和平和可持续发展的重要手段。

当人类社会站在全球性危机的十字路口，需要减少"碳足迹"走向碳中和，从系统维度、生命平等高度实现人与自然和谐共生的跨越，弥合"发展鸿沟"，推动生态文明可持续繁荣。环球同此凉热，从工业文明到生态文明的跨越，需要全球携手同筑生态文明之基，共建清洁美丽的世界！

图书在版编目（CIP）数据

气候变化与国家安全 / 总体国家安全观研究中心，中国
现代国际关系研究院著 . —北京：时事出版社，2022.4

（总体国家安全观系列丛书 . 二）

ISBN 978-7-5195-0477-9

Ⅰ . ①气… Ⅱ . ①总… ②中… Ⅲ . ①气候变化—关
系—国家安全—研究—中国 Ⅳ . ① P467 ② D631

中国版本图书馆 CIP 数据核字（2022）第 057725 号

出版发行：时事出版社

地　　址：北京市海淀区彰化路 138 号西荣阁 B 座 G2 层

邮　　编：100097

发行热线：（010）88869831 88869832

传　　真：（010）88869875

电子邮箱：shishichubanshe@sina.com

网　　址：www.shishishe.com

印　　刷：北京良义印刷科技有限公司

开本：787×1092　1/16　印张：20.5　字数：191 千字

2022 年 4 月第 1 版　2022 年 4 月第 1 次印刷

定价：60.00 元

（如有印装质量问题，请与本社发行部联系调换）